KB042477

디지털 증거법

이관희 · 이상진 저

박영사

차례

차례

Contents

차례

Contents

차례

Contents

서 문

디지털이란 숫자·문자 등의 신호를 '0'과 '1'의 비트열로 표현함[1]을 의미한다. 디지털 신호는 그 자체가 원자(Atom)로 이루어진 물질이 아니라 비트(Bit)의 연속으로 표현된 신호에 불과하다. 질량과 무게를 가지지 않으며 만지거나 냄새를 맡을 수도 없다. 연속적인 아날로그 신호를 샘플링(Sampling), 양자화(Quantization), 부호화(Coding)하여 종국에는 '0'과 '1'의 비트열로 변환하여 기록하는 것이 전부이다. 연속적인 값을 이산적인 값으로 단순화시키는 디지털 저장 방식이 초래한 혁명은 무엇일까?

디지털 데이터는 무한히 반복하여 복제하고 전송하여도 동일한 품질을 유지하며, 저장하는 방식과 매체는 달라도 값이 같으면 동일하게 해석된다. 디지털로 표현된 데이터를 연산, 제어, 출력하는 컴퓨터와 주변기기가 발달하고 전송을 담당하는 네트워크 기술이 발전하면서 세상의 모든 신호와 정보를 디지털로 생산, 전송, 공유할 수 있게 되었다. 디지털 기술은 막대한 양의 정보 생산과 이에 대한 무한한 공유를 가능하게 하는 원천이다.

디지털 기술은 인간이 외부로 표출하는 모든 사상과 관념, 행동까지 디지털 신호로 표현할 수 있게 해준다. 디지털 저장매체의 집적도 향상, 네트워크 전송 속도의 증가로 인간은 표현할 수 있는 모든 것을 디지털로 저장하고 전송하고 있다. 인간이 의도적으로 작성한 글과 그림 등이 저장될 뿐만 아니라 사물 인터넷과 디지털 기기의 발전으로 인해 인간의 행동도 모두 기록되고 있다. 이로 인해 인간의 기억에 의존하던 시대에는 쉽게 잊혀졌던 개인에 관한 정보와 프라이버시가 영원히 저장되고 쉽게 공유되고 있다.

편리함을 극대화시키는 디지털 기술은 사용자가 인식하지 못한 순간에도 디지털 흔적을 남기고, 수사기관은 이러한 디지털 흔적을 수사에 활용하고 있다. 이제 부정확한 인간의 기억에 의존하지 않고 디지털 카메라, 자동차의 블랙박스, 길거리의 CCTV에 남겨진 영상과 음성을 사용하여 사건을 해결하고 있다. 길거리의 무료 와이파이 공유기에 남겨진 스마트폰의 MAC 주소를 따라가

1 정의출처: Oxford Languages

면 범죄 혐의자의 행적을 확인할 수 있다. 인터넷 뱅킹 내역을 자세히 들여다 보면 혐의자가 어떠한 기기로 어떠한 공유기를 거쳐 어떠한 컴퓨터를 사용해서 인터넷 뱅킹을 이용했는지 알 수 있다. 디지털 기술이 남긴 흔적은 개인의 일상을 속속들이 알게 해준다.

디지털 기술의 발전 속도에 비해 수사기관에 의한 프라이버시 침해를 방지하기 위한 법과 제도는 멈춰 있다고 해도 과언이 아니다. 데이터를 프라이버시의 대상으로 보아 수사기관을 규제하는 법인 통신비밀보호법이 제정된 것은 1993년이다. 미국의 경우, 1928년 Olmstead 사건[2]을 통해 수사기관에 의한 감청이 공론화되기 시작하였고, 1967년 Katz 사건[3] 판결에서 수사기관의 전화 도청은 위법하다고 하였는데, 우리나라는 26년이나 늦게 통신비밀보호법을 제정하였다. 게다가 이 법은 시민의 권리를 보호하기 위해 제정된 것이 아니라 '초원복국' 사건[4]의 후속물이라는 점에서 더욱 아쉽다.

통신비밀보호법은 수사기관이 대화의 내용을 감청하거나 통신사실확인자료의 제공을 요청하는 경우 법관의 심사를 받도록 규정하고 있다. 통신비밀보호법 이외에 수사기관이 데이터를 지득하고 채록하기 전에 법관의 심사를 받도록 하는 절차는 형사소송법에 규정된 압수수색 절차뿐이다.[5] 이마저도 데이터 자체를 영장 집행의 직접적인 대상으로 명시하고 있지 않아 유체물 중심으

2 Olmstead v. United States, 277 U.S. 438 (1928).

3 Katz v. United States, 389 U.S. 347 (1967).

4 1992년 12월 11일 오전, 부산 대연동에 있는 음식점 '초원복국'에 김기춘(당시 한나라당 여의도연구소장) 전 법무부장관과 지역 기관장들이 모였다. 제14대 대통령 선거(12월 18일) 일주일 전이었다. 참석자는 김영환 부산시장, 박일룡 부산경찰청장, 정경식 부산지검 검사장, 우명수 부산시교육감과 국가안전기획부 지부장, 부산상공회의소장 등이 모여 불법 선거 개입에 관한 대화를 나누었다. 그들의 대화를 정주영 당시 통일국민당 후보 진영과 전직 안기부 직원이 도청했다. 그러나 녹취록 폭로는 권력과 언론 등에 의해 '불법 선거 개입'이 아닌 '불법 도청' 문제로 둔갑했고, 도청 가담자는 '주거침입죄'로 기소되었다. 이 사건을 계기로 이듬해 통신비밀보호법이 제정되었다; www.hankookilbo.com/News/Read/201712110479110063 (2021. 1. 11. 검색)

5 금융실명거래 및 비밀보장에 관한 법률 등 일부 특별법은 거래정보 등을 제공받기 위해 영장이 필요하다고 규정을 두고 있으나 압수·수색영장 집행의 세부절차는 형사소송법이 정한 바에 따른다.

서 문

로 규정된 압수수색 절차가 데이터에는 걸맞지 않은 경우도 많이 발생하고 있으며 데이터에 대한 취득 이후 관리와 파기 등 절차에도 현행 형사소송법을 그대로 적용할 수가 없다.

이제 디지털 사회이다. 종이 문서의 생산 없이 바로 디지털 문서를 생산하고 전송하는 등 디지털 데이터로만 업무를 하는 디지털 트랜스포메이션 시대에 돌입해 있다. 따라서 디지털로 기록된 데이터를 통제하는 법제가 마련되어 제대로 기능하지 못하면 프라이버시 침해 가능성은 점차 높아질 뿐만 아니라 수사기관의 데이터 지득, 채록 행위가 프라이버시를 침해한다는 논란에 휩싸여 수사기관의 정당한 수사 활동마저 위축시킬 수 있다.

수사기관의 데이터 지득, 채록은 주로 사실인정을 위해 필요한 증거를 확보하기 위해 행해진다. 범죄 수사와 형사재판에서 증거를 규율하고 있는 형사소송법이 과연 데이터의 지득과 채록 행위를 제대로 통제하고 디지털 증거에 대한 적절한 해석을 할 수 있는지 살펴볼 필요가 있다. 비록 형사소송법이 디지털 시대 이전의 유체물 중심으로 제정되었으나 그 법의 정신이 그대로 유효하여 디지털 데이터에도 걸맞게 해석될 수 있다면 약간의 수정이나 확장해석을 통해 해결할 수 있겠으나, 디지털 데이터의 특성이 유체물과 본질적으로 다르다면 그에 걸맞은 새로운 입법이 필요할 것이다.

우리는 현재의 형사소송법과 특별법이 수사기관의 디지털 증거 지득과 채록 행위를 적절하게 규율하기에는 부족하다고 생각한다. 현행 형사소송법의 압수수색 절차는 유체물 관점에서 제정되었으며, 이를 디지털 환경에 끼워 맞추어 해석하는 것은 한계에 이르렀다.

이 책은 "디지털 데이터가 무엇인가?"에 대한 근본적인 물음에서 시작하여 현재의 압수수색 절차가 디지털 환경에 적합하게 해석될 수 있는지 세밀하게 살펴본 후에 현재의 법제가 가지고 있는 한계를 극복할 수 있는 통합적인 입법이 필요함을 주장한다.

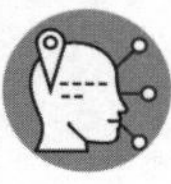

01

정보 개념의 고찰

Chapter 01

정보 개념의 고찰

제1절 앎의 바탕이 되는 재료들의 개념 정의 필요성

'증거'란 사실확인을 위해서 각 당사자가 자신들의 주장이 옳다는 것을 심판관에게 설득하기 위하여 법정에 제출한 것을 말한다. 증거로 제출되는 것에는 성질과 형태를 가진 물건도 있고 어떤 사람의 진술도 있으며 그러한 진술이 기재되어 있는 서류도 있다. 비록 소유자에 의해 버려진 쓸모없는 물건도 증거로서의 가치가 있다고 판단되면 증거로 제출될 수 있으며, 컴퓨터 사용자가 무의미하다고 생각하여 삭제한 파일도 증거로 활용될 수 있다. 종래 어떠한 가치를 가지는 '진술'은 법정에서 직접 증언하는 형태로 전달되거나 유체물인 서류에 화체되어 전달되었고, 압수수색의 대상이었던 물건은 법정에 제시하는 방법으로 제출되었다.

그런데 디지털 증거가 법정에 제출되면서 '데이터'와 '정보'의 개념이 중첩적으로 사용되고 있다. 데이터, 즉 자료(資料)는 문자, 숫자, 소리, 그림, 영상, 단어 등의 형태로 된 의미 단위이다. 보통 연구나 조사 등의 바탕이 되는 재료를 말하며, 자료를 의미 있게 정리하면 정보가 된다[1]는 것이 일반적인 인식이다. 일반적인 인식에 기초하여 보더라도 데이터는 기초가 되는 재료이며 정보는 그 재료를 가공한 산출물로 볼 수 있으므로 그 개념을 명확히 하여 분별이 필요한 단계에서 혼용되지 않도록 할 필요가 있다.

1 https://ko.wikipedia.org/wiki/%EC%9E%90%EB%A3%8C (2020.11.6. 검색)

오래전부터 인간의 역사에서 '앎'이란 무엇인지에 대해 고찰할 때마다 정보, 지식, 지혜 등의 단어들이 사용되어 왔다. 이 중 특히, '정보'는 최근의 정보화 사회, 정보 혁명이라는 추세에 걸맞게 일상적인 용어로 사용되고 있다. 심지어 '정보기본권', '정보인권'이라는 용어와 함께 기본권의 대상이 되었다. 그런데 우리는 이 '정보' 또는 정보와 유사한 개념으로 사용되는 데이터, 지식, 지혜 등의 용어에 대한 명확한 정의를 가지고 사용하고 있는지 의문이다. 앎이라는 측면에서 데이터, 정보, 지식, 지혜 등은 모두 같은 맥락 속에 존재하지만 '정보'라는 것을 정보인권이나 정보기본권과 같이 권리의 대상으로 삼거나 디지털 증거의 압수수색과 같은 영역에서 강제처분의 대상으로 인식하는 경우에는 그 의미하는 바를 명확히 할 필요가 있다. 사전적 의미로 지식은 어떤 대상에 대해 배우거나 실천을 통해 알게 된 명확한 인식이나 이해를 의미하고, 지혜는 사물의 이치를 빨리 깨닫고 사물을 정확하게 처리하는 정신적인 능력을 말한다. 지식과 지혜는 다소 철학적 사유의 대상이므로 논의의 대상에서 제외하고 지식과 지혜의 대상으로 인식되는 데이터와 정보에 대해 논의를 집중해 보고자 한다.

디지털 증거의 압수와 관련한 쟁점을 다룬 논문[2]에서 정보를 압수할 수 있다거나 몰수할 수 있는지 등의 표현을 사용하면서 데이터와 정보에 대한 명확한 구분과 이해 없이 단지 '정보화 사회', '정보 혁명' 등 일상적인 표기를 차용하여 정보를 과거의 유체물과 같은 선상에서 다루고 있다. 많은 국내의 저서와 논문은 여전히 '전자정보에 대한 압수수색', '증거물이 되는 전자정보' 등의 표현을 사용하고 있다. 우리의 형사소송법 제106조 제3항은 "법원은 압수의 목적물이 컴퓨터용 디스크, 그 밖에 이와 비슷한 정보저장매체(이하 이 항에서 '정보저장매체등'이라 한다)인 경우에는 기억된 정보의 범위를 정하여 출력하거나 복제하여 제출받아야 한다. 다만, 범위를 정하여 출력 또는 복제하는 방법이 불가능하거나 압수의 목적을 달성하기에 현저히 곤란하다고 인정되는 때에는 정보저장매체등을 압수할 수 있다."라고 규정하면서 '정보저장매체', '정보의 범

2 김기범·이관희, "전기통신사업자 보관 몰수 대상 정보의 압수실태 및 개선방안," 경찰학연구, 16(3), 2016; 김기범·이관희·장윤식·이상진, "정보영장 제도 도입방안 연구," 경찰학연구, 11(3), 2011.

위'라는 용어를 사용하고 있으나 영문[3]에서는 'data storage medium', 'the specified scope of the data stored'라고 표현하고 있다. 같은 조 제4항은 "법원은 제3항에 따라 정보를 제공받은 경우 「개인정보 보호법」 제2조 제3호에 따른 정보주체에게 해당 사실을 지체 없이 알려야 한다."라고 규정하고 있음에 반하여 영문[4]에서는 "the data pursuant to paragraph (3)", "the subject of information"라고 표현함으로써 데이터와 정보를 혼용하여 사용하고 있다. 우리의 법령에서 보듯이 데이터와 정보가 같은 의미를 가지는 것으로서 상호 혼용하여 사용해도 되는 것인지, 아니면 그 개념과 용도가 달라서 구분하여 사용되어야 하는 것인지 검토해 보아야 한다.

제2절 우리 법령에서 표현하고 있는 정보

우리 법령 중 '데이터'를 직접 정의하고 있는 법령은 많지 않다. 그중 공공데이터의 제공 및 이용 활성화에 관한 법률 제2조 2호는 '공공데이터'를 "데이터베이스, 전자화된 파일 등 공공기관이 법령 등에서 정하는 목적을 위하여 생성 또는 취득하여 관리하고 있는 광(光) 또는 전자적 방식으로 처리된 자료 또는 정보"라고 정의하고 있고 데이터기반행정 활성화에 관한 법률 제2조(정의) 1호는 '데이터'를 "정보처리능력을 갖춘 장치를 통하여 생성 또는 처리되어 기계에 의한 판독이 가능한 형태로 존재하는 정형 또는 비정형의 정보"라고 정의하고 있다. 이러한 법령은 데이터가 정보의 일종이라고 표현하고 있으며 이

3 (3) Where the object to be seized is a computer disc or other data storage medium similar thereto (hereafter referred to as "data storage medium or such" in this paragraph), the court shall require it should be submitted after the data therein are printed out or it is copied within the specified scope of the data stored: Provided, That the data storage medium or such may be seized, when it is deemed substantially impossible to print out or copy the specified scope of the data or deemed substantially impracticable to accomplish the purpose of seizure."

4 (4) Where the court receives the data pursuant to paragraph (3), it shall inform, without delay, the subject of information defined in subparagraph 3 of Article 2 of the Personal Information Protection Act, of the relevant fact.

두 가지 법령으로부터 직접적으로 데이터와 정보의 개념 차이를 분간할 수는 없다.

데이터보다는 정보라는 용어를 사용하는 법령이 오히려 많이 존재하는 만큼 현행 우리 법령들은 '정보'를 어떻게 정의하고 있는지, 각 정보의 개념들이 상호 통용이 가능한 것인지 살펴볼 필요가 있다. '정보'라는 용어를 사용하는 법령은 크게 세 가지로 분류할 수 있다. 첫째, '정보'의 개념을 직접 정의한 법령이다. 둘째, '정보'를 직접 정의하지는 않았지만 '정보'에 해당하는 범위를 정함으로써 규율하고자 하는 바를 명확히 한 법령이다. 마지막으로 정보에 대한 개념 정의 없이 '정보통신', '정보보호' 등 합성어에 대한 용어를 정의해 둔 경우이다.

1. 정보에 대해 정의한 법령

국가정보화기본법 제3조 제1호는 정보를 "특정 목적을 위하여 광 또는 전자적 방식으로 처리되어 부호, 문자, 음성, 음향 및 영상 등으로 표현된 모든 종류의 자료 또는 지식"이라고 정의하고 있다. 이 법은 정보를 "광 또는 전자적 방식으로 표현된 것"으로 한정함으로써 관념적으로 존재하거나 비전자적 방식으로 표현된 것은 제외하였고 정보로 표현될 수 있는 대상에 자료뿐만 아니라 지식을 포함하고 있다. 반면 같은 조 제4호에서는 지식정보사회를 정의하면서 "정보화를 통하여 지식과 정보가 행정, 경제, 문화, 산업 등 모든 분야에서 가치를 창출하고 발전을 이끌어가는 사회를 말한다."라고 함으로써 지식과 정보를 병렬적인 것으로 규정하고 있으며 같은 조 제7호에서도 지식정보자원을 "보존 및 이용 가치가 있는 자료로서 학술, 문화, 과학기술, 행정 등에 관한 디지털화된 자료나 디지털화의 필요성이 인정되는 자료"라고 설명하면서 지식과 정보가 되는 자원은 '가치가 있는 자료'라고 하여 지식과 자료가 정보에 포함되는 개념인 것인지, 정보 또는 지식은 병렬적인 위치에 있으면서 가치가 있는 자료가 정보 또는 지식이 된다는 것인지 일관성이 없게 기술되어 있다.

공공기관의 정보공개에 관한 법률[5]과 교육관련기관의 정보공개에 관한 특례법[6] 각 제2조 제1호에서는 정보를 "직무상 작성 또는 취득하여 관리하고 있는 문서(전자문서를 포함한다. 이하 같다)·도면·사진·필름·테이프·슬라이드 및 그 밖에 이에 준하는 매체 등에 기록된 사항"으로 정의하고 있다. 이들 법령은 정보가 표현된 매체 자체를 정보라고 함과 동시에 그러한 매체에 기록된 사항까지 정보라고 함으로써 기록매체와 그 내용을 구분하지 못하고 있다. 언급한 법령 중 국가정보화기본법 제3조 제1호가 유일하게 기록매체와 별개로 정보 자체의 개념을 정의하고 있다.

2. 정보의 종류와 범위 등을 특정한 법령

앞의 법령들에서는 정보의 표현 방식, 정보가 기록되어 있는 매체의 종류를 열거하는 방식이었으나 정보 자체에 대한 정의보다는 법령에서 사용하고자 하는 정보의 종류에 따라 그 범위를 명확히 한 법들이 다수 존재한다.

개인정보 보호법 제2조 제1호는 '개인정보'를 "살아 있는 개인에 관한 정보로서 성명, 주민등록번호 및 영상 등을 통하여 개인을 알아볼 수 있는 정보(해당 정보만으로는 특정 개인을 알아볼 수 없더라도 다른 정보와 쉽게 결합하여 알아볼 수 있는 것을 포함한다)"라고 정의하고 있고 국가공간정보 기본법에서는 '공간정보'를 "지상·지하·수상·수중 등 공간상에 존재하는 자연적 또는 인공적인 객체에 대한 위치 정보 및 이와 관련된 공간적 인지 및 의사결정에 필요한 정보," 위치 정보의 보호 및 이용 등에 관한 법률에서는 '위치 정보'를 "이동성이 있는 물건 또는 개인이 특정한 시간에 존재하거나 존재하였던 장소에 관한 정

---

5 공공기관의 정보공개에 관한 법률 제2조(정의)
이 법에서 사용하는 용어의 뜻은 다음과 같다.
1. '정보'란 공공기관이 직무상 작성 또는 취득하여 관리하고 있는 문서(전자문서를 포함한다. 이하 같다)·도면·사진·필름·테이프·슬라이드 및 그 밖에 이에 준하는 매체 등에 기록된 사항을 말한다.

6 교육관련기관의 정보공개에 관한 특례법 제2조(정의)
(정의) 이 법에서 사용하는 용어의 정의는 다음과 같다.
1. '정보'란 교육관련기관이 학교교육과 관련하여 직무상 작성 또는 취득하여 관리하고 있는 문서(전자문서를 포함한다)·도면·사진·필름·테이프·슬라이드, 그 밖에 이에 준하는 매체 등에 기록된 사항을 말한다.

보로서 「전기통신사업법」 제2조 제2호 및 제3호에 따른 전기통신설비 및 전기통신회선설비를 이용하여 수집된 것," 디엔에이신원확인정보의 이용 및 보호에 관한 법률에서는 '디엔에이신원확인정보'를 "개인 식별을 목적으로 디엔에이감식을 통하여 취득한 정보로서 일련의 숫자 또는 부호의 조합으로 표기된 것"으로 정의하고 있다.

이러한 정의 방식은 다소 추상적인 '정보' 자체의 개념을 정의하는 대신에 해당 법률이 보호 또는 규율하고자 하는 정보의 종류를 한정함으로써 오히려 그 대상을 명확히 하고 있다는 점이 특징이다.

3. 정보에 대한 정의 없이 정보를 사용한 법령

형사소송법, 정보통신망 이용촉진 및 정보보호 등에 관한 법률, 정보통신산업 진흥법 등에는 '정보'에 대한 정의가 없을 뿐만 아니라 이를 수식, 한정하는 것도 없이 '정보'라는 용어를 사용하고 있다.

형사소송법 제59조의3 제1항은 "검사나 피고인 또는 변호인이 법원에 제출한 서류·물건의 명칭·목록 또는 이에 해당하는 정보"라는 표현을 통해 정보를 서류나 목록 등과 같이 열람 및 복사의 대상으로 표현하고 제266조의3 제6항과 제292조의3에서는 "도면·사진·녹음테이프·비디오테이프·컴퓨터용 디스크, 그 밖에 정보를 담기 위하여 만들어진 물건"이라고 표현하고 제106조 제3항에서는 "압수의 목적물이 컴퓨터용 디스크, 그 밖에 이와 비슷한 정보저장매체(이하 이 항에서 '정보저장매체등'이라 한다)인 경우에는 기억된 정보의 범위를 정하여 출력하거나 복제하여 제출받아야 한다."고 함으로써 정보는 도면, 사진, 녹음테이프나 저장매체 등에 포함되어 있는 것으로 표현하였다. 반면에 제313조 제1항에서는 "피고인 또는 피고인 아닌 자가 작성하였거나 진술한 내용이 포함된 문자·사진·영상 등의 정보로서 컴퓨터용 디스크, 그 밖에 이와 비슷한 정보저장매체에 저장된 것을 포함한다."고 함으로써 문자, 사진, 영상 자체를 정보의 예시로 규정하고 있다. 같은 법에서 논리적 일관성 없이 그 자체로 내용이 되는 정보와 정보가 포함된 형식이나 매체를 구분하지 않고 사용하고 있다.

정보통신망 이용촉진 및 정보보호 등에 관한 법률 제2호 제1항 1호는 '정보통신망'을 "「전기통신사업법」 제2조 제2호에 따른 전기통신설비를 이용하거나 전기통신설비와 컴퓨터 및 컴퓨터의 이용기술을 활용하여 정보를 수집·가공·저장·검색·송신 또는 수신하는 정보통신체제를 말한다."라고 정의하고 정보통신산업 진흥법 제2조 1호에서는 '정보통신'을 "정보의 수집·가공·저장·검색·송신·수신 및 그 활용과 관련되는 기기(기기)·기술·서비스 등 정보화를 촉진하기 위한 일련의 활동과 수단을 말한다."라고 정의하는 등 정보 자체에 대한 정의 없이 정보통신망 또는 정보통신을 정의하고 있을 뿐이어서 정보의 개념에 대한 별도의 문리적 해석이 필요한 상황이다.

제3절 정보 개념의 규범적 해석

정보 개념을 정의할 때 국가정보학[7] 또는 통신기술 영역 등 특정한 영역에 국한하여 정보를 정의하는 방법이 있고 인간 생활의 전 영역에 걸쳐 공통된 정보의 개념을 정의하는 방법이 있으나 정보라는 용어가 우리의 일상생활 전 영역에서 사용되고 있기 때문에 전 영역을 포섭할 수 있는 통일된 개념 정의가 필요하다.

그러나 오래전부터 정보를 정의하기 위한 노력이 있었음에도 불구하고 현재에 이르러서도 정립되지 못한 채 다양한 개념으로 사용되고 있는 것으로 보인다. 정보는 매체가 표상하는 객관적인 사실이나 사태를 의미할 수도 있고 전달 신호의 의미로도 이해될 수 있는 개념이기 때문에 정보의 개념을 한마디로 정의하기는 쉽지 않다.[8,9,10] 이런 이유 때문에 전달된 자료인 데이터도 정보라

7 "국가정보학에서 information은 첩보라는 용어로 표현되는데 첩보는 '상대편의 정보나 형편을 몰래 알아내어 보고하거나 그런 보고'로 정의되어 있고 intelligence는 '그 의미의 타당성이 검증되지는 않았지만 분석, 평가 과정을 거치면 목적에 맞게 이용될 수 있을 것으로 믿고 수집된 자료'라고 정의한다."; 정준선, 『국가정보와 경찰활동』, 경찰대학, 2018, 14면.

고 불릴 수 있으며 더 나아가 그런 자료를 통해 우리가 얻게 되는 지식 또한 정보라고 불릴 수 있다는 포괄적 견해[11]도 존재한다.

그런데 정보가 가지는 고유한 성격들을 모두 고려하여 정보라는 개념의 다양성을 그대로 방치한다면 정보에 대해 법적 지위를 부여하기가 어려워지며[12] 정보를 보호해야 할 대상으로 규정한 현재의 모든 법규범들은 정보 개념의 다양성으로 인해 통일된 해석을 할 수 없게 되고 정보 개념을 근간으로 한 추가적인 쟁점에 일관된 대응을 할 수 없게 된다. 비록 현재까지 정보 개념에 대한 통일된 견해가 존재하지 않아 각 분야에서 사용되는 정보 개념의 다양성을 인정하더라도 현실 세계의 규범에서라도 통용되는 정보에 대하여는 정보에 대한 규범적 의미 부여는 반드시 필요하며 최소한 그 정보가 해당 법규에서 의미하는 범위라도 한정 짓는 노력이 선행되어야만 법이 보호하고자 하는 대상이 무엇인지 인식할 수 있다. 결국 정보를 어떻게 개념 정의할 것인가는 결국 "정보를 어떻게 이해할 것인가?" 즉, 정보가 법학에 있어서 어떠한 의미를 가지는가에 맞추어지게 될 것이다.[13]

---

8 홍경자, "정보개념과 정보해석학의 근대적 기원," 해석학연구, 10(13), 2004, 34면.

9 "정보라는 단어는 정보이론의 일반적 영역에 있는 다양한 저자들 사이에서 각기 다른 의미를 가진다. 일반적인 영역에서 사용되는 수많은 것들을 충분히 설명할 수 있는 하나의 정보 개념을 기대하는 것은 어렵다고 봐야한다."; Luciano Floridi, *Information: a very short introduction*, Oxford University Press, 2010, p1.

10 "정보 처리시스템의 전형인 컴퓨터 그리고 이에 관한 정보 정책을 이야기하는 많은 책들에서 정보와 관련한 수많은 연구를 진행하였지만 문제는 과연 정보가 무엇인지에 대해서는 알려지지 않았다는 점이다."; Mark Burgin, Data, Information, and Knowledge, Information, v. 7, No.1, 2004, p2.

11 여명숙, "사이버스페이스의 존재론과 그 심리철학적 함축," 이화여자대학교 박사학위논문, 1998, 67면.

12 정진명, "사권의 대상으로서 정보의 개념과 정보 관련 권리," 비교사법, 7(2), 2000, 298면.

13 정진명, "사권의 대상으로서 정보의 개념과 정보 관련 권리," 비교사법, 7(2), 2000, 300면.

제4절 정보 개념을 이해하기 위한 선행 질문

1. 정보는 메시지를 담고 있는가?

정보는 반드시 메시지를 담고 있어야 할까? A가 B에게 끊임없이 이야기를 하거나 문자를 보내는 등 많은 신호를 보냈지만 소음이나 알 수 없는 문자들을 보낸다면 이를 정보라고 취급할 수 있을까? 또는 기밀이 되는 내용이지만 암호화되어 쉽게 해독되지 않은 상태에서 열어보기 전에는 그 내용을 알 수 없는 상태도 단지 그 안에 중요한 메시지가 있기 때문에 정보라고 취급해야 할까? 범인에게는 필요가 없어 쓰레기통에 버린 것이 이를 수사하는 수사관에게는 의미 있게 받아들여지는 경우도 있기 때문에 보내는 측에서 불필요한 신호를 보내도 받는 측에서는 의미 있게 해석할 수도 있으며 반면 암호화된 경우처럼 보내는 측에서는 기밀의 내용을 보냈어도 이를 수신하는 측에서 해석할 수 없다면 쓰레기와 같은 자료가 될 수도 있다.

사실 지금 이 순간에도 내용이나 뜻을 알 수 없는 무수히 많은 신호들이 우리에게 쏟아지고 있다. 과학자들은 하늘에서 측정되는 우주배경복사 신호를 가지고 우주가 빅뱅으로 시작되었다는 사실을 추론할 수 있다고 주장하면서 이러한 신호들로부터 모종의 정보를 얻을 수 있다고 말한다.[14] 과학자들의 주장대로라면 무수히 쏟아지는 신호에 가치를 부여하는 쪽은 신호를 받는 측이다.

신호 자체에 뜻을 담은 메시지를 실어 보낼 수도 있으며 무작위 신호로부터 의미를 부여하여 새로운 정보를 추출해 낼 수도 있다. 반드시 정보가 메시지를 담고 있을 필요는 없으나 신호로부터 메시지를 추출해 낼 수 있어야 정보를 담고 있다고 할 수 있다. 한국어로 출판된 책을 그대로 중국어로 번역해 놓은 경우 중국어를 모르는 사람은 중국어 번역본으로부터 유용한 정보를 얻어낼 수 없다. 중국어 번역본은 어떤 문자, 어떤 그림 등 어떤 자료나 내용을 담고 있기는 하지만 중국어를 이해하고 책의 글귀를 해석할 수 있는 독자에게만

14 김명석, "현대 정보 개념 이전의 개념들," 철학논총, 94(4), 2018.10, 64면.

유용한 정보를 제공한다.

2. 진실한 것만이 정보인가?

정보에는 유익함(informativeness)이라는 속성이 있으며[15] 잘 형성되어 있고, 의미가 있으며 진실한 것이 정보이며 이런 맥락에서 지식과 정보는 같은 개념을 가진 것[16]이라는 의견이 있다. 과연 진실하지 않은 정보는 유익함이 없으며 정보에 해당하지 않는 것이라고 할 수 있는지 살펴볼 필요가 있다.

갈릴레오 갈릴레이가 지동설을 주장할 때까지 1500년 동안 천동설이 진실한 것으로 받아들여졌다는 것은 일반 상식이다. 당대에 진실로 받아들여졌던 지식도 후대에는 재평가되고 다른 지식으로 대체될 수 있다. 우리가 알고 있는 과학과 수학의 역사는 어느 시점에 지식이라고 받아들여졌던 것이 다른 시대에는 그렇지 않다는 것을 보여주고 있다.[17]

또한 진실하지 않은 거짓된 것도 유익함을 줄 수 있다. 범죄 수사에서 허위의 알리바이를 주장하는 진술은 진실한 알리바이를 확인할 단서를 제공해 준다. 유익함이란 정보 자체의 속성이 아니라 해당 정보를 사용하는 자가 평가하는 주관적인 믿음이다.

3. 기록된 것만이 정보인가?

정보가 전달되기 위해서는 기록되어야 한다. 매체에 기록된 것에 주목하

15 Fidelia Ibekwe−SanJuan, Thomas M. Dousa Editors, Theories of Information, Communication and Knowledge, Springer, 2014, p10.

16 Luciano Floridi, *Information: a very short introduction*, Oxford University Press, 2010, p49−51.

17 "Separation of knowledge from beliefs and fantasies leads to the important question whether knowledge gives only true/correct representation of object properties. Many think that knowl−edge has to be always true. What is not true is called misconception. However, history of science and mathematics shows that what is considered knowledge at one time may be a misconception at another time."; Mark Burgin, Data, Information, and Knowledge, Information, v. 7, No.1, 2004, p9.

여 정보를 해석하려는 관점 중 대표적인 것이 역사이다. 과거에 있던 어떠한 사건들은 모두 역사적이며 이러한 사건들은 기록되는 시스템을 통해 축적되고 후대에 전달된다. 이러한 주장은 역사가 사실상 정보시대라고 정의하고 기록시스템 이전의 시기를 선사시대라고 정의[18]한다. 기록된 것만이 정보에 해당한다고 보는 관점은 정보 기술이 과거의 기록 수단에 대한 대체 수단으로 등장하면서 정보 혁명을 이끌었다는 점에 중점을 둔 것이다.

그러나 이러한 관점은 정보와 정보운반체의 개념을 혼동한 것이다. 정보가 기록물 등 정보운반체를 통해 오래 보존되어 후대에 전달되는 것은 사실이지만 정보운반체가 없어도 정보는 일시적인 신호나 언어에 의해서도 전달될 수 있다.

4. 정보량은 측정이 가능한가?

정보의 아버지라고 불리는 Shannon은 그의 저서 『통신의 수학적 이론』에서 정보를 전달하고자 하는 데이터로 취급하고 데이터를 코딩하고 전송하는 최적의 방법을 고안하고자 정보를 정량적으로 계산이 가능한 것으로 파악하였다.[19] Shannon은 비록 정보라는 용어를 사용하였지만 이 이론에서 정보는 정보제공자와 수령자 사이를 지나가는 데이터의 양에 초점을 맞추었을 뿐 정보가 가지고 있는 또는 정보가 표현하고자 하는 그 사상과 관념에 초점을 둔 것은 아니다.[20]

이러한 정보 개념은 정보제공자와 수령자 사이에 발생한 데이터의 양적 변동에 초점을 맞추기 때문에 정보 전달에 따르는 현상만 파악하는 한계가 있다.[21] 통신의 수학적 이론에서 주요 관심사는 주어진 채널에서 주어진 알파벳으로 얼마나 효율적으로 데이터를 코딩하고 전송할 수 있는지에 관한 것이고 그 의미, 관련성, 신용성, 유용성뿐만 아니라 그것을 구성하는 해석되지 않은

---

18 Luciano Floridi, *Information: a very short introduction*, Oxford University Press, 2010, p3.
19 Luciano Floridi, *Information: a very short introduction*, Oxford University Press, 2010, p38−39.
20 Luciano Floridi, *Information: a very short introduction*, Oxford University Press, 2010, p44.
21 정진명, "사권의 대상으로서 정보의 개념과 정보 관련 권리," 비교사법, 7(2), 2000, 300면.

데이터의 상세 내용 등에 대해서는 관심이 없다.[22]

결국 '정보'라는 단어가 가지는 기호에 대해 일반적인 개념과 통신의 수학적 이론에서 말하는 '정보'의 개념에는 분명 차이가 있으며 규범적 정의를 필요로 하는 경우 Shannon의 정의는 차용될 수 없다.

제5절 정보에 대한 이해

1. 인식 과정으로써의 정보

정보는 인지 주체가 외부 세계에 대한 앎을 얻는 과정, 앎을 얻은 인지 주체의 상태, 인지 주체가 알게 된 내용 또는 대상에 담겨 있는 앎의 내용을 포함한다. 이처럼 정보 개념은 앎 개념과 매우 밀접하게 얽혀 있고 실제로 정보 개념의 역사는 인식론의 역사와 함께 한다.[23] 또한 정보는 전형적으로 발생(발견, 디자인, 저작 등), 전송(네트워킹, 배포, 접근, 검색, 전송 등), 프로세싱과 관리(수집, 유효성 검사, 수정, 조직, 인덱싱, 정렬, 필터링, 업데이트, 정렬, 저장 등), 그리고 사용(모니터링, 모델링, 분석, 예상, 의사결정, 교육, 배움 등)[24]의 생태를 가진다. 이러한 생태는 정보가 독자적으로 움직이는 것이 아니라 사용자가 정보를 처리하는 관점이고 인간이 역사를 기록하는 과정이기도 하며 인간의 뇌가 주어진 상황을 인식하고 처리하고 행동하는 과정과 유사하다. 이러한 생태의 표현은 존재하는 것에 대한 묘사가 아니라 어떠한 것을 인식하고 이를 처리하는 과정으로써 정보의 동적 과정을 묘사한 것이다.

개인정보나 신용정보 또는 기밀정보를 매매의 대상으로 한다고 하여 정보가 금이나 보석과 같은 형태로 거래되는 것은 아니다. 정보에 대한 독점적 사용 권한을 부여하면서 그 대가를 지급받는 것일 뿐이다. 앞서 정보에 대한 선

---

22 Luciano Floridi, *Information: a very short introduction*, Oxford University Press, 2010, p48.
23 김명석, "현대 정보 개념 이전의 개념들," 철학논총, 94(4), 2018.10, 72면.
24 Luciano Floridi, *Information: a very short introduction*, Oxford University Press, 2010, p4.

행 질문에서 살펴본 바와 같이 정보는 데이터와 같이 주어진 것이 아니라 데이터를 인식하는 사람의 주관적인 판단에 따라 가치 있는 것으로 받아들여지는 과정을 의미한다. 정보의 개념을 논하는 것은 물건의 크기와 형태에 대한 것이 아니라 그것을 인식한 사람이 부여한 그 물건의 쓰임 또는 가치에 관한 것이다.

'종이 또는 나무판'과 '종이 또는 나무판에 쓰여진 문장이 의미하는 바'를 구분할 수 있다면 정보라는 것이 기본적으로 주어진 신호의 의미를 이해하고 해석하고자 하는 의식적인 주관 없이는 정의할 수 없는 어떤 것[25]이라는 사실을 이해할 수 있다. 따라서 정보는 일반적인 재화와 달리 인간의 정신적인 측면과 직결되어 있으며[26] 존재가 아닌 인식 과정의 결과이다. 이러한 이유로 데이터를 인식하여 자기만의 고유한 의미와 가치를 부여하는 사람을 정보처리자라 말하겠다.

2. 정보처리자에 의해 부여되는 정보 가치

정보처리자가 그 의미 내용을 받아들이는 것에 따라 정보는 '지시적' 또는 '사실적'인 것으로 해석될 수 있다.[27] 예를 들어 앞서가는 차가 비상등을 켜면, 이를 인식한 후미 차량 운전자는 앞에서 비상 상황이 발생했다는 사실적 의미로 받아들임과 동시에 속도를 줄여야 한다는 지시적 의미로 해석할 수도 있다.

어떠한 사실에 대한 의미의 판단은 이런 사실을 받아들인 정보처리자의 해석에 따라 달라진다. 금융자료가 고객에게는 잔고증명의 의미로 사용되지만 수사기관에게는 자금의 이동으로 해석되기도 하며 통신 내역이 서비스 제공자에게는 과금의 근거로 사용되지만 수사기관에게는 공범 관계를 확인할 수 있는 자료로 받아들여진다. 은행 계좌 내역, 신용카드 사용 내역, 병원 진료 내역, 기차 시간표 등도 고객과 수사기관은 다르게 해석하고 받아들이는 가치도

---

25 홍경자, "정보개념과 정보해석학의 근대적 기원," 해석학연구, 10(13), 2004, 31면.
26 정진명, "사권의 대상으로서 정보의 개념과 정보 관련 권리," 비교사법, 7(2), 2000, 299면.
27 Luciano Floridi, *Information: a very short introduction*, Oxford University Press, 2010, p34.

달라진다.

사람의 이름, 주민등록번호, 홍채의 패턴, 혈액형과 DNA 값이 의미를 가진다거나 가치를 가진다고 단언할 수 있을까? 단순한 수의 나열로 보이는 번호 체계나 홍채나 지문의 패턴 자체에는 어떠한 의도나 진실성이 내포되어 있지 않다. 그렇다고 하여 이러한 값들이 가치가 없다고 단언할 수는 없다.

유기체는 감각기관을 통해 데이터를 흡수한 후 정보로 변환시키고 이러한 정보를 세계와 교감하기 위해 건설적으로 사용한다. 인간은 이러한 과정을 거쳐 지난 세대 또는 다른 사람이 획득한 의미 있는 데이터를 통합, 사용, 업데이트, 교환, 저장, 수집하여 가치 있는 정보로 생산한다.[28] 정보의 특성을 지시적, 사실적, 선언적이라고 표현하는 것은 일반적인 용도, 즉 통상적으로 그 데이터를 그러한 용도로 사용하고자 하는 '대중'의 관점에서 부여할 수 있는 데이터의 의미나 목적이 그러하다는 것을 말하는 것이다.

결론적으로 정보에 대해 일반적이고 공통된 특성을 부여할 수는 없으며 단지 '대중이 일반적으로는' 그러한 가치를 부여하고 있다는 정도로만 표현할 수 있을 뿐이다. 다시 말하면 정보라는 것은 데이터나 자료나 신호 등과 대비하여 재해석되거나 특별한 의미를 부여하는 것임에는 분명하지만 그것이 가지는 의미와 특성은 절대적인 것이 아니라 정보처리자가 정보로서 '어떠한' 가치를 부여하는 상대적인 것이다.

그렇다면 신용정보에서 말하는 '정보', 개인정보에서 말하는 '정보', 정보통신망에서 말하는 '정보', 비밀정보에서 말하는 '정보', 국가 정보활동에서 말하는 각 '정보'가 무엇을 말하는 것인지 조금 더 명백해 보인다. 각 법률에서 의미하는 '정보'는 '그 정보의 객관적인 속성'을 기준으로 구분할 수도 없으며 모두 공통된 의미를 지니지 않는다. 규범은 하나의 개인이 아니라 국민 공동의 의사가 반영되어 제정된 것이며 그 규범의 수범자는 총합적인 의미의 국민 또는 개개의 국민이 될 것이다.

개인에 관한 데이터는 법의 시각, 정보처리자로서 국민의 시각에서 보았을 때 보호받아야 할 대상이 되는 데이터이며 그 보호 대상으로서의 가치를 가

---

28 Luciano Floridi, *Information: a very short introduction*, Oxford University Press, 2010, p87.

지기 때문에 '개인정보'라는 합성어를 통해 표현할 수 있을 뿐이다. 법률에서 규정하지 않은 경우 개인에 관한 데이터를 데이터, 정보, 부호라고 명명해도 그 의미는 전달되지만 '개인정보'라는 표현을 통해 규범화하면, 정보 가치를 부여하여 보호가 필요한 대상으로서 인식하게 되는 것이다.

3. 규범적 정의가 필요한 경우

디지털 세상에서 우리는 데이터의 양을 비트 또는 바이트 등으로 세고, 데이터의 내용을 이진수로 표현하는 데 익숙하다. 그런데 1001010001이 이진수인가? 십진수인가? 그리고 이진수라면 어떠한 의미를 담고 있는가? 이 부호들이 정보를 담고 있다고 말하려면 이를 해석하는 기호 체계가 먼저 정의되어야 한다.[29] 기호 체계가 갖춰져 있지 않으면, 기호 체계가 갖춰져 있어도 기호 체계로 해석되지 않으면, 정보로 인식되거나 해석될 수 없다. 즉, 시각과 청각 같은 감각 그 자체가 우리에게 정보를 주는 것이 아니라 우리 지성의 해석을 거쳐야만 그것이 정보화될 수 있다면 결국 정보는 해석 체계 곧 의미 체제 안에서만 존립할 수 있다.[30]

법, 규범, 사회적 통념도 해석 체계의 일환이다. 인간은 어떠한 데이터들이나 부호에 가치를 부여하고 정보화한 후 이를 일반화하여 규범으로 규율하고 이들을 거래의 대상으로 삼기도 한다. 저작권, 특허권, 영업비밀, 상표권, 실용신안권 등이 그러한 것들이다. 심지어 그 권리를 개발하고 공유하기 위해 그것들의 수혜자들에게 경제적 인센티브를 제공한다. 사회가 가치를 인정하기로 약속한 이러한 정보들은 전형적으로 몇몇 특권을 누리는 접근권에 근거하여 유통된다. 암호화된 군사정보가 그 전형적인 예시이다.[31] 부호로 되어 있는 것들에 경제적 가치를 부여하기로 한 약속이 부호에 대한 인간의 해석 체계이며 이러한 해석 체계 속에서 '정보'로 불리게 된다.

당초 이러한 부호들은 개개인이 상대적으로 가치를 부여하기 시작하였을

29 김명석, "현대 정보 개념 이전의 개념들," 철학논총, 94(4), 2018.10, 66면.

30 김명석, "현대 정보 개념 이전의 개념들," 철학논총, 94(4), 2018.10, 67면 각주.

31 Luciano Floridi, *Information: a very short introduction*, Oxford University Press, 2010, p88.

뿐이고 오랜 시간이 흘러 거래의 대상으로 삼고자 하는 사회적 공감대가 형성되었을 것이다. 이를 다시 법규범을 통해 규제 또는 보호하고자 법률의 틀을 빌려 정보의 가치를 일반화하게 된다. 개개인이 부여한 상대적 가치는 규범으로써 정의될 때 보호 또는 규제의 대상이 될 수 있다. 이러한 과정은 종이에 불과한 지폐를 우리 사회가 경제적인 가치를 부여하기로 약속하고 지불수단으로 정의하고 그것의 유통구조를 마련하고 화폐 간의 동일 가치를 부여하여 거래의 도구로 삼은 것과 다를 바 없다.

정리하자면, 정보는 정보처리자가 해독이라는 추가적 과정을 거쳐 인지한 기호 또는 신호 속에 들어 있는 의미로 파악되며 이를 위해서 당사자는 정보의 본질에 도달할 수 있는 이차적 정보인 해독체(코드)를 필요로 한다. 이러한 의미에서 정보는 유형적인 재화에 부여된 재산권과 유사한 구조를 지닌다.[32]

정보가 사회적 가치를 가진다고 할 때 우리는 코드, 즉 규범의 정의를 통해 정보를 보호 또는 규제하게 될 것이며 정보가 가지는 사회적 가치 여하에 따라 그 보호나 규제방식을 구체화하는 작업을 한다. 이러한 의미에서 정보의 규범화는 매우 중요한 작업 중의 하나이다. 그리고 이러한 정보가 헌법적 보호가치를 가지는지를 확인하기 위해서는 현재의 시대가 기본권으로 보호하고자 하는 재산권, 프라이버시, 표현의 자유 등이 부호로 표현될 수 있는 것인지 확인하여야 하며 그러한 부호가 기본권을 표현하기 위한 것으로 사용된 경우 우리는 '정보인권'이라는 규범적 용어를 부여할 수 있다.

데이터나 정보 모두 인간의 의식적 활동의 원료가 되는 '어떤 것'이라는 측면을 동일하게 가지고 있기 때문에 일상적인 표현에서는 정보와 데이터를 명확히 구분하여 사용하기는 쉽지 않은 면이 있다. 하나의 현상에 대해 데이터는 존재하는 측면에서 정의한 것이고 정보는 인식하는 측면을 강조한 것이기 때문이다. 다만 규범적인 측면에서 이를 명확히 구분하고자 한다면 정보는 인간의 인식 과정을 통해 가치를 부여받아 산출된 것이며 데이터는 정보활동, 즉 가치를 인식하고 전달하기 위해 기록된 것이라고 할 수 있다. 예를 들어 수사기관이 컴퓨터에 기록된 파일에 대한 압수·수색영장을 집행하는 경우 영장의

32 정진명, "사권의 대상으로서 정보의 개념과 정보 관련 권리," 비교사법, 7(2), 2000, 300면.

집행 대상이 되는 존재를 묘사하고자 하는 경우 데이터라는 표현을 사용하게 될 것이며 해당 파일이 증거로서의 가치를 가진다고 인식하게 되는 경우 해당 파일을 수사상 가치가 있는 정보가 된다고 표현할 수 있다.

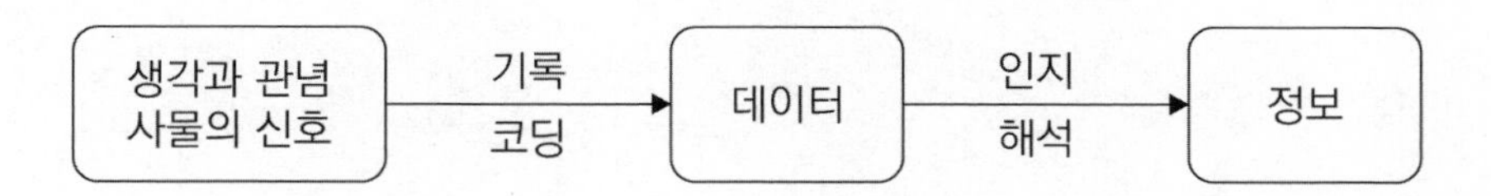

이 책에서는 영장의 집행 대상인 데이터가 수사관에게 인식되어 가치가 부여되는 과정을 지득이라 표현하며 해당 데이터를 수사기관이 재사용할 수 있게 보존하는 과정을 채록이라 말하고자 한다. 채록은 본 것을 수첩에 적거나 있는 것을 촬영하거나 말한 것을 녹음하거나 데이터를 복제하는 모든 보존 행위를 포괄한다. 지득은 본 것을 기억하거나 데이터를 해석하거나 가치를 부여하여 정보로 인식하는 과정이다.

02

수사와 증거에 대한 개괄적 이해

Chapter

02 수사와 증거에 대한 개괄적 이해

제1절 수사의 이념과 수사권의 행사

1. 수사의 이념과 무죄의 증명

가. 수사의 이념

학설이 제시하고 있는 형사소송의 이념은 실체적 진실, 적정절차, 신속한 재판, 무죄추정의 원칙, 정의, 법적 안정성, 당사자의 의사에 의한 분쟁해결, 피해자보호주의 등이다. 이 중 다수설은 실체적 진실, 적정절차, 신속한 재판을 그 이념으로 제시하고 있고, 이를 수용하면서 무죄추정의 원칙, 당사자의 의사에 의한 분쟁해결, 피해자보호주의를 그 이념으로 새롭게 제시하는 견해와 정의, 법적 안정성, 적정절차를 그 이념으로 새롭게 제시하는 견해로 분류해 볼 수 있다.[1] 대법원도 "… 적법절차의 원칙과 실체적 진실 규명의 조화를 도모하고 이를 통해 형사사법정의를 실현하려고 한 취지…"라고 판시[2]하고 있는데, 다수설과 판례의 태도를 종합하면 공통적으로 제시하고 있는 이념은 실체적 진실과 적정절차이다.

그런데 실체적 진실이 형사소송의 주된 이념이라는 견해에 대하여 비판적인 시각이 있다. 실체적 진실의 이념은 수사를 비롯한 형사소송 전반에 걸쳐

1 권영법, "형사소송의 이념," 저스티스, 제124호, 2011, 266면.
2 대법원 2009.12.24. 2009도11401 판결, 대법원 2007.11.15. 2007도3061 전원합의체 판결.

적대적 범죄투쟁을 강화하는 방향으로 나아가게 만들며, 그 결과 지향적 사고와 맞물려 범죄자에 대한 강력한 단죄라는 국가권력의 목적이나 이익 달성에 원조하는 이데올로기적 기능을 수행한다는 견해[3]이다.

강제처분 권한을 행사할 수 있는 수사기관은 이러한 비판적 시각에 귀를 기울일 필요가 있다. 특히 범죄 사실을 적극적으로 밝혀서 죄 있는 자를 빠짐없이 처벌하고자 하는 적극적, 실체적 진실주의는 법치국가의 형사소송절차를 존중하기보다는 잘 조직된 법집행력을 동원하여 효율적으로 범죄를 척결하려고 하고 이러한 과정에서 인권에 대한 존중이 경시될 수 있기 때문이다. 이러한 현상은 과거 군사독재정권 아래에서 행해졌던 형사정책을 상상하면 쉽게 이해할 수 있다. 실체적 진실을 목적으로 형사소송의 효율성을 지향하는 신속한 처벌주의는 소송 국면에서 나타나는 모든 다른 이익들을 인식의 뒷전으로 몰아내고 범인의 신속한 발견과 처벌을 목표로 삼아 모든 편의와 노력을 경주하며, 이로 인해 범죄 통제의 실효성과 사법기능의 효율성만을 내세우게 된다.[4] 이러한 이념과 정책들은 '진실'이 발견되는 것은 정의로울 것이라는 점을 전제로 삼고 있다. 그런데 과연 형사절차를 통해 과거의 진실이 있는 그대로 밝혀질 수 있다고 단언할 수 있을까? 만약 실체적 진실이 밝혀지는 것이 이상에 불과한 것이라면 범죄 투쟁을 위해 제시되는 실체적 진실주의 이념은 선동에 이용되는 도구일 뿐이다.

우리는 아침에 먹은 음식, 어제 입었던 옷, 저녁에 시청한 TV 뉴스의 내용에 대해 얼마나 정확하게 기억하고 있는가? 우리의 기억은 한계가 있으며 심지어 왜곡되기까지 한다. 과거에 발생한 역사적 사실을 재구성하기 위한 과정에는 이를 밝히고자 하는 자와 이를 숨기려고 하는 자가 있고, 진실을 말하고 싶어도 기억이 왜곡되거나 기억하지 못하는 자들이 있다. 결국 역사적 사실의 재구성을 위해 의도적으로 기록되고 저장되지 않는 한 과거의 사실을 진실에 가깝게 재구성하는 것은 불가능에 가깝다고 볼 수 있다.

실체적 진실을 밝히는 것이 불가능할 뿐만 아니라 이러한 이념의 중시는 범죄 통제를 위한 억압적 형사정책의 선동적 이념이 될 수 있기 때문에 이것을

3 변종필, "형사소송이념과 범죄투쟁, 그리고 인권," 비교형사법연구, 5(2), 2003, 930면.
4 변종필, "형사소송이념과 범죄투쟁, 그리고 인권," 비교형사법연구, 5(2), 2003, 939면.

형사소송의 주요한 이념으로 설정하는 것이 바람직한지 다시 한번 생각해 보아야 할 문제이다. 실체적 진실발견의 이념은 적정절차의 측면에서 새롭게 정의되어야 한다. 적정절차의 관점에서 볼 때, 실체적 진실발견의 이념은 자유심증주의라는 소송 제도에 터 잡아 소송 주체를 비롯한 모든 소송 참여자들이 적극적으로 절차나 의사소통에 참여함으로써 자신의 주장을 피력하고, 법관이 정확하게 판단할 수 있게 제반 증거자료를 제시할 수 있는 기회를 최대한 보장해 주라는 요청으로 이해되어야 한다. 아울러 이러한 요청에 부합하여 가급적 최적의 의사소통과 최대한의 증거에 근거하여 모든 증거에 대해 판단해 줄 것을 법관에게 요청하는 것으로 재해석될 수 있다.[5]

수사기관은 범죄자나 피해자에 비하여 우월한 힘을 지닌다. 그렇다고 하여 형사소송이 우월적 힘을 가진 수사기관에 의해 주도되는 것으로만 인식되어서는 안 된다. 피의자나 피해자를 수사의 과정에 필요한 대상으로 볼 것이 아니라 사건에 관여하는 주체로서 수사 절차에 주도적으로 참여하며 자신의 의견을 주장하는 당사자들로 보아야 한다.

디지털 기술이 발전하고 모든 개개인이 디지털 기기를 사용하는 현재의 상황에서는 범죄를 재구성하고 사실인정을 위해 필요한 증거들은 더 풍부해졌다. 이는 수사에서 범죄의 재구성을 위한 재료가 충분해졌음을 의미한다. 이러한 상황에서 형사소송 또는 수사의 이념이 실체적 진실의 규명이라는 것에 방점을 둘 경우, 수사 과정에서의 인권침해나 남용에 대해 너그러운 태도를 보일 여지가 있다. 이를 방지하려면 적정절차의 원리를 형사소송과 수사의 이념에서 가장 중요시 할 필요가 있다. 즉, 형사소송 또는 수사 과정에서 피의자나 피해자를 당사자의 지위에 두고 그들의 참여권을 적절히 보장하며, 수사기관이 데이터를 사용할 때는 정보주체에게 충분한 통지를 하고 디지털 매체에 대한 수색과 압수의 과정을 투명하게 진행하여야 한다.

나. 무죄의 증명

형사소송의 첫 단계는 범죄를 수사하는 수사기관의 활동으로부터 시작된

5 변종필, “형사소송이념과 범죄투쟁, 그리고 인권,” 비교형사법연구, 5(2), 2003, 942면.

다. 대법원은 수사란 "범죄 혐의의 유무를 명백히 하여 공소의 제기와 유지 여부를 결정하기 위하여 범인을 발견, 확보하고 증거를 수집, 보전하는 수사기관의 활동"[6]이라고 정의한다. 이러한 정의는 수사 활동과 공소의 제기, 재판으로 이루어지는 절차적 측면을 강조한 정의이다. 범죄 수사학에서는 수사를 사건의 진상을 규명하는 활동이라고 좀 더 넓게 정의하고 수사관의 임무는 범행에 의해 남겨진 극히 일부분의 결과인 범죄 흔적을 토대로 범죄 사실을 재구성하고 발생한 범죄와 범인의 인과관계를 밝혀내는 작업을 진행하는 것이라고 말한다.[7] 이를 종합하면 수사는 발생한 범죄를 대상으로 자료를 수집하고 이 자료를 바탕으로 과거의 역사적 사실을 추리, 재구성한 후 범인을 검거하고 범죄 행위에 대해 법률을 적용하는 수사기관의 활동이다.

대법원의 입장과 같이 수사의 의미를 좁게 해석할 경우, 수사 활동을 형사 절차의 일부인 공소제기 여부를 결정하기 위한 근거를 수집하는 정도로 볼 수도 있다. 수사 활동을 광의로 해석할 경우 수사 절차나 공판 절차를 가리지 않고 사건의 진상을 조사하여 범죄인 경우 이를 재구성함으로써 범죄 혐의의 유무를 함께 검토하고 범죄의 혐의가 인정되는 경우에는 그에 관련한 증거를 수집하여 보존하게 된다. 또한 수사 활동 중 수집한 자료에 의해 무죄에 관해서도 적극적으로 증명해 주는 것까지 포함하게 된다.[8] 수사의 객관성을 유지하기 위해서는 피혐의자의 누명을 벗기기 위한 활동까지도 수사의 범위에 포함시키는 것이 바람직하다. 증거에 대한 분석 과정에서 범죄의 혐의를 확인하는 것뿐만 아니라 알리바이에 대한 증명과 같은 범죄 현장 부재 증명도 함께 수행하는 것이 필요하다.

2. 수사권의 적절한 행사

우리 헌법은 국가 권력의 남용으로부터 국민의 기본권을 보호하려는 법치국가의 실현을 기본 이념으로 하고 있다. 법치국가의 개념에는 범죄에 대한

6 대법원 1999.12.7. 선고 98도3329 판결.
7 박노섭·이동희·이윤·장윤식, 『핵심요해 범죄수사학』, 경찰공제회, 2015, 33면.
8 박노섭·이동희·이윤·장윤식, 『핵심요해 범죄수사학』, 경찰공제회, 2015, 28-29면.

법정형을 정함에 있어 죄질과 그에 따른 행위자의 책임 사이에 적절한 비례관계가 지켜질 것을 요구하는 실질적 법치국가의 이념이 포함되어 있다.[9] 여기서 말하는 법치주의는 법에 의한 지배(rule by law)를 말하는 것이 아니라 법의 지배(rule of law)를 의미한다. 법에 의한 지배는 법을 통치자의 의사를 실현하는 단순한 수단에 불과한 도구로 전락시키는 것으로 진정한 의미의 법치가 아니다.

아리스토텔레스는 법치를 이성의 지배라고 하고 인간이 지배하는 인치는 감정의 지배라고 했다. 법치는 일관성이 있어 예측이 가능하지만, 인치는 자의적이라 언제 무슨 일이 일어날지 모르기 때문에 편견, 감정, 무지, 탐욕, 변덕 같은 약점을 가진 인간 대신 법이 지배해야 한다고 했다. 그런데 법은 무생물이기 때문에 그 자체로는 아무 힘이 없고 결국은 인간에 의해 적용되고 집행될 수밖에 없다. 따라서 법치주의는 법의 해석과 적용에 법을 운용하는 개인이 미치는 영향이 크기 때문에 법을 자의적으로 적용 및 해석하지 않도록 주의해야 한다는 뜻을 내포하고 있다.[10]

그런데 범죄 수사를 담당하는 국가기관은 적극적인 수사 활동에 관심을 가질 수밖에 없다. 반면 혐의자뿐만 아니라 수사의 대상이 되는 개인과 단체 또는 기업은 그들이 가지는 사생활에 대한 평온과 재산권을 지키기 위해 고심하게 된다. 공공의 질서를 회복하기 위한 수사 활동이 법률에 기초하여 수행되는 경우에도 근본적으로 개인의 자유를 침해하는 처분을 하기 때문이다.

법은 그 사회를 운영하기 위해 만들어진 틀이며 특히 강제처분권을 행사하게 될 수사기관의 활동은 절대로 그 법의 테두리를 벗어나서도 안 되고 자의적으로 해석하거나 적용되어서도 안 된다. 우리 헌법 제12조 제1항은 법률과 적법한 절차에 의하지 아니하고는 형사처벌을 받지 않는다고 규정하고 헌법 제12조 제3항은 체포, 구속, 압수 또는 수색을 할 때 적법한 절차에 따를 것을 요구하고 있다. 여기서 말하는 적법한 절차라는 것은 대다수 국민들 사이에서 오랫동안 옳다고 생각해 온 기본적인 기대를 준수한다는 것을 의미한다. 따라서 법을 이해하고 이에 따라 행동하는 것이 필수적인 요청이다. 그런데 법을

9 헌법재판소 1992.4.8. 90헌바24, 판례집 4, 225, 230.

10 김낭기, "법의 지배인가, 인간의 지배인가," 저스티스, 146(2), 2015, 53면.

이해한다는 것은 형식적인 법률규정을 이해한 것으로 족하지 않다. 수사기관의 경우 법률에 따라 활동하더라고 국민의 자유를 침해하기 때문에 법이 허용하는 한도에 대해서는 엄격하고 좁은 의미로 해석하는 것이 바람직하다.

3. 디지털 증거 취급의 확대

형사소송법 제199조 제1항은 수사와 필요한 조사라는 표제하에 "수사에 관하여는 그 목적을 달성하기 위하여 필요한 조사를 할 수 있다. 다만, 강제처분은 이 법률에 특별한 규정이 있는 경우에 한하며, 필요한 최소한도의 범위 안에서만 하여야 한다."고 규정하고 있다. 일반적으로 수사의 방법에는 강제수사와 임의수사가 있다.

임의수사와 강제수사의 구체적인 구분에 관하여는 학설이 나뉘어 있다. 형사소송법이 규정한 강제처분의 유형만을 강제수사라고 보고 그 이외의 것은 임의수사라고 보는 형식설이 있고, 물리적 강제력의 행사 유무 또는 상대방의 의사에 반하여 실질적으로 그 법익을 침해하는 처분인지 여부 등에 따라 구분하는 실질설이 있다. 그런데 형식설은 형사소송법이 예정하지 않은 새로운 수사 방법을 임의수사로 규정하게 되는 문제점이 있기 때문에 다수설은 실질적 법익 침해를 기준으로 구분하는 실질설이다.[11]

디지털 매체에 저장되어 있는 데이터들은 점점 더 보호를 해야 한다는 공감대가 형성되어 있고 디지털 매체에 대한 수사 방법이 새로이 도입되고 그 양이 증가함에 따라 디지털 증거에 관한 수사 방법이 임의수사인지 강제수사인지에 대한 경계선에 놓여 있기 때문에 디지털 증거의 취급에서 실질설이 기준으로 삼고 있는 '법익에 대한 침해'가 무엇인지에 대한 고려가 필요하다.

---

11 이주원, 『형사소송법』, 제2판, 박영사, 2020, 100면.

제2절 디지털과 수사 환경의 변화

1. 디지털

비행기 시뮬레이션은 가장 오랫동안 이용되어 온 가상현실 애플리케이션으로 실제 비행기를 타는 것보다 더 현실감을 준다. 가상현실로 교육받은 비행사들은 실제 비행에서 배울 수 있는 것보다 더 많은 것을 배웠기 때문에 첫 비행에서 실제 승객을 태운 비행기를 몰 수 있다. 가상현실은 일어날 수 있는 상황을 직접 체험하게 해준다. 가상현실이 제공하는 공간이 현실감을 주는 이유는 우리의 인식이 여러 가지 시각 신호에 반응하기 때문이다.[12] 실제 비행기는 원자(atom)로 이루어진 물질이지만 가상현실에서 구현되는 시각 신호는 비트(bit)로 구성되어 있다. 물리적으로는 존재하지 않지만 비트로 저장된 데이터는 우리의 인식을 통해 실제 존재하는 것처럼 느끼고 행동하게 만든다.

디지털 증거, 디지털 증거의 다름, 디지털 증거의 특별함을 고찰하기 위해서는 디지털, 디지털을 구성하는 것, 디지털과 반대되는 것들에 대한 이해가 선행되어야 한다.

디지털(digital)은 손가락을 뜻하는 라틴어 digit에서 유래한 것으로 연속적인 실수로 이루어진 아날로그를 특정한 최소 단위의 이산적인 수치로 처리하는 것을 말한다. 연속적인 실수인 아날로그 신호에 대해 샘플링, 양자화, 부호화 과정을 거쳐 이진수로 표현하면 디지털이 된다. 디지털을 구성하는 최소단위는 binary digit, 즉 비트(bit)이다.

비트는 '0'과 '1'이라는 2개의 수만 사용하며, 이진법으로 표현된다. '0'과 '1'을 표현하는 방식은 1732년 바실 부촌(Basile Bouchon)과 장-밥티스테 팔콘(Jean-Baptiste Falcon)이 개발한 펀치카드의 발명에서 시작되었다. 이 기술은 IBM에 의해 초창기 컴퓨터 개발에 이용되면서 꽤 오랜 시간 비트와 디지털을 대표하는 기술로 각광받았다. 1844년 무선 통신을 위해 '0'과 '1'을 사용하는 코

---

12 니콜라스 네그로폰테, 『디지털이다』, 백운인 옮김, 커뮤니케이션북스, 2002, 111면.

드인 모르스(Morse) 부호가 또 하나의 중요한 역사적인 전환점을 만들게 된다. 비트라는 말을 제일 처음 사용한 사람은 클로드 섀넌(Claude E. Shannon)으로 1948년 발표한 "통신의 수학적 이론(Mathematical Theory of Communication)"이라는 논문에서 처음 사용되었다. 그는 1947년 1월 9일 벨 연구소(Bell Labs)에서 존 튜키(John W. Tukey)가 "binary digit"이라고 적은 메모를 보고 이를 축약해서 "비트(bit)"로 적었다고 밝히고 있다.[13]

비트는 표현의 방식이다. 비트와 디지털의 반대되는 말은 아날로그가 아니다. 디지털이나 아날로그는 신호를 처리하는 방식이 다름을 의미할 뿐이다. 디지털 증거가 일반적인 증거와 다르게 취급되어야 하는 건 아날로그 방식으로 표현되지 않았기 때문이 아니라 물질, 사물이 아니기 때문이다. 디지털 증거의 비교 대상이 되는 것은 물질이며 물질의 최소 단위인 원자와 디지털의 최소 단위인 비트의 차이점을 논하는 것이 상호의 이해에 도움이 된다.

아날로그 시계와 디지털 시계가 있다고 하자. 둘 간의 차이는 시간을 표현하는 방식이 다를 뿐이지 서로 반대되는 말은 아니다. 엄격하게 말하면 실수로 구성된 아날로그의 표현 방식을 사람이 인식할 수 없을 정도로 작게 나누어 마치 연속인 것처럼 보이게 만든 것이 디지털일 뿐이다.

디지털 증거를 취급함에 있어 눈여겨 봐야 할 부분은 시계는 원자로 구성되어 있는 물질이라는 것이다. 물질은 한 곳에 하나만 존재하며 물리적으로 처리가 가능하다. 반면에 디지털은 어떠한 사상이나 관념 등 물리적으로 만질 수 없는 데이터를 표현한 방식이기 때문에 가상현실과 같이 시각, 청각으로 인식해야 할 대상이다.

니콜라스 네그로폰테(Nicholas Negroponte)는 원자와 비트의 근본적인 차이에 대해 다음과 같이 말했다. "국제 무역은 전통적으로 물질, 곧 원자를 교환하는 것이다. 에비앙 생수는 크고 무거운 불활성 물체를 많은 비용을 들여 조심스레 천천히 선적한 후 여러 날 동안 수천 마일을 거쳐 전달된다. 그런데 이러한 사정이 매우 빨리 변하고 있다. … 책, 잡지, 신문, 비디오카세트처럼 사람이 직접 손으로 취급하던 정보가 플라스틱 조각에 녹음된 전자자료로 변하여

---

13 https://www.venturesquare.net/1164 (2020. 10. 29. 검색)

광속으로 전달된다. … 토마스 제퍼슨(Thomas Jefferson)은 무료로 책을 빌려볼 수 있는 도서관 개념을 제시했다. 그러나 이 위대한 우리의 선조는 2,000만 명의 사람이 그 내용을 무료로 꺼내 볼 수 있는 디지털 도서관에 대해서는 생각하지 못했다."[14]

목소리는 한 개인의 정체성을 식별할 수 있는 중요한 감각 정보이다. 마이크는 목소리를 전기적 신호로 바꾸어 준다. 목소리가 가지는 질적인 차이는 모두 전기적 신호의 양적 차이로 환원된다. 그 양적인 차이는 다시 스피커로 재생될 때 질적 차이가 있는 것으로 재생될 수 있다. 우리 시각에 비추어지는 색상, 촉각으로 전해지는 단단함, 그리고 소리 등 우리가 느끼는 체험들은 질적인 차이가 있으나 인지적 경험의 중앙처리장치인 뇌로 가기 위해서는 전기적 신호로 번역되어야만 한다.[15] 세상에 존재하는 것들을 인식하기 위해서는 결국 on & off라는 이진수를 통할 수밖에 없어서 아날로그와 디지털의 근본적인 차이를 구분 짓는 것은 큰 의미가 없다.

2. 디지털 컨버전스

하나의 기기나 서비스에 모든 정보통신기술이 융합되는 현상을 디지털 컨버전스라고 한다. 텍스트와 문자 중심으로 이루어지던 디지털화가 기술의 발전으로 소리, 이미지까지 진행되고 있다. 일정 영역만이 디지털화되어 디지털 공간에서 존재성을 현실화하던 단계에서 이제 거의 모든 실체가 존재 방식의 차이에도 불구하고 디지털 공간으로 융합되고 있다. 인간의 사회 활동 대부분이 온라인에서 이루어지고 디지털로 수렴된다.

디지털은 화려한 색깔을 가진 실체들의 다양한 차이를 이진수로 환원하여 조작할 수 있는 가능성을 열어 주었고 모든 것들이 동질적인 양식 안에 담길 수 있게 되었다.[16] 모든 것이 디지털로 융합되어 이진수가 정하는 텍스트 형태

14 니콜라스 네그로폰테, 『디지털이다』, 백운인 옮김, 커뮤니케이션북스, 2002, 6면.
15 이종관·박승억·김종규·임형택, 『디지털 철학 – 디지털 컨버전스와 미래의 철학』, 성균관대학교 출판부, 2013, 39–40면.
16 이종관·박승억·김종규·임형택, 『디지털 철학 – 디지털 컨버전스와 미래의 철학』, 성균관대

로 압축되어 저장매체에 저장된다. 따라서 디지털 증거에 대한 압수수색 과정에서 다루게 되는 저장매체에는 인간의 사회적 활동이 함축되고 바로 이 점이 디지털 증거를 다르게 취급해야 하는 주요한 이유가 된다.

3. 디지털 흔적의 확대

"접촉하는 두 개체는 서로 흔적을 주고받는다." 20세기 초 프랑스의 범죄학자 에드몽 로카르(1877~1966)가 남긴 말이다. 일명 '로카르의 법칙'(Locard's Principle)이라고 부른다. 범죄행위는 그 과정에서 필연적으로 범죄의 흔적을 남기게 된다. 유형의 흔적뿐만 아니라 무형의 흔적도 범죄 흔적이다. 흔적이 필연적으로 남게 되는 이유는 ① 범죄가 인간의 행동이며, ② 인간의 행동은 사회 관계 속에서 이루어지므로 사회적 징표를 남기고, ③ 범죄는 필연적으로 자연 현상을 수반하기 때문이다.

범죄 흔적을 분류하면 생물학적 범죄 흔적, 심리적 범죄 흔적, 사회적 특성에 의한 범죄 흔적, 자연 현상에 의한 범죄 흔적으로 분류할 수 있다. 지문, 혈액형, 유전자, 치형, 음성 등은 생물학적 범죄 흔적이고, 범죄자의 성격이나 동기, 범행 중의 심리 등은 심리적 범죄 흔적이며, 가족, 주거, 경력, 직업, 소속된 집단 등과 같은 것이 사회적 특성에 의한 범죄 흔적이다. 혈흔의 형태, 부러진 연장, 미세 섬유, 족적 등이 자연 현상에 의한 범죄 흔적의 예시이다.[17]

이러한 흔적은 디지털 영역에서도 다양하게 남아 있다. 예를 들어 사람마다 문서를 작성할 때 자신만의 특정한 단어를 사용하거나 문체를 사용하고 간혹 특정한 패턴의 오타를 남기기도 한다. 이러한 개인 간의 차이는 생물학적 흔적에 비유할 수 있다. 도박 사이트나 음란물 유통 사이트를 운영하는 범인은 과거에 게임회사나 인터넷 서비스 회사에 종사했던 경력이 있기도 하고 온라인 상점이나 가짜 명품 사이트를 운영했던 경험이 있을 수 있다. 이러한 흔적은 사회적 범죄 흔적이다. 범인이 컴퓨터나 네트워크를 이용하는 경우 자연적

학교 출판부, 2013, 19－27면.

17 박노섭·이동희·이윤·장윤식, 『핵심요해 범죄수사학』, 경찰공제회, 2015, 66－78면.

으로 각종 로그, 캐쉬, 히스토리가 남게 되며 데이터를 삭제한 경우라도 삭제한 흔적이 저장매체에 남게 되는데 디지털 기기가 동작하면서 자동으로 남게 되는 포렌식 아티팩트는 자연 현상에 의한 범죄 흔적과 비교하여 설명할 수 있다. 일반적인 흔적과 디지털 흔적을 비교하여 도식화 한 것이 다음의 그림이다.

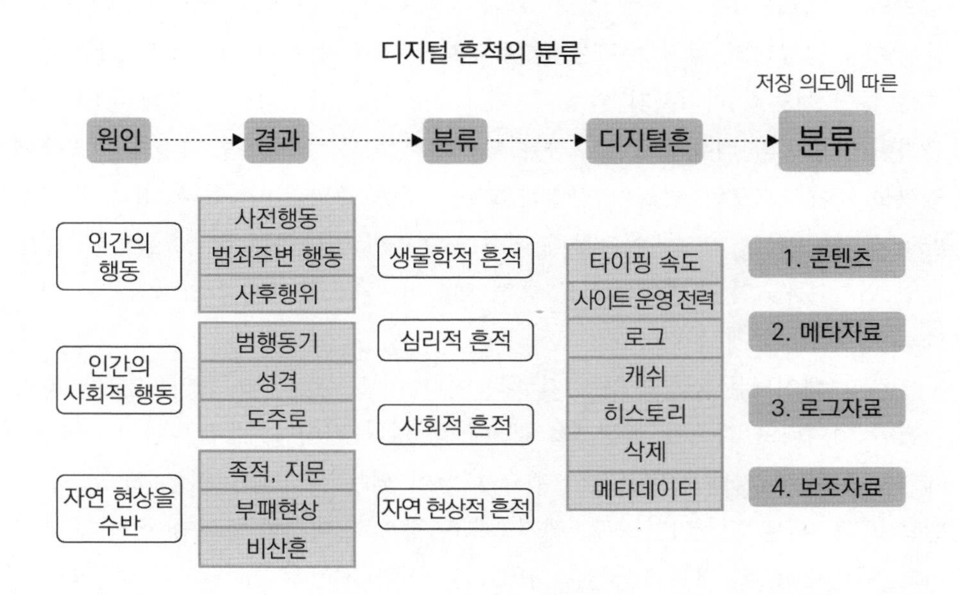

이러한 디지털 흔적을 사용자가 저장한 의도에 따라 분류하면 콘텐츠인 데이터, 메타데이터, 로그 데이터, 보조 데이터로 분류할 수 있다. 생물학적 흔적, 심리적 흔적, 사회적 흔적은 주로 콘텐츠에 남게 되며 자연 현상에 의한 흔적은 메타데이터와 로그, 보조 데이터에서 확인할 수 있다.

콘텐츠는 문자, 부호, 음성, 음향, 이미지 등을 디지털 방식으로 제작하여 처리, 유통하는 각종 내용물을 통틀어 이르는 개념이다. 사용자가 그의 의도에 따라 인위적으로 생상한 문서, 이메일, 동영상, 음성녹음, 사진과 이러한 것들을 암호화하여 저장한 것들이 모두 콘텐츠에 해당한다.

메타데이터[18]는 데이터의 내용, 구조, 맥락 등을 설명하는 데이터로 실제

18 "운영체제는 내부에 있는 파일을 효율적으로 관리하기 위하여, 파일이 생성 또는 수정될 때마다 파일과 관련된 정보를 마스터 파일 테이블(이하 MFT)과 같은 메타데이터 파일에 기록한다. 반면 응용 프로그램은 사용자 편의를 제공하고, 효율적으로 파일을 이용하기 위하여

데이터 자원이 가지고 있는 속성, 특징 등에 관한 정보를 제공한다. 이러한 메타데이터에는 데이터가 생성될 때 결정되는 데이터의 구조, 표현 기법, 참조자료, 데이터에 대한 접근, 수정, 활용에 관한 것뿐만 아니라 데이터 생산자에 관한 정보 등이 광범위하게 서술되어 있다.[19] 이러한 메타데이터는 데이터 생성 프로그램에 의해 자동으로 기록되는 것으로써 데이터 생산자의 의도와는 무관하게 생성되며 범죄 수사에 많은 정보를 제공해 주는 데이터로 활용된다. 예를 들어 성범죄 피의자가 범행 후 피해자를 사진 촬영하여 저장해 두었고 수사기관이 범인의 컴퓨터를 압수하는 과정에서 이를 출력하여 제출받는 경우에 출력물 자체만으로는 범인이 촬영하였다는 것을 증명할 수 없다. 그러나 사진 파일에 남아 있는 메타데이터를 분석하면 촬영한 카메라의 종류, 촬영한 시간, 촬영 위치 등을 알 수 있고, 이를 통해 범인이 해당 사진을 촬영하였다는 사실을 증명할 수 있게 된다.[20]

로그 데이터는 컴퓨터의 처리 내용이나 이용 상황을 시간의 흐름에 따라 기록한 데이터로 사고가 발생했을 때 데이터의 복원이나 사고 원인의 규명 등에 사용된다. 디지털 증거분석의 주요 대상이 되는 로그 데이터는 웹 로그, 이벤트 로그, 파일 및 폴더 로그, 레지스트리 등이 있다. 웹 로그를 통해 홈페이지의 방문자 경로, 방문자의 접속 IP 주소, 접속 시간 등을 분석할 수 있으며, 이벤트 로그는 컴퓨터 시스템의 하드웨어, 소프트웨어, 시스템 관련 문제를 이벤트 형식으로 기록한다. 파일 및 폴더 로그는 파일의 수정 시각, 마지막 접근 시각, 만든 시각 등을 알 수 있게 해주어 증거를 식별하는 데 사용한다. 레지스트리는 윈도우 시스템이 운영되는 데 필요한 정보를 담고 있으며 설치된 소프트웨어 정보, 환경 설정 등 시스템에 관한 모든 정보를 수록하고 있다.[21] 이러한 로그들은 당초 컴퓨터 운영체제와 네트워크의 원활한 운영을 위한 관리와 감사 등의 목적으로 개발되었지만 범죄 수사에서 범인의 컴퓨터 이용 내역과

파일의 부가 정보를 작업 중인 파일 내부에 기록한다."; 김영철, "디지털 전문증거 진정성립을 위한 디지털 본래증거 수집 방안," 형사법의 신동향, 제58호, 2018, 269면.

19 정효택·양영종·김순용·이상덕·최윤철, "Web상의 전자문서를 위한 메타데이터 모델의 제안 및 관리시스템의 개발," 정보처리학회논문지, 5(4), 1998, 925면.

20 이동희·손재영·김재운, 『경찰실무 경찰과 법』, 경찰대학출판부, 2015, 455면.

21 신경준·이상진, "사이버 침해사고 유형별 디지털 포렌식 증거의 식별 및 수집에 관한 연구," 융합보안논문지, 7(4), 2007, 94-97면.

인터넷 이용 증적을 추적할 때도 유용하게 사용될 수 있다.

보조 데이터는 인터넷의 임시 파일과 쿠키같이 웹 브라우저의 효율적 운용을 위해 자동으로 생성되는 데이터이다. 인터넷 임시 파일은 웹 사이트에 접속했을 때 웹 사이트에 표현되었던 내용들을 사용자의 컴퓨터에 저장해 두고 다시 동일한 웹 사이트에 접속한 경우 이미 저장되어 있는 데이터는 원격에서 다운로드 받지 않고 사용자의 컴퓨터에서 직접 읽어 들이도록 설계되어 웹 서핑을 효율적으로 수행하게 해준다. 수사 현장에서 보조 데이터의 활용도는 매우 높다. 만약 살인범이 살인 도구를 구매하기 위해 인터넷 서핑을 한 경우 어떠한 살인 도구를 검색했는지 여부가 사용자의 의도와는 관계없이 보조 데이터로 남기 때문에 살인의 정황증거로 사용할 수 있다.

디지털 기기의 활용이 증가함에 따라 일반적인 증거에 비하여 디지털 흔적의 양이 급속히 증가하게 되었는 데, 대부분 사용자의 의도와 관계없이 디지털 기기에 남아 있다. 또한 디지털 흔적의 경우 디지털 저장매체뿐만 아니라 인터넷 서비스 제공자 등의 서버에도 분산되어 오랜 기간 저장되는 경우가 많기 때문에 수집되는 양도 절대적으로 많아질 수밖에 없다. 디지털 흔적은 디지털 형태로 수집 및 분석할 수 있기 때문에 데이터의 정형화를 통해 종합적인 검토와 분석이 가능하여 수사기관에게는 매우 유용한 자료가 된다.

다만, 이러한 디지털 흔적은 수사기관에 지속적으로 저장, 축적되기 때문에 이를 통제하지 않는다면 언제든지 재사용될 수 있는 문제가 발생한다. 수사기관의 입장에서 디지털 흔적의 재사용, 프로파일링은 수사의 효율성을 높이는 데 기여하겠지만 디지털 흔적에 대한 정보주체의 법익을 침해하기 때문에 디지털 흔적의 관리와 재사용에 대해서는 적절한 규제가 필요하다.

4. 강제수사 영역의 확대

최근에는 빅데이터(Big Data)라는 이름으로 정부의 정책, 교육, 의료, 금융 등 모든 분야에서 축적되어 있는 데이터를 활용하여 사회적, 경제적 가치를 창출하기 위해 혈안이 되어 있다. 빅데이터는 단순히 데이터의 방대함을 의미하는 것이 아니라 다양한 원천 데이터로부터 가능한 많은 새로운 정보를 추출할 수 있음을 함축하고 있다. 시민의 일상이 축적된 빅데이터는 사회에 새로운 가치를 부여하지만, 데이터의 수집, 저장, 처리와 이용이라는 필수적인 과정에서 개인의 정보인권[22]이 침해될 소지가 있다.

2018.3.26. 문재인 정부가 발의한 개정 헌법에는 "정보화 사회로 빠르게 진전되고 있는 현실을 고려하여 알 권리 및 자기정보통제권을 명시적으로 확인함으로써 이에 대한 보장을 강화하고, 정보기본권 보장을 위한 핵심적인 사항으로서 정보의 독점과 격차로 인한 폐해에 대해서는 국가가 예방 및 시정을 위해 노력하도록 하기 위해" 정보기본권을 신설한다고 언급하고 있다. 우리는 '정보'에 대한 권리를 기본권으로 규정하고 이를 최상위법으로 규율하려는 노력을 하고 있다.[23]

인격권, 언론·출판의 자유, 학문·예술의 자유, 사생활의 비밀과 자유, 통신의 자유 등과 같이 과거부터 보장되었던 기본권들에 의해서 정보기본권은 보장될 수 있지만 알 권리, 액세스권, 개인정보자기결정권 등과 같이 전통적인 기본권들만으로는 충분히 포섭할 수 없는 정보기본권의 영역이 존재하기 때문에 총합적 의미의 정보기본권은 정보통신기술이 발달한 현대에 새롭게 부상한 기본권 영역으로써 성문 헌법에 모두 직접 열거되지 않아 기존의 기본권 조항과 헌법원리 등에 근거하여 도출되는 인권이다.

현재의 수사는 물건에 대한 압수수색에서 디지털 형태로 보관, 전송되는 데이터들에 대한 조회의 형태로 변화하고 있다. 임의수사에 관한 조항인 형사소송법 제199조 제2항이 "수사에 관하여는 공무소 기타 공사단체에 조회하여 필요한 사항의 보고를 요구할 수 있다."고 규정하고 있음에도 불구하고 공무소나 기업, 단체가 보관하고 있는 데이터는 개인정보자기결정권의 대상이 되기 때문에 법률상의 근거 없이는 과거와 같이 관련 데이터를 임의적인 방법으로

---

22 "정보인권의 개념은 학자들과 시민단체의 논의에 따라 사생활의 비밀과 자유, 정보통신의 비밀보장, 개인정보자기결정권과 관련된 프라이버시권뿐만 아니라 알 권리의 정보접근권, 정보생산 및 제공권과 관련된 온라인에서의 표현의 자유 및 정보문화를 향유할 권리까지 확장되었다고 볼 수 있다."; 정보인권 보고서, 국가인권위원회, 2013, 8-9면.

23 이관희·이상진, "정보 속성의 이해와 디지털매체 압수수색에 대한 인식개선," 형사정책연구, 30(3), 2019, 28면.

획득할 수 없는 상황에 이르렀다. 데이터가 수사에 미치는 영향이 커지고 데이터에 대한 수집이 강제수사의 영역으로 점차 포섭되고 있는 만큼 수사기관이 행할 수 있는 임의수사의 영역은 상대적으로 축소될 수밖에 없다.

강제수사 영역의 확대는 수사기관의 활동에 대해 다양한 통제 장치를 도입하고 법관의 심사를 강화할 필요성도 함께 증대시킨다. 프라이버시권을 포함한 정보인권이 포괄적이고 다의적 경향을 보임에도 불구하고 이러한 권리는 개인적이고 기본적인 권리로서 그리고 사생활의 전역을 보호함으로써 궁극적으로 인간의 존엄성을 확보하려는 목적이 있음을 알 수 있다. 따라서 정보인권이 인간다운 삶을 영위하려는 사람에게 필수불가결한 기본적 권리라고 볼 때, 컴퓨터 등의 이용으로 인하여 정보인권을 침해하는 일이 빈번해지면 인간의 기본권 자체를 침해하는 것이 되므로 이에 대한 보호가 필요하다. 결국 인간은 자기정보의 유통을 통제할 수 있는 권리를 가져야 한다. 이러한 측면에서 데이터에 대한 법적 보호의 필요성이 더욱 강조된다.[24]

5. 압수수색에 의한 수사와 통신수사 영역의 중첩

통신비밀보호법과 금융실명거래법의 제정 이전에 수사기관에서는 통신자료뿐만 아니라 통신사실확인자료, 금융거래자료 등을 임의수사의 일환인 사실조회의 방식으로 취득해 왔다. 그러나 수사기관의 광범위한 자료 요청과 사업자의 무분별한 자료 제공으로 인해 정보인권이 침해될 우려가 높아지자 입법자는 특별법의 제정과 형사소송법의 개정을 통해 이러한 자료를 취득할 때에도 법관의 심사를 받도록 하였다.

무형의 자료인 통신사실확인자료와 대화의 내용 등을 취득할 때에는 허가서에 의하도록 하였는 데 법관의 심사를 받는다는 측면에서 보면 유체물에 대한 압수·수색영장의 발부와 다를 바가 없다. 동일한 무형의 자료인 금융거래자료는 압수·수색영장을 집행하여 확보하며, 통신자료제공요청서에 의해 조회하였던 가입자 정보 또한 일명 회피 연아 사건[25] 이후에 수사 실무에서는 압수

24 구병삭, 『신헌법원론』, 박영사, 1988, 463면.

·수색영장을 통해 관련 데이터를 확보하고 있다. 사업자가 보관하고 있는 이메일이나 SNS 기록도 압수·수색영장의 집행을 통해 확보하고 있다. 통신사실 확인자료, 통신 패킷, 이메일, 통신자료, 금융거래자료 등의 공통점은 디지털 형태로 보관되거나 전송되는 데이터라는 점이다. 개인의 사생활이 무형의 디지털 형태로 저장 및 전송되고 이러한 데이터의 취득을 위해 법관의 허가를 받게 됨에 따라 압수수색에 의한 수사와 통신수사 간의 구분이 모호해지고 있다. 이제 데이터 취득에 관한 영장주의를 통일적이고 체계적으로 정리할 때이다.

제3절 증거의 일반 이론

1. 증거법의 기본 개념

가. 증거재판주의와 자유심증주의

증거란 사실확인을 위해서 각 당사자에 의해서 수집되어 자신들의 주장이

25 회피 연아 사건 개요: 2010년 3월 4일경, 차모씨는 인터넷 검색을 하다가 밴쿠버 동계 올림픽 선수단 귀국 당시 유인촌 장관이 금메달리스트인 김연아 선수를 환영하면서 두 손으로 어깨를 두드리자 김연아 선수가 이를 피하는 듯한 장면을 편집한 사진('회피 연아 사진')이 게시되어 있는 것을 발견하고 이를 네이버 카페의 유머게시판에 '퍼옴'이라고 표시하여 올렸다. 그 후 유인촌 장관은 2010년 3월 5일경 회피 연아 사진을 인터넷에 올린 사람들에 대해 명예훼손을 이유로 고소를 제기하였고, 이에 서울종로경찰서장이 2010년 3월 8일경 네이버에게 차모씨의 인적사항을 제공해 달라고 요청하자, 네이버는 그로부터 이틀 뒤 서울종로경찰서장에게 차모씨의 'ID, 이름, 주민등록번호, 이메일, 휴대전화 번호, 가입일자'를 제공하였다. 이에 따라 서울종로경찰서장은 차모씨를 소환하여 명예훼손 혐의에 대해 조사하였으나, 유인촌 장관의 고소가 취하되어 사건이 종결되었다.
하지만 차모씨는 2010년 7월경, 수사기관의 개인정보 제공 요청이 있더라도 네이버는 가입자의 개인정보를 보호하기 위해 노력하여야 할 의무를 조화롭게 판단하여 수사기관에게 개인정보를 제공하지 않거나 제한적인 범위 내에서만 제공하였어야 함에도 차모씨의 개인정보에 대한 보호의무를 망각하고 기계적으로 개인정보를 제공하였다는 이유로 위자료 20,000,100원을 청구하였으나 제1심에서 패소하였고, 항소심인 서울고등법원은 2012년 10월 18일, 제1심 판결을 취소하고, "차씨에게 50만 원을 지급하라."며 원고일부승소 판결을 내렸으며, 대법원(대법원 2016.3.10. 선고 2012다105482 판결)은 다시 항소심을 파기환송하였다.

옳다는 것을 심판관에게 설득하기 위하여 법정에 제출되는 것을 말한다.[26] 형사재판에서 법관이 피고인의 유무죄를 인정할 때는 오직 증거에 근거를 두어야만 한다. 형사소송법은 제307조에서 "사실의 인정은 증거에 의하여야 한다." "범죄 사실의 인정은 합리적인 의심이 없는 정도의 증명에 이르러야 한다."고 함으로써 증거재판주의를 선언하고 있다. 제308조는 법정에 제출된 증거의 증명가치를 의미하는 증거의 증명력은 법관의 자유판단에 의한다고 하여 자유심증주의를 선언하고 있다. 형사재판에서 유죄의 인정은 법관으로 하여금 합리적인 의심을 할 여지가 없을 정도로 공소사실이 진실하다는 확신이 들게 하는 증거에 의하여야 하고 이러한 정도의 심증을 형성하는 증거가 없다면 설령 피고인에게 유죄의 의심이 간다 하더라도 피고인의 이익으로 판단할 수밖에 없다.[27]

증명력은 법관의 판단에 의하는 것이기는 하나 증명력이 있는 것으로 인정되는 증거를 합리적인 근거 없이 의심하여 이를 배척하는 것 또한 자유심증주의의 한계를 벗어나는 것으로 허용되지 않는다.[28] 과학적이고 객관적인 방법에 의해서 분석되고 검증된 증거의 경우 높은 증명력을 가지고 있기 때문에 자유심증주의에 의한 법관의 재량을 최소화하게 된다.

따라서 과학적 증거, 디지털 증거와 같이 일반적으로 객관적인 증거라고 여겨지는 증거가 오용, 훼손, 변질되어 제출되는 경우, 형사재판에 큰 영향을 미칠 수 있기 때문에 이러한 증거일수록 그 증거의 진정성과 분석의 신뢰성을 높게 요구하는 경향을 보인다.

나. 증거원천과 증거가치

학문상 사실인정의 자료가 되는 물건이나 사람 자체를 증거방법이라고 하며 증거방법을 조사하여 알게 된 내용을 증거자료라고 한다. 증인이나 증거서류, 증거물은 증거방법이 되며 증인의 증언내용, 증거서류의 열람이나 낭독을 통해 알게 된 사실, 증거물에 대한 제시를 통해 알게 된 증거물 자체의 성질이

---

26 Steve Uglow, *Evidence: Text and Materials*, Sweet & maxwell, 2006, p22.
27 대법원 2000.11.10. 선고 2000도2524 판결.
28 대법원 2017.6.8. 선고 2016도21389 판결.

나 형상을 증거자료라고 한다.[29]

그러나 '방법'의 국어적 의미는 어떤 일을 해 나가거나 목적을 이루기 위하여 취하는 수단이나 방식 등 절차적 과정을 의미하고 '자료'는 연구나 조사 따위의 바탕이 되는 재료를 의미하므로 '증거방법'과 '증거자료'라는 말이 다소 어색하게 해석될 우려가 있다. 학문상 증거방법이 오히려 증거가치를 가지는 대상 또는 증거를 추출하기 위한 원천 및 자료를 의미하므로 증거원천 또는 증거 대상이라는 말이 적합하다.

학문상 증거자료는 증거원천에 대한 조사를 통해 알게 된 사실 또는 증거가치로 표현하는 것이 적합해 보인다. 공판 절차에서 말하는 증거는 유죄의 사실을 인정하기 위한 것에 한정될 수 있지만 수사 단계에서 증거란 사실인정을 위해 사용되는 모든 수사 자료를 의미한다. 앞에서 고찰한 데이터와 정보의 개념에서 본다면 데이터는 증거원천이고 정보는 증거가치라 할 수 있다.

수사기관은 수사 중 인식하거나 획득한 증거를 공판정에 제출해야 하기 때문에 증거원천에서 취득한 증거가치를 서류나 매체 등에 저장, 운송하여야 하며, 압수조서, 수색조서, 검증조서 등의 작성을 통해 스스로 증거원천을 생산해야 한다. 또한 증거원천을 취득할 때부터 공판정까지 운송하는 절차에 관하여 해당 증거가 변질, 훼손되지 않았다는 사실까지 증명해 보여야 한다.

다. 과학적 증거의 증거가치

통상 과학적 증거의 정의에 대해서는 사실적인 측면과 규범적인 측면을 결합한 방식으로 설명하고 있다. 즉, 사실적 측면에서 자연과학적 원리와 기술을 응용하여 수집된 증거로서 그 영역의 전문가가 신뢰성과 타당성을 쉽게 판단할 수 있고, 규범적 측면에서 인지와 분석의 기초가 되는 원리에 과학적 근거가 있으며, 그 수단과 방법이 타당성과 신뢰성을 가지고 있어 인지, 분석에 의한 판단 결과가 재판에서 증거로 허용될 수 있는 것을 의미한다고 보는 것이다.[30]

29 이주원, 『형사소송법』, 제2판, 박영사, 2020, 342면.
30 이정봉, "'과학적 증거'의 증거법적 평가," 형사판례연구, 제21권, 2011, 578면.

이러한 과학적 증거(유전자 검사나 혈액형 검사 등)는 그 전제로 하는 사실이 모두 진실임이 입증되고 그 추론의 방법이 과학적으로 정당하여 오류의 가능성이 전무하거나 무시할 정도로 극소한 것으로 인정되는 경우에는 법관이 사실인정을 함에 있어 상당한 정도로 구속력을 가지므로, 비록 사실의 인정이 사실심의 전권이라 하더라도 아무런 합리적 근거 없이 함부로 이를 배척하는 것은 자유심증주의의 한계를 벗어나는 것으로서 허용될 수 없다.[31] 과학적 증거와 디지털 증거의 상이에 대해서는 추가적인 검토가 필요하겠으나 디지털 증거를 과학적 증거의 범주에 포함시킨다면 형사사법 전반에서 과학적 증거가 차지하는 비중은 상당히 크다고 할 수 있다. 과학적 증거는 법관의 판단에 상당한 구속력을 부여하기 때문에 비과학이 과학을 빙자하여 법정에 들어오지 않도록 경계할 필요가 있다.

과학적 증거에서 말하는 '과학적'이라는 것은 어떠한 의미일까? 미국과학진흥회(The American Association for the Advancement of Science)가 표명한 공식 의견에 따르면, "과학은 세계에 대한 이론적 설명을 제안하고 정제하는 하나의 '프로세스'로서 지속적으로 검증되고 정제되는 것"을 의미한다.[32] 과학은 가설의 설정과 검증을 통해 이론적 체계를 정립해 나가는 과정으로써 사람의 주관과 편견을 최대한 배제하고, 보다 객관적으로 세계를 관찰하는 것을 의미한다. 또한 과학적 지식은 영원·불변한 것이 아니라 지속적인 검증을 통해 정제되는 일련의 과정 속에 놓여 있기 때문에 과학이 어떠한 확정적인 불변의 결과물이라기보다는 '프로세스 그 자체'임을 의미한다. 과학적 방법을 통해 도출된 결과는 언제든지 다시 검증받을 수 있으며 그 검증의 주체에 제한도 없다.[33] 과학적 증거라고 명명되어 법정에 현출되는 증거는 사실 비과학이 개입되었을 가능성도 배제할 수 없을 뿐만 아니라 과학적인 방법에 의해 도출된 결과 역시 새롭게 검증되고 다르게 해석될 여지가 있다는 점을 간과해서는 안 된다.

법관은 과학적 증거의 결론뿐만 아니라 과학적 증거가 도출된 과정에 대

31 대법원 2007.5.10. 선고 2007도1950 판결.

32 김면기, "과학적 증거의 판단기준과 적용과정에 대한 이해 – 최근 논란이 된 사례들을 중심으로 –", 형사정책, 30(3), 2018, 211면.

33 김면기, "과학적 증거의 판단기준과 적용과정에 대한 이해 – 최근 논란이 된 사례들을 중심으로 –", 형사정책, 30(3), 2018, 211–212면.

한 세심한 분석과 이해를 통해 심증을 형성하여야 한다. 과학적 증거 또는 디지털 증거를 다루는 분석자 또한 증거를 발견, 수집하는 과정부터 결과가 도출되기까지의 과정을 법정에서 정확하게 현출하여야 할 의무가 있다.

라. 증명의 정도

형사소송법 제307조 제2항 "범죄 사실의 인정은 합리적인 의심이 없는 정도의 증명에 이르러야 한다."라는 규정은 심증 형성의 객관적 기준, 즉 증명력의 정도에 대해 규정한 것으로써 2007년 6월 1일 형사소송법 개정에 따라 새로이 신설된 조항이다. 이 조항은 기존의 학설과 대법원 판례에 의해 형성된 원칙을 법률로 규정한 것이다. 여기서 말하는 합리적 의심이란 단순히 막연한 추측을 넘어 합리성 있는 이유를 제시할 수 있는 의심으로써 모든 증거를 주의 깊고 공정하게 고려한 후에 상식과 이성에 기초하여 발생하게 되는 의심을 말한다.

그런데 범죄 사실을 증명하기에 충분한 합리적 의심의 여지가 없는 증거는 어느 정도의 증명력을 지니고 있어야 하는가? 미국에서는 증명의 정도에 대해 우월한 증명(preponderance of evidence), 분명하고 설득력 있는 증명(clear and convincing evidence), 분명하고 뚜렷하며 설득력 있는 증명(clear, unequivocal and convincing evidence)과 합리적 의심을 넘는 정도의 증명(proof beyond reasonable doubt) 등이 제시되고 있다. 우월한 증명의 정도는 개연성이 있는 정도(more likely than not)를 말하며, 다투어지는 사실이 존재할 가능성이 그렇지 아니할 경우보다 높다는 의미이다. 분명하고 설득력 있는 증명이란 우월한 증명의 정도보다는 더욱 강한 정도의 증명을 말하며, 합리적 의심을 넘는 정도의 증명보다는 약한 정도에 해당하는 높은 개연성(highly probable)이라고 할 수 있다. 뚜렷하고 분명하며 설득력 있는 증명은 강제송환(deportation), 시민권박탈(denaturalization), 국외추방(expatriation) 등의 사건에서 요구되는 증명의 정도를 말한다. 합리적 의심을 넘는 정도의 증명이란 이성적인 사람이 자신에게 가장 중요한 일이 닥쳤을 때 주저 없이 근거로 삼아 행할 수 있는 정도의 확실한 특징을 말한다. 형사소송에서 유죄의 입증은 우월한 증명이나 분명하고 설득력 있는 정도의 증명보다는 높은 정도의 증명을 요하지만 이를 더욱더 구체적으로 객관화한 기준을 제시하는 것은 여전히 어려운 일이다.[34]

2. 증거법 적용의 효용

증거법은 재판에서 증거가 어떻게 쓰이고 어떤 증거가 허용되는지를 규율하는 법이다. 법관은 증거법의 규율을 받은 증거를 종합하여 합리적 의심 없는 증명의 정도에 이르렀는가를 판단한다. 증거법이 주로 공판정에서 사용되지만 증거법의 규율을 통과하기 위해 수사기관은 이에 합당한 증거를 생산해 내도록 노력하게 된다. 이러한 과정에서 증거법은 수사기관이 수사 자료의 취득에 있어서 적법절차를 준수하게 하고 증거법을 위반하여 수집한 증거의 증거능력을 부정함으로써 수사권의 남용을 억제하는 역할도 한다.

3. 증거법의 원리

가. 위법수집증거의 배제

1) 위법수집증거의 개념

형사소송법 제308조의2는 위법수집증거의 배제라는 표제하에 "적법한 절차에 따르지 아니하고 수집한 증거는 증거로 할 수 없다."고 선언하고 있다. 이 규정은 2007.6.1. 신설되었다. 이 규정 이전부터 판례는 위법하게 수집한 진술증거에 대한 증거능력을 배제하여 왔다. 변호인과의 접견교통권이 침해된 상황에서 작성된 피의자신문조서에 대한 증거능력[35], 진술거부권을 고지하지 않고 촬영된 비디오테이프의 녹화 내용에 대한 증거능력[36], 위법한 긴급체포 중에 작성된 피의자신문조서의 증거능력[37]을 배제하였다.

34 조현욱, "형사재판에 있어 합리적 의심의 판단기준에 관한 연구," 법학연구, 16(1), 2013, 292-294면.

35 대법원 1990.8.24. 선고 90도1285 판결.

36 대법원 1992.6.23. 선고 92도682 판결.

비진술 증거에 대하여는 "압수물은 압수 절차가 위법하다 하더라도 물건 자체의 성질, 형태에 변경을 가져오는 것은 아니고, 형태, 성질 등에 관한 증거 가치에는 변함이 없으므로 그 증거의 증거능력은 인정되어야 한다."[38]는 이른바 '성질형상불변론'의 입장이었다가 형사소송법에 명문으로 위법수집증거배제법칙이 신설된 후, 대법원은 일명 제주지사실 압수수색 사건에서 다음과 같이 판시[39]함으로써 성질형상불변론 입장을 변경하였다.

"기본적 인권 보장을 위하여 압수수색에 관한 적법절차와 영장주의의 근간을 선언한 헌법과 이를 이어받아 실체적 진실 규명과 개인의 권리보호 이념을 조화롭게 실현할 수 있도록 압수수색 절차에 관한 구체적 기준을 마련하고 있는 형사소송법의 규범력은 확고히 유지되어야 한다. 그러므로 헌법과 형사소송법이 정한 절차에 따르지 아니하고 수집된 증거는 기본적 인권 보장을 위해 마련된 적법한 절차에 따르지 않은 것으로서 원칙적으로 유죄 인정의 증거로 삼을 수 없다 할 것이다. 무릇 수사기관의 강제처분인 압수수색은 그 과정에서 관련자들의 권리나 법익을 침해할 가능성이 적지 않으므로 엄격히 헌법과 형사소송법이 정한 절차를 준수하여 이루어져야 한다. 절차 조항에 따르지 않는 수사기관의 압수수색을 억제하고 재발을 방지하는 가장 효과적이고 확실한 대응책은 이를 통하여 수집한 증거는 물론 이를 기초로 하여 획득한 2차적 증거를 유죄 인정의 증거로 삼을 수 없도록 하는 것이다".

2) 디지털 증거에 적용된 판례

가) 공문의 집행을 통해 확인한 카드 전표 거래 정보의 증거능력

피해자로부터 절도 범행 신고를 받고 출동한 경찰관들이 범행 현장에 유류한 범인의 의류에서 신용카드회사 발행의 매출 전표를 발견하고 해당 카드회사에 공문을 발송하는 방법으로 위 매출 전표의 거래 명의자가 누구인지 그 인적 사항을 알아내었고 이를 기초로 하여 피고인을 범행의 혐의자로 특정하

37 대법원 2008.3.27. 선고 2007도11400 판결.

38 대법원 1968.9.17. 선고 68도932 판결, 대법원 1987.6.23. 선고 87도705 판결, 대법원 1994.2.8. 선고 93도3318 판결, 대법원 1996.5.14. 자 96초88 결정, 대법원 2002.11.26. 선고 2000도1513 판결, 대법원 2006.7.27. 선고 2006도3194 판결.

39 대법원 2007.11.15. 선고 2007도3061 전원합의체 판결.

게 되었다.

이 사건의 증거인 매출 전표의 거래 정보에 관하여 대법원은 "금융실명거래 및 비밀보장에 관한 법률(이하 '금융실명법'이라 한다) 제4조 제1항은 "금융회사 등에 종사하는 자는 명의인(신탁의 경우에는 위탁자 또는 수익자를 말한다)의 서면상의 요구나 동의를 받지 아니하고는 그 금융거래의 내용에 대한 정보 또는 자료(이하 '거래정보 등'이라 한다)를 타인에게 제공하거나 누설하여서는 아니 되며, 누구든지 금융회사 등에 종사하는 자에게 거래정보 등의 제공을 요구하여서는 아니 된다. 다만 다음 각 호의 어느 하나에 해당하는 경우로서 그 사용 목적에 필요한 최소한의 범위에서 거래 정보 등을 제공하거나 그 제공을 요구하는 경우에는 그러하지 아니하다."고 규정하면서, "법원의 제출명령 또는 법관이 발부한 영장에 따른 거래 정보 등의 제공"(제1호) 등을 열거하고 있고, 수사기관이 거래 정보 등을 요구하는 경우 그 예외를 인정하고 있지 아니하다. 이에 의하면 수사기관이 범죄의 수사를 목적으로 '거래 정보 등'을 획득하기 위해서는 법관의 영장이 필요하다고 할 것이고, 신용카드에 의하여 물품을 거래할 때 '금융회사 등'이 발행하는 매출 전표의 거래 명의자에 관한 정보 또한 금융실명법에서 정하는 '거래 정보 등'에 해당한다고 할 것이므로, 수사기관이 금융회사 등에 그와 같은 정보를 요구하는 경우에도 법관이 발부한 영장에 의하여야 할 것이다. 그럼에도 수사기관이 영장에 의하지 아니하고 매출 전표의 거래 명의자에 관한 정보를 획득하였다면, 그와 같이 수집된 증거는 원칙적으로 형사소송법 제308조의2에서 정하는 '적법한 절차에 따르지 아니하고 수집한 증거'에 해당하여 유죄의 증거로 삼을 수 없다."고 판시[40]하여 해당 매출 전표의 거래 명의자에 관한 정보의 증거능력을 배제하였다.

나) 불법 감청으로 녹음된 통신 내용의 증거능력

필로폰을 투약한 혐의 등으로 구속되어 구치소에 수감되어 있던 공소외인이 구치소에 수감되어 있던 중 피고인의 이 사건 공소사실에 관한 증거를 확보할 목적으로 검찰로부터 자신의 압수된 휴대전화를 제공받아 구속수감 상황 등을 숨긴 채 피고인과 통화하고 그 내용을 녹음한 다음 그 휴대전화를 검찰에

40 대법원 2013.3.28. 선고 2012도13607 판결.

제출하였다. 검찰은 공소외인이 피고인으로부터 걸려오는 전화를 자신이 직접 녹음한 후 이를 검찰에 임의제출하였고 필로폰 관련 대화 내용을 녹취한 녹취록과 휴대전화에 내장된 녹음 파일을 mp3 파일로 변환시켜 이를 피고인의 마약류 관리에 관한 법률 위반의 증거로 제출하였다.

대법원은 검찰에서 제출한 녹취록과 녹음 파일에 대하여 "위와 같은 녹음 행위는 수사기관이 공소외인으로부터 피고인의 이 사건 공소사실 범행에 대한 진술을 들은 다음 추가적인 증거를 확보할 목적으로 구속수감되어 있던 공소외인에게 그의 압수된 휴대전화를 제공하여 그로 하여금 피고인과 통화하고 피고인의 이 사건 공소사실 범행에 관한 통화 내용을 녹음하게 한 것이라 할 것이고, 이와 같이 수사기관이 구속수감된 자로 하여금 피고인의 범행에 관한 통화 내용을 녹음하게 한 행위는 수사기관 스스로가 주체가 되어 구속수감된 자의 동의만을 받고 상대방인 피고인의 동의가 없는 상태에서 그들의 통화 내용을 녹음한 것으로서 범죄 수사를 위한 통신제한조치의 허가 등을 받지 아니한 불법 감청[41]에 해당한다고 보아야 할 것이므로, 그 녹음 자체는 물론이고 이를 근거로 작성된 이 사건 수사보고의 기재 내용과 첨부 녹취록 및 첨부 mp3 파일도 모두 피고인과 변호인의 증거동의에 상관 없이 증거능력이 없다고 할 것이다."고 판시[42]하였다.

나. 전문법칙

1) 전문증거의 개념

전문증거(hearsay evidence)는 요증사실, 즉 사실인정의 기초가 되는 사실을 직접 경험한 자가 법정에서 진술하지 않고 서류에 그 내용을 기재하여 법정에

---

41 전기통신의 감청은 제3자가 전기통신의 당사자인 송신인과 수신인의 동의를 받지 아니하고 전기통신 내용을 녹음하는 등의 행위를 하는 것만을 말한다고 풀이함이 상당하다고 할 것이므로, 전기통신에 해당하는 전화 통화 당사자의 일방이 상대방 모르게 통화 내용을 녹음하는 것은 여기의 감청에 해당하지 아니하지만, 제3자의 경우는 설령 전화 통화 당사자 일방의 동의를 받고 그 통화 내용을 녹음하였다 하더라도 그 상대방의 동의가 없었던 이상, 이는 통신비밀보호법상 감청에 해당하여 통신비밀보호법 제3조 제1항 위반이 된다(대법원 2002.10.8. 선고 2002도123 판결 참조).

42 대법원 2010.10.14. 선고 2010도9016 판결.

제출하거나 직접 경험한 자로부터 그 경험한 사실을 전해 들은 사람이 법정에서 들은 바를 진술하는 것을 말한다. 살인사건의 목격자가 법정에서 피고인이 피해자를 살해하는 것을 보았다고 진술하게 되면 이 증거는 원본 증거가 되지만 진술 조서의 형태로 작성되어 법정에 제출되거나 목격자로부터 해당 진술을 전해 들은 제3자가 증인이 되어 법정에서 진술하는 경우 이러한 조서와 증언은 전문증거가 된다.

원칙적으로 이러한 전문증거는 사용이 금지된다. 형사소송법 제310조의2는 전문증거와 증거능력의 제한이라는 표제로 "제311조 내지 제316조에 규정한 것 이외에는 공판준비 또는 공판기일에서의 진술에 대신하여 진술을 기재한 서류나 공판준비 또는 공판기일 외에서의 타인의 진술을 내용으로 하는 진술은 이를 증거로 할 수 없다."고 전문법칙(hearsay rule)을 명시하고 있다.

전문법칙은 법정 밖에서 이루어지는 진술은 신뢰하기 어렵다는 데에서 기인한다. 경험한 자가 법정 안에서 진술하게 함으로써 법관이 신뢰성을 직접 판단하게 된다. 우선 증인으로 하여금 법정에서 선서를 하도록 함으로써 진실하게 증언할 의무를 유발하며 증인이 증언을 하는 모습을 통해 직접 증언의 성실성을 판단할 수 있다. 또한 당사자가 증인을 대면하여 반대신문을 함으로써 증인의 편견이나 이해 정도, 신빙성 등에 관한 질문을 할 수 있는 기회를 제공할 수 있다.

헌법재판소의 결정[43]에서도 다음과 같이 전문법칙의 취지를 명확히 언급하고 있다.

"형사소송법 제310조의2는 '제311조 내지 제316조에 규정한 것 이외에는 공판준비 또는 공판기일에서의 진술에 대신하여 진술을 기재한 서류나 공판준비 또는 공판기일 외에서의 타인의 진술을 내용으로 하는 진술은 이를 증거로 할 수 없다'고 규정하여 전문증거의 증거능력을 원칙적으로 부인하고 있다. 이는 공개 법정의 법관의 면전에서 진술되지 아니하고, 피고인에게 반대신문의 기회를 부여하지 않은 전문증거의 증거능력을 배척함으로써 피고인의 반대신문기회를 보장하고, 직접심리주의에서 공판중심주의를 철저히 함으로써, 피고

43 헌법재판소 1995.4.28. 93헌바26 결정.

인의 공정한 재판을 받을 권리를 보장하기 위한 것이다".

2) 전문법칙의 예외

전문법칙을 엄격하게 적용하면 사실인정을 위해 제출된 증거가 지나치게 제한되어 실체적 진실 발견이 어렵게 되고 모든 증인을 법정에 소환하거나 원본 증거를 제출하도록 요구할 경우 소송이 지연되어 소송 경제에 반하게 된다. 전문증거라고 하여도 신용성이 보장되어 있거나 특별히 필요하다고 인정되는 경우에는 소송 경제 및 실체적 진실 발견의 관점에서 전문법칙에 예외를 인정할 필요가 있다. 형사소송법은 제311조부터 제315조까지 전문 서류에 대한 예외 규정을 마련해 두었고 제316조에는 전문진술에 대한 예외 규정을 두었다.

최근 일상 생활에서 디지털 기기를 통한 의사소통과 서비스 이용이 활발해짐에 따라 디지털 형태로 보관된 증거에 대한 제출이 늘어나고 있다. 특히, 디지털 증거의 경우 이를 인식할 수 있도록 출력하여야 하기 때문에 디지털 증거가 법정에 원본 증거로 제출되는 경우보다는 사본의 형태로 제출되므로 디지털 증거에 대한 증거능력 인정 여부에 대해 논란이 많다.

3) 관련 판례

가) 컴퓨터 디스켓에 담긴 문건의 증거능력

컴퓨터 디스켓에 담긴 문건의 증거능력에 관하여 대법원은 "컴퓨터 디스켓에 들어 있는 문건이 증거로 사용되는 경우 그 컴퓨터 디스켓은 그 기재의 매체가 다를 뿐 실질에 있어서는 피고인 또는 피고인 아닌 자의 진술을 기재한 서류와 크게 다를 바 없고, 압수 후의 보관 및 출력과정에 조작의 가능성이 있으며, 기본적으로 반대신문의 기회가 보장되지 않는 점 등에 비추어 그 기재 내용의 진실성에 관하여는 전문법칙이 적용된다고 할 것이고, 따라서 형사소송법 제313조 제1항[44]에 의하여 그 작성자 또는 진술자의 진술에 의하여 그 성립

44 제313조(진술서등) ① 전2조의 규정 이외에 피고인 또는 피고인이 아닌 자가 작성한 진술서나 그 진술을 기재한 서류로서 그 작성자 또는 진술자의 자필이거나 그 서명 또는 날인이 있는 것(피고인 또는 피고인 아닌 자가 작성하였거나 진술한 내용이 포함된 문자·사진·영상 등의 정보로서 컴퓨터용디스크, 그 밖에 이와 비슷한 정보저장매체에 저장된 것을 포함한다. 이하 이 조에서 같다)은 공판준비나 공판기일에서의 그 작성자 또는 진술자의 진술에 의하여 그 성립의 진정함이 증명된 때에는 증거로 할 수 있다. 단, 피고인의 진술을 기재한 서류

의 진정함이 증명된 때에 한하여 이를 증거로 사용할 수 있다."고 판시[45]하면서 해당 문건의 작성자나 진술자에 의해 성립의 진정함이 증명된 바 없기 때문에 이를 증거로 사용할 수 없다고 하였다. 다만, 이적표현물을 컴퓨터 디스켓에 저장, 보관하는 방법으로 이적표현물을 소지하는 경우에는 컴퓨터 디스켓에 담긴 문건에 적힌 내용의 진실성이 아닌 그러한 내용의 문건이 존재한다는 사실 그 자체가 직접증거로 되는 경우이므로 적법한 검증 절차를 거친 이상 이적표현물 소지의 죄에 관하여는 컴퓨터 디스켓의 증거능력이 인정된다고 하였다.

나) 디지털 저장매체로부터 출력한 문건의 증거능력

법무법인 소속 변호사가 작성한 후 전자우편으로 피고인 측에 전송한 법률의견서를 검사가 컴퓨터 등 디지털 저장매체의 압수를 통하여 취득한 다음 이를 출력하여 증거로 신청한 서류에 관하여 피고인은 이를 증거로 함에 동의하지 않았고 위 변호사는 증언하여야 할 내용이 피고인 회사로부터 업무상 위탁을 받은 관계로 알게 된 타인의 비밀에 관한 것임을 소명한 후 재판장으로부터 증언을 거부할 수 있다는 설명을 듣고 증언을 거부하였다.

대법원은 위 법률의견서에 관하여 "이 사건 법률의견서는 압수된 디지털 저장매체로부터 출력한 문건으로서 그 실질에 있어서 형사소송법 제313조 제1항에 규정된 '피고인 아닌 자가 작성한 진술서나 그 진술을 기재한 서류'에 해당한다고 할 것인 데, 공판준비 또는 공판기일에서 그 작성자 또는 진술자인 위 변호사의 진술에 의하여 그 성립의 진정함이 증명되지 아니하였으므로 위 규정에 의하여 이 사건 법률의견서의 증거능력을 인정할 수는 없다."고 판시[46]하였다.

다) 녹음 파일 사본의 증거능력

피해자가 디지털 녹음기로 피고인과의 대화를 녹음한 후 자신의 사무실로 돌아와 디지털 녹음기에 저장된 녹음 파일 원본을 컴퓨터에 복사하고 디지털

는 공판준비 또는 공판기일에서의 그 작성자의 진술에 의하여 그 성립의 진정함이 증명되고 그 진술이 특히 신빙할 수 있는 상태하에서 행하여 진 때에 한하여 피고인의 공판준비 또는 공판기일에서의 진술에 불구하고 증거로 할 수 있다.

45 대법원 1999.9.3. 선고 99도2317 판결.

46 대법원 2012.5.17. 선고 2009도6788 전원합의체 판결.

녹음기의 파일 원본을 삭제한 뒤 피고인과의 다음 대화를 다시 녹음하는 과정을 반복한 사실이 있고 해당 녹음 파일 사본과 녹취록이 증거로 제출된 사안에서 피해자는 이 사건 녹음 파일 사본은 피고인과 대화를 자신이 직접 녹음한 파일 원본을 컴퓨터에 그대로 복사한 것으로서 위 녹음 파일 사본과 해당 녹취록 사이에 동일성이 있다고 진술하였고 피고인도 녹음된 음성이 자신의 것이 맞을 뿐만 아니라 그 내용도 자신이 진술한 대로 녹음되어 있으며 이 사건 녹음 파일 사본의 내용대로 해당 녹취록에 기재되어 있다는 취지로 진술하였으며 대검찰청 과학수사담당관실에서 이 사건 녹음 파일 사본과 그 녹음에 사용된 디지털 녹음기에 대하여 국제적으로 널리 사용되는 다양한 분석 방법을 통해 정밀 감정한 결과 이 사건 녹음 파일 사본에 편집의 흔적을 발견할 수 없고, 이 사건 녹음 파일 사본의 파일 정보와 녹음 주파수 대역이 위 디지털 녹음기로 생성한 파일의 그것들과 같다고 판정하였다.

이러한 조건에서 대법원은 "피고인과 상대방 사이의 대화 내용에 관한 녹취서가 공소사실의 증거로 제출되어 그 녹취서의 기재 내용과 녹음테이프의 녹음 내용이 동일한지 여부에 대하여 법원이 검증을 실시한 경우에, 증거자료가 되는 것은 녹음테이프에 녹음된 대화 내용 그 자체이고, 그중 피고인의 진술 내용은 실질적으로 형사소송법 제311조, 제312조의 규정 이외에 피고인의 진술을 기재한 서류와 다름없어, 피고인이 그 녹음테이프를 증거로 할 수 있음에 동의하지 않은 이상 그 녹음테이프에 녹음된 피고인의 진술 내용을 증거로 사용하기 위해서는 형사소송법 제313조 제1항 단서에 따라 공판준비 또는 공판기일에서 그 작성자인 상대방의 진술에 의하여 녹음테이프에 녹음된 피고인의 진술 내용이 피고인이 진술한 대로 녹음된 것임이 증명되고 나아가 그 진술이 특히 신빙할 수 있는 상태하에서 행하여진 것임이 인정되어야 한다. 또한 대화 내용을 녹음한 파일 등의 전자매체는 그 성질상 작성자나 진술자의 서명 또는 날인이 없을 뿐만 아니라, 녹음자의 의도나 특정한 기술에 의하여 그 내용이 편집, 조작될 위험성이 있음을 고려하여, 그 대화 내용을 녹음한 원본이거나 원본으로부터 복사한 사본일 경우에는 복사 과정에서 편집되는 등의 인위적 개작 없이 원본의 내용 그대로 복사된 사본임이 입증되어야 한다. – 중략 – 이러한 사실관계를 앞서 본 법리에 비추어 살펴보면, 피해자의 대표자인 공소외인이 피고인과 대화하면서 녹음한 이 사건 녹음 파일 사본은 타인 간의 대화를 녹음한 것이 아니므로 타인의 대화비밀 침해금지를 규정한 통신비밀보호법 제14조의 적용 대상이 아니고, 위 녹음 파일 사본은 그 복사 과정에서 편집되는 등의 인위적 개작 없이 원본의 내용 그대로 복사된 것으로 대화자들이 진술한 대로 녹음된 것으로 인정된다. 나아가 녹음 경위, 대화 장소, 내용 및 대화자 사이의 관계 등에 비추어 그 진술이 특히 신빙할 수 있는 상태하에서 행하여진 것으로 인정되므로 위 녹음 파일 사본과 해당 녹취록을 증거로 사용할 수 있다."고 판시[47]하였다.

다. 성립의 진정을 증명하기 위한 디지털 포렌식

2016.5.23. 개정된 형사소송법은 제313조 제1항에 '컴퓨터용 디스크, 그 밖에 이와 비슷한 정보저장매체에 저장된 것'이라는 표현을 통해 '디지털 증거'를 명시적으로 표현하였고 제2항에서는 '과학적 분석 결과에 기초한 디지털 포렌식 자료'를 성립의 진정을 증명하는 방법으로 제시[48]하는 등 디지털 포렌식 영역이 증거법에 들어오는 계기를 마련하였다. 피고인 또는 피고인 아닌 자가 작성한 진술서나 그 진술을 기재한 서류로서 그 작성자 또는 진술자의 자필이거나 그 서명 또는 날인이 있는 것은 공판준비나 공판기일에서의 그 작성자 또는 진술자의 진술에 의하여 그 성립의 진정함이 증명된 때에는 증거로 할 수 있고 성립의 진정을 부인하는 경우 증거능력이 배제되었으나 디지털 포렌식 등 과학적인 방법을 통해 성립의 진정을 인정시킬 수 있는 제도를 도입함으로써 전문법칙의 예외가 확대되었다.

그러나 형사소송법 제313조가 2016년에 개정되었음에도 불구하고 수사 및 공판 실무에서는 아직 개정된 내용을 반영한 절차의 개선이 이루어지지 않고 있다. 제313조에서 언급하는 디지털로 기록된 전문증거의 진정성립을 증명하기 위해서는 해당 디지털 데이터가 존재했던 컴퓨터나 시스템의 각종 데이터

47 대법원 2012.9.13. 선고 2012도7461 판결.

48 다만, 피고인 아닌 자가 작성한 진술서는 피고인 또는 변호인이 공판준비 또는 공판기일에 그 기재 내용에 관하여 작성자를 신문할 수 있었을 것을 요하는 등 반대신문권이 보장될 필요가 있다.

(메타데이터 또는 로그 데이터 등)를 확인해야 하는데 형사소송법 제106조 제3항은 "법원은 압수의 목적물이 컴퓨터용 디스크, 그 밖에 이와 비슷한 정보저장매체(이하 이 항에서 "정보저장매체등"이라 한다)인 경우에는 기억된 정보의 범위를 정하여 출력하거나 복제하여 제출받아야 한다. 다만, 범위를 정하여 출력 또는 복제하는 방법이 불가능하거나 압수의 목적을 달성하기에 현저히 곤란하다고 인정되는 때에는 정보저장매체등을 압수할 수 있다."고 규정하고 있기 때문에 성립의 진정을 증명할 용도로 정보저장매체 자체를 압수할 수 없기 때문이다.

이러한 문제를 해결하기 위해 수사 단계에서 디지털 본래증거[49]를 수집해야 하며 작성자가 해당 디지털 전문증거의 진정성립을 부인할 때까지 해당 디지털 본래증거에 대한 수사기관의 열람 및 확인을 제한할 수 있는 조치가 마련되어야 한다는 주장[50]이 있다. 제313조 제2항의 개정사항은 이미 기존의 전문증거의 사용제한을 완화하는 조치에 해당한다. 또한 제106조 제3항의 규정이 도입된 취지는 수사기관이 디지털 증거에 대한 압수와 수색의 과정에서 포괄적 집행을 방지하기 위함이다. 수집한 증거의 증거능력을 인정받는 과정에서 작성자 또는 진술자가 진정성립을 부인할지도 모른다는 우려에서 그 성립의 진정을 증명할 용도로 디지털 증거가 포함된 정보저장매체를 포괄적으로 압수하여야 한다는 주장은 제106조 제3항의 취지를 몰각할 우려가 있어서 찬성하기 어렵다.

제313조 제2항의 실효성을 보장하면서도 디지털 저장매체에 대한 포괄 영장의 집행 논란에서 자유롭기 위해서는 압수·수색영장의 집행 현장에서 메타데이터나 로그 데이터 등에 대한 검증을 통해 성립의 진정을 증명하는 방법을 고민해야 할 것이다.

49 "컴퓨터는 시스템 자원 관리 등의 목적으로 컴퓨터에서 어떤 행위가 일어날 때, 그 행위와 관련된 부가정보를 상시 기록한다. 작성자가 컴퓨터를 통해 정보저장매체에 정보를 기록할 때에도 예외는 아니다. 이때 기록되는 부가정보는 사람이 컴퓨터를 이용하여 행하는 행위에 반응하여 컴퓨터가 프로그램에 내장된 알고리즘에 의해 스스로 기록하는 것이다. 이러한 부가정보는 디지털 증거 중 본래증거에 해당한다."; 김영철, "디지털 전문증거 진정성립을 위한 디지털 본래증거 수집 방안," 형사법의 신동향, 제58호, 2018, 263면.

50 김영철, "디지털 전문증거 진정성립을 위한 디지털 본래증거 수집 방안," 형사법의 신동향, 제58호, 263면.

제4절 디지털 증거와 형사소송법의 적용

금융자료, 이메일, 통신사실확인자료 등 데이터로 구성된 디지털 증거의 취득은 기본권 침해 우려가 있으므로 영장주의를 적용하여 법관의 심사를 통해 관련 자료를 제공받아야 한다는 것은 새로운 논의가 아니다. 형사소송법은 제106조부터 제113조까지 압수·수색영장 발부 이전의 사전 제한에 관하여 규정하였고, 제114조는 압수·수색영장의 방식에 관하여 규정하고 있으며, 제115조부터는 영장의 집행과 사후 처리에 관한 절차를 상세히 규정하고 있다.

현행 영장주의에 관한 형사소송법 규정을 디지털 증거의 취득에 관하여도 적용하여야 하는데 '물건'에 적용되었던 이러한 조항들이 디지털 증거에 그대로 걸맞게 적용되는지 검토해 볼 필요가 있다.

1. 압수의 대상

형사소송법 제106조 제1항은 "증거물 또는 몰수할 것으로 사료하는 물건을 압수할 수 있다."고 규정해 놓았기 때문에 디지털 데이터가 압수할 '물건'의 개념에 포함시킬 수 있는지에 대한 논쟁이 있다. 2011.7.18. 제106조 제3항[51]을 신설하면서 디지털 저장매체에 관한 영장의 집행 방법을 규정하였음에도 불구하고 여전히 '정보저장매체'만을 압수의 대상으로 명시해 놓고 있기 때문에 법령의 규정만으로 데이터를 압수의 대상으로 해석하기에는 무리가 있다.

반면, 같이 개정한 제107조 제1항[52]에서 우체물의 압수 대상에 "전기통신

---

51 제106조 제3항 "법원은 압수의 목적물이 컴퓨터용디스크, 그 밖에 이와 비슷한 정보저장매체(이하 이 항에서 '정보저장매체 등'이라 한다)인 경우에는 기억된 정보의 범위를 정하여 출력하거나 복제하여 제출받아야 한다. 다만, 범위를 정하여 출력 또는 복제하는 방법이 불가능하거나 압수의 목적을 달성하기에 현저히 곤란하다고 인정되는 때에는 정보저장매체 등을 압수할 수 있다."

52 제107조(우체물의 압수) ① 법원은 필요한 때에는 피고사건과 관계가 있다고 인정할 수 있는 것에 한정하여 우체물 또는 「통신비밀보호법」 제2조 제3호에 따른 전기통신(이하 "전기통신"이라 한다)에 관한 것으로서 체신관서, 그 밖의 관련 기관 등이 소지 또는 보관하는 물건의 제출을 명하거나 압수를 할 수 있다.

에 관한 것"을 추가하였고 영장의 방식을 규정한 제114조 제1항[53] 단서는 "다만, 압수수색할 물건이 전기통신에 관한 것인 경우에는 작성 기간을 기재하여야 한다."라고 개정하여 마치 전기통신에 관한 데이터가 '압수할 물건'에 포함되는 것처럼 표현하고 있다. 데이터가 압수의 대상에 포함된다고 볼 것인지 단지 수색의 대상일 뿐인지에 대해서 정리할 필요가 있다.

2. 수색의 범위

형사소송법 제216조에 의해 수사기관이 피의자를 체포 또는 구속하는 경우에 필요한 때에는 체포 현장에서 영장 없이 압수, 수색, 검증을 할 수 있다. 대부분의 경우에 피체포자가 소지한 스마트폰이나 디지털 저장매체가 그 대상이 될 것이다. 압수된 디지털 기기가 네트워크에 연결되어 있는 경우 피처분자의 이메일 계정, 웹하드 계정 등에도 수색의 범위가 미칠 가능성이 있다. 이러한 상황은 체포 현장에서 영장 없이 압수수색을 하는 경우에 발생하겠지만, 네트워크에 연결된 디지털 기기나 컴퓨터에 대한 압수·수색영장을 발부받아 집행할 경우에도 동일한 상황이 발생할 수 있다. 매체에 대한 적법한 압수가 이루어진 이후에 네트워크에 연결된 계정에까지 수색의 범위를 확장시키는 것이 가능한지 검토가 필요하다.

법원의 영장 실무에서는 수사기관이 '압수수색 장소에 존재하는 컴퓨터로 해당 웹 사이트에 접속하여 디지털 데이터를 다운로드한 후 이를 출력 또는 복사하거나 화면을 촬영하는 방법으로 압수한다'는 취지의 내용을 기재하여 압수·수색영장을 발부해 주는 방법으로 적법성을 확보하고 있다.[54] 압수수색이 허용되는 범위를 피의자가 직접 지배하고 있는 장소에 한정하지 않고 그의 관리권이 미치는 범위에서 다소 넓게 인정하는 것이 타당하다는 견해[55]도 있고 영

53 제114조(영장의 방식) ① 압수·수색영장에는 다음 각 호의 사항을 기재하고 재판장이나 수명법관이 서명날인하여야 한다. 다만, 압수·수색할 물건이 전기통신에 관한 것인 경우에는 작성기간을 기재하여야 한다.

54 이숙연, "형사소송에서의 디지털 증거의 취급과 증거능력," 고려대학교 박사학위논문, 2010, 34면.

55 이은모, "대물적 강제처분에 있어서의 영장주의의 예외," 법학논총, 24(3), 2007, 136면.

장 발부 시 압수수색할 장소를 피처분자의 컴퓨터로 특정한 때에도 합법적인 방법으로 접속이 가능한 범위 내에 있는 데이터 저장매체까지 압수수색을 확대시킬 필요성이 있다는 견해[56]도 있다.

그런데 형사소송법 제109조는 수색의 범위와 관련하여 "사건과 관계가 있다고 인정할 수 있는 것에 한정하여 피고인의 신체, 물건 또는 주거, 그 밖의 장소를 수색할 수 있다."고 규정하고 있는데 이때 '신체, 물건 또는 주거, 그 밖의 장소'라는 범위를 물리적인 공간이라고 엄격하게 해석할 경우 네트워크에 연결된 서버는 '그 밖의 장소'에 해당한다고 볼 수 없다. 따라서 네트워크를 이용하여 수색의 범위를 확장하는 행위는 적법절차를 위반한다는 비판을 받을 우려가 있다.

3. 개봉 기타 필요한 처분의 범위

형사소송법 제120조에 "압수·수색영장의 집행에 있어서는 건정을 열거나 개봉 기타 필요한 처분을 할 수 있고 이러한 처분은 압수물에 대해서도 할 수 있다."[57]고 규정되어 있다.

위 규정에서 '개봉 기타 필요한 처분'이라는 부분이 디지털 데이터가 저장되어 있는 컴퓨터가 패스워드로 보호되어 있을 경우 패스워드를 알아내기 위한 수색에 적용될 수 있는지, 패스워드를 알 수 없는 경우 기술적으로 우회하는 방법으로 계정에 접근할 수 있는 방법도 포함하는지 여부가 검토되어야 한다.

특히 원격 접속에 의한 경우 패스워드를 알아내기 위해 키로깅 프로그램을 사용할 수 있는지 등의 부수적인 쟁점이 발생할 수 있는데 이러한 경우 압

56 박수희, "전자증거의 수집과 강제수사," 한국공안행정학회보, 16(4), 2007, 133면.

57 피의자의 소변을 채취하기 위해 피의자를 인근 병원 응급실로 데리고 가 의사의 지시를 받은 응급구조사로 하여금 피의자의 신체에서 소변을 채취하도록 하고 그 과정에서 피의자에 대한 필요 최소한의 강제력을 행사한 행위(대법원 2018.7.12. 선고 2018도6219 판결), 건물 고층에 위치한 사무실 등에 대한 영장을 집행할 목적으로 로비에서 집행 장소로 이동하기 위해 경비원들의 방해를 제지하고 엘리베이터에 탑승하는 과정에서 발생한 일련의 행위(대법원 2013.9.26. 선고 2013도5214 판결) 등이 이에 해당한다.

수수색의 대상자뿐만 아니라 정보통신망 운영주체의 법익을 추가적으로 침해할 우려도 있기 때문에 신중하게 검토되어야 한다.

판례는 "피의자의 이메일 계정에 대한 접근 권한에 갈음하여 발부받은 압수·수색영장에 따라 원격지의 저장매체에 적법하게 접속하여 내려받거나 현출된 전자정보를 대상으로 하여 범죄 혐의 사실과 관련된 부분에 대하여 압수수색하는 것은 압수·수색영장의 집행을 원활하고 적정하게 행하기 위하여 필요한 최소한도의 범위 내에서 이루어지며 그 수단과 목적에 비추어 사회통념상 타당하다고 인정되는 대물적 강제처분 행위로서 허용되며 형사소송법 제120조 제1항에서 정한 압수·수색영장의 집행에 필요한 처분에 해당한다."고 판시[58]하고 있다.

원격지 압수수색의 가능성에 관하여는 여전히 견해들이 나뉘고 있어 이에 대해 세부적으로 검토해 보아야 할 사안이지만 '원격 접속하여 데이터를 다운로드한 행위를 두고 건정을 열거나 개봉'하는 행위에 준하는 기타 필요한 처분에 해당한다고 해석하는 것은 다소 납득하기 어려운 면이 있다.

컴퓨터에 대한 보안장치를 해제하는 행위는 자물쇠를 여는 물리적 행위와는 차원을 달리하며 해킹 등의 수법을 통해 보안장치를 해제하는 경우에는 정보통신망 운영주체의 법익도 침해하기 때문에 이러한 행위를 압수수색의 방법으로 허용하기 위해서는 '컴퓨터 또는 시스템에 대한 보호장치 또는 보안장치를 해제하는 등 기타 필요한 처분'이라는 취지로 개정하는 것이 바람직하다.

4. 집행 중지와 필요한 처분

압수·수색영장의 집행 중에는 타인의 출입을 금지할 수 있으며 이 요구에 위배한 자에게 퇴거하게 하거나 집행 종료 시까지 간수자를 붙일 수 있고(형사소송법 제119조), 압수·수색영장의 집행을 중지한 경우에 필요한 때에는 집행이 종료될 때까지 그 장소를 폐쇄하거나 간수자를 둘 수 있다(형사소송법 제127조).

네트워크에 연결되어 있는 서버와 같은 통신매체를 수색할 경우에 원격에

58 대법원 2017.11.29. 선고 2017도9747 판결.

서 증거를 인멸하는 등 타인에 의해 수색이나 압수를 방해받을 우려가 있는 경우 또는 대용량 서버에 대한 압수·수색영장 집행 시 그 수색에 수일이 소요되는 경우에는 계정 접속 권한을 변경해 두거나 수색 시 관리자 패스워드 등을 수사관 임의대로 변경하는 행위를 위 제119조 또는 제127조에서 정한 행위로 볼 수 있는지 문제된다.

특히, 기업에서 운영하고 있는 서버와 같이 다수 당사자가 지속적으로 서비스를 제공받는 경우에는 서버 자체를 반출하는 것은 불가능하여 현장에서 압수와 수색을 진행할 수밖에 없으며 그 양이 방대하므로 압수수색에 상당한 시간이 소요된다. 24시간 운영되는 서버가 아닌 경우에도 형사소송법 제106조 제3항의 규정에 의해 정보저장매체를 반출하는 것은 신중하여야 하기 때문에 일반적인 압수수색에 비해 디지털 증거에 대한 압수는 제127조가 적용될 필요성이 많게 될 것이다. 따라서 디지털 데이터의 대량성, 네트워크성에 부합하고 원격 접속에 의한 압수수색에도 적용될 수 있도록 현행 법규정이 개정될 필요가 있다.

5. 야간집행의 제한

형사소송법 제125조는 일출 전, 일몰 후에는 압수·수색영장에 야간집행을 할 수 있는 기재가 없으면 그 영장을 집행하기 위하여 타인의 주거, 간수자 있는 가옥, 건조물, 항공기 또는 선차 내에 들어가지 못하도록 규정하고 있다. 이는 야간의 사생활의 평온을 보호하려는 취지이다.

반면에 제126조에서 도박 기타 풍속을 해하는 행위에 상용된다고 인정하는 장소와 여관, 음식점 기타 야간에(단, 공개한 시간 내 한함) 공중이 출입할 수 있는 장소(단, 공개한 시간 내에 한한다)에 대해서는 야간집행제한 규정을 적용하지 않도록 규정하고 있다.

24시간 운영되는 서버의 관리자에게 자료를 요구하는 방식으로 영장을 집행할 경우 해당 관리자는 영업시간 내 관련 자료를 취합하여 제공하게 되므로 이러한 사안에서 야간집행의 제한 규정을 적용해야 할 필요성이 없어 보인다.

이러한 경우에는 사생활의 평온을 해한다고 볼 수 없기 때문이다. 동 규정을 이와 같이 해석한다면 원격 접속 방식에 의한 압수수색의 경우에도 물리적 침입이라는 조건이 성립하지 않고 사생활의 평온을 침해한다고 보기 어렵기 때문에 해당 조항을 그대로 적용할 수 있을지 의문이다.

6. 영장의 제시

형사소송법 제118조에 "압수·수색영장은 처분을 받는 자에게 반드시 제시하여야 한다."고 규정되어 있다. 이 규정은 물리적 장소에 임장하여 영장을 집행하는 것을 전제로 한 규정이다.

그러나 디지털 데이터는 유선 또는 무선으로 연결된 네트워크를 통해 전송, 조회, 검색이 가능하기 때문에 물리적 장소를 초월하여 존재한다.[59] 이러한 경우 원격에서 해당 데이터를 취득하는 것이 가능하며, 수사기관도 데이터 이용 주체가 데이터를 관리하는 것과 같은 방법을 사용하여 데이터를 취득할 필요가 있다. 이에 대해 네트워크로 연결되어 있어도 서버라고 하는 물리적 공간에 대한 압수수색이 가능하다는 반론이 제기될 수 있으나 수사기관의 영장 신청 단계에서는 IP 주소를 통해 해당 IP 주소가 어느 기관이나 단체에 할당되었는지 알 수 있을 뿐 구체적인 위치나 존재 형태 등을 확인할 수 없어 영장을 신청할 때 압수수색을 할 물리적인 장소를 특정하여 신청하는 것 자체가 어려울 수 있으며 네트워크로 서버를 관리하는 범행의 경우 서버에 대한 압수수색 과정에서 범인의 증거인멸이나 도주 우려에 대해 고려하지 않을 수 없다.[60] 이러한 필요에 따라 원격 접속에 의한 압수수색의 경우 영장의 제시가 적합하지 않거나 불가능한 경우가 있기 때문에 해당 규정을 엄격하게 적용하는 것이 바람직한 것인지 고려해 보아야 한다.

디지털 증거에 대한 압수수색에 있어 수사기관이 직접 압수·수색영장을

59 노명선, "사이버 범죄의 증거확보에 관한 몇 가지 입법적 제언," 성균관 법학, 19(2), 2007, 352면.

60 김기범·이관희·장윤식·이상진, "정보영장 제도 도입방안 연구," 경찰학연구, 11(3), 2011, 88-89면.

집행하는 것이 아니라 영장 사본을 송부한 후 사업자가 관리, 보관하고 있는 데이터에 대해 자료 제출을 요구하는 방식을 취하는 경우가 있다. 예를 들어 금융계좌에 대한 조회, 이메일에 대한 조회, 배송정보에 대한 조회 등 기업이 보유한 데이터를 요구할 때 압수·수색영장을 직접 집행하는 것이 아니라 팩스 등의 전송매체를 통해 영장의 사본을 송달하는 경우가 많다. 이때, 과연 영장의 원본을 제시하지 않은 것이 압수·수색영장 집행 절차에 대한 위반인지 검토할 필요가 있다.

이에 대해 대법원은 "수사기관이 공소외 주식회사에 압수·수색영장을 집행하여 피고인이 발송한 이메일을 압수한 후 이를 증거로 제출하였으나, 수사기관은 위 압수·수색영장을 집행할 당시 공소외 주식회사에 팩스로 영장 사본을 송신한 사실은 있으나 영장 원본을 제시하지 않았고 또한 압수조서와 압수물 목록을 작성하여 이를 피압수수색 당사자에게 교부하였다고 볼 수도 없다고 전제한 다음, 위와 같은 방법으로 압수된 위 각 이메일은 헌법과 형사소송법 제219조, 제118조, 제129조가 정한 절차를 위반하여 수집한 위법수집증거로 원칙적으로 유죄의 증거로 삼을 수 없고, 이러한 절차 위반은 헌법과 형사소송법이 보장하는 적법절차 원칙의 실질적인 내용을 침해하는 경우에 해당하고 위법수집증거의 증거능력을 인정할 수 있는 예외적인 경우에 해당한다고 볼 수도 없어 증거능력이 없다."고 판결[61]하였다.

위 대법원의 해석은 디지털 증거의 취득 절차가 물건과는 다른 새로운 것임에도 불구하고 과거 유체물을 중심으로 규정된 압수·수색영장의 집행 규정을 디지털 증거에 맞게 재해석하지 않았다는 점이 아쉽다. 집행 구조상 사실조회와 같은 방식으로 데이터를 요청하는 것은 수색 장소에 대한 강제력의 행사 없이 임의적인 방법에 따라 해당 데이터만을 제공받는 취지를 고려한다면, 압수나 수색 절차 없이 디지털 증거만을 제공받을 목적에서 이루어지는 영장의 제시 방법은 현실에 맞게 해석되거나 개정될 필요가 있다.

61 대법원 2017.9.7. 선고 2015도10648 판결.

7. 영장 집행 시 주거주 등의 참여

형사소송법 제123조는 "수색 장소의 주거주, 간수자 또는 이에 준하는 자가 영장 집행에 참여하고 이들을 참여하게 할 수 없을 때에는 인거인 또는 지방공공단체의 직원을 참여하게 하여야 한다."고 규정하고 있다.

이 규정이 디지털 증거에 대한 영장 집행의 경우에 어떻게 적용될지 고찰해 보기 전에 이 조항을 둔 기본 취지에 대해 살펴볼 필요가 있다. 검사, 피고인, 변호인 등 당사자의 참여권을 보장한 제121조의 규정은 당사자의 방어권을 보장하기 위해 규정되었다.[62] 그런데 제123조는 수색 장소의 주거주 등 관련자의 참여를 규정하고 예외적으로 피처분자가 아닌 제3자의 입회도 허용하고 있다. 제123조에 규정된 참여권자는 모두 소송의 당사자가 아니라는 점에 주목하여야 하며 이는 수사기관의 적법절차를 보장하기 위한 제도적 장치라고 봐야 한다.

디지털 증거를 압수수색할 때에는 수색 범위의 확장이나 압수수색 후 추가 접속의 위험이 있는 등 적법절차를 보장해야 할 필요성이 더욱 크기 때문에 압수·수색영장 집행 전체 과정에 참여하여 적법절차를 보장할 공정한 제3자의 참여 등이 구체적으로 적시될 필요가 있다. 다만, 원격 접속에 의한 압수수색의 경우처럼 수사의 밀행성이 필요하고 피의자 등에 의한 증거인멸 우려가 큰 경우 제3자의 참여에 의한 영장 집행의 공정성 확보가 제121조가 규정한 당사자의 참여권을 대체할 수 있는지도 함께 검토되어야 한다.

집행 절차의 공정성 확보와 관련하여 독일의 입법례를 주목할 필요가 있다. 독일의 경우 점유자 참여제도와 집행증인 제도가 별도로 운영되고 있다. 압수수색 대상 장소나 대상물의 점유자는 수색에 참여할 수 있으며 그의 대리인 등이 입회하도록 할 수도 있다. 이 조항은 압수수색 관계자의 이익을 도모하기 위한 것이다. 집행증인 제도는 주거, 상업 공간 등에 대한 수색에 있어 검사가 입회하지 않을 때 가능한 한 수색이 이루어지는 지역의 공무원이나 지방자치단체의 구성원 2인이 참여하도록 하고 있는데 이는 수색에 있어서 객관적

62 허일태, "韓國 刑事節次法에 있어서 防禦體系," 동아법학, 제21호, 1996, 58면.

인 증인을 참여시킴으로써 국가의 입장에서는 이해 충돌 상황에서 수사기관의 절차적 합법성을 보장할 수 있으며 압수수색 관계자의 입장에서는 증인의 존재로 인하여 적법절차를 보장받을 수 있기 때문이다.[63] 이러한 입법 태도를 우리나라의 디지털 증거 압수수색 제도에 도입하는 것을 긍정적으로 검토해 볼 필요가 있다.

8. 데이터의 반환

형사소송법은 제133조에 압수물의 환부, 가환부를 규정하고[64] 제134조에 압수 장물의 피해자환부를 각각 규정하고 있다.[65]

정보저장매체 전부를 반출한 경우를 제외하면 디지털 증거만을 취득한 경우에는 점유의 배제와 이전이 없기 때문에 반환이라는 개념이 성립할 여지가 없다.

디지털 증거는 오히려 원래 한 곳에만 존재해야 할 데이터가 그대로 수사기관의 저장매체에 남아 있다는 것이 문제가 된다. 심지어 경찰, 검찰, 법원으로 관련 데이터가 복제되어 전달되고 축적될 수 있다. 수사를 하였으나 범죄의 혐의가 없거나 무죄의 선고를 받았을 경우 해당 데이터의 파기 범위는 어디까지이며 유죄의 선고를 받았을 경우에는 해당 데이터를 언제까지 보관할 수 있는지, 아니면 이러한 데이터를 지속적으로 보관하고 사후 분석을 통해 별건의 범죄 수사에 활용할 수 있는지가 논쟁의 대상이 된다. 결국 이러한 문제는 정보주체가 가지는 개인정보자기결정권이 수사기관과 법원에 대해 어떠한 방식으로 작용할 것인지에 대한 논의로 귀결된다.

---

63 김기준, "수사단계의 압수수색 절차 규정에 대한 몇 가지 고찰," 형사법의 신동향, 통권 제18호, 2009, 10－11면.

64 제133조 (압수물의 환부, 가환부) ① 압수를 계속할 필요가 없다고 인정되는 압수물은 피고사건 종결전이라도 결정으로 환부하여야 하고 증거에 공할 압수물은 소유자, 소지자, 보관자 또는 제출인의 청구에 의하여 가환부할 수 있다.
② 증거에만 공할 목적으로 압수한 물건으로서 그 소유자 또는 소지자가 계속 사용하여야 할 물건은 사진 촬영 기타 원형보존의 조치를 취하고 신속히 가환부하여야 한다.

65 제134조 (압수장물의 피해자환부) 압수한 장물은 피해자에게 환부할 이유가 명백한 때에는 피고사건의 종결전이라도 결정으로 피해자에게 환부할 수 있다.

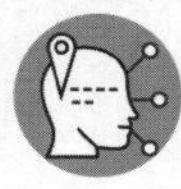

03

디지털 증거와 증거능력

Chapter 03

디지털 증거와 증거능력

제1절 디지털 증거의 개념

법령에서 디지털 증거를 직접 정의한 것은 찾아 볼 수 없고 몇몇 행정규칙에서 디지털 증거의 개념을 정의하고 있다.

경찰청 훈령인 디지털 증거의 처리 등에 관한 규칙 제2조 3, 4호는 "디지털 증거란 범죄와 관련 있는 것으로 판단되어 「형사소송법」 제106조 및 제215조부터 제218조까지의 규정에 따라 압수한 것 중 범죄 사실의 증명에 필요한 디지털 데이터를 말한다."라고 정의하고 있고 1호에서 "디지털 데이터란 전자적 방법으로 저장되어 있거나 네트워크 및 유·무선 통신 등을 통해 전송 중인 정보를 말한다."라고 규정하고 있다. 즉, 위 규칙에서 말하는 디지털 증거란 "전자적 방법으로 저장되거나 네트워크 및 유무선 통신 등을 통해 전송되는 데이터 중 범죄와 관련하여 증거로서의 가치가 있는 정보"이다. 대검예규인 디지털 증거의 수집·분석 및 관리 규정 제3조 1호는 "디지털 증거란 범죄와 관련하여 디지털 형태로 저장되거나 전송되는 증거로서의 가치가 있는 정보를 말한다."라고 규정하고 있다.[1] 행정규칙들은 공히 디지털 형태(또는 전기·전자적 방

---

1 고용노동부 예규인 디지털 증거 수집·분석 및 관리 규정 제2조 1호는 "디지털 증거란 고용노동부 소관 법령 위반과 관련하여 디지털 형태로 저장되거나 전송되는 증거로서의 가치가 있는 정보를 말한다."라고 규정하고 있고 공정거래위원회 고시인 디지털 증거의 수집·분석 및 관리 등에 관한 규칙 제2조 2호도 "디지털 증거란 디지털 자료 중 공정거래위원회 소관 법령을 위반한 행위에 대한 증거로서의 가치가 있는 정보를 말한다."라고 규정하는 등 대검예규와 유사하게 정의하고 있다.

법)로 저장, 전송되는 증거가치 있는 정보를 디지털 증거라고 정의하고 있다.

학자들은 행정규칙에서의 정의와 같이 디지털 형태로 저장되거나 전송되는 범죄증거로서의 가치가 있는 정보라는 견해[2]도 있으며, 각종 디지털 매체에 저장되거나 네트워크 장비 및 유·무선 통신상으로 전송되는 정보 중 그 신뢰성을 보장할 수 있어 증거로서의 가치를 지니는 디지털 정보[3]라고 함으로써 신뢰성을 보장할 수 있다는 요건을 추가한 견해도 있고, 범죄 의도나 알리바이와 같이 범죄의 핵심적인 요소들을 설명하거나 어떻게 범죄가 발생했는지에 대한 가설을 지지하거나 반박하는 것으로서 컴퓨터를 사용하여 전송 또는 저장된 데이터라는 견해[4]도 있으며, 범죄와 피해자 또는 범죄와 가해자 사이의 연결고리를 제공할 수 있는 모든 디지털 데이터를 말하는 것으로, 여기에서 디지털 데이터란 전통적 의미의 컴퓨터상에 있는 데이터뿐만 아니라 이진수 형태로 저장되거나 전송될 수 있는 모든 텍스트, 이미지, 오디오 및 비디오 데이터를 포함한다고[5] 하여 데이터의 종류를 추가적으로 열거한 견해도 제시되고 있다.

증거란 통상 사실확인을 위해서 각 당사자가 자신들의 주장이 옳다는 것을 심판관에게 설득하기 위하여 법정에 제출되는 것을 말하고[6] 그 증거의 증거능력과 증명력의 판단은 우리 형사소송법 체제에서 법과 법관의 재량에 속하는 사항이므로 사전에 '신뢰성을 보장'한다는 요건이 추가될 필요는 없으며 사실확인을 위해 필요한 것이므로 반드시 '범죄와 피해자 또는 범죄와 가해자 사이의 연결고리를 제공'하는 등의 한정적인 요건이 추가될 필요도 없어 보인다. 또한 삭제된 디지털 흔적도 증거로 사용될 수 있으므로 반드시 저장되거나 전송되는 데이터에만 국한시킬 필요도 없다.

행정규칙의 정의, 학자들의 견해를 바탕으로 각 정의들이 가지고 있는 문제점들을 개선하면 디지털 증거를 "디지털 형태로 존재하거나 존재했던 것으

---

2 조상수, "디지털 증거의 법적 지위 향상을 위한 무결성 보장 방안," 형사법의 신동향, 통권 27호, 2010, 68면.

3 탁희성·이상진, 『디지털 증거분석도구에 의한 증거수집절차 및 증거능력 확보방안』, 한국형사정책연구원, 연구총서 06-21, 2006, 34면.

4 Eoghan Casey, *Digital Evidence and Computer Crime*, 3rd ed., Academic Press, 2011, p7.

5 양근원, "형사절차상 디지털 증거의 수집과 증거능력에 관한 연구," 경희대학교 박사학위 논문, 2006, 21면.

6 Steve Uglow, *Evidence: Text and Materials*, Sweet & maxwell, 2006, p22.

로서 사실확인을 위해 법정에 제출되는 것"으로 정의할 수 있다. 법정에 제출될 때는 저장매체 원본이 제출될 수도 있으며 이진수 형태의 데이터가 제출될 수도 있고 응용프로그램을 통해 열람한 상태에서 출력되는 경우도 있고 삭제된 데이터가 복구된 후 그에 관한 분석 보고서가 제출되는 경우도 있기 때문에 '정보'나 '데이터'로 한정하지 않고 '제출되는 것'으로 표현하였다.

제2절 디지털 증거의 특성

학자들은 디지털 증거의 특성에 관하여 잠재성, 취약성, 이진성, 대량성, 다양성, 네트워크 관련성으로 구분하기도 하고[7] 비가시성, 변조 가능성, 복제 용이성, 대규모성, 휘발성, 초국경성으로 구분하기도 하며[8] 비가시성·비가독성, 매체독립성, 취약성, 원본과 복사본의 구별 곤란성, 대량성, 전문성, 네트워크 관련성으로 구분하기도 한다.[9] 또는 무체정보성, 취약성, 대량성, 네트워크 관련성으로 구분하기도 한다.[10] 이러한 구분은 주로 디지털 포렌식 영역에서 논의된 분류 방법이며 상호 의견을 참조하거나 하나의 특성을 세분화하여 확대하는 등의 차이를 보일 뿐 대동소이하다. 각 견해들을 정리하면 다음과 같다.

1. 이진성·복제 용이성·사본의 구별 곤란성·매체 독립성

디지털은 '0'과 '1'의 이진수로 구성되어 있다. 연속적인 실수로 구성된 아날로그 신호에 대하여 샘플링, 양자화, 부호화하여 디지털 신호로 전환하기 때

---

7 김기범·장윤식, 『사이버범죄수사론』, 경찰대학, 2012, 128－129면; 이숙연, "형사소송에서의 디지털 증거의 취급과 증거능력," 고려대학교 박사학위논문, 2010, 16－19면.
8 이상진, 『디지털 포렌식 개론』, 이룬, 2011, 66－67면.
9 김학신, 『디지털 범죄 수사와 기본권』, 한국학술정보(주), 2009, 54－60면; 전명길, "디지털증거의 수집과 증거능력," 법학연구, 제41편, 2011, 319－322면.
10 권양섭, "디지털 증거의 압수·수색에 관한 입법론적 연구," 원광법학, 26(1), 2010, 346－348면.

문에 디지털 값에는 아날로그 신호가 가지는 미세한 차이가 존재하지 않는다. 이진수로 구성된 디지털 데이터는 어떤 매체에든 동일하게 복제되며 아날로그의 복제와는 다르게 수회에 걸쳐 복제하여도 데이터에 대한 질적 저하는 발생하지 않는다. 결국 디지털 데이터는 값이 같기만 하면 원본과 사본이 완벽하게 동일하므로 원본과 사본의 구별은 의미가 없다.

이러한 디지털 데이터의 특성 때문에 최종적으로 법정에 제출된 증거가 원본 증거인지 수차례에 걸쳐 복제된 것인지 구분하는 절차는 실익이 없다. 원본과 사본의 차이가 없기 때문에 원본과 사본의 해시값이 동일함을 증명하는 방법으로도 데이터가 동일한 값을 가진다는 점을 쉽게 증명할 수 있다.

2. 잠재성·은닉성·비가시성·불가독성

디지털 데이터는 전자기 또는 광학 매체에 이진수로 기록되어 있어서 육안으로 그 내용을 즉시 식별할 수 없으며 이를 판독할 수 있는 장치가 있어야 그 내용을 알 수 있고 법정에 현출하기 위해서는 반드시 일정한 절차를 거쳐야 한다. 따라서 존재하는 데이터 그 자체로는 가시성과 가독성이 없기 때문에 별도의 하드웨어나 소프트웨어를 사용해야 하고 간혹 전문가의 식견이 개입될 필요가 있다.

3. 취약성·변조 가능성·휘발성

디지털 데이터가 전자적 방식으로 저장매체에 저장되어 있는 경우 전자기에 노출되거나 충격 등으로 인해 쉽게 손상 내지 변조되기 쉽고 명령어의 입력만으로도 디지털 데이터를 쉽게 삭제하거나 변경시킬 수 있기 때문에 고의 또는 과실에 의한 증거의 위·변조 가능성에 노출되어 있다. 물리 증거의 경우에는 증거를 조작하면 조작한 흔적이 남기 때문에 조작 여부를 비교적 쉽게 판별할 수 있으나 디지털 증거의 경우에는 해당 증거가 조작되었는지, 조작되었다면 언제·어디서·누구에 의해 조작되었는지를 쉽게 판별할 수 없다.[11] 또한 컴퓨터 메모리나 네트워크상에서만 일시적으로 존재하고 작업이 끝나거나 전원이 차단되면 사라지는 휘발성 데이터의 경우 증거 수집 자체가 어려울 수 있다.

4. 전문성 · 다양성

디지털 데이터를 법정에 제시하고자 할 때의 특성으로 전문성과 다양성이 있다. 하드웨어의 종류도 다양하고 컴퓨터에 사용되는 운영체제와 파일 시스템도 다양할 뿐만 아니라 하나의 운영체제 내에서 쓰이는 응용프로그램도 그 수를 헤아릴 수 없이 많기 때문에 디지털 저장매체에 대한 분석을 위해서는 전문적인 지식이 필요하며 데이터가 삭제되거나 암호화되어 있는 경우에는 이를 복구, 복호화해야 하기 때문에 원래 존재했던 데이터와 복구 후에 현출된 데이터 간의 인과관계 규명도 어려울 수 있다. 이러한 특성으로 인해 디지털 매체에 대한 포렌식 과정은 신뢰성이 강하게 요구된다.

5. 대량성 · 대규모성

디지털 저장매체의 성능이 급격하게 발달하여 개인이 사용하는 작은 크기의 저장매체에도 방대한 분량의 데이터를 저장할 수 있다. 특히 기업에서 사용하는 시스템이나 인터넷 서비스를 제공하는 서버의 용량은 천문학적인 분량에 이른다. 여러 개의 하드 디스크를 묶어 하나의 논리적 디스크로 작동하게 하는 RAID(Redundant Array of Independent Disks 혹은 Redundant Array of Inexpensive Disks) 기술은 심지어 하나의 파일을 여러 개의 하드 디스크에 분산하여 저장하기도 한다.

특정한 공간에 독립적으로 존재하는 물리적 증거와 다르게 디지털 증거는 분산되어 있거나 저장매체의 극히 일부에 저장되어 있다. 매체의 대량성은 극히 적은 분량의 증거를 수집하기 위해 관계없는 대량의 데이터 영역을 수색해

---

11 탁희성·이상진, 『디지털 증거분석도구에 의한 증거수집절차 및 증거능력 확보방안』, 한국형사정책연구원, 연구총서 06-21, 2006, 36면.

야 하는 법률적 문제를 야기한다.

6. 네트워크 관련성·초국경성

디지털 기기가 독립적으로 작동하는 경우도 있으나 이러한 기기들이 네트워크로 연결된 경우 사용자는 통신 프로토콜을 통해 원격에 있는 컴퓨터에 접근하여 디지털 데이터를 수정, 저장할 수 있다. 따라서 디지털 데이터는 물리적인 위치와 관계없이 접근할 수 있다. 네트워크에 연결된 디지털 데이터는 언제라도 이용할 수 있으며 언제라도 삭제될 수 있다.

법집행기관 입장에서는 시스템에 대한 접근 권한을 획득하는 방법으로 원격에서 증거를 수집할 수 있다. 다만, 이 경우 원격 접속 방식의 데이터 다운로드 방식이 영장 집행 방법으로써 유효한 것인지, 시스템이 해외에 있어 과연 우리의 형사소송법이 적용될 수 있는지에 대한 논란은 남아 있다. 또한 통신망을 통하여 전송 중인 데이터의 수집 가능성, 수집의 법적 성격과 근거가 문제된다.

7. 기존 분류에 대한 검토

이진성, 복제 용이성, 사본의 구별 곤란성, 잠재성, 은닉성, 비가시성·비가독성, 취약성, 변조 가능성은 모두 이진수로 표현되는 디지털 저장 방식의 특성에 기인한다. 전문성과 다양성은 디지털 데이터를 사용하거나 디지털 증거를 분석하고 제출하는 데 필요한 하드웨어, 소프트웨어의 다양성과 이를 다루기 위한 전문성에 대한 것으로서 디지털 데이터의 본래적 특성이 아니라 외적 요인이다. 대량성, 대규모성 또한 디지털 자체의 특성이 아니라 저장매체의 저장 용량이 커지고 다양한 압축 기술로 인해 파일의 크기가 상대적으로 작아지기 때문에 발생하는 특성이다. 네트워크성과 초국경성은 통신망에서 발생하는 문제이며 독립적인 디지털 기기 또는 디지털 데이터 자체가 가지는 특성은 아니다. 엄밀히 말해 디지털 데이터의 특성으로 제시된 것들 중 이진수로 표현되는 디지털 저장 방식에 기인한 특성만이 디지털 증거의 고유한 특성이며 나머지의 특성들은 디지털 환경이 초래한 현상이다.

디지털 데이터가 형사절차상 증거를 취득하기 위한 증거원천이며 증거원천으로 형사절차에서 어떻게 활용되어야 하는지가 논의의 중심에 서 있다면 위에서 검토한 디지털 데이터의 특성을 모두 나열하기보다는 증거법 관점에서 유의미하게 재분류할 필요가 있다. 증거법 관점에서 디지털 데이터의 특성을 재분류하면 이진성, 대량성, 네트워크 관련성, 배타적 관리의 다양성으로 나눌 수 있다.

가. 이진성

디지털은 연속적인 실수가 아닌 특정한 최소 단위를 가지는 이산적인 수치를 이용하여 처리하는 것을 말한다. 이러한 이진성으로 인해 디지털 증거는 복제, 변조, 삭제가 용이하고 복제한 사본은 원본과 구별이 불가능하며 다양한 프로그램 등을 통해 변환하지 않으면 그 내용을 인식할 수 없을 뿐만 아니라 이를 수집, 분석하기 위해서는 전문적인 지식이 필요하다.

이진수로 표현된 데이터가 저장매체와는 독립적으로 압수의 대상이 될 수 있는지 문제되며, 법정에서 조사하기 위해서는 일정한 방법을 사용하여 인식이 가능한 상태로 변환시켜야 하기 때문에 원본 데이터와 제출된 데이터 사이에서 일어난 조작 과정에 대한 신뢰성 보장이 요구된다.

나. 대량성

디지털 저장매체의 용량이 커짐에 따라 방대한 분량의 데이터를 저장할 수 있게 되었다.[12] 특히 대기업의 회계 관련 데이터를 확보해야 하거나 수천, 수만 명의 사용자가 이용하는 대형 서버 등에 포함되어 있는 데이터가 압수수색의 대상이 될 경우에 해당 증거를 찾아내기 위한 수색의 범위를 결정하는 문

12 "약 20GBbyte 이상의 디스크는 압축하지 않은 상태에서 200억 자의 문자를 저장할 수 있는 용량으로서, 여기에서 특별한 도구 없이 범죄의 단서 또는 증거를 찾는다는 것은 거의 불가능하다.", 이정진·이형우·고병진·도성욱·이종훈, 『해킹피해시스템 증거물 확보 및 복원에 관한 연구』, 한국정보보호진흥원, 2002, 182면.

제가 발생한다. 저장매체 제조 기술의 발전으로 이러한 대량성의 문제가 최근에는 개인의 스마트폰이나 이동식 하드 디스크 등에도 적용된다.

저장매체에는 사건과 관련 있는 데이터와 관련 없는 데이터가 뒤섞여 있으며, 사용자의 프라이버시가 농축되어 있어 수색 과정에서 사생활이 침해될 가능성이 크다. 따라서 대용량 데이터에서 수색 범위를 어떻게 한정하며, 프라이버시를 어떻게 지켜 줄 것인지 수색 절차와 방법에 대한 논의가 필요하다.

다. 네트워크 관련성

물리적 장소의 개념을 전제로 하고 있는 수색은 디지털 저장매체 내에 존재하는 데이터에 대한 탐색의 의미로 변환되었다. 네트워크 환경에서의 데이터 탐색은 물리적으로 다른 곳에 위치한 서버를 수색하는 것인지 또는 디지털 저장매체를 탐색하는 것과 같은 논리적 탐색을 수행하는 것으로 해석할 수 있는지에 관한 쟁점이 발생한다.

원격에 있는 데이터를 탐색하는 경우 서버의 물리적 위치를 기준으로 한 장소의 개념을 유지하면 서버의 위치를 확인하지 못한 경우 탐색이 불가능할 뿐만 아니라 서버의 위치를 아는 경우라도 그 위치가 국외에 위치해 있다면 영토주권 침해의 논란에 휩싸이게 된다. 따라서 이러한 경우 어떠한 해석이 가능한지 심도 있는 논의가 필요하다.

라. 배타적 관리의 다양성

디지털 증거의 특성 중 이진성은 디지털 데이터 고유의 특성이며 대량성은 저장매체의 특성, 네트워크성은 통신 인프라의 특성이다. 여기에 추가하여 데이터를 생성, 관리하는 주체가 디지털 데이터를 운용하는 측면에서의 특성이 무엇인지 살펴볼 필요가 있다.

데이터를 운용하는 주체는 해당 데이터를 자신만의 방식으로 다양하게 관리할 수 있다. 데이터가 저장된 저장매체의 존재를 관리함으로써 배타적 관리가 가능하며, 저장된 데이터를 암호화하거나 원격에 떨어져 있는 저장 공간에 데이터를 저장하고 네트워크를 이용하여 관리할 수도 있으며, 저장매체 또는 서버에 대한 인증 절차를 통해 관리할 수 있다. 또한 이러한 관리 방법은 정보 보안의 필요와 프라이버시를 보호하고자 하는 일상의 필요에 의해 그 기술이 점차 발전하고 있다. 이러한 배타적 관리의 다양성은 법집행기관이 디지털 증거에 접근하는 것을 어렵게 하고 있다.

법집행기관은 암호 해독, 데이터 인덱싱 기술 등의 개발을 통해 사용자의 배타적 관리 방법을 우회하고 필요한 증거를 확보할 방법이 필요하게 된다.

제3절 디지털 증거의 분류

1. 사람에 의한 처리 과정의 유무에 따른 분류

디지털 증거를 구분할 때 사람에 의한 처리 과정의 유무에 따라 컴퓨터에 의해 생성된 증거(Computer-generated Evidence)와 컴퓨터의 조력을 받은 증거(Computer-aided Evidence)로 구분하는 견해[13]이다. 컴퓨터에 의해 생성된 증거는 사람의 의도가 개입되지 않고 컴퓨터의 작동 과정에서 자동으로 생성되는 증거로 인터넷 히스토리나 서버에 기록된 로그 데이터가 그 예이다. 컴퓨터의 조력을 받은 증거는 사람이 컴퓨터의 도움을 얻어 데이터를 조작한 경우를 말하며 통상의 문서 파일을 작성하여 저장한 경우를 말한다.

2. 증거의 문서화 가능 여부에 따른 분류

출력에 의한 문서화가 가능한 여부에 따라 전자문서 형태의 증거와 데이

---

13 Randolph A. Bain·Cynthia A. King, "omments : Guidelines for the Admissibility of Evidence Generated by Computer for Purpose of Litigation" 12 U.C. Davis Law Review, 1982, p.951(양근원, "디지털 증거의 특징과 증거법상의 문제 고찰," 경희법학, 41(1), 2006, 183면에서 재인용).

터 형태의 증거로 나뉜다. 전자문서는 기존의 문서 내지 서면을 대체하는 방식으로 컴퓨터에 입력 또는 저장되어 있다가 출력하면 가독성을 갖게 됨으로써 문서화가 가능한 반면, 데이터 형태의 증거는 단순한 출력의 형태로는 가독성이 없어서 출력 자체가 의미가 없고 데이터 그 자체로만 의미를 부여할 수 있는 증거로 악성코드나 데이터베이스 등을 의미한다.[14]

3. 증거로서의 의미에 따른 분류

증거로서의 의미에 따라 디지털 증거의 존재 자체가 유죄의 증거인 경우와 디지털 증거의 내용이 유죄의 증거인 경우로 나누기도 한다.

전자의 예로 저작권법 위반죄에서의 정품이 아닌 컴퓨터 프로그램 또는 영화와 같은 저작물, 성폭력범죄의처벌등에관한특례법 위반죄에서 피해자의 승낙 없이 촬영한 사진 파일, 협박죄에서 협박에 사용된 이메일, 전자기록위변조죄에서 위변조된 전자문서, 국가보안법상 이적표현물소지죄에서 이적표현의 전자문서 파일, 부정경쟁방지 및 영업비밀보호에 관한 법률 위반죄에서 영업비밀이 담긴 전자문서 파일 등이 있다. 데이터의 존재 자체가 증거로 사용되는 경우에는 전문법칙이 적용되지 않는다.

후자의 예로 피고인이 자신의 사상과 관념을 일기 형식으로 작성하여 놓은 파일의 내용이 사실을 입증하기 위해 증거로 제출된 경우를 들 수 있으며, 기록된 그 진술의 내용이 증거가 되므로 전문법칙이 적용되어 성립의 진정이 인정되거나 일정한 요건을 충족해야만 증거능력이 부여될 수 있다.[15]

4. 데이터의 휘발성 정도에 따른 분류

디지털 데이터의 휘발성 정도에 따라 휘발성 증거, 준휘발성 증거, 비휘발

14 탁희성, "전자증거에 관한 연구," 이화여자대학교 대학원 박사학위논문, 2004, 11-12면.
15 이숙연, "디지털證據 및 그 證據能力과 證據調査方案: 형사절차를 중심으로 한 연구," 사법논집, 제53집, 2011, 259-260면.

성 증거로 나누기도 한다.

휘발성 증거는 네트워크 장비 및 유무선 통신매체를 통해 전송 중이거나 컴퓨터의 주기억 장치로 사용되는 RAM(Random Access Memory)에 일시적으로 저장된 데이터로 전원이 차단되면 사라진다. 이러한 증거들은 일시적으로 존재하기 때문에 증거 수집 단계에서 가장 먼저 수집되어야 하며 비휘발성 상태의 파일로 별도 저장하거나 사진 촬영 등의 방법으로 수집된다.

준휘발성 증거는 운영체제나 응용프로그램이 동작 중일 때 필요에 의해 생성되었다가 사용이 끝나면 자동으로 삭제되는 데이터를 의미한다. 임시 파일(Temp File), 메인 메모리의 데이터를 임시로 저장하는 스왑 파일(Swap File), 프린터 전송 데이터를 기록한 스풀 파일(Spool File), 윈도우즈 시스템의 설정 상태 및 운영 현황을 기록하는 레지스트리(Registry), 웹 접속 기록 및 웹 페이지 임시 저장 파일(Temporary Internet File), 시스템, 정보보호 장비, 네트워크 장비, 프로그램, 서비스의 작동 내역을 기록하는 로그 파일(Log File) 등이 이에 속하며, 정상적인 방법으로 파일 복사 또는 이동을 할 수 없는 경우도 있다.

비휘발성 증거는 갑자기 전원이 차단되거나 정상 종료되더라도 계속 유지되는 데이터를 말한다. 하드 디스크 또는 플래시 메모리 등 저장매체에 존재하기 때문에 매체에 저장된 증거라고 할 수 있으며, 특별한 방법을 사용하여 삭제하지 않았다면 복구될 가능성이 높다.[16]

5. 데이터의 기밀성에 따른 분류

Claudia Warken은 개인의 기밀성에 대한 합리적인 기대를 중심으로 데이터를 다음과 같이 5가지 유형으로 구분하였다.[17]

① 사생활에 관한 핵심 데이터: 가장 내밀한 사생활에 관한 데이터로 침해해서는 안 되는 데이터이다. 따라서 범죄 수사에서 증거로 사용되어서

16 탁희성·이상진, 『디지털 증거분석 도구에 의한 증거 수집 절차 및 증거능력 확보 방안』, 한국형사정책연구원 연구총서 6-21, 2006, 39-40면.

17 Claudia Warken, "Classification of Electronic Data for Criminal Law Purposes", Eucrim Issue4, 2018, pp.226-233.

도 안 되는 데이터를 말한다.

② 기밀 데이터: 그 누구와도 공유하지 않고 비밀로 관리되는 데이터이다.

③ 공유된 기밀 데이터: 믿을 만한 사람에게만 공유된 기밀 데이터로 해당 데이터가 더 이상 공유되지 않는다는 기대를 가지는 데이터이다.

④ 제한된 접근이 가능한 데이터: 신뢰할 만한 사람은 아니지만 일정한 범위로 한정된 사람들 사이에서 공유된 데이터이다.

⑤ 접근 제한이 없는 데이터: 기밀성에 대한 합리적 기대가 없이 모두에게 공개된 데이터이다.

6. 분류 기준에 대한 검토

학자들이 분류한 각각의 기준들은 모두 의미가 있다.

사람에 의한 처리 과정의 유무에 따른 분류의 경우, 컴퓨터가 생성한 데이터는 사람의 진술 등이 개입되지 않았기 때문에 전문법칙의 적용을 배제할 수 있는 증거가 될 가능성이 높다. 그러나 컴퓨터가 생성한 데이터라고 할지라도 법정에 현출되기 위해서는 사람이 분석하고 통상 그 결과를 기재한 서류가 제출되므로 종국에는 전문법칙이 적용될 여지가 크다. 증거의 문서화 가능 여부에 따른 분류도 사람에 의한 처리 과정의 유무와 일맥상통하는 분류 방법이다. 사람이 필요에 따라 입력한 증거는 문서화가 가능할 여지가 큰 반면에 컴퓨터가 생성한 데이터의 경우 전문가 등에 의한 별도의 해석이 필요하기 때문이다. 증거로서의 의미에 따른 분류도 유사한 분류 방법으로 전문법칙의 적용 여부를 기준으로 데이터를 분류하였다.

반면, 휘발성 정도에 따른 분류 방식은 법집행기관이 해당 증거를 수집하는 방법 및 수집에 필요한 법적 근거를 중심으로 한 분류 방법이다. 현행 법규상 저장된 증거와 휘발성 증거의 일종인 전송 중인 증거는 규율하는 법률과 수집의 요건이 상이하며 실무상 증거 수집 방법 역시 다르다. 또한 휘발성 정도에 따라 실무상 증거 수집의 우선순위가 달라지며 수집한 데이터에 대한 포렌식 분석 기법도 상이하다.

마지막으로 데이터의 기밀성에 따른 분류 방식은 데이터에 대한 외적 요인이 아니라 데이터 자체가 가지는 기밀성과 해당 데이터를 생성한 정보주체의 주관적 의사에 관점을 둔 분류 방식이다. 다른 분류 방식이 증거능력의 인정, 법규의 적용, 증거 수집에서의 우선순위 결정 등 법정과 법집행 현장의 입장을 반영한 것이라면 기밀성에 따른 분류 방식은 정보주체의 프라이버시 관점에서 접근하였기 때문에 법집행기관의 압수수색, 감청 등의 과정에서 발생할 수 있는 프라이버시 침해 정도를 가늠하기에 가장 적합한 분류 방식이다. 데이터 생산량의 증가, 데이터 저장량의 증가, 저장매체의 집적도 향상, 혼재된 데이터 양의 증가 등과 같은 디지털 환경 변화에 따른 법집행기관의 합리적인 데이터 수색 방식을 논하기 위해서는 기밀성에 따른 분류 방식을 채택하여야 한다.

제4절 디지털 증거와 과학적 증거

1. 과학적 증거의 개념

과학적 증거란 특정한 학문 또는 지식의 원리나 기술을 응용하여 수집된 증거로서 그 분야의 전문가 내지 기술소지자 등에 의해 조사의 실시나 결과의 해석 등이 이루어지는 경우를 일컫는다. 그 예로는 혈액형 감정, 모발 감정, DNA 감정, 족적 감정, 필적 감정, 음성 감정, 거짓말탐지기에 의한 검사 또는 뇌지문 탐지기에 의한 검사 등을 들 수 있다. 요컨대 과학적 증거란 사실적인 측면에서는 일정한 사상 또는 작용에 관하여 통상의 오감에 의한 인식을 뛰어넘는 수단과 방법을 사용하여 인지하고 분석하는 경우를 말한다. 그렇지만 동시에 규범적인 측면에서는 그와 같은 인지와 분석의 기초가 되는 원리에 과학적인 근거가 있고 또한 그 수단과 방법이 타당성과 신뢰성을 가지고 있어서 인지, 분석에 의한 판단 결과가 형사재판에서 증거로서 허용될 수 있어야 한다.[18]

---

18 김성규, "이른바 과학적 증거의 의의와 그 허용성의 판단 – 증거능력에 있어서의 이른바 자

우리 형사소송법은 '과학적 증거'라는 용어를 직접 사용하지는 않는다. 다만, 형사소송법 제313조 제2항에서 '과학적 분석 결과에 기초한 디지털 포렌식 자료, 감정 등 객관적 방법'이라고 '과학적 분석 방법'이라는 말을 언급하고 있고 제3항에서는 '감정의 경과와 결과를 기재한 서류'의 증거능력에 대해 다루고 있다. 그러나 여기서는 전문증거가 법정에서 증거로 인정되기 위한 요건, 소위 '성립의 진정'과 관련된 내용만을 다루고 있기 때문에 과학적 증거의 고유한 특성에 대해 구체적으로 설명하고 있다고 할 수는 없다.

과학적 증거의 특성과 관련된 조문은 별도의 위치에 있다. 형사소송법 제1편 총칙 제13장 '감정'에서는 감정인의 선임, 감정 방식 등 감정의 요건 및 절차와 관련된 내용을 다루고 있다. 이 중 '과학적 증거' 고유의 특성과 직접적으로 관계된 조문은 제169조(감정)로, "학식 경험 있는 자에게 감정을 명할 수 있다."고 규정하고 있다. 여기에는 아마도 소위 전문가라 불리는 교수, 박사, 전문 자격증 소지자 또는 일정 분야에서 많은 경험을 가진 자가 해당될 것이다. 실제 이러한 기준은 우리나라뿐만 아니라 많은 대륙법계 국가들이 활용하고 있는 방식이기도 하다.[19] 과학적 증거는 보통 감정이 행해지고 그 결과는 감정서 또는 감정인의 증언으로 법정에 현출된다. 과학적 증거란 결국 증거 자체의 성격이 과학적이라는 것을 의미하는 것이 아니고 과학적인 분석과 감정의 방법을 통해 도출된 감정 결과 또는 감정인의 진술을 의미한다고 보아야 한다.

물리학, 화학, 생물학, 지질학 등 자연과학이 과학적 증거 영역에 포함되는 것에 대해서는 의문이 없지만 인간의 행동, 제도, 사회 등을 연구하는 사회과학 내지 연성과학이 과학적 증거 영역에 포함되는지 논란이 있다. 사회과학 역시 특정한 학문 내지 지식의 영역이며, 그 영역의 전문가 또는 기술자 등에 의해 행해지는 것으로 과학적 증거 영역에 포함된다는 의견이 있다.[20]

그렇다면 전산학적 분석 기법이 사용되는 디지털 포렌식도 과학적 증거 영역에 포함된다고 할 수 있다. 우리의 형사소송법 제313조 제2항에서 '과학적

연적 관련성의 관점에서-," 형사정책연구, 15(3), 2004, 307-308면.

19 김면기, "과학적 증거의 판단기준과 적용과정에 대한 이해 - 최근 논란이 된 사례들을 중심으로 -." 형사정책, 30(3), 2018, 214-215면.

20 권영법, "과학적 증거의 허용성 -전문가증인의 허용성문제와 관련 쟁점의 검토를 중심으로 -." 법조, 61(4), 2012, 85면.

분석 결과에 기초한 디지털 포렌식 자료'라고 규정함으로써 디지털 증거가 과학적 증거의 일환임을 확인하고 있다.

2. 과학적 증거의 분류[21]

과학적 증거는 다음과 같이 분류할 수 있다.

① 가장 강한 정도의 과학적 증거: 오류나 반증의 여지가 적어 강한 증명력을 가지는 과학적 증거로 유전자 검사, 혈액 검사, 오염 물질 분석 등 이화학적 분석에 기초한 증거를 말한다.

② 반증의 여지가 있는 과학적 증거: 경성과학에 기초한 증거이기는 하나, 오류와 반증의 여지가 존재할 확률이 가장 강한 정도의 과학적 증거보다 많은 경우로 모발 검사에 의한 마약 검출의 경우가 그 예이다.

③ 과학과 전문가의 주관적 분석이 결합한 증거: 필적 감정, 문서 감정, 음성 분석, 교통 사고 분석과 같이 감정인의 전문성에 신빙성의 척도가 놓인 증거를 말한다.

④ 이론적 합리성 요건의 충족을 전제로 하는 과학적 증거: 거짓말탐지기 검사와 같이 과학적 이론이 제시되어 있으나 일반적으로 승인되었다고 볼 수 없고 오류와 반증의 여지도 커서 엄격한 전제 조건이 구비되었음이 인정되어야 제한적으로 증거능력 부여가 가능한 증거를 말한다.

3. 과학적 증거의 판단 기준

가. 미국 판례의 입장

1) Frye 기준[22]

재판에서 2급 살인죄로 기소된 Frye는 범죄에 대한 자백이 경찰의 강압에

21 김태업, "형사재판과 과학적 증거," 제25회 한국법과학회 춘계학술대회, 2012, 27면.
22 Frye v. United States, 293F, 1013(D.C. Cir. 1923).

의해 자백한 것이라고 주장하며 이를 입증할 수 있는 자료로 거짓말탐지기 검사 보고서와 전문가의 진술을 제시했다. 하지만 법원은 그가 제시한 보고서와 전문가 진술이 과학적 증거가 아니라는 이유를 들어 증거로 채택하지 않았고 결국 Frye는 유죄 판결을 받았다.

법원은 판결문에서 거짓말탐지기 검사가 관련 분야에서 전문가들에게 일반적으로 받아들여지지 않기 때문에, 즉 관련 전문가들로부터 승인받지 못했기 때문에 과학적인 증거로 볼 수 없다고 판시했다. 최초 전문가 증언에 대한 허용 기준으로 증언에 사용된 이론이나 원칙이 학계 또는 그 분야에서 '일반적인 승인(general acceptance)'을 얻어야 인정받을 수 있다고 본 것이다. 이 기준은 'Frye standard'로 불리며 Daubert 기준이 제시되기 전까지 70여 년간 과학적 증거에 대한 허용성을 판단하는 기준이 되었다.

2) Daubert 기준[23]

선천적 지체 장애아를 출산한 Daubert는 임신 중 복용한 Merrell Dow Pharm사의 구토억제제(Bendectin) 때문에 선천적 지체 장애아를 출산했다면서 제약 회사를 상대로 손해배상 소송을 제기하였다. 원고는 전문가들을 동원하여 동물 실험을 한 결과와 화학 구조 분석을 통해 벤덱틴이 기형을 유발하는 물질과 유사한 화학 구조를 가지고 있다는 보고서를 제출했지만, 1심 법원은 Frye 기준을 적용하여 원고가 제출한 증거는 일반적인 승인을 받지 못했다는 이유로 과학적인 증거로 볼 수 없다고 판결했다.

항소심도 원심의 판단을 지지했지만, 미국연방대법원은 과학적 증거에 대한 허용성 판단 기준이 쟁점이라고 판단하여 상소를 허용했고, 임신 중 복용한 Merrell Dow사의 구토억제제(Bendectin)가 기형아 출산에 영향을 미쳤다는 전문가 감정인의 감정 보고서를 증거로 받아들임으로써 종전의 Frye 기준을 폐기하고 새로운 Daubert 기준을 제시하였다.

Daubert 기준은 과학적 증거의 신뢰성 판단에 중점을 두었으며, 법정 증언을 하는 전문가의 적합성을 감시하는 문지기 역할을 판사가 해야 함을 제시하였다. Daubert 기준의 세부 기준은 다음과 같다.

23 Daubert v. Merrell Dow Pharmaceuticals, Inc., 509 U.S. 579, 593 (1993).

① 검증 가능성[24]: 전문가가 주장하는 이론이나 기술이 과학적으로 검증되었는가? 또는 검증이 가능한가?

② 동료에 의한 심사 및 논문 출판 여부: 전문가가 제공하는 이론이나 기술이 해당 학계의 동료 학자들에 의해 심사되고 출판되었는가?

③ 증거 추출 방법의 오차율: 전문가가 제공하는 이론이나 기술에 관련된 과학적 검증이나 실험이 있다면 잠재적인 오차율은 얼마나 되는가?

④ 관련 학계에서의 일반적인 승인 여부: 전문가가 제공하는 전문적 이론이나 기술이 해당 학계에서 일반적으로 승인되는가?

나. 우리 판례의 입장

1) 거짓말탐지기 검사

거짓말탐지기의 검사 결과에 대하여 사실적 관련성을 가진 증거로서 증거능력을 인정할 수 있는 요건으로 대법원은 "첫째로, 거짓말을 하면 반드시 일정한 심리 상태의 변동이 일어나고 둘째로, 그 심리 상태의 변동은 반드시 일정한 생리적 반응을 일으키며 셋째로, 그 생리적 반응에 의하여 피검사자의 말이 거짓인지 아닌지가 정확히 판정될 수 있다는 세 가지 전제요건이 충족되어야 할 것이며, 특히 마지막 생리적 반응에 대한 거짓 여부 판정은 거짓말탐지기 검사에 동의한 피검사자의 생리적 반응을 정확히 측정할 수 있는 장치이어야 하고, 질문사항의 작성과 검사의 기술 및 방법이 합리적이어야 하며, 검사자가 탐지기의 측정 내용을 객관성 있고 정확하게 판독할 능력을 갖춘 경우"를 제시하고 있으며 이와 같은 여러 가지 요건이 충족되지 않기 때문에 거짓말탐

24 "우리 대법원이 '광우병 정정보도청구사건'에서 사용한 표현인 "그 이론이나 기술이 실험될 수 있는 것인지"와 사실상 동일하다. 검증 가능성이라는 개념이 반드시 이해하기 어려운 용어는 아니다. 포퍼가 사용한 예를 들어 설명하자면, 연구자는 여러 백조들에 대한 관찰을 통해 (여러 지역에서 발견한 백조들이 모두 하얗다는 사실을 확인하고) '지구상의 모든 백조는 하얗다'는 가설을 세울 수 있다. 하지만 이러한 가설은 지구상에서 한 마리의 검은 백조만 찾아도 쉽게 반증될 수 있는 주장이다. 즉, 반증이 가능하다는 요건을 갖추었기 때문에 하얀 백조에 대한 가설은 과학적 이론에 해당될 수 있는 것이다. 포퍼는 가설의 설정과 반증되는 과정들의 반복이 과학적 연구 방법이며, 이러한 과정을 통해 과학이 발전한다고 설명하였다."; 김면기, "과학적 증거의 판단기준과 적용과정에 대한 이해 – 최근 논란이 된 사례들을 중심으로 –", 형사정책, 30(3), 2018, 222면.

지기의 검사 결과에 대하여 형사소송법상 증거능력을 부여할 수는 없다[25]고 판시하였다.

또한 "거짓말탐지기의 검사는 그 기구의 성능, 조작기술 등에 있어 신뢰도가 극히 높다고 인정되고 그 검사자가 적격자이며, 검사를 받는 사람이 검사를 받음에 동의하였으며 검사서가 검사자 자신이 실시한 검사의 방법, 경과 및 그 결과를 충실하게 기재하였다는 등의 전제 조건이 증거에 의하여 확인되었을 경우에만 형사소송법 제313조 제2항(현재의 제3항)에 의하여 이를 증거로 할 수 있는 것이고 위와 같은 조건이 모두 충족되어 증거능력이 있는 경우에도 그 검사 결과는 검사를 받는 사람의 진술의 신빙성을 가늠하는 정황증거로서의 기능을 하는데 그치는 것이다."라고 판시[26]하였다.

2) 유전자 검사

2006년까지만 해도 대법원은 "유전자 감식 결과는 원칙적으로 피고인이 죄를 범하였다고 합리적으로 의심할만한 다른 증거가 있을 때 하나의 보강증거나 정황증거로 삼을 수 있을 뿐이지 다른 증거가 없는 상황에서 그 유전자 감식 결과만으로 범죄를 인정하는 것은 배제되어야 한다."고 판시[27]하여 유전자 검사의 증명력 인정에 소극적이었으나 2007년 5월에 선고한 사건에서는 과학적 증거의 증명력을 높이 평가하기 시작하였다.

강도, 강간 사건에서 경찰이 피해자로부터 범인의 정액이 묻어있는 옷을 제출받아 국립과학수사연구소에 유전자 감정을 의뢰하였고 피고인이 이 사건의 범인과 동일인인지 여부를 확인하기 위하여 피고인의 모발 및 타액에 대하여도 국립과학수사연구소에 유전자 감정을 의뢰하였는 데, DNA 분석 결과 피고인의 유전자형이 범인의 그것과 상이하다는 감정 결과가 제1심법원에 제출되었다. 항소심까지 피고에게 유죄가 선고되고 상고된 사안에서 유전자 검사 결과의 증명력이 문제되었다. 대법원은 "유전자 검사나 혈액형 검사 등 과학적 증거방법은 그 전제로 하는 사실이 모두 진실임이 입증되고 그 추론의 방법이 과학적으로 정당하여 오류의 가능성이 전무하거나 무시할 정도로 극소한 것으

---

25 대법원 1986.11.25. 선고 85도2208 판결.
26 대법원 1987.7.21. 선고 87도968 판결.
27 대법원 2006.7.7. 선고 2005도6115 판결.

로 인정되는 경우에는 법관이 사실인정을 함에 있어 상당한 정도로 구속력을 가지므로, 비록 사실의 인정이 사실심의 전권이라 하더라도 아무런 합리적 근거 없이 함부로 이를 배척하는 것은 자유심증주의의 한계를 벗어나는 것으로서 허용될 수 없다."고 판시하였고 "DNA 분석을 통한 유전자 검사 결과는, 충분한 전문적인 지식과 경험을 지닌 감정인이 적절하게 관리·보존된 감정 자료에 대하여 일반적으로 확립된 표준적인 검사 기법을 활용하여 감정을 실행하고 그 결과의 분석이 적정한 절차를 통하여 수행되었음이 인정되는 이상 높은 신뢰성을 지닌다 할 것이고, 특히 유전자형이 다르면 동일인이 아니라고 확신할 수 있다는 유전자 감정 분야에서 일반적으로 승인된 전문 지식에 비추어 볼 때, 피고인의 유전자형이 범인의 그것과 상이하다는 감정 결과는 피고인의 무죄를 입증할 수 있는 유력한 증거에 해당한다."고 판시하여 피고인에게 유죄를 선고한 원심을 파기환송하였다.[28]

3) 폐수 수질 검사

수질 오염 방지 시설을 가동하지 아니한 채 폐수를 무단 방류함으로써 배출허용기준을 초과하여 특정 수질 유해 물질을 배출하였다는 수질환경보전법 위반 사건에서 울산광역시 보건환경연구원의 '폐수 수질 검사 결과 회신'이 유죄의 증거로 제출되었으나 제1심과 항소심 모두 이를 증거로 삼기에 부족하다는 이유로 무죄를 선고하고 상고된 사건에서 대법원은 "폐수 수질 검사와 같은 과학적 증거는 전문 지식과 경험을 지닌 감정인이 시료에 대하여 일반적으로 확립된 표준적인 분석 기법을 활용하여 분석을 실행하고, 그 분석이 적정한 절차를 통하여 수행되었음이 인정되는 이상 법관이 사실인정을 함에 있어 상당한 정도로 구속력을 가지므로, 비록 사실의 인정이 사실심의 전권이라 하더라도 아무런 합리적 근거 없이 함부로 이를 배척하는 것은 자유심증주의의 한계를 벗어나는 것으로서 허용될 수 없는 것이다(대법원 2007.5.10. 선고 2007도1950 판결, 대법원 2009.3.12. 선고 2008도8486 판결 등 참조). 그러나 이러한 과학적 증거가 사실인정에 있어서 상당한 정도로 구속력을 갖기 위해서는 감정인이 전문적인 지식·기술·경험을 가지고 공인된 표준 검사 기법으로 분석을 거쳐 법원

28 대법원 2007.5.10. 선고 2007도1950 판결.

에 제출하였다는 것만으로는 부족하고, 시료의 채취·보관·분석 등 모든 과정에서 시료의 동일성이 인정되고 인위적인 조작·훼손·첨가가 없었음이 담보되어야 하며 각 단계에서 시료에 대한 정확한 인수·인계 절차를 확인할 수 있는 기록이 유지되어야 한다."고 판시하고[29] 시료의 동일성이 담보되지 않았기 때문에 그 성분 검사 결과를 유죄의 증거로 사용할 수 없다는 원심의 판단을 수긍하였다.

4) 언론 보도 중재·반론 사건(PD수첩사건)

일명 PD수첩사건과 관련하여, 언론 보도에 의하여 주장된 사실관계가 과학 분야에 관한 사실이고 그 과학적 사실이 현재의 과학 수준으로 그 진실 여부가 완전히 밝혀지지 않은 단계에서 과학적 사실의 진실성을 법원이 판단하여야 할 경우에 대하여 대법원은 "그 과학적 사실이 진실하지 아니하다는 점에 대하여 자연과학의 관점에서 추호의 의혹도 허용되지 아니할 정도로 증명할 것을 요구한다면 이는 마치 특정되지 아니한 기간과 공간에서의 구체화되지 아니한 사실의 부존재를 증명하는 것과 마찬가지로 불가능에 가까운 것일 뿐더러 사회정의와 형평의 이념에 입각하여 논리와 경험의 법칙에 따라 사실주장이 진실한지 아닌지를 판단하여야 한다는 자유심증주의의 원칙과도 배치되는 일이라고 할 것이다."라고 설시한 후, "과학적 사실에 관한 보도 내용의 정정 보도 여부를 심리함에 있어서 법원으로서는 언론사가 그 사실적 주장의 근거로 삼은 자료를 포함하여 소송과정에서 현출된 모든 과학적 증거의 신뢰성을 조사하고 그 증명력을 음미하거나 이를 탄핵하는 방법으로 그 과학적 사실의 진실 여부를 판단할 수 있다. 그리고 여기에서 과학적 증거의 신뢰성 여부는 그 이론이나 기술이 실험될 수 있는 것인지, 이론이나 기술에 관하여 관련 전문가 집단의 검토가 이루어지고 공표된 것인지, 오차율 및 그 기술의 운용을 통제하는 기준이 존재하고 유지되는지, 그 해당 분야에서 일반적으로 승인되는 이론인지, 기초자료와 그로부터 도출된 결론 사이에 해결할 수 없는 분석적 차이가 존재하지는 않는지 등을 심리·판단하는 방법에 의하여야 한다. 그리하여 언론사가 과학적 사실에 관한 보도 내용의 자료로 삼은 과학적 증거가 이러한

---

29 대법원 2010.3.25. 선고 2009도14772 판결.

기준에 비추어 신뢰할 수 없는 것이거나 그 증거가치가 사실인정의 근거로 삼기에 현저히 부족한 것이라면 그러한 자료에 기초한 사실적 주장은 진실이 아닌 것으로 인정할 수 있다고 보아야 한다."고 판시[30]하였다.

다. 미국 판례와 우리 판례의 비교

미국에서 언급한 기준들은 전문가가 증언을 하기에 앞서 이를 허용할 것인가 여부에 관한 기준으로서 증거능력의 문제임에 반하여 우리 대법원이 2007년도 이후에 "과학적 증거는 그 전제로 하는 사실이 모두 진실임이 입증되고 그 추론의 방법이 과학적으로 정당하여 오류의 가능성이 전무하거나 무시할 정도로 극소한 것으로 인정되는 경우에는 법관이 사실인정을 함에 있어 상당한 정도로 구속력을 가진다."라고 언급한 부분은 증명력에 관한 부분이고, "시료의 채취·보관·분석 등 모든 과정에서 시료의 동일성이 인정되고 인위적인 조작·훼손·첨가가 없었음이 담보되어야 하며 각 단계에서 시료에 대한 정확한 인수·인계 절차를 확인할 수 있는 기록이 유지되어야 한다."라고 언급한 부분은 증거능력에 대한 부분으로 상호 차이가 있다.[31] 또한 형사사건에 관하여 우리 대법원은 전제 사실의 진실 입증, 추론 방법에서의 오류 가능성, 공인된 표준 검사 기법에 의한 분석, 자료의 동일성과 인위적인 조작 가능성 등을 증명력이나 증거능력의 요건으로 삼고 있어서 Daubert 기준과 다르다. 다만, 언론 보도 정정, 반론 사건에서는 "과학적 증거의 신뢰성 여부는 그 이론이나 기술이 실험될 수 있는 것인지, 이론이나 기술에 관하여 관련 전문가 집단의 검토가 이루어지고 공표된 것인지, 오차율 및 그 기술의 운용을 통제하는 기준이 존재하고 유지되는지, 그 해당 분야에서 일반적으로 승인되는 이론인지, 기초 자료와 그로부터 도출된 결론 사이에 해결할 수 없는 분석적 차이가 존재하지는 않는지 등을 심리·판단하는 방법에 의하여야 한다."라고 판시[32]하여 Daubert 기준을 인용하고 있다. Daubert 기준과 우리 형사사건에 관한 대법원

---

30 대법원 2011.9.2. 선고 2009다52649 전원합의체 판결.

31 권영법, "과학적 증거의 허용성 –전문가증인의 허용성문제와 관련 쟁점의 검토를 중심으로–." 법조, 61(4), 2012, 105면.

32 대법원 2011.9.2. 선고 2009다52649 전원합의체 판결.

의 기준을 표로 비교해 보면 다음과 같다.[33]

구분	Daubert 기준	대법원 판결
판단 요소	• 이론과 기술의 검증 • 동료의 검토와 발간 • 기술이 알려진 것인지 여부와 오류율 • 기술에 대한 통제 기준과 기준 준수 여부 • 일반적인 승인 • 소송에서의 독립	• 전제 사실의 진실 입증 • 추론 방법에서의 오류 가능성 • 공인된 표준 검사 기법에 의한 분석 • 자료의 동일성과 인위적인 조작 가능성
판단 기준의 작용	전문가 증언의 허용성 판단	증거능력과 증명력
판단 기준의 적용	피고인 측에게만 허용	언급 없음
적용 범위	자연과학, 사회과학, 연성과학 모두 포함	언급 없음

Daubert 기준과 우리나라 과학적 증거의 판례를 비교하면 다음과 같다.[34]

Daubert 기준	거짓말	필적 감정	위드마크	모발		지문	혈액	유전자
				현미경 분석	MDMA			
증거 관련성	○	○	○	○	○	○	○	○
검증 가능성	○		○	○	○	○	○	○
이론의 전문성	○	○	○	○	○	○	○	○
오류율	○		○	○			△	△
일반적 승인								
적용의 적정성	○		○	○	○			

33 권영법, "과학적 증거의 허용성 -전문가증인의 허용성문제와 관련 쟁점의 검토를 중심으로 -," 법조, 61(4), 2012, 107면.

34 이웅혁·이성기, "형사재판상 과학적 증거의 기준과 국내 발전방향 - 최근 미국에서의 과학적 증거의 개혁 논의를 중심으로 -," 형사정책, 23(1), 2011, 318면.

4. 디지털 증거의 객관성

가. 과학적 증거의 위험성

판단과 의사결정 과정은 인지 과정과 추론 과정의 하나이다. 판단 과정은 필요한 데이터를 수집하여 직접적으로 제시된 것들과 아직 제시되지는 않았지만 제시된 데이터로부터 추론할 수 있는 사실들을 최대한 이용하여 논리적인 결론을 내리는 과정이다. 증거의 수집, 추론, 판단 등의 단계에서 오류나 편향이 생기게 되면 편향된 판단이나 잘못된 판단에 이르게 된다. 전문가들은 교육과 경험을 통하여 합리적인 판단을 내리는 방법들을 습득하지만 이들조차도 합리적인 판단에 도달하지 못하는 경우가 흔히 발생한다. 법관들 역시 잘 모르는 과학 지식을 새로이 접할 경우에는 전문적인 판단에서 편향이나 오류가 발생할 가능성이 있다.[35]

법관에게 제시되는 전문가의 감정은 전문가 자신의 과학적 원리, 기술, 방법론을 적용하고, 추론 과정을 통해 전문가의 주관적 의견 형태로 법정에 현출된다. 만약 법관이 과학적 증거 또는 전문가 증언이라는 '외관'을 갖게 된 것을 법정에서 접할 경우 과학적 지식, 교육 및 훈련이 부족한 법관으로서는 전문감정인의 의견에 좌우될 위험성이 존재한다.[36] 특히, 과학의 탈을 쓴 'Junk science'가 법정을 오도하고 그렇게 왜곡된 인식은 다시 수정하기 어려운 규범성을 부여받을 위험이 상존한다. 따라서 과학적 증거 또는 전문가 증언이 'Junk science'로 인해 왜곡될 가능성을 항상 경계해야 한다. 과학적 증거의 증거능력이 크게 문제되는 것도 이 때문이다.[37]

'Junk science'가 아니라 'Good science'의 경우에도 증거분석 과정에서 높은 수준의 주관적 해석이 개입되는 경우 사람에 의한 오류를 완전히 배제하기 어렵다. 특히 법과학자들은 형사절차에서 의도하건 의도하지 않건 수사기관과

---

35 김청택·최인철, "법정의사결정에서의 판사들의 인지편향," 서울대학교 법학, 51(4), 2010, 319면.

36 이성기, "법과학 증거의 기준에 관한 법적 연구 – 전문가 증언 제도의 문제점과 개선 방안을 중심으로 –," 법학논집, 23(3), 2019 64면.

37 이정봉, "'과학적 증거'의 증거법적 평가," 형사판례연구, 제21권, 2013, 588면.

협업하면서 사건의 배경 정보(context information), 예를 들어 피의자의 성별, 연령, 전과, 자백 여부, 또는 목격자의 진술 등에 노출되는 경우가 있는데, 이로 인해 법과학자들의 인지 편향(cognitive bias)이 형성될 가능성이 있고 결국 감정 결과가 달라질 가능성도 있다. 법과학자의 인지 편향을 통제할 수 있는 적정한 절차가 마련되어 있지 않거나, 그 절차가 업무 처리 과정에서 제대로 준수되지 않을 경우 오류가 발생할 가능성은 상존하며 이를 법관이 재평가하지 못할 경우 재판에 영향을 미친다.[38]

우리는 과학적 이론이 항상 정당하거나 증명이 가능한 것은 아니고, 과학은 진실을 찾아가는 과정이기 때문에 과학적 이론의 불확실성은 정상적이고 필수적인 특성이며, 특히 과학적 이론의 불확실성은 그 과학적 연구가 첨단 과학이나 논쟁적인 과학적 주제에 관한 것일수록 높아지는 것임을 명확히 인식하여야 한다. 불확실성을 내포할 수밖에 없는 과학적 증거를 다루는 경우 과학의 불확실성을 확신하고 그 과학적 연구의 가정과 전제를 잘 살펴서 신중한 자세로 접근하여야 한다.[39] 과학적 증거가 일단 증거능력을 부여받아 법정에 들어올 경우 법관이 사실인정을 함에 있어 상당한 정도로 구속력을 부여하기 때문에 증거능력 평가 단계에서부터 증거가 도출된 배경, 과정, 이론 등에 대한 심층적인 평가가 이루어져야 한다.

나. 과학적 증거에서 디지털 증거의 위치

DNA 분석, 화학 분석, 재료 분석(Material analysis), 혈청학 등은 실험실에 기반을 둔 분석적인 분야(Laboratory based, analytical disciplines)로서 자연과학의 지식에 바탕을 두고 있고 양적 데이터를 생산하는 기술의 활용에 기반하고 있다. 이러한 실험실의 실험은 과학적·기계적 분석을 통해서 단일한 결과 내지 수치를 산출하는 것으로 인식되고 있고, 기술자나 과학자에 의해 행해지기 때문에 분석 결과에 대해 주관적인 해석은 거의 개입되지 않는다.

이에 반하여 전문가의 해석에 기반을 둔 관찰적인(observational) 법과학

38 김면기·유승진, "법과학 증거의 오류 가능성에 대한 이해," 과학기술과 법, 11(1), 2020, 100면.
39 대법원 2011.9.2. 선고 2009다52649 전원합의체 판결.

분야도 있다. 이러한 분야의 법과학 증거는 경험적인 증거에 상당히 의존하게 되지만 결국에는 숙련된 법과학자들이 여러 데이터를 활용하여 증거들을 이해하고 해석하는 것이 중요하다. 총기 및 화기 분석(Firearm and Toolmark Examination), 법치의학, 타이어 또는 신발의 자국 증거(Impression Evidence), 혈흔 분석(Bloodstain patterns), 문서 감정(Questioned Documents), 머리카락 분석(Hair Analysis), 의학적 소견(Medical Opinion) 등의 분야가 대표적이다. 관찰적인 분야의 법과학 증거들에는 결론 도출 과정에서 수치화하기 어려운 법과학자의 주관적 해석이 개입되며 주관적 해석 과정에서 터널 비전과 같은 인지 편향, 법과학자의 신체적·정신적 피로, 오류에 대한 무의식적 무시, 숙련된 경험의 유무 등이 해석의 결과에도 영향을 미칠 수 있다.[40] 이러한 법과학 분야의 특성에 비추어 앞서 과학적 증거를 가장 강한 정도의 과학적 증거부터 이론적 합리성 요건의 충족을 전제로 하는 과학적 증거까지 분류한 바 있다.

디지털 증거가 포렌식 분석을 통해 결과가 도출된 경우 과학적 증거의 어느 분류에 해당할 수 있을지 검토가 필요하다.

1) 비트의 정확성

실험에 기반한 분석적인 분야에서 실험의 대상은 분자, 원자, 입자로 분해될 수 있는 물질이다. 이에 반해 디지털 증거는 비트로 구성되어 있다. 비트는 두 가지 뚜렷하고 명확하게 구별되는 수치들 중 하나를 가진 데이터이다. 우리가 이러한 값을 '1'과 '0'으로 나타내든, 참과 거짓, on과 off로 나타내든, 또는 다른 표현을 사용하든, 디지털 증거에 들어갈 수 있는 상태는 두 가지뿐이다.

이것은 디지털 증거를 심사할 때 중요한 요소이다. 비교하고 분석할 수 있는 비트의 수는 한정되어 있고 결과의 최대 정밀도 또한 유한하기 때문이다. 만약 우리가 얼마나 많은 비트가 관여하고 있는지 그리고 그 표현이 사용되고 있는지를 안다면, 최대 정밀도 또한 알 수 있다. 또한 디지털 메커니즘의 경우 정밀도와 정확도는 항상 잔류 오류 없이 일치할 수 있다. 비트는 측정 오류 없이 완벽한 정밀도로 측정할 수 있다. 이론적으로 가능한 것보다 더 정밀하게

---

40 김면기·유승진, "법과학 증거의 오류 가능성에 대한 이해," 과학기술과 법, 11(1), 2020, 91-92면.

제시된 결과는 오해의 소지가 있다. 그러나 디지털 영역에서 측정은 완벽하게 정확할 수 있다.[41]

2) 실험의 무한 반복 검증 가능성

DNA 분석, 혈액 분석, 화학 분석, 재료 분석 등은 실험 대상이 되는 시료가 필요하며 실험 결과가 도출되는 과정에서 시료는 소멸된다. 반면 비트로 구성된 디지털 증거는 무한 복제가 가능하며 원본과 사본의 차이가 없기 때문에 실험 과정을 완벽하게 재구현할 수가 있다.

일반적인 과학적 증거는 시료 수집부터 분석 사이까지 관리 연속성(chain of custody)[42]을 유지하고 증명하기 위해서 밀폐된 용기와 기록이 수반되어야 하고 증명도 간접적이지만, 디지털 증거는 원본이 존재하는 한 원본과 분석된 사본 간의 해시값 증명만으로 관리 연속성을 증명할 수 있으며 원본 시료의 제시를 통해 직접적인 증명까지도 가능하다.

디지털 증거는 분석에 사용된 소프트웨어만 정확하다면 분석자의 자격과 무관하게 같은 결과가 도출된다. 설사, 전문가의 신뢰성이 의심되는 경우에도 다른 전문가에 의해서 반복적인 추가 실험이 가능하기 때문에 언제든지 신뢰성 검증이 가능하다.

3) 디지털 증거의 위치

자연과학의 지식에 근거한 분석적 법과학 분야에서는 분석가의 주관이 개입할 여지가 없으나 시료의 소실, 시료의 오염에 따른 분석 실패 가능성 등이 상존한다. 모발의 현미경 분석을 통해 모발의 직경, 구조, 염색 분포, 손상 정도 등을 분석하여 동일 여부를 식별하는 방법이나 지문 감정, 문서 감정 등의 관찰적인 법과학 분야는 검사자의 숙련도와 주관적인 해석에 의해 결과가 좌우되는 경우가 많다.[43]

---

41 Fred Cohen, *Digital Forensic Evidence Examination*, 5th ed., Fred Cohen & Associates out of Livermore, 2013, 84면.

42 Chain of custody는 다양한 용어로 번역되고 있다. 연계 보관성, 절차 연속성, 보관 연속성 등이 그 예인 데 이 책에서는 증거의 보관과 증거에 시행된 처리 과정을 포괄하는 의미로 관리 연속성이라는 용어를 사용한다.

43 이웅혁·이성기, "형사재판상 과학적 증거의 기준과 국내 발전방향 – 최근 미국에서의 과학적 증거의 개혁 논의를 중심으로 –," 형사정책, 23(1), 2011, 322면.

그런데 디지털 증거에 대한 분석은 분석 대상이 정상적으로 관리, 보존된 경우라면 시료가 분석에 의해 소실, 오염될 가능성이 없으며 관찰적인 법과학 분야와 같이 주관이 개입할 여지도 없다. 따라서 과학적 증거의 분류 중 '가장 강한 과학적 증거 이상'의 가치를 가진다고 보아야 한다.

학자에 따라서는 디지털 증거의 특성 중 하나인 취약성을 언급하기도 한다. 그러나 시료의 보관이나 관리 과정에서의 취약성은 디지털 증거뿐만 아니라 일반적인 과학적 증거에도 존재하는 것이며 어느 것이 더 취약하다고 단언할 수 없다. 오히려 일반적인 과학적 증거의 시료는 오염된 경우 복구가 불가능한 반면 디지털 증거의 경우 복제본의 생성을 통해 추가적인 시료 생성이 가능하다는 이점도 존재한다.

디지털 증거의 증거능력 인정 요건에서 요구되는 "모든 과정에서 시료의 동일성이 인정되고 인위적인 조작·훼손·첨가가 없었음이 담보되어야 하며 각 단계에서 시료에 대한 정확한 인수·인계 절차를 확인할 수 있는 기록이 유지되어야 한다."는 조건은 디지털 증거뿐만 아니라 일반적인 과학적 증거에도 동일하게 적용되는 것이며 디지털 증거에만 특별한 요건은 아니다. 결국 같은 관리 조건과 실험 조건에서 디지털 증거는 월등히 정확하고 객관적이다.

다. 디지털 증거에 적합한 과학적 증거의 기준

과학의 특징은 새로운 생각이나 가설이 비판적인 심사 및 경험적 검증을 받아야 한다는 데 있다. 검증은 지속적인 관찰과 실험을 통해서 이루어지는 데 검증 이후에 새로운 가설이 나온다면 그것이 추가되어 다른 해석이 생기고 그것을 대상으로 또 다른 추가 실험이 계속 이루어지게 된다. 이런 이유 때문에 과학적 지식은 고정되어 있는 것이 아니라 끊임없이 새로운 해석을 통해 검증되고 움직인다. 어느 정도 검증이 이뤄졌다 하더라도 어떤 과학적 이론이 진실인 것까지는 증명되지 않는다. 이론 또는 법칙이라 불리는 가설은 과학자들이 개별 명제가 주는 예측에 보낸 신뢰의 정도를 반영한 것이다. 그러나 여러 차례의 반증의 시련에 견디다가 과학계에 의한 승인을 받는 한에서 그런 명제는 일반적으로 과학적으로 유효한 것으로 간주된다.[44] 이때 비로소 Frye 기준이나

Daubert 기준에서 언급한 '일반적인 승인(general acceptance)'의 기준을 통과하게 된다.

디지털 포렌식 분야의 저명한 학회인 DFRWS(Digital Forensics Research Workshop)은 디지털 포렌식을 "범죄로 판명된 사건의 재구성을 촉진하거나 실행된 운영에 파괴적으로 보이는 비인가적인 행동에 대한 예측을 돕기 위해 디지털 소스에서 파생된 디지털 증거의 보존, 수집, 검증, 식별, 분석, 해석, 문서화, 제출 등의 과학적으로 파생되고 입증된 방법을 사용하는 것"이라고 설명하고 있다.[45] 앞서 살펴본 바와 같이 디지털 증거가 과학적 증거의 일종이며 위 학회가 선언한 것처럼 과학적으로 파생된 방법을 포렌식 조사에 사용하는 것은 인정된 사실이지만 디지털 증거에 대한 분석 결과가 일반적인 과학의 특징과 같이 가설에 대한 비판적 심사와 경험적 검증에 따라 새로운 해석을 덧붙이게 되는 것인지는 의문이다.

과학적 증거가 일반적인 승인을 받기 위한 검증 과정으로 설명되는 것이 네 가지가 있다. 첫째, 검증은 일관성이 있어야 한다. 자기모순이 있거나 논리적으로 구축되지 않은 가설은 기각된다. 둘째, 설명할 수 있어야 한다. 관찰된 현상을 어떠한 의미로 이해 가능한 것으로 할지, 즉 그 현상이 왜 나타나는가라는 질문에 대해 설명할 수 있어야 한다. 셋째, 기존에 보편적 승인을 받은 가설과 대조가 가능하여야 한다. 확립된 가설과 다르다는 이유로 새로운 가설이 즉시 기각되지는 않지만 기존의 가설과 갈등이 큰 가설은 신중히 심사될 필요가 있다. 넷째, 가장 중요한 것이 경험적 검증이다. 경험적 검증은 그 가설이 맞다고 가정했을 때 관찰할 결과를 예측한 후, 이를 측정하고 현실에서 관찰된 실제 결과와 일치하는지 여부를 조사함으로써 검증은 달성된다. 과학을 과학답게 결정하는 요소가 이 가설의 경험적 검증이다.[46]

디지털 포렌식의 조사 대상은 컴퓨터 시스템, 네트워크, 저장매체 등이며 데이터의 유형에 따라 활성 데이터, 파일 시스템, 데이터베이스, 프로그램 코드, 로그 데이터 등이다. 이러한 대상들은 자연적인 현상이나 우연한 과정을

44 김종호, "과학적 증거의 증거능력 판단에 관한 소고," 일감법학, 제37호, 2017, 281-282면.
45 DFRWS, "A Road Map for Digital Forensic Research", The Digital Forensic Research Conference, 2001, p16.
46 김종호, "과학적 증거의 증거능력 판단에 관한 소고," 일감법학, 제37호, 2017, 281-282면.

통해서 생성된 것이 아니라 당초 인간에 의해 개발된 알고리즘에 따라 생성된 것들이며 프로그램 또는 시스템이 예정한 방식에 따라 도출된 결과물들이다. 처음부터 인간이 개발한 대로 생성된 결과물에 대해 앞서 언급한 과학적 증거의 검증 과정이 디지털 증거에서 그대로 유효할 수는 없다.

일반적인 과학은 앞서 설명한 검증 과정을 볼 때 심지어 사실의 불완전한 지식에 불과하지 않느냐는 평가까지 받을 수 있다. 절대적으로 완전하지 않기 때문이다. 그럼에도 불구하고 우리는 과학적 지식을 일반적 상식이나 다른 지식에 비하여 객관적이라고 생각한다. 이는 과학적 명제가 단지 주장과 설득만으로 구성되는 것이 아니라 다른 과학자에 의해 다시 실험되고 관찰되며 검증되는 과정을 거치기 때문이다.

반면 개발한 대로 작동하는 컴퓨터와 시스템의 성격상 디지털 증거의 분석 과정은 과학적 증거에 비해 월등히 완전하다. 디지털 증거는 과학적 증거보다는 분석 또는 감정인의 주관이 개입될 여지가 적고 분석의 대상이 된 시료(매체 또는 파일)가 그대로 존재하므로 분석 과정과 결과에 대한 객관적인 반복 검증이 가능하다. 따라서 과학적 증거보다는 오판의 위험이 적다. 결국 디지털 증거의 증거능력과 증명력을 평가함에 있어서 일반적인 과학적 증거를 기준으로 설정된 것들을 그대로 적용할 수 없다는 결론에 이르게 된다.

제5절 특수매체기록에 대한 검토

사진, 녹음, 녹화물은 아날로그 방식으로도 기록되었다. 당시에는 이러한 기록들도 진술을 기재한 서류에 대비하여 새로운 형식의 증거로 취급되었고 디지털 기술의 출현으로 디지털 방식으로 구현되고 있을 뿐이다. 디지털 증거를 이해하기에 앞서 그 저장 방식에도 불구하고 이러한 기록들을 생성하는 데 필요한 법적 근거와 증거법에서 어떠한 의미를 가지고 있는지 살펴보는 것은 디지털 증거를 이해하는 데 도움이 된다.

1. 촬영, 녹화 행위의 법적 성격

촬영은 "오관에 의하여 인식되는 물건의 성질을 필름이나 디지털 데이터로 기록하는 행위"라고 설명되며, 이러한 사진 촬영이 민형사상의 법률적인 문제를 야기하는 것은 타인의 얼굴 기타 사회통념상 특정인임을 식별할 수 있는 신체적 특징 등이 동의 없이 함부로 촬영되는 경우이다.[47] 형사절차에서 사진 촬영이나 비디오 촬영 행위가 임의적 수사 방법으로 허용되는 것인지 강제수사의 방법으로써 영장주의의 적용을 받아야 하는 것인지 살펴볼 필요가 있다.

가. 학설

학설은 촬영이 강제수사로써 영장주의의 적용을 받아야 하며 예외에 해당하는 경우에만 적법성이 인정된다는 견해와 영장주의 원칙과 그 예외에 해당하지 않더라도 적법성을 인정해야 한다는 견해가 있으나 원칙적으로 영장주의의 적용을 받아야 한다는 견해가 많다.

"경찰이나 기자 등이 정당한 이유 없이 개인의 얼굴 등을 촬영하는 것은 초상권의 침해가 된다. 다만 범죄 수사를 위한 사진 촬영은 허용된다고 본다. 즉, 현재 범행이 행하여지고 있거나 범죄가 끝난 직후라고 인정되는 경우에 증거보전의 필요성과 긴급성이 있어 그 촬영이 일반적으로 허용되는 한도를 초과하지 않는 상당한 방법으로 행하여진 때에는 경찰관에 의한 촬영은 허용된다."[48], "공개된 장소에서의 사진 촬영이라고 하여도 초상권 침해가 여전히 존재하기 때문에 사생활의 비밀과 자유는 공개된 장소인가의 여부에 따라 달라진다고 할 수 없고 상대방의 승낙이나 동의가 없이 그 의사에 반하는 촬영은 강제수사에 해당한다."[49], "수사방법으로서의 사진 촬영은 원칙적으로 검증으로 보는 견해가 타당하다. 수사기관의 수사 활동은 엄격히 통제되어야 하기 때문이다. 다만, 형사소송법상 긴급검증이 인정되는 범위에서 영장 없는 수사 목적

---

47 박홍모, "수사방법으로서의 사진촬영의 적법성 – 우리나라와 일본의 학설판례를 중심으로 –," 법학연구, 51(3), 2010, 135면.

48 문광삼, 『한국헌법학』, 삼영사, 2010, 619면.

49 이창현, 『형사소송법』, 제5판, 정독, 2019, 283면.

의 사진 촬영은 허용될 수 있다."[50], "본인의 동의를 받지 않는 한 수사기관의 사진 촬영은 원칙적으로 강제수사이고 압수·수색 또는 검증에 관한 영장주의 그리고 그 예외 규정들이 유추적용될 수 있을 것으로 생각한다."[51], "사생활의 비밀과 자유를 침해하는 사진 촬영은 강제수사에 해당하므로 법관의 영장에 의하여야 하며 영장에 의하더라도 피의 사실의 중대성과 개연성, 증거보전의 필요성과 보충성 그리고 촬영 방법의 상당성 등이 인정되는 경우에만 수사방법으로서 허용되어야 하고 형사소송법 제216조 제3항이 규정하고 있는 '범죄현장에서의 검증'과 같이 범행이 이루어지고 있거나 이루어진 직후에는 사후영장에 의한 사진 촬영이 가능하다."[52]는 견해가 그것이다.

길거리를 비롯하여 공개된 장소에서의 촬영은 임의수사라는 주장이 있다. 이런 주장은 공개된 장소에서는 누구나 자신의 용모가 타인에게 공개될 것을 예상하고 있고 옥내와 옥외에서 보호되는 프라이버시의 정도가 다르며 공개된 장소에서의 촬영은 강제처분 법정주의나 영장주의에 의하여 보호되는 법익의 침해가 없다는 등의 이유를 제시하고 있다. 그러나 ① 자신의 용모가 타인에게 육안으로 관찰되는 것과 타인에 의하여 사진 또는 동영상으로 촬영되어 영구히 저장되는 것은 별개의 문제이며 ② 촬영을 당하여야 하는 수인의무가 없다면, '동의 없이 함부로' 상대방의 얼굴 등을 촬영할 수 없는 것이어서 공개된 장소에서 '상대방의 동의 없이 함부로' 상대방의 얼굴 등을 촬영하였다면, 상대방의 입장에서는 법익이 침해당한 것이며 ③ 공개된 장소와 비공개된 장소를 구분하여 초상권의 보호 범위를 달리 해석하여야 하는 법적 근거가 없기 때문에 촬영이 이루어지는 장소에 관계없이 '상대방의 동의 없이' 이루어지는 촬영은 강제수사에 해당[53]한다는 반대 입장이 있다.

성명, 주민등록번호뿐만 아니라 영상 등을 통하여 개인을 알아볼 수 있는 것도 개인정보에 해당하고(개인정보 보호법 제2조) 개인정보의 수집은 원칙적으로 정보주체의 동의에 의하여야 한다. 이러한 이유 때문에 우리의 법령은 공개

---

50 손동권·신이철, 『새로운 형사소송법』, 세창출판사, 2016, 226면.

51 배종대·이상돈·정승환·이계원, 『신형사소송법』, 제5판, 홍문사, 2013, 106-107면.

52 천진호, "위법수집증거배제법칙의 私人效," 비교형사법연구, 4(2), 2002, 371면.

53 박홍모, "수사방법으로서의 사진촬영의 적법성 - 우리나라와 일본의 학설판례를 중심으로 -," 법학연구, 51(3), 2010, 146-147면.

된 장소에서라도 영상정보처리기기의 설치 운영을 제한[54]하고 있다. 공개된 장소에서 육안으로 노출되어 일시적으로 관찰되는 것과 영상정보처리기기에 의해 촬영되어 수집, 저장, 활용되는 것은 그 침해의 정도에 있어서 극명한 차이가 있기 때문에 공개된 장소에서의 촬영 행위라도 상대방의 동의가 있어야 한다는 입장이 타당하다.

나. 판례

보험회사 직원들이 민사소송에 증거로 제출할 목적으로 아파트 주차장, 직장의 주차장, 차량수리업소의 마당, 어린이집 주변 도로 등 일반인의 접근이 허용된 공개된 장소에서 소송 상대방을 촬영한 사안에 대하여 대법원은 "사람은 누구나 자신의 얼굴 기타 사회통념상 특정인임을 식별할 수 있는 신체적 특징에 관하여 함부로 촬영 또는 그림 묘사되거나 공표되지 아니하며 영리적으로 이용당하지 않을 권리를 가지는 데, 이러한 초상권은 우리 헌법 제10조 제1문에 의하여 헌법적으로도 보장되고 있는 권리이다. 또한, 헌법 제10조는 헌법 제17조와 함께 사생활의 비밀과 자유를 보장하는 데, 이에 따라 개인은 사생활 활동이 타인으로부터 침해되거나 사생활이 함부로 공개되지 아니할 소극적인 권리는 물론, 오늘날 고도로 정보화된 현대사회에서 자신에 대한 정보를 자율적으로 통제할 수 있는 적극적인 권리도 가진다(대법원 1998.7.24. 선고 96다42789 판결 참조). 그러므로 초상권 및 사생활의 비밀과 자유에 대한 부당한 침해는 불법행위를 구성하는 데, 위 침해는 그것이 공개된 장소에서 이루어졌다거나 민사소송의 증거를 수집할 목적으로 이루어졌다는 사유만으로는 정당화되지 아니한다."라고 판시[55]하였다.

그러나 수사기관이 피고인의 범죄 혐의가 상당히 포착된 상태에서 증거를

---

54 개인정보 보호법 제25조(영상정보처리기기의 설치·운영 제한) ① 누구든지 다음 각 호의 경우를 제외하고는 공개된 장소에 영상정보처리기기를 설치·운영하여서는 아니 된다.
  1. 법령에서 구체적으로 허용하고 있는 경우
  2. 범죄의 예방 및 수사를 위하여 필요한 경우
  3. 시설안전 및 화재 예방을 위하여 필요한 경우
  4. 교통단속을 위하여 필요한 경우
  5. 교통정보의 수집·분석 및 제공을 위하여 필요한 경우

55 대법원 2006.10.13. 선고 2004다16280 판결.

보전하기 위한 필요에서 공소외인의 주거지 외부에서 담장 밖 및 2층 계단을 통하여 공소외인의 집에 출입하는 피고인들의 모습을 촬영한 것에 대하여 대법원은 “누구든지 자기의 얼굴 기타 모습을 함부로 촬영당하지 않을 자유를 가지나 이러한 자유도 국가권력의 행사로부터 무제한으로 보호되는 것은 아니고 국가의 안전보장·질서유지·공공복리를 위하여 필요한 경우에는 상당한 제한이 따르는 것이고, 수사기관이 범죄를 수사함에 있어 현재 범행이 행하여지고 있거나 행하여진 직후이고, 증거보전의 필요성 및 긴급성이 있으며, 일반적으로 허용되는 상당한 방법에 의하여 촬영을 한 경우라면 위 촬영이 영장 없이 이루어졌다 하여 이를 위법하다고 단정할 수 없다.”고 판단[56]하였고 피고인들이 일본 또는 중국에서 북한 공작원들과 회합하는 모습을 동영상으로 촬영한 것에 대해 “피고인들이 회합한 증거를 보전할 필요가 있어서 이루어진 것이고, 피고인들이 반국가단체의 구성원과 회합 중이거나 회합하기 직전 또는 직후의 모습을 촬영한 것으로 그 촬영 장소도 차량이 통행하는 도로 또는 식당 앞길, 호텔 프런트 등 공개적인 장소인 점 등을 알 수 있으므로, 이러한 촬영이 일반적으로 허용되는 상당성을 벗어난 방법으로 이루어졌다거나, 영장 없는 강제처분에 해당하여 위법하다고 볼 수 없다. 따라서 위와 같은 사정 아래서 원심이 위 촬영 행위가 위법하지 않다고 판단하고 그 판시와 같은 6mm 테이프 동영상을 캡처한 사진들의 증거능력을 인정한 조치는 정당한 것으로 수긍할 수 있고, 거기에 상고이유 주장과 같이 영장주의의 적용 범위나 초상권의 법리 등을 오해한 위법이 없다.”고 판시[57]하고 있다.

또한 무인장비에 의한 제한속도 위반차량 단속의 적법성에 관하여 대법원은 “수사, 즉 범죄 혐의의 유무를 명백히 하여 공소를 제기·유지할 것인가의 여부를 결정하기 위하여 범인을 발견·확보하고 증거를 수집·보전하는 수사기관의 활동은 수사 목적을 달성함에 필요한 경우에 한하여 사회통념상 상당하다고 인정되는 방법 등에 의하여 수행되어야 하는 것인 바, 무인장비에 의한 제한속도 위반차량 단속은 이러한 수사 활동의 일환으로서 도로에서의 위험을 방지하고 교통의 안전과 원활한 소통을 확보하기 위하여 도로교통법령에 따라

56 대법원 1999.9.3. 선고 99도2317 판결.

57 대법원 2013.7.26. 선고 2013도2511 판결.

정해진 제한속도를 위반하여 차량을 주행하는 범죄가 현재 행하여지고 있고, 그 범죄의 성질·태양으로 보아 긴급하게 증거보전을 할 필요가 있는 상태에서 일반적으로 허용되는 한도를 넘지 않는 상당한 방법에 의한 것이라고 판단되므로, 이를 통하여 피고인 운전 차량의 차량번호 등을 촬영한 이 사건 사진을 두고 위법하게 수집된 증거로서 증거능력이 없다고 말할 수도 없다."고 판시[58] 하였다.

다만, 수사기관이 네트워크 카메라 등을 설치·이용하여 피고인의 행동과 피고인이 본 태블릿 컴퓨터의 화면 내용을 촬영한 것에 대해 대법원은 "수사의 비례성·상당성 원칙과 영장주의 등을 위반한 것이므로 그로 인해 취득한 영상물 등의 증거는 증거능력이 없다."고 판단[59]하였다.

우리 법원은 공개된 장소에서라도 민간인에 의한 촬영 행위는 행복추구권의 일종인 초상권과 사생활의 비밀과 자유를 부당하게 침해한다는 점을 분명히 하고 있다. 다만, 공개된 장소에서 범죄의 현행성, 증거보전의 필요성과 긴급성, 촬영 방법의 상당성이 인정되는 경우 수사기관에 의한 영장없는 촬영 행위를 허용하고 있다. 법원은 이러한 행위를 두고 "영장 없는 강제처분에 해당하여 위법하다고 볼 수 없다."고 언급[60]하였는데 공개된 장소에서의 촬영 행위가 강제처분에 해당하지 않는다는 것인지 영장주의의 예외에 해당한다는 것인지 불분명하다. 판례가 공개된 장소에서의 촬영 중 적법성을 인정하는 것은 '현재 범행이 행하여지고 있거나 행하여진 직후이고, 증거보전의 필요성 및 긴급성이 있는 경우'에 한하므로 범죄 행위의 현행성과 관련 없이 계획된 미행과 잠복에 의해 과거의 범행을 입증할 증거를 수집하기 위한 촬영은 허용되지 않는다고 볼 수 있다.

2. 특수매체기록의 증거능력

학자들은 통상 특수한 증거원천으로 사진, 녹음, 동영상을 나누어서 고찰

58 대법원 1999.12.7. 선고 98도3329 판결.
59 대법원 2017.11.29. 선고 2017도9747 판결.
60 대법원 2013.7.26. 선고 2013도2511 판결.

하고 있다. 사진은 현상을 담고 있고 녹음은 음성과 음향을 담고 있으며 동영상의 경우 연속된 사진과 함께 음성 또는 음향이 선택적으로 담겨 있다. 결국 시각적으로 데이터를 전달할 수 있는 매체에 대한 증거능력과 청각적으로 데이터를 전달할 수 있는 매체에 대한 증거능력 인정 요건에 대한 검토가 필요하다.

사진의 경우 렌즈에 비친 현상을 그대로 담고 있기 때문에 신용성이 매우 높은 반면에 사진을 촬영, 현상, 인화하는 과정에서 인위적인 조작이 가해질 위험성도 있으므로 증거로서의 활용도를 높이면서 오류의 가능성을 배제하기 위해 증거능력 인정 요건을 엄격하게 제한할 필요가 있다고 한다.[61] 그런데 기계장치에 의한 기록이라는 측면에서 녹음과 동영상에 대해서도 같은 고민이 필요하다.

기계장치에 의해 저장된 것들을 전문증거로 보아 전문법칙을 적용해야 하는 것인지, 증거물로 보아 이에 준하여 증거능력을 인정해 할 것인지 의견 대립이 있고 이러한 고민은 디지털 증거도 같기 때문에 촬영 및 녹음 기록의 증거능력에 대해 살펴볼 필요가 있다.

인간이 오감을 통해 기억한 것을 법정에서 진술하는 구조와 기록 장치를 통해 기록한 것을 법정에 현출하는 구조는 유사하다. 직접 본 것을 증언하는 것과 직접 본 것을 기록하여 법정에 제출하는 것을 동일하게 평가한다면 특수매체기록은 원본 증거와 다를 바가 없다.

그러나 사람이 법정에 출석하여 직접 경험한 것을 진술하는 경우 반대신문권이 보장되지만 기계에 의해 현출된 것은 기계를 다룬 사람에 대한 평가만 가능할 뿐 기계 자체에 대한 반대신문은 불가능하다는 점에서 양자는 다르게 평가될 수 있다. 특수매체기록의 증거능력에 대한 평가는 우선 학자들의 견해와 판례의 입장을 살펴본 후에 비판적으로 검토하고자 한다.

가. 사진의 증거능력

학자들은 대부분 사본으로서의 사진, 진술의 일부인 사진, 현장 사진으로

61 이창현, 『형사소송법』, 제5판, 정독, 2019, 944면; 신이철, “형사증거법상 사진의 증거능력 제한,” 일감법학, 제22호, 2012, 300면.

구분하여 견해를 피력하고 있다.

1) 사본으로서의 사진

위조된 문서의 사본으로서의 사진, 범행에 사용된 증거물을 촬영한 사진 등 원본 증거의 형상을 그대로 찍어서 제출된 사진에 대해 비진술 증거로 취급하되 원본이 아니기 때문에 원본 증거가 제출되지 못할 사정이 인정되고 원본의 정확한 사본임이 증명되는 경우에 증거능력을 인정할 수 있다는 견해와 사진은 오류 개입의 여지가 크기 때문에 진술 증거와 같으므로 원본의 존재 및 진정성립을 인정할 자료가 구비되고 신용할 만한 정황에 의해 촬영된 것이 인정될 때 형사소송법 제315조 제3호에 따라 증거능력을 인정해야 한다는 진술증거설의 대립이 있다.[62]

사진과 유사한 복사물에 대해 대법원은 "군법회의판결사본(교도소장이 교도소에 보관 중인 판결등본을 사본한 것)은 특히 신용할 만한 정황에 의하여 작성된 문서라고 볼 여지가 있으므로 피고인이 증거로 함에 부동의하거나 그 진정성립의 증명이 없다는 이유로 그 증거능력을 부인할 수 없다."고 판시[63]하였는데 이는 사본을 전문증거라고 보고 형사소송법 제315조 제3호에 정한 요건에 따라 증거능력을 인정한 것이다.

피의자신문조서의 복사물에 대해서는 "피고인에 대한 검사 작성의 피의자신문조서가 그 내용 중 일부를 가린 채 복사를 한 다음 원본과 상위없다는 인증을 하여 초본의 형식으로 제출된 경우에, 위와 같은 피의자신문조서초본은 피의자신문조서원본 중 가려진 부분의 내용이 가려지지 않은 부분과 분리 가능하고 당해 공소사실과 관련성이 없는 경우에만, 그 피의자신문조서의 원본이 존재하거나 존재하였을 것, 피의자신문조서의 원본 제출이 불능 또는 곤란한 사정이 있을 것, 원본을 정확하게 전사하였을 것 등 3가지 요건을 전제로 피고인에 대한 검사 작성의 피의자신문조서원본과 동일하게 취급할 수 있다."고 판시[64]하고 있다. 피의자신문조서원본과 동일하게 취급한다는 것은 이 또한 전문증거로 인정하고 형사소송법 제312조 제1항에 따라 증거능력을 판단하겠다는

---

62 신이철, "형사증거법상 사진의 증거능력 제한," 일감법학, 제22호, 2012, 301면.
63 대법원 1981.11.24. 선고 81도2591 판결.
64 대법원 2002.10.22. 선고 2000도5461 판결.

의미이다.

진술이 포함된 문자메시지를 촬영한 사진에 대하여는 "이 사건 문자메시지는 피해자가 피고인으로부터 풀려난 당일에 남동생에게 도움을 요청하면서 피고인이 협박한 말을 포함하여 공갈 등 피고인으로부터 피해를 입은 내용을 문자메시지로 보낸 것이므로, 이 사건 문자메시지의 내용을 촬영한 사진은 증거서류 중 피해자의 진술서에 준하는 것으로 취급함이 상당할 것인 바, 진술서에 관한 형사소송법 제313조에 따라 이 사건 문자메시지의 작성자인 피해자 공소외 1이 제1심 법정에 출석하여 자신이 이 사건 문자메시지를 작성하여 동생에게 보낸 것과 같음을 확인하고, 동생인 공소외 3도 제1심 법정에 출석하여 피해자 공소외 1이 보낸 이 사건 문자메시지를 촬영한 사진이 맞다고 확인한 이상, 이 사건 문자메시지를 촬영한 사진은 그 성립의 진정함이 증명되었다고 볼 수 있으므로 이를 증거로 할 수 있다."고 판시[65]하였다.

반면, 불안감을 조성하는 문자를 반복적으로 보내 정보통신망을 통하여 공포심이나 불안감을 유발하는 글을 반복적으로 상대방에게 도달하게 하는 행위의 증거가 되는 휴대전화의 문자메시지에 대해 대법원은 "정보통신망을 통하여 공포심이나 불안감을 유발하는 글을 반복적으로 상대방에게 도달하게 하는 행위를 하였다는 공소사실에 대하여 휴대전화에 저장된 문자정보가 그 증거가 되는 경우와 같이, 그 문자정보가 범행의 직접적인 수단이 될 뿐 경험자의 진술에 갈음하는 대체물에 해당하지 않는 경우에는 형사소송법 제310조의2에서 정한 전문법칙이 적용될 여지가 없다."고 판시[66]하였다. 따라서 이러한 문자메시지가 저장되어 있는 휴대전화를 법정에 제출하는 경우 휴대전화에 저장된 문자메시지는 그 자체가 범행의 직접적인 수단으로서 이를 증거로 사용할 수 있다. 대법원은 이에 부가하여 같은 판결에서 "또한 검사는 휴대전화 이용자가 그 문자정보를 읽을 수 있도록 한 휴대전화의 화면을 촬영한 사진을 증거로 제출할 수도 있을 것인 바, 이를 증거로 사용하기 위해서는 문자정보가 저장된 휴대전화를 법정에 제출할 수 없거나 그 제출이 곤란한 사정이 있고, 그 사진의 영상이 휴대전화의 화면에 표시된 문자정보와 정확하게 같다는 사실이

---

65 대법원 2010.11.25. 선고 2010도8735 판결.
66 대법원 2008.11.13. 선고 2006도2556 판결.

증명되어야 할 것이다."라고 판시하여 협박 문자메시지의 촬영 사진도 비진술 증거에 해당한다고 보았다.

또한 부정수표단속법위반의 공소사실을 증명하기 위해 수표의 사본이 증거로 제출된 사안에서 제1심과 항소심에서는 증거로 제출한 수표 사본은 증거물이 아닌 문서의 사본으로 제시한 것이고, 따라서 피고인이 증거로 함에 동의하지 아니한 이상 이를 증거로 사용하기 위해서는 특히 신용할 만한 정황에 의하여 이 사건 각 수표가 작성되었는지 여부를 살펴야 할 것인 데, 각 수표 사본이 특히 신용할 만한 정황에 의하여 작성되었다고 단정하기 어려우므로 이를 증거로 사용할 수 없다면서 무죄를 선고하였으나 대법원은 "피고인이 수표를 발행하였으나 예금부족 또는 거래정지처분으로 지급되지 아니하게 하였다는 부정수표단속법위반의 공소사실을 증명하기 위하여 제출되는 수표는 그 서류의 존재 또는 상태 자체가 증거가 되는 것이어서 증거물인 서면에 해당하고 어떠한 사실을 직접 경험한 사람의 진술에 갈음하는 대체물이 아니므로, 증거능력은 증거물의 예에 의하여 판단하여야 하고, 이에 대하여는 형사소송법 제310조의2에서 정한 전문법칙이 적용될 여지가 없다. 이때 수표 원본이 아니라 전자복사기를 사용하여 복사한 사본이 증거로 제출되었고 피고인이 이를 증거로 하는 데 부동의한 경우 위 수표 사본을 증거로 사용하기 위해서는 수표 원본을 법정에 제출할 수 없거나 제출이 곤란한 사정이 있고 수표 원본이 존재하거나 존재하였으며 증거로 제출된 수표 사본이 이를 정확하게 전사한 것이라는 사실이 증명되어야 한다."라고 판시[67]하면서 무죄 부분을 파기하고 원심에 환송하였다.

판례는 사본으로서의 사진에 대한 증거능력을 판단할 때 사진으로 촬영된 원본 증거가 진술 증거인 경우에는 전문법칙을 적용하고 원본 증거가 비진술 증거인 경우 증거물과 같이 판단하고 있다.

2) 진술의 일부인 사진

진술의 일부인 사진은 진술서, 검증조서, 감정서 등의 서류를 작성하면서 진술의 내용을 자세히 표현하거나 보강할 목적으로 사진을 첨부하는 경우를

67 대법원 2015.4.23. 선고 2015도2275 판결.

말한다. 이 경우 사진은 전문증거인 서류와 일체로 판단할 것인지 앞서 살펴본 바와 같이 사본으로서의 사진이 비진술 증거로 취급되는 경우가 있기 때문에 별개의 것으로 판단할 것인지가 문제이다.

검증조서에 첨부된 사진에 관하여 대법원은 "사법경찰관 작성의 검증조서를 살펴보면 위 검증조서 중에는 이 사건 범행에 부합되는 피의자이었던 피고인의 진술기재 부분이 포함되어 있고 또한 범행을 재연하는 사진이 첨부되어 있으나 기록을 자세히 살펴보아도 이들에 관하여는 원진술자이며 행위자인 피고인에 의하여 그 진술 및 범행재연의 진정함이 인정되지 아니하므로 위 검증조서 중 피고인의 진술 기재 부분과 범행재연의 사진영상에 관한 부분은 증거능력이 없다고 할 것이다."라고 판시[68]하였다. 이 판례가 사진을 진술 증거의 일부로 보고 진술기재서류와 일체로 판단한 것이라는 견해[69]가 있으나 법원이 증거능력을 부인한 이유를 작성자인 사법경찰관의 진술에 따른 진정 증명 부재를 들지 않고 피고인을 원진술자로 보고 그 진술 및 범행 재현의 진정함이 인정되지 않는다고 한 취지로 보아 법원은 위 대상 사진을 검증조서와 별개로 판단한 것으로 보아야 한다. 특히, 이 사건에서의 사진은 사법경찰관의 요청에 따라 범행을 재연하는 사진이기 때문에 피고인의 진술과 다를 바가 없으며 앞서 살펴본 것과 같이 사본으로서의 사진이라고 볼 수도 없다. 다른 사건에서 "검증조서 중 이 사건 범행에 부합되는 피고인의 진술을 기재한 부분과 범행을 재연한 부분을 제외한 나머지 부분만을 증거로 채용하여야 함에도 이를 구분하지 아니한 채 그 전부를 유죄의 증거로 인용한 조치는 위법하다고 할 것"이라고 판시[70]한 내용을 보더라도 판례는 사진과 서류를 구분하여 판단하고 있다.

3) 현장 사진

현장 사진은 범행 현장이나 그 전후의 상황을 촬영한 사진을 말한다. 무인단속카메라를 이용한 도로교통법위반 촬영 사진도 이에 속한다. 이에 대해서도 진술 증거로 볼 것인지 비진술 증거로 볼 것인지 견해가 나뉠 수 있다. 비진술

---

68 대법원 1988.3.8. 선고 87도2692 판결.

69 이주원, 『형사소송법』, 박영사, 2019, 477면.

70 대법원 1998.3.13. 선고 98도159 판결.

증거라고 보는 입장에서는 그 촬영이 사람에 의한 것이 아니고 기계적으로 촬영된 것이라는 점을 주장하고 진술 증거라고 보는 입장은 이 또한 과거의 사실을 재현하는 것이므로 사실보고라는 기능면에서 진술 증거와 유사하다고 본다.[71]

판례는 간통 현장을 촬영한 사진에 대해 "피고인이 이 사건 사진의 촬영일자 부분에 대하여 조작된 것이라고 다툰다고 하더라도 이 부분은 전문증거에 해당되어 별도로 증거능력이 있는지를 살펴보면 족한 것이고 – 중략 – 이 사건 사진이 진정한 것으로 인정되는 한 이로써 이 사건 사진은 증거능력을 취득한 것이라 할 것이다."라고 판시[72]하였고 상해부위를 촬영한 사진에 관하여 "공소외인의 상해부위를 촬영한 사진은 비진술 증거로서 전문법칙이 적용되지 않으므로, 위 사진이 진술 증거임을 전제로 전문법칙이 적용되어야 한다는 취지의 상고이유의 주장 또한 받아들일 수 없다."고 판시[73]하였다. 이와 같은 취지로 보았을 때 판례의 입장은 범행 현장 사진은 비진술 증거로 취급하는 것으로 보인다.

4) 검토

학자들은 사진을 사본으로서의 사진, 진술의 일부인 사진, 현장 사진으로 나누고 있다. 그런데 판례는 사진이 진술의 성격이 있는 것인지 현상을 촬영한 것인지에 따라 진술, 비진술 증거로 나누고 있다. 앞서 살펴본 판례 중 군법회의판결사본, 피의자신문조서사본, 도움을 요청하는 문자의 내용, 범행을 재연한 사진은 진술 증거로 인정하였고 협박의 증거가 되는 문자의 내용을 촬영한 사진, 범행 현장의 사진, 상해부위 사진은 비진술 증거로 인정하였다. 심지어 검증조서에 첨부된 사진에 관하여 검증조서와 별도의 분리하여 사진의 증거능력을 판단하기도 하였다.

판례의 견해를 받아들인다면 촬영된 피사체의 성격에 따라 진술, 비진술 증거로 나누면 족하며 학자들의 분류와 같이 사본인지, 진술의 일부인지, 현장의 사진인지에 따라 나눌 실익이 없어 보인다. 추후 검토할 사안은 사진이나

---

71 이주원, 『형사소송법』, 박영사, 2019, 475면.
72 대법원 1997.9.30. 선고 97도1230 판결.
73 대법원 2007.7.26. 선고 2007도3906 판결.

복사물은 분명 원본이 아니고 어떠한 과거의 사실을 재현한 것인데도 원본 증거가 비진술이라는 이유로 원본 증거와 같이 취급할 수 있는지에 대한 것이다. 이에 대해서는 녹음에 대한 증거능력을 살펴본 후에 종합적으로 검토하고자 한다.

나. 녹음매체의 증거능력

녹음도 그 저장된 것이 음성이나 음량이라는 점만 다를 뿐 기록과 재생의 정확성이 사람의 지각이나 기억보다 높다는 점, 녹음하는 자 또는 편집자의 의도대로 조작의 가능성이 있다는 점에서 사진과 유사하다. 녹음매체의 경우도 통상 진술 녹음과 현장 녹음으로 나뉘어 논의되고 있다.[74]

1) 진술 녹음

진술 녹음이란 사람의 진술이 녹음되어 있는 경우로 녹음매체만 서류와 다를 뿐 사람의 진술을 서면에 기록한 것과 다를 바가 없으므로 '진술'에 해당하고 전문법칙이 적용된다.

판례도 같은 입장이다. 대법원은 "피고인 또는 피고인 아닌 사람의 진술을 녹음한 녹음 파일은 실질에 있어서 피고인 또는 피고인 아닌 사람이 작성한 진술서나 그 진술을 기재한 서류와 크게 다를 바 없어 그 녹음 파일에 담긴 진술 내용의 진실성이 증명의 대상이 되는 때에는 전문법칙이 적용된다고 할 것이나, 녹음 파일에 담긴 진술 내용의 진실성이 아닌 그와 같은 진술이 존재하는 것 자체가 증명의 대상이 되는 경우에는 전문법칙이 적용되지 아니한다(대법원 2013.2.15. 선고 2010도3504 판결, 대법원 2013.7.26. 선고 2013도2511 판결 등 참조). 나아가 어떤 진술을 범죄 사실에 대한 직접증거로 사용할 때에는 그 진술이 전문증거가 된다고 하더라도 그와 같은 진술을 하였다는 것 자체 또는 그 진술의 진실성과 관계없는 간접사실에 대한 정황증거로 사용할 때에는 반드시 전문증거가 되는 것은 아니다(대법원 2000.2.25. 선고 99도1252 판결 등 참조)."라고 판시[75]하였다.

---

74 차정인, "진술이 담긴 기계적 기록물과 전문법칙", 형사법연구, 29(3), 2017, 321면.
75 대법원 2015.1.22. 선고 2014도10978 전원합의체 판결.

2) 현장 녹음

현장 녹음은 범행 현장에서 당시의 상황 또는 범행에 수반된 음성이나 음향을 녹음한 것을 말한다. 범행을 당한 피해자가 구호를 요청하며 112 신고를 한 경우 녹음된 신고 내용 등이 현장 녹음의 일종이다. 현장 녹음도 현장 사진과 다를 바 없기 때문에 학설도 진술 증거설, 비진술 증거설로 나뉜다.

다. 영상녹화물의 증거능력

형사소송법에서 영상녹화물이란 피의자 신문 과정 또는 참고인 조사 과정을 영상녹화한 것을 의미한다.[76] 이러한 의미의 영상녹화물은 경찰 또는 검사 작성의 참고인 진술조서의 실질적 진정성립을 증명하는 방법,[77] 공판준비 또는 공판기일에 진술자의 기억환기용[78]에 한정하여 사용된다. 따라서 수사기관이

---

76 형사소송법 제221조(제3자의 출석요구 등) ① 검사 또는 사법경찰관은 수사에 필요한 때에는 피의자가 아닌 자의 출석을 요구하여 진술을 들을 수 있다. 이 경우 그의 동의를 받아 영상녹화할 수 있다.
제244조의2(피의자진술의 영상녹화) ① 피의자의 진술은 영상녹화할 수 있다. 이 경우 미리 영상녹화사실을 알려주어야 하며, 조사의 개시부터 종료까지의 전 과정 및 객관적 정황을 영상녹화하여야 한다.
② 제1항에 따른 영상녹화가 완료된 때에는 피의자 또는 변호인 앞에서 지체 없이 그 원본을 봉인하고 피의자로 하여금 기명날인 또는 서명하게 하여야 한다.
③ 제2항의 경우에 피의자 또는 변호인의 요구가 있는 때에는 영상녹화물을 재생하여 시청하게 하여야 한다. 이 경우 그 내용에 대하여 이의를 진술하는 때에는 그 취지를 기재한 서면을 첨부하여야 한다.

77 형사소송법 제312조(검사 또는 사법경찰관의 조서) ④ 검사 또는 사법경찰관이 피고인이 아닌 자의 진술을 기재한 조서는 적법한 절차와 방식에 따라 작성된 것으로서 그 조서가 검사 또는 사법경찰관 앞에서 진술한 내용과 동일하게 기재되어 있음이 원진술자의 공판준비 또는 공판기일에서의 진술이나 영상녹화물 또는 그 밖의 객관적인 방법에 의하여 증명되고, 피고인 또는 변호인이 공판준비 또는 공판기일에 그 기재 내용에 관하여 원진술자를 신문할 수 있었던 때에는 증거로 할 수 있다. 다만, 그 조서에 기재된 진술이 특히 신빙할 수 있는 상태하에서 행하여졌음이 증명된 때에 한한다.

78 형사소송법 제318조의2(증명력을 다투기 위한 증거) ① 제312조부터 제316조까지의 규정에 따라 증거로 할 수 없는 서류나 진술이라도 공판준비 또는 공판기일에서의 피고인 또는 피고인이 아닌 자(공소제기 전에 피고인을 피의자로 조사하였거나 그 조사에 참여하였던 자를 포함한다. 이하 이 조에서 같다)의 진술의 증명력을 다투기 위하여 증거로 할 수 있다.
② 제1항에도 불구하고 피고인 또는 피고인이 아닌 자의 진술을 내용으로 하는 영상녹화물은 공판준비 또는 공판기일에 피고인 또는 피고인이 아닌 자가 진술함에 있어서 기억이 명백하지 아니한 사항에 관하여 기억을 환기시켜야 할 필요가 있다고 인정되는 때에 한하여 피고인 또는 피고인이 아닌 자에게 재생하여 시청하게 할 수 있다.

조사과정을 촬영한 영상녹화물은 독립적인 증거로 사용할 수 없다. 판례도 "2007. 6. 1. 법률 제8496호로 개정되기 전의 형사소송법에는 없던 수사기관에 의한 참고인 진술의 영상녹화를 새로 정하면서 그 용도를 참고인에 대한 진술조서의 실질적 진정성립을 증명하거나 참고인의 기억을 환기시키기 위한 것으로 한정하고 있는 현행 형사소송법의 규정 내용을 영상물에 수록된 성범죄 피해자의 진술에 대하여 독립적인 증거능력을 인정하고 있는 성폭법 제30조 제6항 또는 아청법 제26조 제6항의 규정과 대비하여 보면, 수사기관이 참고인을 조사하는 과정에서 형사소송법 제221조 제1항에 따라 작성한 영상녹화물은, 다른 법률에서 달리 규정하고 있는 등의 특별한 사정이 없는 한, 공소사실을 직접 증명할 수 있는 독립적인 증거로 사용될 수는 없다고 해석함이 타당하다."고 판시[79]하고 있다. 영상녹화물을 독립적인 증거로 사용할 수 없기 때문에 영상녹화물 중 음성 부분 또는 그 부분을 토대로 작성된 녹취서도 증거로 사용할 수 없다.

반면, 사인이 진술을 촬영한 영상녹화물은 진술 녹음과 다를 바가 없다. 대법원은 "수사기관이 아닌 사인(私人)이 피고인 아닌 사람과의 대화 내용을 촬영한 비디오테이프는 형사소송법 제311조, 제312조의 규정 이외에 피고인 아닌 자의 진술을 기재한 서류와 다를 바 없으므로, 피고인이 그 비디오테이프를 증거로 함에 동의하지 아니하는 이상 그 진술 부분에 대하여 증거능력을 부여하기 위하여는, 첫째 비디오테이프가 원본이거나 원본으로부터 복사한 사본일 경우에는 복사 과정에서 편집되는 등 인위적 개작 없이 원본의 내용 그대로 복사된 사본일 것, 둘째 형사소송법 제313조 제1항에 따라 공판준비나 공판기일에서 원진술자의 진술에 의하여 그 비디오테이프에 녹음된 각자의 진술 내용이 자신이 진술한 대로 녹음된 것이라는 점이 인정되어야 할 것"이라고 판시[80]하였다.

현장을 촬영한 영상녹화물의 경우 영상 부분은 현장 사진, 음성이나 음향은 현장 녹음과 다를 바 없으므로 현장 사진이나 현장 녹음을 판단하는 기준에 따른다.

---

79 대법원 2014.7.10. 선고 2012도5041 판결.
80 대법원 2004.9.13. 선고 2004도3161 판결.

3. 특수매체기록의 증거능력에 대한 종합적 고찰

가. 전문법칙을 적용하는 이유

원진술과 전문진술을 구분하는 이유는 명백하다. 전문증거에 담겨 있는 원진술이 요증사실에 관한 경험 내용의 진술인 경우에는 검사가 그 진술에 담긴 내용의 진실을 증명하여야 하므로 전문법칙을 적용하여 원진술 당시의 특신상태를 증명하여야 하며 진술한 사람에 대한 반대신문권을 보장하여야 한다. 특신상태는 원진술의 진술정황이 신빙성이 보장되는 상황이었는지를 확인하는 것이고 반대신문은 진술자를 상대로 진술의 진실성을 점검하는 것이므로 모두 진술 내용의 진실을 점검하기 위한 전문법칙상의 요건이다. 이에 반하여 원진술이 요증사실 그 자체인 경우에는 검사는 그 원진술의 존재만 증명하면 되는 것이고 그 원진술의 내용의 진실은 증명을 요하지 않으므로 특신상태, 반대신문권 보장 등 전문법칙을 적용할 필요가 없다.[81]

법정에서 증언하는 사람은 자신의 직접 경험을 언어로 전달하는 사람인데 기계가 아닌 사람이기 때문에 사건을 잘못 인지하거나 기억하거나 묘사할 수도 있으며 심지어 거짓말을 할 가능성도 있다. 따라서 사건을 직접 경험한 사람만을 법정에 증인으로 불러 그 경험을 청취하되 증인에게 위증의 벌을 고지하여 거짓말을 못하도록 압박하고 증인이 사실과 다른 거짓말을 할 가능성은 반대 당사자로 하여금 반대신문을 통하여 드러내도록 하는 방안을 채택하고 있다. 그런데 사실을 경험한 사람이 법정에 출석하지 않고 다른 사람의 입을 통해서 전문이 제출되는 경우에는 법관이 피고 또는 변호인의 반대신문을 통해 직접 경험한 자의 태도를 관찰할 수 없을 뿐만 아니라 직접 경험한 자에게 위증의 벌을 경고할 수도 없게 된다. 그래서 현행법은 원칙적으로 전문증거에 대해 증거능력을 인정하지 않는 것이다.[82]

나. 특수매체기록을 전문증거로 봐야 하는 이유

증거는 사실인정에 필요한 것이다. 사실은 실제로 일어났거나 현재 진행

81 차정인, "진술이 담긴 기계적 기록물과 전문법칙", 형사법연구, 29(3), 2017, 308면.
82 심희기, "전문과 비전문의 구별," 법조, 62(6), 2013, 41면.

중인 사건을 일컫기도 하고 관찰이나 경험 등을 통해 참이나 믿을 만한 것으로 확립된 내용을 일컫기도 한다. 사실의 인정을 위해 사람이 증거의 원천이 되는 경우 그의 생각, 관찰한 결과, 경험한 내용을 말이나 글로 표현된 진술로 듣게 된다. 이러한 진술은 기록되어 전달될 수도 있다.

기록(記錄)은 어떤 정보를 갈무리하여 특정 신호로 바꾼 후, 어떤 매체에 남기는 것을 말한다. 특정 신호가 꼭 문자나 숫자일 필요는 없으며, 매체가 반드시 종이나 평평한 판일 필요도 없으며, 매체에 남겼을 때 오늘날 일컫는 "저장"의 의미일 필요도 없다. 다시 말해 가축의 수를 나타내기 위해 살아 있는 나무에 줄을 그어 두면, 그것으로서 "기록"이 된다.[83] 기록은 그림일 수도 있으며 글일 수도 있고 기호일 수도 있다. 기술이 발전하면서 사람이 기록할 수 있는 매체가 발전하고 있을 뿐이다. 진술을 국문으로 기재한 서류도 기록이며 앞서 언급한 사진, 녹음, 영상녹화물도 기록의 일종이다.

특수매체기록이 활용되기 이전 법정에서 경험한 사실을 직접 진술하는 증인과 경험한 사실을 전해 듣고 법정에서 증언하는 증인, 경험한 사실을 기록한 서면이 법정에 제출되는 경우만 존재했다. 직접 경험한 경우라도 경험한 내용이 서면을 통해 제출되면 직접 경험한 사람이 법정에서 진술한 것과 다르게 취급하였다. 경험한 사람을 중심에 두고 그를 직접 신문하는 것만이 증거능력이 있다는 원칙을 세우게 되면 '기록된 것'들은 모두 전문증거가 되어야 한다.

입증해야 할 사실에 가장 근접한 주장이나 근거를 중심에 두면 상황이 좀 달라진다. 예를 들어 B가 C를 살해한 사건의 재판에서 ① 'A는 B가 C를 칼로 찌르는 것을 보았다.'라는 A의 증언, ② 'A는 B가 C를 칼로 찌르는 것을 보았다.'라는 증언이 기재된 서면, ③ 'B가 C를 칼로 찌르는 것을 A가 촬영한 기록'이 제출되었다고 보자. 살인하는 상황에 대해 ①은 목격자가 직접 인식한 것이 제출되었고 ③은 그 사실이 기계에 의해 녹화되어 제출되었음에 반하여 ②는 그 상황이 A를 거쳐 서면으로 기록되어 제출되었다. 입증해야 할 사실에 대한 근접성을 기준으로 삼으면 ③의 기록은 ①의 증언과 가장 근접해 있다.

앞서 살펴본 바와 같이 전문증거의 증거능력을 원칙적으로 배제하는 이유

83 https://ko.wikipedia.org/wiki/%EA%B8%B0%EB%A1%9D (2020.11.18. 검색)

는 상황을 직접 경험한 원진술자에게 위증의 벌을 경고하지 못하고 그에 대한 반대신문을 할 수 없기 때문이다. 만약 앞의 예시에서 ③이 전문증거가 아니라고 했을 때 위증의 벌을 경고하고 반대신문을 할 당사자는 누가 되어야 하는가? 사진, 녹음, 영상물과 같은 기록은 사람의 오감 중 일부의 기능이 기계로 대체되었을 뿐이다. 사람도 어떠한 상황을 지각하고 이를 기억하고 인출하여 언어나 문자로 이를 표현하는 데 기계의 원리도 이와 같다. 이 대목에서 우리가 결정해야 할 것이 있다. 전문법칙의 도입 취지를 그대로 유지한다면 사물을 인식하고 저장하고 인출하는 주체가 기계에 대해서는 위증의 벌을 경고하고 반대신문을 할 수 없기 때문에 진술이나 비진술이나 상관없이 전문증거로 취급하거나 아니면 과거의 전문법칙은 현대의 기술을 예상하지 못한 옛날의 것이므로 새로운 기술에 걸맞게 전문법칙을 재해석하는 것이다.

즉, 특수매체는 원진술을 법정에 전달하는 수단이 사람의 진술이 아니라 기록물이라는 점에서 전문 서류와 유사하다고 보는 경우 비록 특수매체는 부정확한 전달의 위험이 전문 서류에 비하여 낮다고 볼 수 있지만 그 조작 가능성으로 인하여 부정확한 전달의 위험이 상존하므로 이를 점검하는 방식이 필요하여 전문법칙을 적용해야 한다는 입장을 표명할 것이다. 반면 특수매체, 전문진술(제316조의 것), 전문 서류(제311조 내지 제315조의 것)는 모두 원진술을 법정에 전달하는 수단이지만 특수매체는 기계적, 과학적 방법을 사용하므로 부정확한 전달의 위험성(원진술을 법정에 전달하는 과정의 부정확성이 발생할 위험성)이 낮다는 것을 중시하는 입장은 특수매체의 진정성이 입증되는 경우 증거능력을 부여할 수 있다고 주장하게 될 것이다.

그런데 특수매체기록이 사람의 기억보다 더 정확하다거나 위조의 가능성이 더 높다는 것을 단언할 수 있을까? 야간에 적외선 카메라로 촬영된 영상이 사람이 눈으로 인식한 것보다 더 정확하게 기록하는가? 반대로 인공지능 기술을 통해 위조된 딥페이크 영상을 사람이 쉽게 판별할 수 있을까? 한순간을 촬영한 사진이 사람이 연속으로 관찰한 기억보다 더 정확한가? 우리는 특수매체기록에 전문법칙을 적용할지 여부를 논함에 있어 기계의 정확성, 위변조의 가능성이 기준이 될 수 없다고 생각한다. 기록하는 방식이 아날로그에서 디지털로 변화함으로써 원본과 사본의 구별도 의미가 없고 사본인 디지털 증거의 위변조가 더욱 용이해지고 있기 때문에 증거법은 오히려 증거가 증명력을 부여받기 전 증거능력을 심사받을 수 있는 문을 하나 더 통과하도록 하는 것이 정책적으로 더욱 바람직하다. 다만, 기계의 정확성과 신뢰성이 담보되는 경우 일정한 조건에 따라 증거능력을 부여받게 되면 더욱 높은 증명가치를 가지게 되기 때문에 기계가 가지는 이점을 포기하는 것은 아니라고 생각한다.

제6절 디지털 증거의 증거능력 인정 요건

1. 디지털 증거의 출현

사진, 녹음, 영상녹화물은 기록되는 것의 일부이다. 디지털 저장 방식은 사진, 녹음, 영상녹화물뿐만 아니라 다양한 데이터를 처리할 수 있도록 개발되었다. 사진, 녹음, 영상녹화물 등 사람에 의해 의도적으로 작성되어 저장매체에 보관된 증거 이외에도 부지불식간에 프로그램에 의해 자동으로 생성된 메타데이터, 로그 데이터, 보조 데이터 등 다양한 종류의 데이터가 디지털 방식으로 존재한다.[84] 편지를 대신하여 이메일을 보낼 수 있으며 SNS를 통해 각종 파일을 전송할 수도 있다. 디지털 방식으로 저장, 전송되는 데이터들은 이제 모든 범죄 사건에서 필수적인 증거가 되고 있고 디지털 증거의 증거능력을 인정하기 위한 요건에 관하여 많은 논의들이 있다.

디지털 증거가 출현하기 이전 우리의 형사사법은 조서 재판에 치중한 나머지 전문법칙에 관심이 많았고 물적 증거에 대해서는 위법하게 수집한 경우에도 성질형상불변론에 입각하여 증거능력을 넉넉히 인정해 주는 태도를 취했었다. 그러나 디지털 매체에는 각종 데이터가 혼재되어 있고, 손바닥 만한 스마트폰에도 데이터의 양은 방대하여 디지털 매체에 대한 압수수색의 방법이 과도하다는 비판이 제기되었다. 우리 법원은 디지털 매체에 대한 압수수색의

84 이상진, 『디지털 포렌식 개론 개정판』, 이룬, 2015, 76-77면.

문제점을 판례를 통해 지적하였으며 입법부는 형사소송법의 개정을 통해 디지털 매체에 대한 새로운 압수수색 방법을 제시하였다.

현재 법원은 디지털 증거에 대한 증거능력의 요건으로 기존의 '과학적 증거'에서 요구되던 신뢰성, 정확성에 추가하여 데이터의 한 비트도 변경되지 않았음을 증명하는 해시값의 확인을 통한 무결성, 동일성 등을 획일적으로 제시하고 있다. 이러한 요건들은 과거 다른 증거들에 대해서는 요구되지 않던 새로운 것이다.

휴대전화에 있는 문자메시지를 촬영한 사진을 증거로 제출한 사안에서는 "이를 증거로 사용하기 위해서는 문자정보가 저장된 휴대전화를 법정에 제출할 수 없거나 그 제출이 곤란한 사정이 있고, 그 사진의 영상이 휴대전화의 화면에 표시된 문자정보와 정확하게 같다는 사실이 증명되어야 할 것이다."라고 판시[85]하고 있음에 반하여 디지털 증거에서는 더욱 엄격한 요건을 제시하는 것으로 보인다.

디지털 증거는 해킹, 악성코드의 유포, 아동성착취물의 소지와 유통, 온라인 사기 및 도박 등 사이버범죄뿐만 아니라 살인, 사기, 횡령 등과 같은 일반사건에서도 그 범죄의 정황을 입증하기 위해서 수집, 활용되는 등 그 중요성이 점차 커지고 있다. 또한 사업자가 보관하고 있는 이메일과 이메일에 첨부된 파일, SNS 문자의 내용 등 압수·수색영장의 집행을 통해 사업자로부터 제공받는 자료들은 수사에서 일반적으로 사용되는 자료들인 데 이러한 자료들이 증거로 제출된 경우, 사업자가 당초 보관하고 있던 원본 파일과의 동일성, 무결성은 어떻게 증명할 것인지, 해킹 사건 수사에서 휘발성 데이터를 수집한 경우에도 그 원본 데이터와의 대조는 어떻게 할 것인지 고민해 보아야 한다. 현재까지 대법원이 제시한 증거능력 인정 요건과 증명의 방법들은 단지 '저장매체에서 출력된 문건'에 한정되어 있기 때문에 새로운 유형의 디지털 증거에 대해 법원이 어떠한 판단을 내릴지 의문이다.

디지털 저장매체에 대한 압수수색에서 프라이버시 침해를 최소화하기 위해 압수수색의 방법을 제한하고 위법하게 수집한 증거의 증거능력을 배제하는

85 대법원 2008.11.13. 선고 2006도2556 판결.

것은 바람직한 방향이다. 그런데 정당하게 압수수색한 증거에 관하여 다른 증거원천에 비해 유독 엄격한 요건을 제시하는 이유가 무엇인지, 그러한 요건을 제시하는 것이 과연 바람직한 것인지 검토해 보아야 하며 궁극적으로는 디지털 증거뿐만 아니라 기존의 다른 증거원천들을 포섭할 수 있는 공통된 증거능력의 인정 요건이 제시될 수 있는지 살펴보아야 한다.

2. 디지털 증거의 활용 가치

우리의 법은 증거의 증명력에 대한 판단을 법관에게 자유롭게 맡겨 두고 있는 자유심증주의를 채택하고 있다. 자유심증주의는 법정증거주의가 가져올 수 있는 증거 만능주의의 폐단을 막을 수 있다. 아무리 증거능력이 인정되는 증거라고 할지라도 법관이 그 증거의 증거가치를 판단하는 관문을 하나 더 만들어 놓고 있으며 우리는 법관의 증명력 판단이 일반인에 비해 객관적일 것이라고 믿고 있다. 또한 단지 하나의 증거만으로 유죄를 인정하지 않도록 하고 있으며 다양한 증거들을 종합적이고 합리적으로 판단하도록 요구하고 있다. 더불어 전문증거의 원칙적 배제, 증명력이 강한 증거라고 할지라도 위법하게 수집된 증거를 배제하도록 하는 등 부당한 증거에 기초한 오판을 방지하기 위한 장치도 마련되어 있다.

이러한 장치와 제도들은 재판이라는 것이 과학적 증명을 통해 완벽히 입증될 수 있는 것이 아니며 과거의 사실을 간접적인 증거에 따라 추론할 수밖에 없다는 한계를 인정하고 증거가 모두 진실한 것은 아닐 수 있다는 의심을 고려함으로써 탄생한 것이다.

디지털 저장매체를 사용하지 않던 과거에 비해 이제는 거의 모든 데이터가 디지털 저장매체에 보관되고 있다. 이렇게 저장된 데이터들은 과거의 사실을 가장 근사하게 재구성할 수 있도록 도와줄 수 있는 가치를 가지고 있다. 위변조 가능성을 고려하면 이러한 논거가 반드시 옳다고 단언할 수는 없지만 디지털 환경에서 발생하는 디지털 증거는 과거에 비하여 객관적인 사실을 판단하기에 유익한 다종다양하다는 점을 부정하기는 어렵다.

디지털 증거가 가지고 있는 가치를 맹목적으로 고평가하여 증거능력의 심사 관문을 쉽게 넘도록 해서도 안 되지만 정해진 규범과 논리적 해석을 넘어서 그 관문을 의도적으로 좁히는 것도 함께 경계해야 한다.[86]

3. 특별한 증거능력의 필요성 여부

법관은 직접적인 증거조사가 가능한 경우에는 간접적인 증거로 이를 대체해서는 안 된다. 특히 사람에 관한 증거의 경우 원칙적으로 선서를 하도록 하고 소송당사자의 반대신문을 통해 증인 진술의 신빙성을 탄핵할 기회를 부여해야 한다. 더욱이 수사기관이 작성한 조서의 경우에는 피고인이 자백하는 경우 외에는 법정 현출이 엄격하게 차단되어야 하는데 현행 형사소송법은 검사가 작성한 피의자신문조서의 경우 피고인의 자백과는 무관하게 "적법한 절차와 방식에 따라 작성된 것으로서 피고인이 진술한 내용과 동일하게 기재되어 있음이 공판준비 또는 공판기일에서의 피고인의 진술에 의하여 인정되고, 그 조서에 기재된 진술이 특히 신빙할 수 있는 상태하에서 행하여졌음이 증명된 때"에도 증거능력을 인정해 주고 있다.[87] 심지어 2007.6.1. 개정된 구 형사소송법에서는 제312조 제2항(2020.2.4. 개정에서 삭제)에서 피고인이 그 조서의 성립의 진정을 부인하는 경우에도 "그 조서에 기재된 진술이 피고인이 진술한 내용과 동일하게 기재되어 있음이 영상녹화물이나 그 밖의 객관적인 방법에 의하여 증명되고, 그 조서에 기재된 진술이 특히 신빙할 수 있는 상태하에서 행하여졌음이 증명된 때"에 증거로 할 수 있도록 규정하였다. 또한 진술서에 대해서도 그 작성자가 성립의 진정을 부인하는 경우 "과학적 분석 결과에 기초한 디지털 포렌식 자료, 감정 등 객관적 방법으로 성립의 진정함이 증명되는 때"에는 증거로 할 수 있도록 허용하는 규정을 마련[88]하는 등 전문증거인 인적 증

86 이관희·김기범, "디지털증거의 증거능력 인정요건 재고(再考)," 디지털포렌식연구, 12(1), 2018, 95–96면.

87 권영법, 『형사증거법 원론』, 세창출판사, 2013, 3–4면.

88 형사소송법 제313조(진술서등) ① 전2조의 규정 이외에 피고인 또는 피고인이 아닌 자가 작성한 진술서나 그 진술을 기재한 서류로서 그 작성자 또는 진술자의 자필이거나 그 서명 또는 날인이 있는 것(피고인 또는 피고인 아닌 자가 작성하였거나 진술한 내용이 포함된 문자

거에 관하여도 증거능력을 인정해 주기 위한 노력을 하고 있다.

사진, 녹음, 영상녹화물과 유사한 특수매체기록인 디지털 증거에 관하여 원본과 사본의 구별이 불가능하고 기술적으로 증거의 위변조가 더욱 용이해지고 있다는 등의 사정 때문에 정책적으로 증거능력의 심사를 받도록 하는 것에는 동의하나 앞서 살펴본 바와 같이 사진, 녹음, 영상녹화물에 대해서도 진술, 비진술에 대한 학계의 입장이 나뉘고 있는 상황에서 유독 디지털 증거에 대해서는 합당한 설명 없이 특별한 요건을 요구하거나 그 요건을 강화해 나가는 학계의 태도가 있다.

사법정책연구원에서는 '디지털 증거 특유의 증거능력 인정 요건'이라는 제하의 장을 마련하여 '관련성', '무결성(진정성) 내지 동일성 검토', '원본성 검토', '전문가 증언 문제' 등을 고찰[89]하고 있으며 디지털 증거의 증거능력에 있어서 그 구체적 내용이 법령에 정해져 있지 않음에도 불구하고 판례에 근거하여 디지털 증거 이외 증거의 압수수색보다 더욱 자세한 절차적 요건이 요구된다[90]는 주장을 하고 있다. 이러한 주장들은 디지털 증거가 일반적인 증거와 다른 점이 무엇이며 왜 다른 증거에 비하여 특별한 요건이 더 필요한지에 대한 깊은 고민 없이 특별한 절차가 필요하다는 결론에 이르고 있다. 이와 같이 디지털 증거를 다른 일반적인 증거와 비교하여 특별한 증거능력 요건이 추가로 필요하다고 설명하는 태도[91]는 디지털 증거의 취약성과 변조용이성이라는 특성 때문에 특

·사진·영상 등의 정보로서 컴퓨터용디스크, 그 밖에 이와 비슷한 정보저장매체에 저장된 것을 포함한다. 이하 이 조에서 같다)은 공판준비나 공판기일에서의 그 작성자 또는 진술자의 진술에 의하여 그 성립의 진정함이 증명된 때에는 증거로 할 수 있다. 단, 피고인의 진술을 기재한 서류는 공판준비 또는 공판기일에서의 그 작성자의 진술에 의하여 그 성립의 진정함이 증명되고 그 진술이 특히 신빙할 수 있는 상태하에서 행하여 진 때에 한하여 피고인의 공판준비 또는 공판기일에서의 진술에 불구하고 증거로 할 수 있다. <개정 2016.5.29.>

② 제1항 본문에도 불구하고 진술서의 작성자가 공판준비나 공판기일에서 그 성립의 진정을 부인하는 경우에는 과학적 분석 결과에 기초한 디지털 포렌식 자료, 감정 등 객관적 방법으로 성립의 진정함이 증명되는 때에는 증거로 할 수 있다. 다만, 피고인 아닌 자가 작성한 진술서는 피고인 또는 변호인이 공판준비 또는 공판기일에 그 기재 내용에 관하여 작성자를 신문할 수 있었을 것을 요한다. <개정 2016.5.29.>

③ 감정의 경과와 결과를 기재한 서류도 제1항 및 제2항과 같다. <신설 2016.5.29.>

89 손지영·김주석, 『디지털 증거의 증거능력 판단에 관한 연구』, 대법원 사법정책연구원, 연구총서 2015-08, 113면 이하.

90 박용철, "디지털 증거의 증거능력 요건 중 무결성 및 동일성에 대하여 - 대법원 2018.2.8. 선고 2017도13263판결 -," 법조, 67(2), 2018, 667면.

별히 취급하여야 한다[92]는 취지에 기인한 것으로 보인다.

디지털 증거가 취약하고 변조가 용이하다는 특성이 있다면 다른 물리적 증거보다 얼마나 취약하며 변조가 용이한지에 대한 검토가 필요하다. 우선 혈액, 정액, 타액, 지문 등은 복제할 수 없지만 디지털 증거는 쉽게 복제할 수 있으며 특히, 문서 파일은 내용이 똑같은 문서를 원본 없이도 쉽게 만들어 낼 수 있다.

그러나 증거 자체의 속성뿐만 아니라 해당 증거가 만들어진 과정, 존재했던 상황과 증거를 수집하여 관리 보존하는 경위까지를 포함하여 취약성과 변조용이성을 검토하면 혈액, 정액, 타액, 지문과 같은 증거는 다른 시료로 교체하는 것이 가능하지만 디지털 증거는 원래 생성된 파일과 똑같은 파일을 똑같은 하드 디스크에 동일한 메타데이터 값을 유지하면서 교체하는 것은 훨씬 복잡하고 어려운 작업이라는 점도 고려해야 한다. 또한 다른 물리적 증거는 시간이 지남에 따라 소실, 오염될 가능성이 크고 원본 증거를 분석하면 시료가 소실되기 때문에 분석의 결과를 다시 검증하는 것이 어렵지만, 디지털 증거는 복제된 파일을 통해 분석하기 때문에 언제라도 동일한 분석 과정을 거칠 수 있다는 이점도 존재한다.

파일에 대한 출력물이 법정에 제출되었으나 원 파일이 존재하지 않거나 관리 연속성이 보장되지 않은 경우에는 해당 출력물의 위변조 여부를 증명하는 것이 불가능하지만, 이러한 상황은 동일한 조건에서 다른 물리적 증거에도 동일하게 적용되는 문제이다. 오히려 관리 연속성이 보장된 상태에서 디지털 증거는 증거로 제출된 파일과 기타 파일들의 상호 관계, 해당 파일이 보유한 메타데이터, 해당 파일이 저장되었던 시간과 디렉토리의 위치 등을 함께 비교

---

91 특별한 요건을 추가하게 되는 것은 대법원이 "전자문서를 수록한 파일 등의 경우에는, 성질상 작성자의 서명 혹은 날인이 없을 뿐만 아니라 작성자·관리자의 의도나 특정한 기술에 의하여 내용이 편집·조작될 위험성이 있음을 고려하여…"라고 판시한 것과 같이 디지털 증거가 위변조에 취약하다는 점에 기인한 것으로 보인다. 그러나 위변조의 위험성은 디지털 증거뿐만 아니라 다른 일반적인 증거도 가지고 있으며 진술 증거도 거짓 증언으로 인한 취약성 때문에 공판정에서 직접적인 심문을 통해 그 진위 여부를 판별하려고 하는 등의 조치를 취하고 있다. 이러한 조치들은 모두 그 취약성을 극복하려는 노력의 일환이다. 따라서 디지털 증거도 위변조의 위험성이 있다는 주장은 타당하지만 디지털 증거가 일반적으로 다른 증거에 비하여 더욱 취약하다고 단언할 수는 없다.

92 권양섭, "디지털 증거의 증거능력에 관한 고찰," 법이론실무연구, 4(1), 2016, 158면.

하면 위변조 유무를 쉽게 판별할 수 있다. 따라서 "디지털 증거를 비롯한 물적 증거는 오염, 소실, 위변조 등의 가능성이 있다는 점을 고려하여 증거능력 심사를 강화하는 것이 바람직하다."는 주장에 동의할 수 있으나 "디지털 증거가 다른 증거에 비하여 위변조가 용이하기 때문에 특별한 증거능력 인정 요건을 추가할 필요가 있다."는 주장은 수긍하기 어렵다.

대법원에서 판단의 대상이 된 디지털 증거의 대부분은 '문서 파일'이었고 원본 파일과 해당 파일을 출력한 출력물 간의 비교를 통해 증거능력을 인정할 수 있었지만 수사에 활용하는 디지털 증거의 종류는 다종다양하다. 단일 컴퓨터의 주기억장치인 RAM에 일시 저장되는 휘발성 데이터, 파일의 메타데이터, 윈도우 아티팩트 등도 전형적인 디지털 증거에 속하지만 인터넷 서비스의 이용 내역, 메일, 블로그, SNS, 웹하드, 클라우드에[93] 저장되어 있는 범죄 관련 데이터들도 모두 증거로 활용된다.

통신제한조치, 통신사실확인자료, 압수·수색영장에 의해 기업이 운영하는 서버로부터 관련 데이터를 제공받아 증거로 제출하는 경우에는 비교 대상인 원본이 존재하지 않으며 데이터를 제공하는 기업에서 사본의 제출 과정을 기록하여 제공하는 것도 아니다. 이토록 디지털 증거는 획일적으로 정의하기 어려운 다채로운 환경에 노출되어 있다. 따라서 현재 학계나 대법원에서 요구하고 있는 디지털 증거에 대한 증거능력 인정 요건이 다양한 디지털 증거에 그대로 적용될 수 있을지 의문이다.

4. 학자들의 견해

일심회 사건[94]의 선고가 있던 2007년 이후 학계에서는 디지털 증거의 증거능력 인정 요건에 대해 활발하게 논의하기 시작하였다.

이숙연은 학자들이 주장하는 주요한 견해들을 다음과 같이 정리하였다.[95]

93 이상진, 『디지털 포렌식 개론 개정판』, 이룬, 2015, 69－72면.
94 대법원 2007.12.13. 선고 2007도7257 판결.
95 이숙연, "디지털증거의 증거능력 －동일성·무결성 등의 증거법상 지위 및 개정 형사소송법 제313조와의 관계－," 저스티스, 통권 161호, 2017, 166면.

① 관련성, 신뢰성, 진정성, 원본성, 동일성, 무결성 등을 디지털 증거의 증거능력 인정을 위한 순차적인 관문으로 보는 견해
② 디지털 증거의 특성상 증거능력 인정을 위하여 동일성, 무결성을 요하고 신뢰성, 전문성은 동일성과 무결성을 뒷받침하는 인자로 보는 견해
③ 무결성, 신뢰성, 원본성의 문제가 해결되어야 한다는 견해
④ 증거능력의 요건으로 진정성, 무결성, 신뢰성을 드는 견해
⑤ 동일성은 사본 제출 시 증거능력의 요건에 불과하고, 무결성은 그와 같은 동일성 인정을 위한 한 요소에 불과하며 동일성과 독립한 증거능력 요건이 되지 않는다는 견해
⑥ 동일성과 무결성의 형사소송법적 지위를 진정성과 동일한 것으로 보는 견해
⑦ 동일성 내지 무결성, 진정성, 신뢰성, 원본성이 인정되어야 한다는 견해

이숙연은 적법하게 수집된 디지털 증거의 경우 증거능력을 인정하기 위한 요건에 대해 학자들의 견해가 나뉜다는 것을 인정하면서 진정성은 성립의 진정과 동일성·무결성을 포괄하는 폭넓은 개념이나 증거능력 판단의 각 단계에 정확하게 적용되는 요건으로 삼기에는 그 외연이 너무 넓고, 동일성은 우리 판례가 유일하게 지속적으로 요구하는 요건이며, 무결성은 동일성을 담보하기 위한 요소라고 설명하였다. 관련성은 적법하게 수집된 증거인 경우 증거가치를 따지는 단계에서 고려될 요소이며, 원본성은 형사소송법이 요구하는 증거능력의 요건은 아니라고 설명하였다.[96]

강미영[97]은 디지털 증거는 일반 증거와 다른 특성을 가지고 있기 때문에 기존의 증거들과는 달리 원본성, 무결성, 신뢰성 등의 문제가 증거능력 인정의 선결 요건으로 대두된다고 주장한다.

원본성은 하나의 원본이 하나 또는 그 이상의 복사본을 가지고 있을 때 오직 원본만이 증거로 사용될 수 있다는 것을 의미하는 데 미국의 경우 「미국

96 이숙연, "디지털증거의 증거능력 –동일성·무결성 등의 증거법상 지위 및 개정 형사소송법 제313조와의 관계–," 저스티스, 통권 161호, 2017, 196면.
97 강미영, "디지털 증거의 증거능력," 외법논집, 43(3), 2019, 156–159면.

연방증거규칙」 제1001조 (d) 후단에, “전자적으로 저장된 정보의 경우, ‘원본’이란 그것이 정확하게 그 정보를 반영하고 있다면 모든 인쇄물 −또는 가시성을 가지도록 출력된 산출물−을 의미한다.”라고 규정하고 있어 디지털 증거를 출력한 인쇄물의 원본성을 법적으로 인정하고 있으나 우리 판례는 해당 문제에 대해서는 아무런 언급도 하지 않고 있으며 명시적으로 증거자료의 원본성을 요구하고 있지도 않다. 다만, 형사소송법 제106조 제3항이 디지털 데이터의 출력물에 대한 압수를 명시적으로 규정하고 있고, 디지털 증거의 특성상 이러한 변환 과정을 통해서만 비로소 디지털 정보를 인지할 수 있다는 사정을 고려한다면 디지털 증거에서 원본성에 관한 논의는 무결성이나 신뢰성만 입증된다면 크게 문제 되지 않는다고 주장한다. 또한 압수·수색·검증한 때로부터 법정에 제출하는 때까지 훼손 또는 변경되지 않아야 하는 것을 무결성이라고 하고 동일성, 진정성과 같은 의미로 사용하였다. 디지털 증거의 신뢰성은 ① ‘디지털 포렌식 도구의 신뢰성’과 이를 분석하는 ② ‘디지털 포렌식 전문가의 신뢰성’을 의미한다고 설명한다.

박용철[98]은 관련성(relevance, relevancy), 신뢰성(reliability), 진정성(authenticity), 원본성(best evidence rule), 동일성(identity), 무결성(integrity)을 증거능력 인정의 요건으로 제시하고 있으며 그중 핵심이 되는 요건은 무결성과 동일성이라고 주장한다.

형사소송법 제106조 제1항은 “법원은 필요한 때에는 피고사건과 관계가 있다고 인정할 수 있는 것에 한정하여 증거물 또는 몰수할 것으로 사료하는 물건을 압수할 수 있다.”고 규정하고 있으므로 관련성은 명문상의 규정이 있는 증거능력 요건이라고 설명하고 신뢰성은 전문법칙에서 논의되는 신용성 내지 특신성과 유사한 개념으로 디지털 증거에서는 디지털 증거로서의 가치를 뜻하는 데 구체적으로는 디지털 포렌식 전문가 및 디지털 포렌식 도구와 방법에 대한 신뢰성을 의미한다고 주장한다. 진정성은 물리적 증거능력에서 말하는 형식적·실질적 진정성립과 논의의 맥을 같이 하는 것이며 원본성(best evidence rule)은 원본 우선의 법칙을 의미하며 이를 제출할 수 없는 경우 그러한 부득이한

98 박용철, “디지털 증거의 증거능력 요건 중 무결성 및 동일성에 대하여 - 대법원 2018.2.8. 선고 2017도13263판결 −,” 법조, 67(2), 2018, 680−690면.

사유를 법원이 인정한다면 원본의 내용을 증거로 채택되고자 하는 당사자는 대체 증거인 2차 증거로 원본의 내용을 입증하는 것이 허용된다는 것을 의미한다고 한다. 동일성은 원본성과 무결성의 개념과 중복되는 면이 있으나 핵심은 수사기관이 획득한 원본이 법정에 최종적으로 제출된 것과 같은 원본임을 입증할 수 있는지를 의미한다. 무결성(integrity)은 증거의 관리 연속성(chain of custody)을 담보하는 과정을 통하여 증거의 수집, 현출 과정에서의 위변조 내지 오염의 가능성을 사전에 방지함으로써 해당 증거의 증거능력을 유지하도록 하는 것이라고 설명한다.

김윤섭·박상용[99]은 증거능력의 선결 요건으로 원본성과 진정성을 제시하고 있으며 진정성은 동일성, 무결성, 신뢰성과 연결되는 개념이라고 설명한다.

원본성은 원본이 증거로 제출되어야 한다는 것으로 미국의 최량증거원칙(The Best Evidence Rule)과 같은 것으로 설명한다. 진정성은 제출된 증거가 저장·수집과정에서 오류가 없으며 특정한 사람의 행위 결과가 정확히 표현되었고 그로 인해 생성된 자료인 것으로 인정되어야 한다는 것이다. 디지털 증거는 다른 증거와는 달리 훼손, 변경이 아주 용이하다는 특성이 있으므로 최초 증거가 저장된 저장매체에서 법정에 제출되기까지 훼손이나 변경이 없이 원본과 동일하다는 점이 입증되어야 하고 디지털 증거의 수집·분석·보관·처리·법정 제출 과정에서 각 행위 시마다 적용된 과학적 원리 또는 이론을 구현한 기술의 신뢰성이 입증되어 원본의 무결성이 그대로 유지되고 있다는 절차적 보증이 필요하다. 따라서 진정성을 확보하기 위하여 동일성, 무결성, 신뢰성이 모두 충족되어야 한다고 설명하고 있다.

권양섭[100]은 진정성을 증거능력 인정 요건으로 제시하고 이를 판단하기 위한 기준으로 무결성, 동일성, 신뢰성이 있으며 3가지 요소 중 하나만 결하더라도 증거의 진정성은 인정되지 않는다고 주장한다.

진정성은 원본 증거의 내용과 법원에 제출된 증거의 내용이 동일하다는 동일성의 문제와 법정에 제출되기까지 변경이나 훼손·조작이 없었다는 무결성

99 김윤섭·박상용, "형사증거법상 디지털 증거의 증거능력 – 증거능력의 선결요건 및 전문법칙의 예외요건을 중심으로 –," 형사정책연구, 26(2), 2015, 171–172면.
100 권양섭, "디지털 증거의 증거능력에 관한 고찰," 법이론실무연구, 4(1), 2016, 157–160면.

의 문제를 포함한 개념이라고 설명하고 무결성은 증거가 법정에 제출되기까지 변경이나 훼손이 없어야 한다는 것을 의미하고 동일성에 대해서는 판례의 입장을 인용하여 "원본에 저장된 내용과 출력 문건과의 동일성, 원본을 하드카피하거나 이미징한 경우에는 원본과 복제본과의 동일성"을 의미한다고 한다. 신뢰성은 디지털 증거를 수집, 분석하는 과정에서 이용한 컴퓨터의 기계적 정확성, 프로그램의 신뢰성, 입력·처리·출력의 각 단계에서 조작자의 전문적인 기술 능력과 정확성이 담보되어야 하는 것이라고 설명한다.

손지영·김주석[101]은 디지털 증거는 유체물인 증거물과는 다른 매체독립성, 취약성, 전문성 등의 특성으로 말미암아 기존의 증거에서는 생각할 수 없었던 무결성, 진정성, 신뢰성, 원본성 등의 요건이 필요하다고 주장한다.

동일성, 무결성, 진정성을 같이 취급하면서 이들이 인정되기 위해서는 디지털 증거가 다른 증거와는 달리 변개의 용이성 내지 취약성이 있기 때문에 최초 증거가 저장된 매체에서 법정에 제출되기까지 변경이나 훼손이 없었다는 점이 입증되어야 한다고 설명한다. 신뢰성을 인정하기 위해서는 절차적으로 '관리 연속성'을 보장하는 방법이 사용되어야 하고, 이와 관련하여 디지털 포렌식 전문가의 신뢰성과 디지털 포렌식 도구와 방법의 신뢰성이 요구된다고 한다. 원본성의 경우 미국에서는 입법적으로 해결되고 있으나 우리의 경우 형사소송법과 형사소송규칙은 원본성 문제에 관하여 아무런 언급을 하고 있지 않으며, 이로 인해 증거법의 일반 원칙상 복사된 디지털 증거의 원본성 문제는 여전히 논란이 될 수 있다고 설명하고 있다.

최성필[102]은 디지털 증거의 증거능력을 부여하기 위해서는 무결성, 신뢰성, 원본성이 인정되어야 한다고 주장한다.

무결성은 최초 증거가 저장된 매체에서 법정에 제출되기까지 디지털 증거에 대한 수집·분석·보관·처리·법정 제출 과정에서 많은 사람들의 행위가 개입되는 데 각 행위 시마다 변경이나 훼손이 없었다는 점이 입증되어야 하는 절차적 보증이 필요하다. 신뢰성은 디지털 증거가 과학적 증거로서의 증거능력을

101 손지영·김주석, 『디지털 증거의 증거능력 판단에 관한 연구』, 대법원 사법정책연구원, 연구총서 2015-08, 2015, 30-34면.

102 최성필, "디지털 증거의 증거능력", 한국형사소송법학회 *2015*년 추계공동학술대회 발표집, 2015, 36-41면.

인정받기 위해 필요한 것으로 이를 인정받기 위해서는 첫째, 당해 디지털 포렌식 절차가 전제하고 있는 과학적 이론 또는 원리가 유효해야 하고, 둘째 그 이론을 적용하는 기술이 유효해야 하며, 셋째 그 기술이 특정 사건에 적절하게 사용되어야 한다고 설명한다. 원본성은 디지털 증거는 원래의 저장매체에 있는 정보를 다른 저장매체에 복사 또는 이전하는 방법으로 디지털 증거를 수집하고, 복사 또는 이전된 저장매체로부터 데이터를 서면으로 출력하여 법정에 제출하기 때문에 복사 또는 이전된 데이터를 저장하고 있는 다른 저장매체를 원본으로 인정할 수 있는지, 나아가 복사 또는 이전된 저장매체로부터 출력한 서면을 원본으로 인정할 수 있는지에 관한 문제라고 한다. 2007년 개정 형사소송법 제292조의3[103]에서 디지털 증거에 관한 증거조사 방식을 새롭게 규정하고, 형사소송규칙이 제134조의7[104]에서 '컴퓨터용 디스크 등에 기억된 문자정보 등에 대한 증거조사'를 신설함으로써 기존에 문제되었던 저장매체에서 출력된 서면의 원본성 문제를 입법으로 해결된 것이라고 보고 원본성의 문제는 디지털 증거에 대한 무결성과 신뢰성의 선결 요건이 입증되면 원본성의 문제도 역시 입증되었다고 해석할 수 있다고 주장한다.

이외에도 많은 학자들이 디지털 증거의 증거능력을 인정하기 위한 요건들을 제시하고 있으나 각각의 견해들은 모두 다르다. 다만, 학자들 견해의 대부분은 디지털 증거의 증거능력 요건을 언급한 대표적 판례인 일명 일심회 사건과 왕재산 사건에서 제시한 증거능력 인정 요건을 중심으로 견해를 정리한 것으로 보인다. 두 사건에서 쟁점이 된 부분은 압수된 컴퓨터에서 발췌, 출력한 문서에 대한 증거능력 인정 여부에 관계된 것이었다. 특히 이러한 문서의 내용

103 제292조의3(그 밖의 증거에 대한 조사방식) 도면·사진·녹음테이프·비디오테이프·컴퓨터용 디스크, 그 밖에 정보를 담기 위하여 만들어진 물건으로서 문서가 아닌 증거의 조사에 관하여 필요한 사항은 대법원규칙으로 정한다.

104 제134조의7(컴퓨터용디스크 등에 기억된 문자정보 등에 대한 증거조사) ① 컴퓨터용디스크 그 밖에 이와 비슷한 정보저장매체(다음부터 이 조문 안에서 이 모두를 "컴퓨터디스크 등"이라 한다)에 기억된 문자정보를 증거자료로 하는 경우에는 읽을 수 있도록 출력하여 인증한 등본을 낼 수 있다.
② 컴퓨터디스크 등에 기억된 문자정보를 증거로 하는 경우에 증거조사를 신청한 당사자는 법원이 명하거나 상대방이 요구한 때에는 컴퓨터디스크 등에 입력한 사람과 입력한 일시, 출력한 사람과 출력한 일시를 밝혀야 한다.
③ 컴퓨터디스크 등에 기억된 정보가 도면·사진 등에 관한 것인 때에는 제1항과 제2항의 규정을 준용한다.

은 진술 증거로 사용될 수 있는 것이기 때문에 전문증거에 대한 심사를 한 단계 더 거쳤어야 하는 것들이었다.

그런데 통상의 수사 현장에서 문서의 내용이 증거로 제시되는 경우는 일부이며 오히려 온라인서비스 제공자 등 사업자가 보관하고 있는 자료를 제출받아 수사에 활용하는 사례가 훨씬 많다. 압수·수색영장의 집행을 통해 확보한 송수신이 완료된 이메일 및 이메일에 첨부된 파일의 내용을 비롯하여 금융거래정보에 대한 영장의 집행, 통신자료와 통신사실확인자료의 제출 요구 등을 통해 수집하는 데이터가 전형적인 예이다. 이러한 데이터의 증거능력을 판단하기 위해 사업자의 서버에 저장되어 있는 원본과의 동일성, 무결성, 신뢰성 등은 어떻게 담보할 것인지에 관하여도 고민해 보아야 한다.

현재의 다양한 견해들처럼 디지털 증거의 개념과 디지털 증거의 증거능력 인정 요건이 명확하게 정의되지 않고 때로는 중첩되는 경우에는 수사 현장에서의 실무적 판단에 혼란을 초래할 수도 있다. 이러한 논의가 시작된 지 오래되었지만 향후 디지털 증거의 활용이 더욱 증가될 것이라는 점을 고려하면 디지털 증거가 증거능력을 인정받기 위해서는 어떠한 관문들을 통과해야 하는지, 왜 그러한 관문을 통과해야 하는지에 대한 정리는 여전히 필요하다.

5. 판례의 태도

가. 영남위원회 사건[105]

영남위원회 사건은 디지털 증거에 대한 법적 논의가 처음 제기한 사건이다. 이 사건에서 대법원은 컴퓨터 디스켓에서 출력한 문건의 내용이 증거로 제출된 경우 전문법칙을 적용하여 원작성자 또는 진술자가 인정하지 않은 디지털 증거에 관해 증거능력을 부인하였고 문건의 존재가 증거가 되는 경우 적법한 검증 절차를 거친 경우에 증거능력을 인정하였다.

수사기관에서는 컴퓨터 디스켓을 압수할 때 디스켓 등을 한꺼번에 모아놓고 사진 촬영을 한 후 압수목록을 작성하고, 위 압수목록 말미에 피압수자의

105 대법원 1999.9.3. 선고 99도2317 판결.

서명, 무인을 받았고 이에 대해 피고인들은 "압수된 디스켓의 경우 그 자체가 증거물이 아니라 디스켓에 수록된 내용이 증거가 되는 것이기는 하나 그것은 여전히 증거물이지 증거서류는 아니라 할 것이므로, 디스켓을 압수할 당시 그 속에 저장되어 있는 파일명, 생성일시, 용량 등을 확인시킨 후 봉함을 하거나, 그럴 만한 시간적 여유가 없을 경우에도 우선 그 디스켓을 봉함하여 피압수자의 확인을 받은 후 동인의 입회 하에 봉함을 뜯어 디스켓의 내용을 동인에게 확인시키는 절차를 취하는 것이 압수물에 대한 위조 또는 변조의 의심을 배제할 수 있다."고 주장하면서 압수 방법이 위법하다고 주장하였으나 대법원은 "컴퓨터 디스켓을 압수함에 있어 위조, 변조 등의 위험을 피하기 위하여 피고인들이 주장하는 바와 같은 방법을 취하는 것이 바람직하다 하더라도 이는 단지 압수 방법의 적정 여부에 관한 것일 뿐 그와 같은 조치를 취하지 않은 것이 반드시 위법한 것이라고는 할 수 없다."고 판시하였다.

컴퓨터 디스켓에 들어 있는 문건이 증거로 제출된 것에 대해서는 "컴퓨터 디스켓은 그 기재의 매체가 다를 뿐 실질에 있어서는 피고인 또는 피고인 아닌 자의 진술을 기재한 서류와 크게 다를 바 없고, 압수 후의 보관 및 출력과정에 조작의 가능성이 있으며, 기본적으로 반대신문의 기회가 보장되지 않는 점 등에 비추어 그 기재 내용의 진실성에 관하여는 전문법칙이 적용된다고 할 것이고, 따라서 형사소송법 제313조 제1항에 의하여 그 작성자 또는 진술자의 진술에 의하여 그 성립의 진정함이 증명된 때에 한하여 이를 증거로 사용할 수 있다 할 것이다."라고 판시하면서 컴퓨터 디스켓에 수록된 문건들에 대하여는 그 작성자 또는 진술자에 의하여 성립의 진정함이 증명된 바 없기 때문에 증거능력을 인정할 수 없다고 하였다. "다만, 이적표현물을 컴퓨터 디스켓에 저장, 보관하는 방법으로 이적표현물을 소지하는 경우에는 컴퓨터 디스켓에 담긴 문건의 내용의 진실성이 아닌 그러한 내용의 문건의 존재 그 자체가 직접증거로 되는 경우이므로 적법한 검증 절차를 거친 이상 이적표현물 소지의 점에 관하여는 컴퓨터 디스켓의 증거능력이 인정된다고 할 것이다."고 판시하였다.

이 사건의 대법원 판결에서는 '동일성'에 대한 직접적인 언급은 없으나 '적법한 검증 절차'를 거쳤다는 원심 판결[106]을 인용한 것으로 보아 문건의 존재 자체가 직접증거가 되는 경우에도 동일성 요건을 충족하는 조건에서 증거능력을 인정해 준 것으로 보아야 한다.

원심은 압수한 디스켓의 파일에 대한 위조, 변조 여부를 검증을 통해 확인하였으며 압수된 디스켓의 파일에 대한 출력물의 동일성 여부에 관하여는 "압수된 디스켓, 노트북 컴퓨터의 출력물인 각 문건들이 과연 위 디스켓 또는 노트북 컴퓨터에서 적법하게 출력된 것인지, 또 그 내용이 위 디스켓 등의 파일과 일치하는지 여부에 대하여 당심에 이르러 검증 및 감정절차를 통하여 동일성 여부 등이 확인되었으므로 그 증거능력에 관한 의문의 여지는 없게 되었다."고 판시하였다.

나. 일심회 및 왕재산 판결

2007.12.13. 대법원은 일명 일심회 사건 판결[107]을 통해 디지털 증거의 증거능력 인정 요건에 대해 최초로 구체적인 언급을 하였으며 2013.7.26. 일명 왕재산 사건 판결[108]에서는 무결성이라는 용어를 사용하고 그 증명 방법을 더욱 구체화하였다. 두 판결의 요지를 표로 정리하면 다음과 같다.[109]

일심회 사건	왕재산 사건
(1) 압수물인 디지털 저장매체로부터 출력한 문건을 증거로 사용하기 위해서는 디지털 저장매체 원본에 저장된 내용과 출력한 문건의 동일성이 인정되어야 하고,	(1) 압수물인 컴퓨터용 디스크 그 밖에 이와 비슷한 정보저장매체(이하 '정보저장매체'라고만 한다)에 입력하여 기억된 문자정보 또는 그 출력물(이하 '출력 문건'이라 한다)을 증거로 사용하기 위해서는 정보저장매체 원본에 저장된 내용과 출력 문건의 동일성이 인정되어야 하고,
- (a) 이를 위해서는 디지털 저장매체 원본이 압수 시부터 문건 출력 시까지 변경되지 않았음이 담보되어야 한다.	- (a) 이를 위해서는 정보저장매체 원본이 압수시부터 문건 출력 시까지 변경되지 않았다는 사정, 즉 무결성이 담보되어야 한다.

106 부산고등법원 1999.5.17. 선고 99노122 국가보안법위반.

107 대법원 2007.12.13. 선고 2007도7257 판결.

108 대법원 2013.7.26. 선고 2013도2511 판결.

109 이관희·김기범, "디지털증거의 증거능력 인정요건 재고(再考)," 디지털포렌식연구, 12(1), 96-97면.

<table>
<tr>
<td>- (b) 특히 디지털 저장매체 원본을 대신하여 저장매체에 저장된 자료를 '하드카피' 또는 '이미징'한 매체로부터 출력한 문건의 경우에는 디지털 저장매체 원본과 '하드카피' 또는 '이미징'한 매체 사이에 자료의 동일성도 인정되어야 할 뿐만 아니라,</td>
<td>- (b) 특히 정보저장매체 원본을 대신하여 저장매체에 저장된 자료를 '하드카피' 또는 '이미징'한 매체로부터 출력한 문건의 경우에는 정보저장매체 원본과 '하드카피' 또는 '이미징'한 매체 사이에 자료의 동일성도 인정되어야 할 뿐만 아니라,</td>
</tr>
<tr>
<td>- (c) 이를 확인하는 과정에서 이용한 컴퓨터의 기계적 정확성, 프로그램의 신뢰성, 입력·처리·출력의 각 단계에서 조작자의 전문적인 기술 능력과 정확성이 담보되어야 한다.</td>
<td>- (c) 이를 확인하는 과정에서 이용한 컴퓨터의 기계적 정확성, 프로그램의 신뢰성, 입력·처리·출력의 각 단계에서 조작자의 전문적인 기술 능력과 정확성이 담보되어야 한다.</td>
</tr>
<tr>
<td>(2) 그리고 압수된 디지털 저장매체로부터 출력한 문건을 진술 증거로 사용하는 경우, 그 기재 내용의 진실성에 관하여는 전문법칙이 적용되므로 형사소송법 제313조 제1항에 따라 그 작성자 또는 진술자의 진술에 의하여 그 성립의 진정함이 증명된 때에 한하여 이를 증거로 사용할 수 있다.</td>
<td>(2) 이 경우 출력 문건과 정보저장매체에 저장된 자료가 동일하고 정보저장매체 원본이 문건 출력 시까지 변경되지 않았다는 점은, 피압수·수색 당사자가 정보저장매체 원본과 '하드카피' 또는 '이미징'한 매체의 해시(Hash)값이 동일하다는 취지로 서명한 확인서면을 교부받아 법원에 제출하는 방법에 의하여 증명하는 것이 원칙이나, 그와 같은 방법에 의한 증명이 불가능하거나 현저히 곤란한 경우에는, 정보저장매체 원본에 대한 압수, 봉인, 봉인해제, '하드카피' 또는 '이미징' 등 일련의 절차에 참여한 수사관이나 전문가 등의 증언에 의해 정보저장매체 원본과 '하드카피' 또는 '이미징'한 매체 사이의 해시값이 동일하다거나 정보저장매체 원본이 최초 압수 시부터 밀봉되어 증거 제출 시까지 전혀 변경되지 않았다는 등의 사정을 증명하는 방법 또는 법원이 그 원본에 저장된 자료와 증거로 제출된 출력 문건을 대조하는 방법 등으로도 그와 같은 무결성·동일성을 인정할 수 있으며, 반드시 압수·수색 과정을 촬영한 영상녹화물 재생 등의 방법으로만 증명하여야 한다고 볼 것은 아니다.</td>
</tr>
</table>

두 판결 공히 (1)에서 판시한 부분에서는 법정에 제시한 출력한 문건이 당초 그 문건이 저장되어 있던 원본 디지털 저장매체에서 출력된 것인지를 확

인해야 하는 것에 대해 설명하고 있으며 일심회 사건에서는 (2)부분에서 전문법칙의 예외요건, 왕재산 사건의 (2)에서는 '변경되지 않았다는 점', 즉 무결성을 입증하기 위한 원칙과 예외에 대해 설명하고 있다. 두 사건에서 증거신청의 대상이 된 것은 압수 당시 존재했던 원본 매체를 복제한 후 복제한 매체에 저장되어 있는 문서 파일을 인쇄한 출력물이었다. 왕재산 사건의 경우 비록 요지에는 일심회 사건의 (2)와 같이 전문법칙의 적용에 관한 내용이 기재되지 않았으나 판결의 이유에서는 동일하게 판단하였다.[110]

1) 동일성

두 사건 (1)항에서는 모두 증거능력의 인정 요건으로 동일성이 인정되어야 함을 판시하였는 데 아쉽게도 동일성이 인정되어야 하는 근거와 동일성이라는 용어의 출처에 관하여 구체적인 언급은 없다. 판결문의 맥락으로 보았을 때에는 (1)항에 부가하여 설명한 (a), (b), (c)항은 동일성을 확인하기 위한 부가적인 요건으로 제시되었다.[111]

각 (1)항에서 언급한 동일성에 관하여 대법원의 판시사항에는 동일성에 관한 자세한 내용이 없으나 왕재산 사건의 항소심은[112] 동일성의 개념에 대해 언급하고 있다. 항소심은 "저장매체 원본이 압수되더라도 원본의 훼손 방지를 위하여 복제본(하드카피 내지 이미징)을 만든 후 이를 분석하거나 그로부터 문건을 출력하게 된다. 따라서 복제본 내지는 복제본에서 출력한 문건이 증거로 제출된 경우 원본과 복제본의 동일성, 복제본에 저장된 내용과 출력 문건의 동일성 여부가 입증되어야 한다. 이와 같이 동일성은 원본과 복제본 혹은 출력물간, 또는 같은 저장매체의 압수·수색 당시와 증거로 제출될 때의 비교에 주목하는 개념이다."라고 언급하고 있다. 항소심 판결은 "제출된 증거와 비교대상이 되는 시점에서의 증거 상태에 대한 비교"라고 동일성 개념을 보다 명확하게 정의한 것에 의의가 있다. 다만, 동일성이라는 개념이 어떠한 이유에서 증거능력의 인정 요건으로 제시된 것인지에 대해서는 설명이 없다.[113]

---

110 이관희·김기범, "디지털증거의 증거능력 인정요건 재고(再考)," 디지털포렌식연구, 12(1), 2018, 97면.

111 이관희·김기범, "디지털증거의 증거능력 인정요건 재고(再考)," 디지털포렌식연구, 12(1), 2018, 97면.

112 서울고등법원 2013.2.8. 선고 2012노805 판결.

우리의 법령에서 '동일성'이라는 용어를 사용하고 있는 것은 형사소송규칙 제72조이다. 제72조는 '증인의 동일성 확인'이라는 제하로 "재판장은 증인으로부터 주민등록증 등 신분증을 제시받거나 그 밖의 적당한 방법으로 증인임이 틀림없음을 확인하여야 한다."라고 규정하고 있으며 그 이후에 증인신문의 절차와 방법을 규정하고 증명력을 판단하기 위한 신문 내용도 함께 포함하고 있다. 규칙에서 증인의 동일성 확인이 가지는 의미는 "A와 B가 똑같다."는 의미보다는 "증인의 신분증명서 등으로 증인으로 출석한 자가 실제 해당 증인이 틀림없다는 것을 식별하는 것"을 의미한다. 동일성의 사전적 의미는 두 개의 사상이나 사물이 서로 같은 성질을 갖는 것이다. 증거에 있어서 동일성에 관하여 우리 법원은 "제출된 증거와 비교대상이 되는 시점에서의 증거 상태에 대한 비교"라고 정의하고 있다. 학자들이 진정성과 동일성이라는 용어의 근거로 삼고 있는 미국연방증거규칙 Rule 901(a)는 'authenticating or identifying an item of evidence'라고 규정함으로써 '증거품을 식별하는 것'으로 표현하고 있고 이를 진위 여부 확인, 즉 진정 증명과 대등한 위치에 두고 있다.[114]

동일성이란 디지털 증거의 증거능력을 인정하기 위해 필요한 독자적인 특성 또는 요건이라기보다는 증거능력을 판단하기 위해 대상의 진위 여부를 확인하고 식별하는 과정, 즉 '당초 수집한 것과 동일한 것임을 확인'하는 것을 의미할 뿐이며 이는 법에 정하여져 있어야 한다거나 특별한 근거가 필요한 것이 아니라 증거가 증거로서 기능하기 위한 당연한 전제 조건일 뿐이다. 앞의 판결에서는 저장매체 '원본'과 이를 복사한 '사본'이 각 존재하였기 때문에 두 대상을 비교하는 방법을 통해 동일하다는 것을 확인하는 것이 가능했었을 것이고 만약 원본이 존재하지 않거나 원본의 형태와 증거로 제출된 것의 상태가 다른 경우에는 원본과 사본의 비교가 아닌 사본이 이동한 절차에 대한 확인 등의 방법을 통해 '그 증거가 말하고자 하는 그 증거'라는 진위를 확인할 수 있을 뿐이다.[115]

---

113 이관희·김기범, "디지털증거의 증거능력 인정요건 재고(再考)," 디지털포렌식연구, 12(1), 2018, 97면.

114 이관희·김기범, "디지털증거의 증거능력 인정요건 재고(再考)," 디지털포렌식연구, 12(1), 2018, 98면.

115 이관희·김기범, "디지털증거의 증거능력 인정요건 재고(再考)," 디지털포렌식연구, 12(1),

원본이 존재했다는 사실과 원본의 성립의 진정에 관하여 다툼이 있는 경우에는 제출된 사본이 원본을 대신하며 증거로 제출될 수 없다. 판례는 이에 대해 "서증은 문서에 표현된 작성자의 의사를 증거자료로 하여 요증사실을 증명하려는 증거방법이므로 우선 그 문서가 증거신청당사자에 의하여 작성자로 주장되는 자의 의사에 기하여 작성된 것임이 밝혀져야 하고, 이러한 형식적 증거력이 인정된 다음 비로소 작성자의 의사가 요증사실의 증거로서 얼마나 유용하느냐에 관한 실질적 증명력을 판단하여야 하는 것이고(대법원 1997.4.11. 선고 96다50520 판결 참조), 문서의 제출 또는 송부는 원본, 정본 또는 인증등본으로 하여야 하는 것이므로, 원본, 정본 또는 인증등본이 아니고 단순한 사본만에 의한 증거의 제출은 정확성의 보증이 없어 원칙적으로 부적법하며, 다만 이러한 사본의 경우에도 동일한 내용인 원본의 존재와 원본의 성립의 진정에 관하여 다툼이 없고 그 정확성에 문제가 없기 때문에 사본을 원본의 대용으로 하는데 관하여 상대방으로부터 이의가 없는 경우에는, 구 민사소송법(법률 제5809호로 개정된 것, 아래에서도 같다) 제326조 제1항 위반사유에 관한 책문권이 포기 혹은 상실되어 사본만의 제출에 의한 증거의 신청도 허용된다고 할 것이나, 원본의 존재 및 원본의 성립의 진정에 관하여 다툼이 있고 사본을 원본의 대용으로 하는데 대하여 상대방으로부터 이의가 있는 경우에는 사본으로써 원본을 대신할 수 없으며(대법원 1996.3.8. 선고 95다48667 판결 참조), 반면에 사본을 원본으로서 제출하는 경우에는 그 사본이 독립한 서증이 되는 것이나 그 대신 이에 의하여 원본이 제출된 것으로 되지는 아니하고, 이때에는 증거에 의하여 사본과 같은 원본이 존재하고 또 그 원본이 진정하게 성립하였음이 인정되지 않는 한 그와 같은 내용의 사본이 존재한다는 것 이상의 증거가치는 없다고 할 것이다(대법원 1999.11.12. 선고 99다38224 판결 참조)."라고 판시[116]하였다.

2) 무결성

일심회 사건에서는 디지털 저장매체 원본을 압수할 때부터 해당 문건을 출력할 때까지 '변경되지 않았음'에 대한 담보를 요구하고 있고 왕재산 사건에

2018, 98면.

116 대법원 2002.8.23. 선고 2000다66133 판결.

서는 변경되지 않았다는 사실을 '무결성'이라고 정의하였다. 왕재산 사건의 원심은 '무결성'이란 '관리 연속성'을 의미한다는 것을 명확히 하면서 "디지털 증거의 압수에서 법정에 제출되기까지의 일련의 과정에 주목하는 개념으로서, 디지털 증거에 대한 압수·수색 이후 증거로 현출되기까지 일련의 절차에서 그 증거가 변개, 훼손 등 인위적 개작이 없는 것을 의미한다."고 정의하였다. 두 사건 판결을 종합하면 '변경되지 않았음'은 '무결성'을 의미하고 '무결성'은 다시 '관리 연속성'을 의미하는 것으로 이해할 수 있다.

동일성과 무결성의 관계에 대해 왕재산 사건의 원심은 '무결성과 동일성'이라는 제하에 각 개념을 정의하고 무결성의 입증 방법과 동일성의 입증 방법을 별도로 논하고 있으며 '무결성, 동일성 모두 디지털 증거의 증거능력 요건에 해당한다'고 언급함으로써 어느 성질이 다른 성질의 하위개념이나 상위개념이 아니라 모두 충족되어야 하는 요건으로 판단하고 있다. 이에 반해 일심회와 왕재산 사건의 대법원 판결은 동일성을 인정하기 위해서는 무결성과 신뢰성이 인정되어야 한다는 취지로 판결함으로써 무결성과 신뢰성이 동일성을 충족하기 위한 조건으로 보고 있다.[117]

변경되지 않았다는 것을 입증하는 방법으로 일심회, 왕재산 사건 공히 압수 매체에 대한 봉인, 녹화, 매체 이동과정, 해시값의 비교 등 종합적으로 사정을 고려하여야 한다고 언급하고 있다. 다만, 왕재산 판결에서는 '해시값에 대한 비교가 원칙'이라는 측면을 강조한 것이 특징이다.[118] 왕재산 판결의 원심에서는 이 부분을 "동일성에 대한 입증은 기본적으로 원본과 복제본의 해시값 비교를 통하여 원본과 복제본의 동일성을 확인한 후 복제본과 출력 문건의 동일성을 검증하는 방법 등으로 판단하면 될 것이나, 한편 위 동일성과 표리의 관계에 있는 무결성(관리 연속성)이 담보되는 한, 동일성 입증을 위하여 해시값을 비교 확인하는 절차가 반드시 요구된다고 할 수 없고, 법정에 제출된 원본과 출

117 이관희·김기범, "디지털증거의 증거능력 인정요건 재고(再考)," 디지털포렌식연구, 12(1), 2018, 98면.

118 일심회 사건의 원심판결(서울고등법원 2007.8.16. 선고 2007노929 판결)에서는 "위 디지털 저장매체를 압수, 봉인, 봉인 해제 및 복제를 할 때 항상 해당 피고인 측에서 입회하여 그 과정을 확인한 이상, 국가정보원에서 위 디지털 저장매체를 복제할 때 해시값을 작성하지 않았다고 하더라도, 위 디지털 저장매체에 담긴 파일의 내용이 국가정보원의 수사 과정에서 변경되었을 가능성은 거의 없다고 봄이 타당하다."고 판시하였다.

력 문건을 직접 비교한 검증 결과 등 제반 사정을 종합하여 그 동일성 여부에 관하여 자유심증주의에 따라 객관적이고 합리적으로 판단하면 된다."[119]고 하였다. 그런데 대법원에서는 어떤 이유에서 해시값의 비교를 원칙으로 삼고 오로지 불가능하거나 현저히 곤란한 경우에만 다른 사정을 종합적으로 판단하라고 했는지 그 이유는 알 수 없다.[120]

두 판결에서 '하드카피'라는 용어가 사용되었는 데 이는 컴퓨터 화면에 보이는 출력 정보를 의미하는 'soft copy'와 대비되는 말로 그 화면을 인쇄물로 출력한 것을 의미하는 것이다. 그럼에도 불구하고 두 판결은 이미징 생성 소프트웨어를 사용한 '이미징' 방식과 대비하여 '디스크 복제장치를 활용한 복제방식'을 의미하는 것으로 사용하는 등 컴퓨터 공학에 대한 적절한 이해 없이 사용되고 있다.[121,122]

판결에서 설시한 바와 같이 '변경되지 않았음', '무결성', '관리 연속성'이 같은 의미를 가지는 것인지 재검토가 필요하다. 무결성은 컴퓨터 공학에서 "컴퓨터 및 네트워크 보안에서 특정 데이터가 인가된 사람만이 접근 또는 변경이 가능하고 데이터 전송 시 타인에 의해 해당 데이터가 위변조되지 않았다는 것을 보장하는 것"[123]을 의미한다. 관리 연속성은 "물적 증거를 수집한 때로부터 법정에 제시될 때까지 그 물적 증거의 위치에 대한 기록을 유지하는 것(Documentation of the location of physical evidence from the time it is collected until the time it is introduced at trial.)"[124]을 의미한다. 즉, 판결이 설시한 바와 같이 변경되지 않았다는 것을 담보하기 위해서는 무결성과 관리 연속성이 같은 의미

---

119 서울고등법원 2013.2.8. 선고 2012노805 판결.

120 다행히 이후 판결(2015.1.22. 선고 2014도10978 전원합의체판결)에서는 해시값 비교가 원칙이라는 입장을 변경하여 다음과 같이 판시하였다. "증거로 제출된 녹음 파일이 대화 내용을 녹음한 원본이거나 혹은 복사 과정에서 편집되는 등 인위적 개작 없이 원본 내용을 그대로 복사한 사본이라는 점은 녹음 파일의 생성과 전달 및 보관 등의 절차에 관여한 사람의 증언이나 진술, 원본이나 사본 파일 생성 직후의 해시(Hash)값과의 비교, 녹음 파일에 대한 검증·감정 결과 등 제반 사정을 종합하여 판단할 수 있다."

121 법원이 영장을 발부할 때 첨부하는 별지(압수 대상 및 방법의 제한)와 경찰청 훈령인 디지털 증거 수집 및 처리 등에 관한 규칙에서도 하드카피라는 용어를 사용하고 있다.

122 이관희·김기범, "디지털증거의 증거능력 인정요건 재고(再考)," 디지털포렌식연구, 12(1), 2018, 98면.

123 한국정보통신기술협회 정보통신용어사전.

124 Marcia J. Weiss, *Salem Press Encyclopedia of Science*, 2013. p2.

로 사용될 수는 있다. 그런데 판례가 관리 연속성이라는 개념 이외에 같은 의미로 사용될 수 있는 무결성이라는 용어를 추가로 언급할 필요성이 있었는지는 의문이다. 특히, 왕재산 사건에서 무결성의 입증 방법으로 원본과 사본의 해시값 비교를 원칙적으로 요구한 것을 보면 '디지털 매체의 비교에서 단 한 비트도 변경되지 않았음을 증명하는 것'을 무결성의 원칙적 개념으로 착각한 것은 아닌지 의심스럽다. 해시함수는 원본과 사본이 동시에 존재하는 경우에는 무결성 또는 관리 연속성까지도 증명하고 동시에 동일성 입증까지 할 수 있는 중요한 방법이 될 수 있다.

하지만 해시함수 그 자체가 무결성과 관리 연속성 모두를 보장하지는 못한다. 예를 들어 저장매체 A를 수사기관의 저장매체 B로 복제하고(복제하면서 A 저장매체 전체에 대한 해시값과 복제한 저장매체 B의 해시값만을 도출하여 비교함) B로부터 파일 C를 추출해서 이를 증거로 제출한 경우, C는 B로부터 나오고 B는 A와 같다는 것을 증명하여야 하나 A에서 B로 복제할 당시 A에 있던 개별 파일 C에 대한 해시값에 대한 확인이 없다면 법정에서 해시값으로 증명이 가능한 범위는 B에서 있던 C 파일과 법정에 제출한 C 파일까지이다. 이때, A에 있던 C 파일과 B에 있던 C 파일의 해시값을 비교할 수 없다고 하여 C에 대한 증거능력을 부정하는 것은 부당하다. 결국 해시값 자체의 비교에 의해서는 동일성 인정에 대한 한계가 있고 해시값은 관리 연속성 일부에 대해서만 증명이 가능하기 때문에 증거의 취득부터 제시까지의 일관성을 입증하기 위해서는 관리 연속성이라는 측면이 우선시 되어야 하고 관리 연속성의 일부를 증명하는 방법으로써 해시값이 사용될 뿐이다.

동일성과 무결성이 동시에 충족되어야 하는 별개의 요건인지도 살펴볼 필요가 있다. 대법원은 왕재산 사건에서 "동일성과 표리의 관계에 있는 무결성"이라는 표현을 사용하였고 왕재산 사건의 원심에서는 "무결성, 동일성 모두 디지털 증거의 증거능력 요건에 해당한다."고 언급함으로써 두 속성이 디지털 증거의 증거능력에 필요한 각 독립된 요건에 해당하는 것처럼 판시하였다. 그러나 관리 연속성의 문제는 증거의 물리적인 동일성에 관한 개념이므로 기본적으로 논리적 관련성이 유지되기 위한 기본 전제 조건일[125] 뿐이며 관리 연속성과 무결성의 개념이 같다면 무결성은 독자적인 증거능력 요건이 될 수 없고 이를 통해 동일성을 인정할 수 있는 것이기 때문에 무결성 여부를 심리해 보는 것일 뿐, 무결성이 부인되어도 동일성이 인정될 여지가 있다.[126,127]

3) 신뢰성

판결은 (c)항에서 "컴퓨터의 기계적 정확성, 프로그램의 신뢰성, 입력·처리·출력의 각 단계에서 조작자의 전문적인 기술 능력과 정확성"(이하 신뢰성이라고 표현)을 요건으로 설시하였으나 이러한 요건이 왜 필요한 것인지, 구체적으로 무엇을 의미하는지, 일반적으로는 어떻게 증명이 가능한지에 대해서는 구체적으로 언급하지 않고 있다. 학자들의 경우에도 디지털 증거가 과학적 증거라는 전제에서 신뢰성이 요건이 되어야 한다고 주장하는 견해가[128] 있으며 신뢰성이 의미하는 바에 대하여 디지털 증거에서의 신뢰성을 전문법칙에서 논의되는 이른바 신용성 내지 특신성에 해당한다는 견해[129], 디지털 증거로서의 가치를 뜻하기도 한다는 견해[130], 분석을 하는 전문가, 도구 및 방법의 신뢰성을 의미한다는 견해[131] 등 다양하게 의견을 피력하고 있다.

그런데 이러한 견해들은 전문가 증언에서 논의되어 왔던 '과학적 증거'의 증거능력을 인정하기 위한 요건과 그 신뢰성의 수준을 디지털 증거에도 적용하려고 했던 것으로 보인다. 그러나 이러한 논의에 앞서 과학적 증거에서 요구되는 증거능력 인정 요건을 그대로 디지털 증거에 적용하는 것이 타당한지부터 살펴보았어야 한다. '과학'이라는 개념을 넓은 의미로 사용할 경우에는 수학적 알고리즘을 활용한 사후 검증 과정도 과학의 개념 또는 과학적 방법론의 일부 과정에 포함시킬 수 있지만 '원본과 사본의 동일함을 확인하는 과정'에서 사

125 이성기, "증거물 보관의 연속성(Chain of Custody) 원칙과 증거법적 함의," 경찰학연구, 11(3), 2011, 58면.

126 오기두, 『전자증거법』, 박영사, 2015, 565면.

127 이관희·김기범, "디지털증거의 증거능력 인정요건 재고(再考)," 디지털포렌식연구, 12(1), 2018, 99면.

128 한대일, "전자적 증거의 진정성 입증에 관한 연구," 성균관대학교 법학전문대학원 박사학위 논문, 2015.2, 133면.

129 박용철, "디지털 증거의 증거능력 요건 중 무결성 및 동일성에 대하여 - 대법원 2018.2.8. 선고 2017도13263판결 -," 법조, 67(2), 2018, 685면.

130 김정한, "형사소송법상 특신상태의 의미와 개념 요소 및 판단기준에 관한 소고," 비교형사법연구, 16(1), 2014, 154–155면.

131 김범식, "전자(디지털)정보의 법정 증거 제출·현출 방안," 비교형사법연구, 19(1), 2017, 277면.

용된 디지털 포렌식 도구와 도구에 사용된 이론 및 도구 사용자들의 학식에 대해서도 과연 Frye 사건[132]과 Daubert 사건[133]에서 요구하는 것들을 그대로 적용할 수 있는 것인지 재고해 볼 필요가 있다.[134]

디지털 포렌식 개론서는 디지털 포렌식 도구에서 수집되고 분석된 결과가 법정에서 허용되기 위해서는 Daubert Test 항목을 만족시켜야 한다고 설명하고 포렌식 도구를 이용해 수집된 증거가 법적 증거로서 유효하다는 것을 인정한 판례로 Williford 사건을 인용하고 있다.[135] 이 사건 판결[136]에서 법원은 과학적 이론으로부터 생성된 증거가 신뢰성을 인정받기 위해서는 (a) 기반이 된 과학적 이론이 유효해야 하며, (b) 그 이론을 활용한 기술이 유효해야 하며, (c) 그 기술은 특정한 경우에 적정하게 적용되어야만 한다는 요건을 설시한 Kelly 표준[137]에 부합하여야 한다고 판시하였다. 그런데 Kelly 사건은 DNA 식별 실험을 실시한 전문가 증언, Frye 사건은 피고인에 대해 거짓말탐지기 실험을 한 전문가 증언, Daubert 사건에서는 의약품과 기형아 출산율 간의 인과관계에 관한 전문가 증언이 각각 문제된 사안들이다.

'과학적 증거의 허용성 요건'을 제시했던 이러한 판결의 대상은 디지털 증거의 증거능력 인정 요건에서 논의하고 있는 '디지털 증거 원본과 복제본의 동일성 비교'와 본질적으로 다르다는 점을 주목해야 한다. 위 판결들의 심판 대상이 되었던 것은 전문가의 식견, 과학적 이론들과 검증에 사용된 도구의 정확성 등으로 그 자체가 '증언'이라는 새로운 증거를 생성하는 데 사용된 것이었다. 새롭게 생성될 증거의 기초를 이루는 과학적 지식이 일반적 승인을 받지 못하였거나 검증된 것이 아니라면 이러한 지식을 활용하게 생성된 증거를 쉽게 받아들일 수 없는 것은 자명한 것이며 신뢰성을 요구하는 수준 또한 엄격히 요구할 필요성이 있다.

그런데 우리가 논하고 있는 디지털 증거, 특히 원본과 사본이 같음을 확인

---

132 Frye v. United States, 293 F, 1013 D.C. Cir.(1923).

133 Daubert v. Merrell Dow Pharmaceutical, Inc., 509 U.S. 579(1993).

134 이관희·김기범, "디지털증거의 증거능력 인정요건 재고(再考)," 디지털포렌식연구, 12(1), 2018, 99면.

135 이상진, 『디지털 포렌식 개론 개정판』, 이룬, 2015, 95면.

136 Williford v. State, 127 S.W.3d 309 (Tex. App. 2004).

137 Kelly v. State, 824 S.W.2d 568 (Tex. Crim. App. 1992).

하기 위한 도구는 새로운 증거를 만들어 내는 것이 아니라 법정에 제출된 증거가 당초 주장하고자 했던 그 증거임을 확인하는 절차일 뿐이다. 즉, 일반적으로 논의되는 과학적 증거들은 증거능력의 심사 단계에서부터 그 증언의 가치(즉, 믿을 만한가)를 평가받게 되므로 증거능력의 관문을 통과한 증거는 동시에 증명력을 확보하게 된다.

반면에 디지털 증거의 동일성 확인은 사용한 프로그램의 신뢰성과 정확성을 통해서 A(제출된 증거) = B(당초의 그 증거)라는 공식만 확인하며 증거능력의 관문을 넘게 되면 제출된 증거가 입증하고자 하는 사실에 어느 정도 기여하게 될 것인지에 대해서는 다시 한번 법관의 판단에 맡겨지게 된다. 다시 말하면 과학적 증거들의 신뢰성은 그 증거의 가치에 직접적인 영향을 미치게 되지만 디지털 증거에서 언급되는 신뢰성과 정확성은 그 증거 자체의 가치에 영향을 미치는 것이 아니라 그 증거가 위조, 변조되지 않았다는 점까지만을 확인하는데 기여하는 개념이다.[138]

일반적으로 논의되는 과학적 증거의 증거능력은 자연적 관련성의 관점에서 개개의 증거에 관하여 각론적인 검토가 필요하고[139] 그 증거능력 및 증명력의 인정 여부에 따라 ① 가장 강한 정도의 과학적 증거[140], ② 반증의 여지가 있는 과학적 증거[141], ③ 과학과 전문가의 주관적 분석이 결합한 증거[142], ④ 실험의 근간을 이루는 이론의 적정성을 전제로 하는 과학적 증거[143]로 구분[144]하려는 노력이 있다. 기존의 과학적 증거와 그 위치 및 종류를 달리하는 디지털 증거에 관해서도 개별 증거마다 각론적인 검토를 하여야 한다. 디지털로 저장되어 있는 모든 증거를 통칭하여 디지털 증거로 단일화한 후 막연히 신뢰성, 정확성 등의 요건이 기존의 과학적 증거와 같은 정도로 필요할 것이라고 단정

---

138 이관희·김기범, "디지털증거의 증거능력 인정요건 재고(再考)," 디지털포렌식연구, 12(1), 2018, 99-100면.

139 김성규, "이른바 과학적 증거의 의의와 그 허용성의 판단 - 증거능력에 있어서의 이른바 자연적 관련성의 관점에서-," 형사정책연구, 15(3), 2004, 331면.

140 대법원 2010.3.25. 선고 2009도14772 판결.

141 대법원 2009.3.12. 선고 2008도8486 판결.

142 대법원 2000.12.22. 선고 99도4036 판결.

143 대법원 2005.5.26. 선고 2005도130 판결.

144 조병구, "과학적 증거에 대한 증거채부결정 - 합리적 증거결정 기준의 모색-," 형사법 실무연구, 재판자료, 제123집, 2011, 612면.

짓는 태도는 바람직하지 않다.[145]

4) 시사점

일심회 사건과 왕재산 사건의 판결은 '동일성'을 핵심에 두고 이를 인정하기 위한 세부적인 요건으로서 무결성 및 신뢰성 등을 언급하는 등 디지털 증거의 증거능력 인정 요건에 관하여 일반적인 증거에 비해 엄격하게 심사하고 이를 위해 필요한 요건들을 구체화했다는 점은 의미가 있다.

그러나 '동일성'이라는 개념이 도출된 이유에 대해서는 구체적인 언급을 하지 않고 있어 이에 대한 추가적인 검토가 필요하다. 동일성, 무결성, 관리 연속성, 신뢰성 간의 관계에 대해 무결성, 관리 연속성, 신뢰성은 동일성을 확인하기 위한 구체적인 방법이며 디지털 증거의 증거능력을 인정하기 위해 필요한 별도의 요건은 아니다. 또한 '변경되지 않았음 = 무결성 = 관리 연속성'이라는 도식이 결과적으로는 타당할 수는 있지만 해시함수가 무결성을 인정하기 위한 최선의 방법인 것처럼 설시한 것은 관리 연속성의 개념과 취지를 오인하게 할 가능성이 있다.

동일성을 확인하는 데 사용되는 디지털 포렌식 도구와 기술은 당연히 신뢰할 만한 것을 사용하여야 하며 포렌식을 통한 검증은 신뢰할 수 있는 전문가에 의해 행해져야 함은 당연하다. 그러나 증거능력을 인정함에 있어서 신뢰성이 기여하는 위치와 정도는 기존의 과학적 증거에서 논의된 '전문가 증언'의 그것을 그대로 차용할 수는 없다. 동일성 증명에서 사용되는 디지털 포렌식 도구와 기술에 대한 신뢰성이란 '그 도구와 기술이 정확한 결과를 생성한다는 것을 보여 줌'으로써 증거의 진정성을 확인하는 데 사용되는 성질이다.[146,147]

---

145 이관희 · 김기범, "디지털증거의 증거능력 인정요건 재고(再考)," 디지털포렌식연구, 12(1), 2018, 100면.

146 미연방증거규칙 Rule901(b)(9) Evidence About a Process or System. Evidence describing a process or system and showing that it produces an accurate result.

147 이관희 · 김기범, "디지털증거의 증거능력 인정요건 재고(再考)," 디지털포렌식연구, 12(1), 2018, 100면.

6. 디지털 증거의 증거능력 인정에 관한 미국과 독일의 태도

가. 미국

Lorraine v. Market American Insurance Co.사건[148]에서 디지털 증거의 증거능력을 판단하는 데 고려해야 할 5가지 선결 조건을 제시하였다. ① 사건과의 관련성이 있어야 한다. 관련성이란 그 증거가 존재함으로써 소송의 귀추에 영향을 주는 사실의 존재를 보다 확실하게 하거나 보다 불확실하게 하는 속성을 갖는 것을 말한다. ② 진정한 증거여야 한다. 연방증거법 제901조(a)는 "진정성 또는 동일성 확인이라는 요건의 입증은 다투어지고 있는 자료가 그것을 제출하는 자가 주장하는 바로 그것이라고 인정할 수 있도록 뒷받침하기에 충분한 증거에 의해 충족되어야 한다."고 규정하고 있다. 진정성에 관한 문제는 디지털 증거를 만들어 낸 디지털 포렌식 도구 및 포렌식 분석관의 신뢰성을 문제 삼음으로써 증거의 진정성에 대한 이의가 제기되기도 한다. ③ 전문증거에 해당하는 경우 전문법칙의 예외가 적용될 수 있어야 하며, ④ 최량증거의 법칙에 따라 원본 또는 그에 상응하는 부본이어야 하며, ⑤ 디지털 증거가 배심원들에게 부당한 편견 등을 불러일으킬 가능성이 그 증거의 증거가치보다 현저히 커서는 안 된다는 것이다.[149]

나. 독일

대륙법계에 속하는 독일에서는 유죄 인정의 증거로 제출한 증거에 대해 전문법칙을 적용하여 증거능력을 배제하지 않는다. 독일의 직접주의 원칙은 전문증인의 신문을 금지하지 않으며 다만 그 증인의 진술은 증명력이 약할 뿐이다. 독일은 디지털 증거가 증거로 제출될 수 있는지에 대한 명문 규정은 없으나 다수설과 판례는 컴퓨터 출력물, 저장매체 등은 증거능력이 있으며 압수의 객체도 될 수 있다고 한다. 디지털 증거의 증거능력에 관하여는 기존의 물리적

---

148 Lorraine v. Market American Insurance Co., 241 F.R.D. 534(D. Md. 2007).

149 최성필, "디지털 증거의 증거능력에 관한 비교법적 연구," 국외훈련검사 연구논문집, 제26집, 2011, 61－62면.

증거의 증거능력과 마찬가지로 전문법칙이나 그 예외가 적용될 여지가 없고 디지털 증거의 수집, 분석, 제출 과정에서 어떠한 하자가 있었는지를 검토하는 측면에서 접근하고 있을 뿐이다. 결국 독일에서는 디지털 증거 또한 물리적 증거와 마찬가지로 독일 형사소송법상 증거금지원칙에 위배되지만 않으면 증거로 사용할 수 있다.[150]

7. 관련성과 진정성 -미국연방증거규칙[151]을 중심으로-

가. 검토 필요성

디지털 증거에 관해 제시된 여러 요건 중 동일성, 무결성, 신뢰성에 관하여는 대법원의 판결을 중심으로 논의해 보았으나 여전히 동일성이라는 것이 증거능력 인정 여부에 관하여 어떠한 역할을 하는 것인지 명확하지 않다. 또한 관련성에 대해 '관련성이란 영장에 기재된 범죄 사실과 관련성이 인정되지 아니하는 경우 위법하게 수집된 증거로서 증거능력이 부인되는 데 사용되는 성질'로 이해하고 우리 형사소송법 제106조 제1항이 개정됨으로써[152] 등장한 개

150 최성필, "디지털 증거의 증거능력에 관한 비교법적 연구," 국외훈련검사 연구논문집, 제26집, 2011, 76-77면.

151 미국연방증거규칙은 11개의 장으로 구성되어 있다. 제1장 일반 규정에서는 규칙의 범위, 정의와 목적, 제2장 공지의 사실에서는 재판상 증명이 불필요한 것, 제3장은 민사재판에서의 추정, 제4장은 관련성과 한계, 제5장은 특권, 제6장은 증인, 제7장은 전문가 증언, 제8장은 전문법칙, 제9장은 진정 입증과 동일 식별, 제10장은 저작·기록·사진의 내용, 제11장은 기타 사항을 각각 규정하고 있다.

152 형사소송법 제106조 제1항에 추가된 관련성 요건은 강제처분의 대상물을 제한할 뿐만 아니라 강제처분의 적법성에 대한 심사를 강화하여 증거능력에 직접적인 영향을 미칠 가능성이 높아지게 되었다는(전승수, "압수수색상 관련성의 실무상 문제점," 형사법의 신동향, 통권 제49호, 2015.12, 40면.) 점에는 동의한다. 다만, 압수수색에서의 관련성보다는 증거능력을 인정하기 위한 관련성의 범위가 훨씬 엄격할 수밖에 없는 것은 입증하고자 하는 대상의 범위와 연결되기 때문이라고 본다. 수사기관에서는 공소제기할 범죄 사실이 완성되기 이전, 즉 수사하여 혐의를 입증하고자 하는 것들과 관련된 것을(판례는 압수의 대상을 압수·수색영장의 범죄 사실 자체와 직접적으로 연관된 물건에 한정할 것은 아니고, 압수·수색영장의 범죄 사실과 기본적 사실관계가 동일한 범행과 관련된다고 의심할 만한 상당한 이유가 있는 범위 내에서는 압수를 실시할 수 있다고 판시하고 있다(대법원 2009.7.23. 선고 2009도2649 판결.)). 압수수색할 것임에 반해, 증거능력 판단 단계에서의 관련성의 범위는 수사를 통해 입증된 증거에 한정된 범죄 사실로 함축될 수밖에 없다. 즉, 관련성이라는 개념의 차이가 다르다기 보다는 관련성을 인정할 대상의 범위에 따라 상대적으로 범위가 정해질 뿐

념이라고 설명하는 견해가 있다.[153] 이러한 견해에 따르면 임의제출 등의 방법으로 증거가 제출된 경우에는 관련성이 없는 증거가 제출되어도 증거능력을 부정할 방법이 없고 증명력의 문제로 귀결된다는 의견이[154] 도출된다.

과연 동일성과 관련성이라는 성질이 증거능력의 인정 요건으로 등장하게 된 계기는 무엇인지 이러한 성질이 규범적인 것이 아니라 증거법칙에서 당연히 적용되는 논리적인 귀결은 아닌지 확인할 필요가 있다. 이러한 논의를 살펴보기 위해서는 우선 미국연방증거규칙의 내용에 대한 이해가 필요하다. 이를 먼저 살펴보는 것은 미국의 규범이 우리의 것보다 발전되어 있다는 측면이 아니다. 미국의 제도는 당사자주의와 배심제도를 취하고 있기 때문에 증거법이 매우 복잡하고 자세히 만들어져 있으며[155] 이러한 증거법을 기초로 하여 일반적이고 훈련되지 않은 일반인이 사실판단자로 활동[156]하기 때문에 증거법칙을 이해하는 데 도움이 되기 때문이다. 이러한 미국연방증거규칙은 형사재판뿐만 아니라 민사재판에도 적용되며 전문증거를 비롯한 모든 증거를 포섭하고 있으므로 증거법의 원리를 파악하는 데 도움이 된다.

나. 관련성

미국연방증거규칙에서 관련성에 관한 규정은 제4장에 15개 조항으로 이루어져 있다. 제2장에서 언급하고 있는 공지의 사실은 증명이 필요 없으며 그 이외의 것들 중 관련성 여부가 1단계에 위치하는 증거능력 심사 기준이 된다. Rule 401은 '관련성 심사'라는 제목으로 "(a) 그 증거가 없는 것보다 있는 것이 (주장되는) 사실이 있을 개연성이 더 있거나 없도록 하는 경향이 있고 (b) 그 (주장되는) 사실이 재판을 결정하는 데 중요한 사실일 때에는 그 증거는 관련성이 있다."고 규정하고 있으며 Rule 402는 '관련성 있는 증거의 일반적 허용'이

이라고 본다.

153 이숙연, "디지털증거의 증거능력 –동일성·무결성 등의 증거법상 지위 및 개정 형사소송법 제313조와의 관계–," 저스티스, 통권 161호, 2017, 170면.

154 이숙연, "디지털증거의 증거능력 –동일성·무결성 등의 증거법상 지위 및 개정 형사소송법 제313조와의 관계–," 저스티스, 통권 161호, 2017, 170면.

155 Graham C. Lilly, "An Introduction to the Law of Evidence, West(3rd Ed), 2004, p4.

156 James Bradley Thayer, *A Preliminary Treatise of Evidence at the common law*, Boston: Little, Brown, And Company, 1898, p509.

라는 제목으로 "미국헌법, 연방법, 이 규칙 또는 대법원에서 규정한 다른 규칙에서 달리 정하지 않는다면 관련성 있는 증거는 증거능력이 있으며 관련성이 없는 증거는 증거능력이 없다."고 규정하고 있다.

우리는 이러한 '관련성' 개념이 미국연방증거규칙에 따라 새로 생성된 개념이라기보다는 '사실인정을 위해 필요한 증거'는 논리적으로 증명이 필요한 사실과 당연히 관계가 있어야 한다는 것을 정리했을 뿐이라고 생각한다. 이러한 관점은 "증거는 혐의와 관련이 있어야 하며 논점이 되는 주제를 입증하기에 충분해야 한다는 것은 논쟁거리 목록을 정하고 그 논쟁의 목적과 한계를 정의하고 논리적 관련성, 즉 이성이 작용하는 과정의 문제인 논리적 필요성을 주장하는 것을 말한다. 증거법칙은 앞서 언급한 이런 것들이 먼저 확인되지 않고는 개입할 여지가 없다."[157]라는 견해나 "증거법적 의미에서 관련성은 어느 증거가 문제되고 있는 사실의 증명과 연관되어 있으며 이를 증명할 수 있는 최소한의 힘이다. 이 관련성 요건은 증거의 증거능력을 검토하기 위한 전제 조건이다."[158]라는 견해, "법원이 사실을 인정하기 위해서는 증거에 의하여야 하며 사실인정과 연관이 있는 증거를 관련성이 있다고 일컫는다. 증거능력이 있다고 하기 위하여는 증거와 요증사실 사이에 자연적 관련성이 있어야 한다고 보는 것이 일반적이며 그 증거의 '진정'이 당연히 관련성의 일부 또는 전제를 이루는 경우도 있다."[159,160]라는 견해, "증거의 허용성이란 진술 증거에 관하여도 논의되지만 특별한 증거능력 제한 규정이 없는 비진술 증거에 관하여 특히 유용하다. 일반적으로 자연적 관련성이 있고 법률적 관련성이 있으며 증거금지에 해당하지 않는 경우에 증거는 허용된다."[161]는 견해들과 맥락을 같이 한다.

우리 형사소송법은 어떠한 증거가 증거능력이 있는지를 규정하지 않고 증거능력이 배제되는 경우를 규정하는 방식이기 때문에 결국 증거능력이 배제

157 James Bradley Thayer, *A Preliminary Treatise of Evidence at the common law*, Boston: Little, Brown, And Company, 1898, p485.

158 신동운, 『신형사소송법』, 제5판, 법문사, 2014, 416면.

159 김성규, "이른바 과학적 증거의 의의와 그 허용성의 판단 - 증거능력에 있어서의 이른바 자연적 관련성의 관점에서-," 형사정책연구, 15(3), 2004, 310면.

160 이성기, "증거물 보관의 연속성(Chain of Custody) 원칙과 증거법적 함의," 경찰학연구, 11(3), 2011, 57면.

161 김성룡, "현행법에서 과학적 증거의 증거능력과 증명력," 형사법연구, 29(4), 2012, 204면.

되지 않는 경우에는 원칙적으로 증거능력이 인정되는 것으로 이해해야 한다. 판례도 위법수집증거나 전문법칙 등 증거능력 배제원칙이 적용될 여지가 없는 것들은 증명력 판단에 중점을 둘 수밖에 없다고 설시하고 있으며[162] 증거의 관련성에 관하여 "구실용신안법(법률 제952호) 제28조에서 준용하는 구특허법(법률 제950호) 제139조는 특허나 제56조의 허가특허권의 권리범위에 관한 심판 또는 판결이 확정되었을 때에는 누구든지 동일사실 및 동일증거에 의하여 다시 심판을 청구하지 못한다라고 규정하고 있는 바 여기서 동일사실 및 동일증거라 함은 당해 등록권과의 관계에서 확정이 요구되는 구체적 사실이고 그 사실과 관련성을 가진 증거를 말한다고 풀이된다."[163]고 하거나 "거짓말탐지기의 검사 결과에 대하여 사실적 관련성을 가진 증거로서 증거능력을 인정할 수 있으려면…"[164]이라고 하는 등 '관련성 없음'이 증거능력을 배제하기 위한 요건이라기 보다는 '증거'가 되기 위해서는 당연히 '사실인정과 관련성이 있는 것'이어야 한다. 따라서 관련 없는 것은 증거능력이 없어 배제되는 것이 아니라 증거가 아니기 때문에 증거능력의 심사 단계에 진입할 수도 없는 것이다.

다만, 관련성은 디지털 증거의 압수수색에서는 추가적인 의미를 가질 수 있다. 압수수색은 관련성이 있는 범위 내에서 이루어져야 하나 눈으로 볼 수 없는 데이터를 수색하기 위해서는 관련성 있는 데이터 유무를 판별하지 못하고 이를 프로그램 등을 통해 육안으로 열람해야 하는 문제가 발생하며 관련성 없는 데이터까지 열람한 이후에 최종적으로 압수할 범위를 선택하는 경우가 있다. 또한 디지털 저장매체의 저장 용량이 커짐에 따라 압수(지득, 채록)해야 할 범위가 적으면 적을수록 상대적으로 포괄적인 수색의 위험이 여타의 증거에 비하여 크다는 측면이 있다. 따라서 디지털 증거의 압수수색에서 관련성이 있는 범위에 대한 영장의 집행 문제가 중요하게 다루어져야 한다. 그러나 이 관련성의 문제는 압수와 수색의 범위와 관련되는 것으로서 독자적으로 논의되어야 할 문제이지 증거로서 제출된 디지털 증거에 별도로 요구되는 증거능력의 인정 요건은 아니다. 증거로 제출되는 디지털 증거가 관련성이 없다는 것은

---

162 김성룡, "현행법에서 과학적 증거의 증거능력과 증명력," 형사법연구, 29(4), 2012, 214면.

163 대법원 1976.6.8. 선고 75후18 판결(비록 형사사건은 아니지만 관련성이라는 개념이 민형사 재판에서 다르게 적용될 이유가 없는 것을 전제로 인용하였다).

164 대법원 2005.5.26. 선고 2005도130 판결.

일반적인 증거와 다름없이 증거능력의 관문을 통과하기 전의 문제로 귀결되지만 관련성이 없는 부분을 포괄적으로 열람, 수색하거나 관련성이 없는 자료까지 포괄적으로 압수하였다고 평가되는 경우 사실인정과 관련된 증거라고 할지라도 위법수집증거배제법칙에 의해 배제될 수 있다.[165]

다. 진정성

진정성에 관하여 "증거제출자가 특정한 증거라고 주장하면서 제출하였으나 그 주장과 일치하지 않는 다른 증거가 제출된 경우에 그러한 증거는 증거제출자가 주장한 특정한 증거가 아니므로 이를 토대로 공소범죄 사실을 인정할 수 없는데 이는 증거의 진정성 문제이며 진정성이 인정되지 아니한 증거는 증거로 사용해서도 아니 되며 제시된 증거에 대한 중요성이나 증명력은 모두 진정성이 인정된 후에 비로소 판단되어야 한다."는 견해[166]도 있으며 "증거의 생성에 사람의 행위가 개입된 경우의 동일성, 무결성을 의미하는 것"으로 보는 견해[167]도 있고 "무결성과 같은 개념"으로 보는 견해[168]도 있다. 진정성의 개념과 다른 속성들과의 관계를 확인하기 위해서는 '진정성'의 개념을 명시적으로 사용한 미국연방증거규칙 Rule 901, 902를 살펴볼 필요가 있다.

미국연방증거규칙 Rule 901은 'Authenticating or Identifying Evidence'라는 제하에 (a)항[169]에서는 진정성에 관한 일반적인 원칙을 규정하고 (b)항에서

---

165 참고로 노명선은 최근 법원이 CCTV나 디지털 증거 등에 대해 압수·수색영장의 청구과정에서 구체적인 방법을 특정하도록 요구하고 증거능력의 판단에 있어서도 매우 엄한 잣대를 들이대고 있다는 견해를 밝힌 후, 미국 판례의 주류는 '언젠가 기술이 진보하고 수사기관의 경험이 발전하여 현장에서의 컴퓨터 기록 수색이 가능해지고 실효성을 갖추는 날이 오기 전까지는 컴퓨터 하드웨어 전체를 압수하는 것은 적절히 안전장치를 갖춘 이상 필연적으로 수행되어야 하는 경우가 있다.'는 입장이라고 하면서 수사기관은 압수매체의 신속한 반환, 관련성 없는 부분의 즉시 환부 또는 폐기 등 적절한 사후통제 방법을 강구하고 있다고 설명한다. (노명선, "디지털 증거의 압수·수색에 관한 판례 동향과 비교법적 고찰," 형사법의 신동향, 통권 제43호, 2014, 174면.)

166 김일룡, "증거의 진정성과 증거규정 체계의 재구성 – 미국연방증거규칙으로부터의 시사점 –," 형사법의 신동향, 통권 제32호, 2011.9, 52–53면.

167 손지영·김주석, 『디지털 증거의 증거능력 판단에 관한 연구』, 대법원 사법정책연구원, 연구총서 2015–08, 2015, 119면.

168 손지영·김주석, 『디지털 증거의 증거능력 판단에 관한 연구』, 대법원 사법정책연구원, 연구총서 2015–08, 2015, 113면 이하.

169 Rule 901. Authenticating or Identifying Evidence

는 '증거를 인정하거나 식별(Authenticating or Identifying Evidence)' 하는 방법을 제시하고 있다. 진정성과 관련하여 자주 인용되는 번역서인 '미국증거법'[170]은 Rule 901 (a)항을 "증거능력을 부여받기 위한 전제 조건으로서의 진정성 입증 또는 동일성 확인의 요건은 다투어지고 있는 자료가 그것을 제출하는 자가 주장하는 바로 그것이라고 인정할 수 있도록 뒷받침하기에 충분한 증거에 의하여 충족된다."라고 해석하고 있다.

그러나 미국연방증거규칙 원문에는 '증거능력을 부여받기 위한 전제 조건으로서'라는 문구는 없다. 원문을 그대로 직역하면 "증거로 제출된 것의 진위 여부를 확인하거나 이를 식별하기 위한 조건을 만족하기 위해서는 증거제출자가 증거로 제출한 것이 증거제출자가 주장하는 바로 그 증거라는 결론을 뒷받침하기에 충분한 증거를 제시해야 한다."가 된다. 이 조항에서는 진정성을 증거의 속성으로 보는 것이 아니라 그 증거의 진위 여부를 판가름하기 위해서는 이를 증명할 수 있는 충분한 증거가 제시되어야 한다는 의미를 강조하고 있을 뿐이다.[171,172] 다만, Rule 902[173]는 "다음에 열거되는 증거들은 스스로 진위 여부가 확인되는 것들이다: 이것들은 허용되기 위해 진위에 대한 외적 증거들을 필요로 하지 않는다."라고 규정하고 있는데 이 조항으로부터 "Self-Authenticated된 증거들을 제외하고는 진위 여부가 확인되지 않는 것은 허용되지 않는다."라

(a) IN GENERAL. To satisfy the requirement of authenticating or identifying an item of evidence, the proponent must produce evidence sufficient to support a finding that the item is what the proponent claims it is.

170 아서 베스트, 『미국증거법(사례와 해설)』, 형사법연구회·이완규·백승민 옮김, 탐구사, 2009, 314면.

171 즉, "디지털 증거는 이러한 속성을 가지고 있어야 증거능력이 있다."는 문장은 틀리고 "디지털 증거의 증거능력을 인정하기 위해서는 그 증거가 진정으로 말하고자 하는 그 증거인지를 확인해야 한다."는 문장이 맞다.

172 이 규정에 대해 Steven Goode는 "제시된 증거의 진정함을 인정하기 위한 기본적인 요건은 매우 간단하다. 901조(a)를 다른 말로 표현하자면 합리적인 배심원이 그 아이템이 진짜라고 (눈에 보이는 증거인 경우에는 그 아이템이 제출자가 주장하는 그것이 정확히 맞는지) 볼만하다고 판단할 충분한 증거가 있다면 진정성립은 인정된다."고 언급하고 있다.(Steven Goode, "The Admissibility of Electronic Evidence," The Review of Litigation Vol.29:1, Fall 2009, p8.)

173 Rule 902. Evidence That Is Self-Authenticating
The following items of evidence are self-authenticating; they require no extrinsic evidence of authenticity in order to be admitted:

는 해석을 비로소 하게 되는 것이다.

Rule 901과 902를 결합하여 다시 정리하면 '제출된 (모든) 증거는 진위 여부가 확인되어야 하며 이를 위해서는 제출자가 제출한 증거가 제출자가 주장하고자 하는 바로 그 증거라는 것을 뒷받침하기에 충분한 외부적인 증거들을 제시해야 하며 이는 증거의 진위 여부 또는 동일 식별을 위해 필요한 전제 조건이다. 다만, Rule 902에서 열거한 것들은 증거능력을 부여받기 위해 별도로 외부적 증거들이 필요 없다.'라고 할 수 있다.

증거를 식별하여 그 진위를 확인하는 것(혼란을 피하기 위하여 이하 계속하여 '진정성'이라는 용어를 사용하고자 한다)은 관련성과 연결되어 있다. 미국연방증거규칙은 관련성이 있는 것은 원칙적으로 증거능력이 인정된다는 틀에서 시작하여 증거를 식별하고 진위 여부를 확인하는 방법과 예시를 정하고 있을 뿐이기 때문에 별도의 요건을 규정하지 않은 이상 규칙의 구조상 진정성은 관련성과 연결된 개념이라고 해석하여야 한다. "증거능력이 있기 위해서는 증거와 요증사실 사이에 자연적 관련성이 있어야 한다고 보는 것이 일반적이다. 그리고 물적 증거에 있어서는 그 증거의 '진정', 즉 '동일성'이 당연히 자연적 관련성의 일부 또는 전제를 이루게 된다."[174], "분석의 기초가 되는 자료가 교체되어 있거나 오염되어 있는 경우 과학적 증거의 이용이 사실오인의 원인이 될 수 있기 때문에 분석의 대상이 되는 물건 등의 진정이 관련성을 판단하는 데 필수적인 전제 내지 요소이다."[175], "물건의 개성이 용이하게 확인할 수 있는 것이면 증인이 공판정에 현출된 물건을 확인하면 되고 혈흔 등과 같이 동일성을 용이하게 확인할 수 없는 것은 관리 연속성에 관한 증명을 하여야 한다."[176]는 견해들은 이러한 우리의 주장을 뒷받침한다.

우리 형사소송법상 디지털 증거의 진정성에 관한 규정은 존재하지 않는다고 보거나 전문법칙의 예외조항으로서 '성립의 진정'을 증명하는 문제는 전문

174 김성규, "이른바 과학적 증거의 의의와 그 허용성의 판단 - 증거능력에 있어서의 이른바 자연적 관련성의 관점에서 -," 형사정책연구, 15(3), 2004, 310면.

175 김성규, "이른바 과학적 증거의 의의와 그 허용성의 판단 - 증거능력에 있어서의 이른바 자연적 관련성의 관점에서 -," 형사정책연구, 15(3), 2004, 313면, 대법 1996.7.26. 96도1144 참조.

176 김성규, "이른바 과학적 증거의 의의와 그 허용성의 판단 - 증거능력에 있어서의 이른바 자연적 관련성의 관점에서 -," 형사정책연구, 15(3), 2004, 313면.

증거에 관한 내용일 뿐,[177] 디지털 증거의 진정성 요건과는 다르다는 견해가 있다.[178] 그러나 우리의 법문에서도 진정함의 의미를 추론할 수 있는 조항이 존재한다. 구 형사소송법 제312조 제2항(2021. 2. 4. 형사소송법 개정으로 삭제)은 '제1항[179]에도 불구하고 피고인이 그 조서의 성립의 진정을 부인하는 경우에는…' 이라고 규정하고 있으며 '그 조서의 성립의 진정'이란 제1항에서 규정한 '피고인이 진술한 내용과 동일하게 기재되어 있음'을 말한다. 또한 제318조 제1항은 "검사와 피고인이 증거로 할 수 있음을 동의한 서류 또는 물건은 진정한 것으로 인정한 때에는 증거로 할 수 있다."고 규정하고 있는 바, 이는 검사와 피고인이 증거 동의하는 증거라도 진정한 것이 아니라면 이는 증거로 할 수 없다는 결론에 이르게 된다. 사실의 인정은 증거에 의하여야 하고 그 증거가 사실인정과 관련성이 있다고 보기 위해서는 그 증거가 조작되지 않았어야 한다는 것은 당연한 논리적 귀결일 뿐만 아니라 전문증거배제법칙의 예외 규정에서도 국어적 의미를 그대로 가지고 있는 '성립의 진정'이라는 표현을 통해 그 개념을 같이 사용한다고 보아야 한다.

라. 시사점

미국연방증거규칙에서 진정성 또는 동일성은 디지털 증거 자체가 가지는 고유한 특성이 아니라 증거를 식별하고 진위 여부를 확인하는 절차적 속성을 (법관은 증거능력을 심사하기 위해 진정 확인 절차를 거쳐야 하며 증거제출자는 증거능력을 인정받기 위해 '주장'에 그칠 것이 아니라 진정함을 증명할 '충분한 다른 증거'들을 제시해야 하는 절차적 속성) 의미하며 이 둘은 모두 관련성과 연결되어 있음을 확인하였다.

---

177 해당 조항에서의 '성립의 진정'은 당연히 전문증거에 관하여 규정된 것이기는 하지만 '진정'이라는 국어적 의미가 디지털 증거를 해석함에 있어서 적용될 수 없다고 보거나 전문증거에 '진정'을 요건으로 하게 된 배경까지 차용하지 않을 것은 아니다.

178 권양섭, "디지털 증거의 증거능력에 관한 고찰," 법이론실무연구, 4(1), 2016, 157면.

179 2020.2.4. 개정되기 전의 제312조 제1항은 "검사가 피고인이 된 피의자의 진술을 기재한 조서는 적법한 절차와 방식에 따라 작성된 것으로서 피고인이 진술한 내용과 동일하게 기재되어 있음이 공판준비 또는 공판기일에서의 피고인의 진술에 의하여 인정되고, 그 조서에 기재된 진술이 특히 신빙할 수 있는 상태하에서 행하여졌음이 증명된 때에 한하여 증거로 할 수 있다."고 규정하고 있었다.

동일성 확인은 두 가지 현상에 대한 비교에(원본과 사본의 비교, 증인과 증인의 성명·주민등록번호를 통한 식별, 조서의 내용과 영상녹화물 음성의 비교 등) 중점을 두는 것임에 대하여 진정성은 비교가 불가능한 현상에(원본과 그 원본을 서명자가 작성하였다는 증언, 조서의 내용과 그 내용이 진술한대로 기재되었다는 증언, DNA 감정 결과와 그 감정 결과가 정당하게 수집한 혈흔으로부터 나왔다는 증언 또는 관리 연속성 증명기록 등) 대해서도 적용이 가능하다는 측면에서 다소 차이가 있겠으나 '조작됨이 없이 증거로서의 가치가 충분한 것임을 입증'하는 절차라는 점에서는 맥락이 같다.

또한 관련성이라는 개념은 우리의 판례에도 등장할 뿐만 아니라 규범적이라기보다는 규범에서 정한 '증거'이기 위해 연결되는 논리적 개념이며 엄밀히 말해 증거능력의 인정 요건이라기보다는 관련성이 없는 경우 증거능력 판단의 대상이 되지 않도록 하는 전제일 뿐이다. 비록 우리에게는 미국연방증거규칙과 같은 상세한 세부 지침이 존재하지 않으나 현재까지 논의되고 있는 디지털 증거의 증거능력을 인정하기 위한 요건들은 새로운 것이라고 단언할 수 없으며 오히려 우리의 판례와 법원칙에 내재되어 있는 개념들이다.

8. 증거능력 인정의 핵심 요소

가. 진정성 증명

우리의 판례로부터 동일성, 무결성, 신뢰성에 대해 논의하였다. 이들은 동일성 증명을 중심으로 연결되어 있으며 무결성 또는 관리 연속성은 동일성을 증명하기 위한 구체적인 도구로 사용되며 신뢰성은 무결성 또는 관리 연속성을 측정하는 도구에 대한 합리적 의심 없는 정도의 믿음이라고 정의할 수 있다. 또한, 미국연방증거규칙을 통해 진정성 증명은 관련성과 연결되어 있는 논리적 개념인 것도 확인하였으며 진정성 증명은 동일성 증명과 대응한 관계임도 확인하였다. 즉, 증거는 사실을 인정하기 위한 것이므로 사실과 관련성이 있어야 하며 증거로서 공판정에 진입하기 위해서는 그 증거가 제출자가 말하고자 하는 증거라는 점을 제출자가 충분히 입증하여야 한다. 또한 이

러한 원칙은 디지털로 저장되어 있는 증거를 비롯하여 모든 증거를 포섭한다.[180]

이렇게 볼 때 여태 논의되어 온 요건들 중에 진정성 증명이 증거능력의 인정을 위한 핵심적 요소이다. 앞 단에 언급한 것과 같이 관련성은 사실심 심판을 위해 증거가 되는 범위에 관한 쟁점이며, 진정성 증명에 대한 상호 비교적 관점인 동일성 증명은 진정성 증명에 포섭되는 개념이고, 관리 연속성은 이를 증명하는 현실적인 방법이고, 무결성은 이를 입증하기 위한 절차적 개념이기 때문에 증거능력 인정을 위한 심사에서 가장 선행되는 요건은 관련성이 된다. 따라서 증명이라는 동적, 절차적 측면에서 가장 최종적으로 고려되어야 할 것은 진정성을 증명하는 것이 되며, 물적 증거에서 진정성을 증명할 구체적인 방법은 관리 연속성을 증명하는 것이다.[181]

"증거의 위조나 편집, 변조 등의 조작에 의한 위험 문제는 이와 같이 진정성의 문제이다."[182], "이러한 진정성을 입증하는 것은 모든 증거에 있어 증거능력을 부여받기 위한 전제 조건이 된다. 위조되거나 변조된 증거 또는 동일성이 없는 증거를 증거제출자가 주장하는 대로의 증거로 인정할 수 없기 때문에 이는 당연한 것이다."[183], "모든 증거가 증거능력을 인정받기 위해서 필요한 요건이 진정성이다. 진정성은 그 증거를 제출하는 사람이 주장하는 바로 그 증거라는 것을 말한다. 즉, 주장되는 바와 같은 증거가 실제로 존재하고, 제시되는 증거가 주장되는 증거와 동일하거나 동일성이 유지되고 있다는 점을 말한다. 진정성은 전문증거뿐만 아니라 전문증거가 아닌 진술 증거에도 요구되며 비진술

---

180 미국의 폴 그림(Paul Grimm) 판사는 2007년 Lorraine v. Markel 사건에서(Lorrane v. Markel American Ins. Co., 241 F.R.D. 534 (D.Md. 2007)) 디지털 증거의 증거능력 인정 요건으로 ① 관련성(Relevant) ② 진정성(Authentic) ③ 전문증거가 아니거나 예외 사유 ④ 원본이거나 복사본일 경우 추가적인 조치 필요(Original or Duplicate) ⑤ 부당한 편견 부재(Unfair Prejudice)를 제시하였는 데 이 요건들은 미국연방증거규칙에서 모두 언급된 일반 원칙들이다.

181 미국 등 보통법을 계수한 국가는 증거법을 발전시키면서 관리 연속성 원칙을 물적 증거의 진정성 입증 문제와 관련하여 논의해 왔다(이성기, "증거물 보관의 연속성(Chain of Custody) 원칙과 증거법적 함의," 경찰학연구, 11(3), 2011, 56면).

182 이완규, "협박 진술 녹음의 전문증거 문제와 진정성 문제의 구별 – 대법원 2012. 9. 13. 선고 2012도7461 판결 –," 저스티스, 통권 제139호, 2013, 378면.

183 이완규, "협박 진술 녹음의 전문증거 문제와 진정성 문제의 구별 – 대법원 2012. 9. 13. 선고 2012도7461 판결 –," 저스티스, 통권 제139호, 2013, 383면.

증거에도 요구되는 보편적인 요건이다.[184]"라는 견해들은 우리의 입장을 뒷받침한다.

나. 진정성 증명 방법

복잡하게 설명해 왔던 증거능력의 요건들을 진정성 확인을 중심으로 간략하게 정리하면 다음과 같다. "물적 증거의 증거능력 존부를 판단하기 위한 첫 번째 요건은 진정성 여부이다. 당사자가 그 증거가 그 당사자가 주장하는 것이라는 사실을 증명하지 아니하는 한, 법원은 그 증거를 무관한 것으로 볼 것이다. 따라서 증거제출자는 사실인정자가 증거로 고려할 수 있게 되기 전에 진정성립을 증명하여야 한다. 이 요건은 비교적 쉽게 충족될 수 있다. 즉, 증거제출자는 진정성립 또는 동일성 여부 확인의 인정을 뒷받침하기에 충분한 증거를 제출하기만 하면 된다. 이와 같은 증명의 방법은 한정되는 것이 아니므로 단지 하나의 진정성립 증명방법에 국한하여 의존할 필요가 없다."[185]

일심회, 왕재산 사건에서 우리 대법원이 심판한 사항은 정보저장매체 원본의 내용이 복제되고 그 복제된 파일의 내부에 존재한 문서 파일의 출력물이었다. 그러나 앞서 살펴본 것과 같이 디지털 증거에 해당하는 것들에는 휘발성 데이터, 메타데이터, 감청 정보, 제3자 보관 데이터 등 매우 다양하며 어찌 보면 이러한 데이터들이 수사의 개시 단계부터 많이 활용될 수밖에 없다. 비록, 대법원은 '해시값의 비교'를 원칙으로 삼는 입장에서 다른 사항들도 종합적으로 고려하여야 한다는 측면으로 회귀하였으나 진정성을 증명하기 위한 추가적 방법들이 무엇인지는 명백하게 언급하지 않았다. 이러한 입장은 향후 추가적으로 고려할 수 있는 증명의 방법들이 '한 비트도 변경되지 않았음을 증명할 수 있는 해시값'에 비교하여 충분히 동등한 가치를 가지게 될 수도 있다는 확신을 주기에는 부족하다.

진정 확인을 위한 증명 방법에 대한 예시는 미국연방증거규칙 Rule 901(b)에 잘 묘사되어 있다. '과정이나 시스템이 정확한 결과를 생산해냈다는 것을

184 이완규, "협박 진술 녹음의 전문증거 문제와 진정성 문제의 구별 – 대법원 2012. 9. 13. 선고 2012도7461 판결 –," 저스티스, 통권 제139호, 2013, 377면.
185 이규호, "미국에 있어 디지털 증거의 증거능력," 민사소송, 11(2), 2007, 157면.

설명할 수 있는 증거로써 진정성 증명을 할 수 있다.'는 9번째 예시를 포함하여 총 10가지 예시를 들고 있으며 이 10가지 예시는 한정적이 아니며 예시일 뿐이라고 명시하고 있다. CCTV를 촬영한 영상을 증거로 제출하기 위해서는 해당 CCTV의 영상 파일 해시값과 이를 촬영한 영상을 비교할 수 없으며 그 영상의 경우 언제, 어디서, 어떠한 방식으로 촬영되었는지가 증거에 있어서 중요한 문제라면 CCTV 원본에 대한 해시값을 생성하는 것에 의한 진정성 증명보다는 CCTV의 관리주체가 작성한 확인서, CCTV의 위치정보와 시간정보, 이를 촬영한 저장매체에 대한 관리 연속성 유지가 핵심적인 방법이 될 수 있다. 또한, 해시값을 생성한 복제본의 경우 관리의 흠결로 인하여 한 비트가 물리적으로 손상될 가능성이 있어 결국 해시값에 의한 진정성 증명이 이루어지지 않게 되는데 이런 경우라도 증거로 사용한 파일의 위치와 복제본에서의 파일의 위치 및 내용을 비교하는 방법으로도 진정성 증명이 대체될 수 있을 것이다.

향후 우리는 디지털 증거에 대한 증거능력의 인정 요건을 검토하기보다는 디지털 증거의 진정성 증명을 위한 다양한 방법이 무엇이 될 수 있는지 검토함으로써 디지털 증거의 가치를 유지하면서도 수사기관이 부당한 방식으로 증거를 취급하지 않도록 절충점을 찾아야 한다.

9. 소결

"디지털 증거는 특별하여 특별한 요건이 필요하다."는 출발점은 수사기관의 포괄적 압수에 대한 제동을 걸게 됨과 동시에 물적 증거에 필요한 증거능력 요건을 다시 한번 검토하도록 하는 등 매우 긍정적인 역할을 수행해 왔다. 우리가 당초 디지털 증거를 다르게 취급하였던 것은 '0'과 '1'로 대별되는 저장 방식, 그를 생성한 소프트웨어의 원리와 성능, 이 전체를 수행하는 운영체제의 결부, 눈으로 볼 수 있도록 현출하는 장치들의 개입, 그 원본을 분석하기 위한 사본 작출과 이미징 기술 등으로 인해 공판정에서 현출되는 증거와 그 증거의 출처 간 논리적, 물리적 간극이 매우 크기 때문에 더욱더 문제의 소지가 많다는 인식에 기인한 것 같다.

그러나 이러한 인식에 터 잡아 가장 먼저 법의 심판대에 오른 것은 '압수된 컴퓨터에서 발췌한 문건의 출력물'에 한정된 증거능력 문제였다는 사실을 인식할 필요가 있다. 수사기관이 취급하는 디지털 증거의 종류는 문건 이외의 것이 훨씬 많으며, 그 존재하는 방식도 다를 뿐만 아니라 컴퓨터 관련 사건 또는 살인사건과 같은 강력사건에서는 정황증거로써 더욱 중요하게 사용되기 때문에 디지털 증거의 유형과 용처에 따라 각론적인 검토가 필요한 때가 되었다.

우리는 이 책을 통해 디지털 증거의 증거능력 요건을 완화하자는 주장을 하는 것이 아니다. 디지털 기술은 이미 새로운 것이 아닌 일상적인 것으로 자리 잡은 만큼 '특별한 것'이라는 취급에서 벗어나 '일반적인 것'으로서 논의가 시작되어야 하며 일반적인 논의라는 것은 증거법 일반 원칙에 기초하여 디지털 증거뿐만 아니라 모든 증거의 증거능력 심사가 신중하게 이루어져야 함을 말한다.

Steven Goode는 "우리의 법학은 새로운 기술에 근거한 증거의 허용성을 대면한 법원의 판결례로 어지럽혀져 있으며 법원은 뻔한 패턴으로 대응해 왔다. 새로운 기술에 사법부는 저항한다. 1세기 전 법원은 사진을 증거로써 허용하는 것을 주저하였는 데 그 이유는 '예술가로써의 기술의 부족 또는 불충분한 기구와 재료 또는 고의적이고 기술적인 조작을 통해 사진은 부정확할 뿐만 아니라 위험천만하다'라는 것이었다. 녹음된 음성도 같은 취급을 받았다. 1934년 한 재판부는 '우리는 대화녹음이 증거로 인정된 사례를 모른다'는 이유로 증거능력을 배제하였다. 동영상 역시 위작, 변작, 왜곡의 기회가 많다는 이유로 종종 증거능력을 인정받지 못하였다. 이러한 각각의 기술들이 나올 때마다 초기 법원의 비협조적인 태도는 마지못해 변경되기도 하나 여전히 증거제출자들은 증거능력의 높은 관문을 통과해야 한다. 이런 일들이 반복되면 법원은 새로운 기술에 편안해지며 기본적인 요건들이 느슨해진다."[186]라고 말한다. 전례가 없기 때문에 새로운 것에 저항하는 것도 문제이며 편안해졌다고 요건이 느슨해지는 것도 역시 문제가 된다는 점에 주목할 필요가 있다. 법원은 디지털 증거 전체를 포섭할 수 있는 일반적인 증거법칙에 기초하여 개별 증거에 대해 구체

186 Steven Goode, "The Admissibility of Electronic Evidence," The Review of Litigation Vol.29:1, Fall 2009, p4.

적인 검토를 하여야 하며, 수사기관은 법원이 제시한 기준의 엄격함을 탓하기 보다는 수집한 증거의 진정함을 증명할 적극적이고 다양한 수단을 강구하도록 노력하여야 한다.

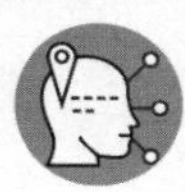

04

디지털 증거의 압수와 수색

Chapter

04 디지털 증거의 압수와 수색

제1절 선별 압수

1. 영장주의의 본질

영장주의란 체포, 구속, 압수, 수색은 법관이 발부한 영장에 의하지 않으면 안 된다는 원칙을 말한다. 우리 헌법 제12조 제3항는 "체포·구속·압수 또는 수색을 할 때에는 적법한 절차에 따라 검사의 신청에 의하여 법관이 발부한 영장을 제시하여야 한다. 다만, 현행범인 경우와 장기 3년 이상의 형에 해당하는 죄를 범하고 도피 또는 증거인멸의 염려가 있을 때에는 사후에 영장을 청구할 수 있다."고 규정하고 있으며 제16조는 "모든 국민은 주거의 자유를 침해받지 아니한다. 주거에 대한 압수나 수색을 할 때에는 검사의 신청에 의하여 법관이 발부한 영장을 제시하여야 한다."고 규정함으로써 영장주의를 천명하고 있다.

1948년 미군정법령 제176조에 의해 우리나라에 영장 제도가 처음 도입되었다. 미국 수정헌법 제4조가 우리나라의 초기 영장 제도에 영향을 미쳤다.[1] 이렇듯 미국의 영장주의는 우리나라의 영장주의 도입 과정에서 영향을 주었을 뿐만 아니라 제정 후에도 지속적으로 우리나라의 영장주의에 대한 해석론에

---

1 김용세, "형사절차상 기본권 보장을 위한 형소법규정 및 실무현실에 관한 연구: 헌법적 형사소송의 원리에 기초한 분석적 고찰," 형사정책연구, 19(3), 2008, 72면.

영향을 주고 있기 때문에 미국 수정헌법상 영장주의에 관한 비교법적 연구는 필요하다.

18세기 중반까지 미국의 각 식민지에서는 치안판사가 발부한 일반 영장에 의한 압수수색이 널리 이루어졌다. 이에 대한 비판이 거세지면서 1776년 버지니아 권리장전(Virginia Bill of Rights)에 일반 영장을 금지하는 조항이 처음으로 반영되었으며 1789년 연방의회를 통과하여 1791년 비준된 수정헌법 제4조는 일반 영장을 금지하는 것을 주요 목적으로 하였다.[2]

미국 수정헌법 제4조[3]는 "신체, 주거, 서류 및 소유물에 대한 불합리한 수색 및 체포·압수로부터 안전해야 할 사람의 권리는 침해되어서는 안 되고 어떠한 영장도 선서 또는 확약에 의하여 뒷받침된 상당한 이유에 기초하지 않거나 수색될 장소나 체포·압수될 사람 내지 물건을 특정하여 표시하지 않고 발부되어서는 안 된다."고 규정하고 있다.

미국의 영장주의는 무엇보다도 일반 영장의 남용에 따른 폐해를 방지하는 것이 도입 목적이다. 일반 영장은 사람, 장소, 물건에 대한 대상을 제한하지 않고 수사기관이 원하는 만큼 무제한 수색할 수 있기 때문에 영장이라는 형식과 제도의 존재만으로는 기본권 보호를 충실히 할 수 없다는 반성이 미국 수정헌법 제4조에 반영되었다.

우리 헌법은 미국 수정헌법 제4조와 같이 명시적으로 일반 영장을 금지하는 내용을 가지고 있지 않지만 헌법의 연혁에 비추어 보면 우리의 영장주의도 일반 영장의 금지를 그 본질적인 내용으로 삼고 있다. 헌법재판소도 통신비밀보호법(1993. 12. 27. 법률 제4650호로 제정된 것) 제5조 제2항 중 '인터넷 회선을 통하여 송·수신하는 전기통신'에 관한 부분이 과잉금지원칙을 위반하여 헌법에 합치하지 않는다는 결정을 하면서 "'패킷감청'의 방식으로 이루어지는 인터넷 회선 감청은 수사기관이 실제 감청 집행을 하는 단계에서는 해당 인터넷 회

2 김종현, 『영장주의에 관한 헌법적 연구』, 헌법이론과 실무 2019-A-1, 헌법재판연구소 헌법재판연구원, 2019, 7-8면.

3 The right of the people to be secure in their persons, houses, papers, and effects, against un-reasonable searches and seizures, shall not be violated, and no Warrants shall issue, but upon probable cause, supported by Oath or affirmation, and particularly describing the place to be searched, and the persons or things to be seized.

선을 통하여 흐르는 불특정 다수인의 모든 정보가 패킷 형태로 수집되어 일단 수사기관에 그대로 전송되므로, 다른 통신제한조치에 비하여 감청 집행을 통해 수사기관이 취득하는 자료가 비교할 수 없을 정도로 매우 방대하다는 점에 주목할 필요가 있다. 불특정 다수가 하나의 인터넷 회선을 공유하여 사용하는 경우가 대부분이므로, 실제 집행 단계에서는 법원이 허가한 범위를 넘어 피의자 내지 피내사자의 통신자료뿐만 아니라 동일한 인터넷 회선을 이용하는 불특정 다수인의 통신자료까지 수사기관에 모두 수집·저장된다. 따라서 인터넷 회선 감청을 통해 수사기관이 취득하는 개인의 통신자료의 양을 전화 감청 등 다른 통신제한조치와 비교할 바는 아니다."라고 판시[4]함으로써 패킷 감청 등의 새로운 수사 기법이 일반 영장 금지원칙에 반한다고 지적하였다.

2. 과학기술의 발달에 따른 영장주의 적용의 변화무쌍

영장 제도가 마련될 당시에는 염두에 두지 않았던 새로운 기술들이 등장하고 이러한 기술을 수사에 활용함에 따라 영장주의 적용 방식은 지속적으로 변해 왔다. 미국 수정헌법 제4조는 일반 영장에 의한 수색과 압수를 금지하고, 물리적인 가택침입에 의한 수색으로부터 개인을 보호하며, 압수의 대상은 유체물을 염두에 둔 것이었다. 그러나 전화 감청기, 열화상 카메라, GPS 추적기, 스마트폰의 출현 등 과학기술이 발전함에 따라 미국 수정헌법 제4조는 새롭게 해석되어 왔다. 미연방대법원 판례들은 아날로그 시대에 입법된 미국 수정헌법 제4조를 디지털 시대의 법적 현상에 적용하여 해석하기 위한 노력을 하고 있다. 과거 영장주의가 주로 물리적인 침입을 수반한 수색과 유체물의 압수에 관한 것이었다면, 현대 사회에서는 다양한 과학 기기를 활용한 수색과 디지털 증거에 대한 수색과 압수가 주요 관심사가 되고 있다.

디지털 시대에 개인의 프라이버시는 다양한 매체를 통하여 광범위하게 저장 및 전송되고 있으며 그만큼 침해의 위험도 크다. 다양한 과학적 수사 기법과 증거 수집 방법이 활용되는 디지털 시대에서 프라이버시는 물리적 방법 이

4 헌법재판소 2018. 8. 30. 선고 2016헌마263 전원재판부 결정.

외에도 다양한 방법으로 침해될 수 있다. 미연방대법원도 과학기술의 변천과 이에 대응하는 수사 기법의 변화 양상을 반영하여, 미국 수정헌법 제4조를 신축적으로 해석하고 적용해 왔다. 18세기 아날로그 시대에 만들어진 미국 수정헌법 제4조를 21세기의 디지털 시대에 어떻게 합리적으로 해석·적용하여 영장주의의 적용 범위를 설정해 갈 것인지가 문제이다.[5]

다음으로 살펴볼 미국 판례의 변천 과정을 보면 프라이버시의 보호라는 헌법적 요구의 대상은 경계를 가진 물리적인 공간에서 '개인에 관한 데이터를 보관하는 매체'와 이에 대한 데이터의 기술적 수집으로 확대되고 있음을 알 수 있다.

가. Olmstead v. United States[6]

전화선을 도청할 수 있는 장치가 개발되면서 재산권 침해 또는 물리적인 관점을 기초로 미국 수정헌법 제4조를 해석하는 것은 불합리한 결과를 야기하게 됨에도 불구하고 1960년대 이전까지 미연방대법원은 미국 수정헌법 제4조를 물리적 침해의 관점에서 해석해 왔다. 이러한 판단의 전형적인 사례가 1928년의 Olmstead v. United States 판결이다.

수사관이 밀주 혐의를 받고 있는 Roy Olmstead에 대한 증거를 확보하기 위해 거리에 있는 전신주 전화선에 도청장치를 설치하여 Olmstead의 집과 사무실에서의 통화 내용을 감청한 것에 대해 Olmstead는 법관의 영장이 없이 전화 통화 내용을 감청한 것은 미국 수정헌법 제4조를 위반한 것이라고 주장하였다.

미연방대법원의 다수 의견은 이러한 방식의 전화 감청은 피고인의 주거 등에 물리적인 침입을 수반하지 않았고 재산권에 대한 침해도 없었기 때문에 미국 수정헌법 제4조에서 말하는 수색에 해당하지 않는다고 판단하였다.

그러나 당시 소수 의견은 미국 수정헌법 제4조가 보호하는 것은 전화선의 물리적인 위치나 재산권이 중요한 것이 아니라 프라이버시라고 하였고 물리적

5 김종구, "과학기술의 발달과 영장주의의 적용범위 – 미연방대법원 판례의 변천과 관련하여 –." 법학연구, 통권 제61집, 2019, 191면.

6 Olmstead v. United States, 277 U.S. 438 (1928).

인 침입 여부와 관계없이 수사기관이 개인의 프라이버시에 대한 침해를 정당화할 수 없는 수사 기법을 사용하는 경우 미국 수정헌법 제4조 위반이 된다고 주장하였다. 반대 의견을 제시한 Brandeis 판사는 "향후 정부가 프라이버시를 침해할 수 있는 방법들이 만연해질 것이기 때문에 법원은 과학기술의 발전이 미국 수정헌법 제4조를 잠식하지 않도록 할 의무가 있다."고 언급하였다.

나. Katz v. United States[7]

과학기술이 발달하면서 개인의 주거지에 대한 물리적인 침입 여부를 기준으로 미국 수정헌법 제4조를 적용하려는 견해는 점점 지지를 잃게 되었고 미연방대법원도 종래의 견해를 변경하게 된다. Olmstead 판결이 있은 지 40여년 후인 1967년, 미연방대법원은 Katz v. United States 사건에서 물리적 침해의 관점을 버리고 프라이버시의 합리적인 기대(reasonable expectation of privacy)의 관점에서 미국 수정헌법 제4조의 위반 여부를 판단하게 되었다.

수사관들은 불법 도박을 수사하기 위해서 혐의자인 Katz가 사용하는 공중전화박스에 마이크를 설치하여 통화 내용을 감청하고 녹음하였다. 이러한 방법으로 녹음한 녹음테이프가 증거로 재판에 제출되었다. 하급심에서는 종래의 관점에 따라 수사기관의 감청 행위에는 물리적인 침입이 수반되지 않았기 때문에 미국 수정헌법 제4조의 위반이 아니라고 하였다.

그러나 미연방대법원은 미국 수정헌법 제4조가 보호하는 것은 사람이지 장소가 아니며 압수수색에 해당하는지 여부는 물리적 침입이 있었는지가 아니라 수사기관의 행위가 당사자가 누릴 것이라고 정당하게 믿는 프라이버시를 침해하였는지 여부를 기준으로 판단해야 한다고 하였다. 결국 공중전화박스에 들어가 문을 닫고 전화 요금을 낸 사람은 자신의 통화 내역이 공개되지 않을 것이라는 합리적인 기대가 있으며 이러한 통화 내역을 감청하는 것은 수색에 해당한다고 판시한 것이다.

법정 의견을 제시한 Stewart 대법관은 상고인이 공중전화박스에 들어가면서 배제하고자 하였던 것은 "침입하는 눈(intruding eye)이 아니라 초대받지 않

---

7 Katz v. United States, 389 U.S. 347 (1967).

은 귀(uninvited ear)"라고 하면서 "신중하고, 중립적인 사법부 공무원이 시민과 경찰 사이에 배치되는 것을 헌법이 요구"하고 있다고 표현하였다.[8]

Harlan 대법관은 보충 의견에서 프라이버시의 합리적 기대가 존재하는지 여부는 ① 당사자가 프라이버시에 관한 주관적인 기대를 가졌는지, ② 사회가 그러한 기대를 합리적이라고 인정할 만한지를 기준으로 판단해야 한다고 하였다.[9]

다. Kyllo v. United States[10]

Kyllo 사건은 수가기관이 Kyllo의 집 안에서 마리화나가 재배되고 있다는 의심을 하고 마리화나 재배에 일반적으로 사용하는 전등에서 열이 발생한다는 점에 착안하여 열화상 장비를 통해 건물을 비춰본 행위가 문제된 사건이다.

미연방대법원은 수가기관이 물리적 침범 없이는 알 수 없는 주거 내의 구체적인 정보를 확인하기 위해 일반적으로 널리 사용되지 않는 장비를 사용하였다면 미국 수정헌법 제4조의 수색 행위에 해당하기 때문에 영장 없이 이러한 행위를 하였다면 부당하다고 판결하였다.

라. United States v. Jones[11]

2004년 나이트클럽의 운영자인 Antoine Jones는 마약 거래 혐의로 수사를 받게 되었다. 수사 기간 중 GPS 추적 장치가 Jones의 지프 차량에 영장 없이 설치되었고 4주간 이동 경로가 추적되었다. Jones는 GPS 추적 장치의 사용은 불합리한 압수수색으로서 위헌이라고 주장하였다.

2012.1.23. 연방대법원은 정부가 대상 차량에 GPS 추적 장치를 설치하고 대상 차량의 이동 상황을 모니터링한 것은 미국 수정헌법 제4조의 수색에 해

8 the Constitution requires "that the deliberate, impartial judgment of a judicial officer . . . be interposed between the citizen and the police. …"

9 김종현, 『영장주의에 관한 헌법적 연구』, 헌법이론과 실무 2019-A-1, 헌법재판연구소 헌법재판연구원, 2019, 63면.

10 Kyllo v. United States, 533 U.S. 27 (2001).

11 United States v. Jones, 565 U.S. 400 (2012).

당한다고 설시하였고 피고인의 차량에 물리적으로 GPS 추적 장치를 설치하는 것은 피고인의 개인적인 물건에 대한 침입 행위에 해당한다고 판단하였다.

Sotomayor 대법관은 동조 의견에서 미국 수정헌법 제4조의 프라이버시에 대한 합리적 기대 원칙에 따라 이러한 정보의 수집과 관련하여 더 포괄적인 프라이버시 보호가 제공되어야 하며 장기간의 GPS 감시로 사적인 정보가 유출되는 것에 대해 우려를 표명하였다. 장기간에 걸친 GPS 감시뿐 아니라 단기간 감시하는 경우에도 해당인의 가족, 정치적 선호, 직업, 종교, 성적 관계 등과 관련된 광범위한 정보를 노출시키며 정부는 해당 정보를 저장하고 수년 후에 이를 다시 들여다 볼 수 있고 정부가 이렇게 감시한다는 것을 알게 될 경우 결사의 자유와 표현의 자유를 위축시킬 위험이 있으며 결과적으로 이는 민주주의 사회에 적대적인 방향으로 시민과 국가 사이의 관계를 변화시킬 수 있음을 지적하였다.[12]

마. United States v. Cotterman[13]

강제처분으로써 수색과 압수를 하기 위해서는 영장이나 상당한 이유(probable cause)가 필요하다는 것이 미국 판례 이론이다. 그런데 미연방대법원은 국경에서의 수색에는 이러한 요건을 갖추지 못한 경우에도 수색과 압수를 널리 허용하는 국경수색이론을 가지고 있다. 국경에서는 국가 이익이 개인의 프라이버시에 우선한다는 사고를 반영하여 영장주의 원칙의 예외를 광범위하게 적용하는 것이다. 비록 미국 수정헌법 제4조가 개인의 재산 및 프라이버시를 보호하고 있지만 국경에서의 수색은 국가 최상의 이익 보호라는 측면에서 예외를 정당화시킨다.

그런데 근래 미국의 판례에서 랩탑과 같은 디지털 저장매체를 국경에서 수색하는 경우에는 전통적인 국경수색이론을 그대로 적용하지 않는 경향을 보이고 있다. 이는 과학기술의 발달에 따라 다양한 디지털 저장매체를 개인이 입

12 United States v. Jones, 565 U.S. 400 (2012), 955−956 (김선희, 『미국의 정보 프라이버시권과 알 권리에 관한 연구』, 비교헌법연구 2018−8−6, 헌법재판소 헌법재판연구원, 2018, 23면에서 재인용).

13 United States v. Cotterman, 709 F.3d 952 (9th Cir. 2013).

국 시 소지하는 현실과 포렌식 수사 기법이 보급되면서 광범위한 프라이버시의 침해 가능성이 커지는 상황을 반영한 것이다[14]

2013년 제9 연방 항소법원은 United States v. Cotterman 판결에서 종래의 판례와 달리 국경수색이론을 랩탑 수색에 제한적으로 적용하려 했다. 2007년 4월 6일 Howard Cotterman과 Maureen Cotterman은 멕시코에서 미국으로 입국하였다. 그들이 도착하자 검사관이 미세관 및 국경보호에 관한 전자 데이터베이스를 체크했고 1992년 Howard Cotterman이 아동상대 성범죄 전과자라는 사실을 발견하게 되었다. 이에 따라 랩탑 컴퓨터와 디지털 카메라가 포렌식 검사를 위해 압수되었고, 이후 담당 수사관이 포렌식 검사를 통해서 378장의 아동 성착취 이미지를 발견하였다.

기소된 후 Howard Cotterman은 입국 시 압수한 그의 랩탑을 4일 이상 수색한 것은 합리적인 의심(reasonable suspicion) 없이 비통상적인 국경수색(non-routine border search)을 한 것이라고 주장하면서 세관에 의해 압수된 모든 증거의 증거능력을 부정해야 한다고 주장하였다. 지방법원은 그의 주장을 받아들였으나 검찰 측은 항소하였고 항소법원에서는 하급심 법원의 판결을 파기하고 검찰 측의 손을 들어주었다. 이후 항소법원은 이 사건을 다시 전원합의체에서 심리하기로 결정하였는데 제9 연방 항소법원은 전원합의체 판결(opinion en banc)에서 기존 재판부의 판결을 파기하고, "포렌식 수사는 모든 정보를 샅샅이 수색할 수 있다는 점에서 개인의 프라이버시에 대한 침해 위험성이 크므로 국경에서의 수색이라도 합리적인 의심(reasonable suspicion)을 요한다."고 판결했다.

디지털 기기에 저장되는 많은 양의 데이터는 종종 기밀 데이터를 포함한다는 점에서, 대부분 여행객들은 어쩔 수 없이 자신들의 가장 내밀한 생활에 관한 내용을 국경 검사관들에게 노출하게 된다. 그 동안 미법원들은 기술의 발전을 반영하지 않고, 포렌식 수색(forensic search)에 있어서도 국경수색이론(border search doctrine)을 적용하고 있었다. 그런데, Cotterman 사건에서 제9 연방 항소법원은 랩탑이라는 디지털 저장매체의 특성을 반영하여 폭넓게 인정되

14 김종구, "미국 판례상 국경에서 디지털 저장매체 수색의 적법성," 법학논총, 24(2), 2017, 427면.

던 국경수색이론이 적용되지 않으며, 디지털 저장매체에 대해서는 미국 수정헌법 제4조가 적용된다고 해석하였다.[15]

바. Riley v. California[16]

Riley는 2009년 8월 22일 등록기간이 만료된 차를 타다가 경찰의 단속을 받게 되었는 데 경찰은 그의 운전면허가 정지되어 있었다는 사실을 확인하고 Riley의 차를 몰수하였고 차량에 대한 수색을 통해 권총 두 자루를 발견하여 그를 총기소지죄로 체포하였다. 합법적 체포에 수반하여 Riley를 수색한 경찰관은 그의 바지 주머니에서 휴대전화을 발견하여 이를 압수하고 휴대전화을 수색한 결과 Riley가 갱단의 멤버임을 확인하였고 갱단과 관련된 살인미수 사건에 관한 차량 사진과 비디오물을 발견하였다. 휴대전화에 있는 내용물을 조사하여 찾아낸 사진과 비디오들을 바탕으로 검찰은 Riley를 살인미수 등의 혐의로 기소하였다. 피고인 Riley는 자신의 휴대전화에 대한 수색이 영장 없이 이루어졌기 때문에 미국 수정헌법 제4조에 위배된다고 주장하며 경찰이 자신의 휴대전화에서 찾은 모든 증거에 대한 배제를 신청하였으나 법원은 이를 기각하고 1심과 2심에서 유죄 판결을 선고하였다.[17]

피고인의 상고에 대해 미연방대법원은 휴대전화의 수색에는 영장이 필요하다고 판단했으며, Riley 사건에서의 수색은 Chimel v. California 판례[18]에서 확립된 영장 없는 수색의 요건을 충족하지 못했다고 보았다. 휴대전화에 저장된 디지털 데이터는 체포를 수행하는 경찰관에게 위해를 가하는 무기로 사용

15 김종구, "미국 판례상 국경에서 디지털 저장매체 수색의 적법성," 법학논총, 24(2), 2017, 437면.

16 Riley v. California, 573 U.S. (2014).

17 김영규, "미국 연방대법원의 '휴대폰에 저장된 개인정보 보호'에 대한 판결의 의의 – 피체포자의 휴대폰에 저장된 정보의 영장 없는 수색 제한에 관한 RILEY 판결을 중심으로 –," 형사정책연구, 25(4), 2014, 252면.

18 체포에 수반한 영장 없는 수색의 법리(search incident to an arrest)는 1969년의 Chimel v. California 판결에서 확립된 것이다. 이에 따르면, 중요한 증거나 수사관의 안전을 보호하기 위해서 혐의자의 신체나 혐의자의 행동반경 내의 장소(the arena into which he might reach)를 영장 없이 수색할 수 있다. 종래 미연방대법원은 혐의자의 체포 시 혐의자 근처에 있는(close at hand) 다양한 물품에 대한 수색의 적법성을 다루어왔는 데, Riley 판결에서는 체포에 수반한 휴대전화의 압수와 수색이 적법한가를 다룬 것이다.

될 수 없을 뿐 아니라, 혐의자의 도주를 용이하게 하는 것도 아니기 때문이다. 또한, 휴대전화는 단지 하나의 또 다른 문명의 이기 정도가 아니라 휴대전화에 담긴 데이터는 개인 생활의 모든 프라이버시에 관한 것으로 그 중요성이 크기 때문에 영장 없는 수색을 허용할 수 없다고 판시하였다.

사. Carpenter v. United States[19]

Carpenter 사건에서 연방대법원은 정부가 수색영장 없이 휴대전화의 기지국 위치 정보를 획득한 것은 미국 수정헌법 제4조를 위반한 것이라고 판단하였다.

수사기관에서 무장강도 혐의자들의 휴대전화를 발견하였고 그중 혐의자인 Timothy Carpenter의 휴대전화 기지국 위치 정보를 127일 동안 무선통신회사로부터 확보하였다. 이에 대해 Carpenter는 상당한 이유 없이 정부가 위치 정보를 영장 없이 획득한 것은 부당한 압수수색을 금지한 미국 수정헌법 제4조를 위반한 것이라고 주장하였으나 제6 연방 항소법원은 그가 스스로 무선통신사와 위치 정보를 공유하였기 때문에 수사기관이 수집한 위치 정보에 대해서는 프라이버시에 대한 합리적 기대가 없다고 판단하였으나 연방대법원은 5대 4의 결정으로 항소법원의 판결을 뒤집었다.

연방대법원은 개인이 "무엇인가 사적으로 유지하고자 한다면" 그리고 그의 프라이버시에 대한 기대가 "이 사회가 합리적이라고 인정할 준비가 되어 있다면" 해당 영역에 대한 공권력에 의한 침해는 일반적으로 수색에 해당하여 영장을 필요로 한다고 판시하였다.[20]

아. Alasaad v. McAleenan[21]

2019년 11월 12일 메사추세츠주의 연방지방법원은 Alasaad v. McAleenan 사건에서, 미국 국경에서 여행자의 스마트폰이나 랩탑을 수색하기 위해서는 미

19 Carpenter v. United States, No. 16−402, 585 U.S. ____ (2018).
20 김선희, 『미국의 정보 프라이버시권과 알 권리에 관한 연구』, 비교헌법연구 2018−8−6, 헌법재판소 헌법재판연구원, 2018, 24면.
21 Alasaad v. McAleenan, No. 17−cv−11730−DJC (D. Mass Nov. 12, 2019).

국 수정헌법 제4조에 따라 여행자가 위법한 물품을 소지했다는 합리적인 의심이 있어야 한다고 판결했다. 이 판결은 체포에 수반한 휴대전화 수색에는 영장이 필요하다는 Riley v. California 판결에 근거하여 국경에서 합리적인 의심 없는 자의적인 디지털 기기의 수색에는 영장이 필요하다고 한 것이다.

미국의 인권 관련 단체들이 미국 국토안보부(Department of Homeland Security)를 상대로 미국 국경에서 영장 없이 스마트폰과 랩탑을 수색당한 11명의 여행객들을 위해 소송을 제기하였다. 점차 증가하고 있는 영장 없이 여행객의 디지털 기기를 수색하는 수사기관의 관행에 대한 이의제기였으며, 이러한 수색은 상당한 이유에 근거한 영장이 있어야 한다는 주장이었다.

2017년 7월 Alasaad 부부는 자녀들과 캐나다 퀘벡에서 여행을 하고 귀국하던 중이었는 데 국경에서 세관 및 국경보호(Customs and Border Protection) 관리들이 Alasaad에게 질문하면서 잠금장치가 되어 있지 않은 휴대전화를 수색했다. 그동안 그의 가족들은 수 시간 동안 억류되어 있었다. 5시간 후 관리가 Alasaad의 부인에게 잠금장치가 된 전화기를 열기 위한 패스워드를 요구했으나 Alasaad의 부인은 전화기 안에는 히잡을 쓰지 않은 사진들이 있기 때문에 패스워드를 알려 줄 수 없다고 하였다. 하지만 세관 및 국경보호 관리들은 휴대전화의 패스워드를 알려주지 않으면 몰수될 것이라고 하여 부부는 할 수 없이 패스워드를 알려주었다. 결국 억류된 지 약 6시간 후에 휴대전화를 놔두고 나왔고 약 15일 후에 그들의 휴대전화를 돌려받았다.

2019년 4월 몇몇 인권단체들이 법원에 미국 국토안보부가 공항 등 입국장에서 영장 없이 여행객들의 스마트폰이나 랩탑을 수색하는 것은 미국 수정헌법 제1조 및 수정헌법 제4조 위반이라고 판결해 주도록 요구했다. 이러한 주장을 받아들여 메사추세츠주 연방지방법원은 입국장에서 영장 없는 휴대전화의 수색은 위법하다고 판단하였다.[22]

---

22 김종구, "과학기술의 발달과 영장주의의 적용범위 – 미연방대법원 판례의 변천과 관련하여 –." 법학연구, 통권 제61집, 2019, 201–202면.

3. 일반 영장을 금지하기 위한 선별 압수 정책

가. 출력복제의 원칙

수개월, 수년에 걸쳐 보관된 내밀한 영역을 수사기관이 샅샅이 탐색하는 것은 정말 소름 돋는 일이다. 다행히 2011년에 형사소송법이 개정(2012.1.1. 시행)되면서 디지털 증거 압수수색에 관한 몇몇 조항이 개정되었다. 당시 검찰이 서울시 교육감 후보의 선거법 사건에서 7년 치 이메일을 압수하는가 하면 PD수첩 작가의 이메일 7개월 치를 압수하는 일이 발생하면서 법률 개정의 단초를 제공하였다.[23]

개정 형사소송법 제106조 제3항은 "법원은 압수의 목적물이 컴퓨터용 디스크, 그 밖에 이와 비슷한 정보저장매체(이하 이 항에서 '정보저장매체 등'이라 한다)인 경우에는 기억된 정보의 범위를 정하여 출력하거나 복제하여 제출받아야 한다. 다만, 범위를 정하여 출력 또는 복제하는 방법이 불가능하거나 압수의 목적을 달성하기에 현저히 곤란하다고 인정되는 때에는 정보저장매체 등을 압수할 수 있다."라고 규정하고 있다.

이에 따라 수사 실무에서는 디지털 증거에 대한 압수 방법으로 ① 현장에 있는 정보저장매체 등에서 영장 기재 혐의 사실과 관련된 데이터만 복사하거나 종이로 출력하는 방법, ② 현장에서 저장매체 전체를 이미징하여 증거 사본을 확보한 후 사본을 수사기관의 사무실로 가져와 영장 기재 혐의 사실과 관련된 데이터를 검색하여 복사 또는 출력하는 방법, ③ 현장에 있는 정보저장매체(또는 시스템) 자체를 수사기관 사무실로 가져와 저장매체 전체를 이미징하여 사본을 확보한 다음, 저장매체 원본은 반환하고 사본에서 영장 기재 혐의와 관련된 데이터를 검색하여 복사 또는 출력하는 방법을 사용하고 있다.[24] 여기에 디지털 증거가 몰수할 것에 해당할 경우, ④ 정보저장매체 자체를 압수하는 방법

---

23 김보라미, "사이버 수사 및 디지털 증거수집 실태조사 결과 발표 토론문," 국가인권위원회, 사이버수사 및 디지털 증거수집 실태조사 결과발표 및 토론회(발표 : 권양섭·노명선·곽병선·이종찬), 2012.

24 박혁수, "디지털 정보 압수·수색의 실무상 쟁점," 형사법의 신동향, 통권 제44호, 2014, 78-79면.

까지 포함하면 디지털 증거에 대한 압수 방법은 총 4가지로 유형화할 수 있다.

나. 출력복제 원칙에 대한 입장

1) 압수 방법을 지정하는 것에 대한 비판적 시각

디지털 증거는 그 형태가 다양하고 범죄와 관련된 증거만을 찾는다는 것이 어렵거나 장시간 소요되기 때문에 부득이 저장매체를 압수할 수밖에 없다는 주장이 있다.

이러한 주장은 복제가 가능하더라도 데이터의 양이 방대할 경우 시간상 현실적으로 복제가 불가능하고, 증거를 복제하거나 출력하는 방법이 대상자의 업무에 더 큰 지장을 초래할 가능성도 있고 디지털 증거가 아닌 문서에 대한 압수수색에 있어서도 현장에서 모든 문서를 검토한 후 압수 여부를 결정하도록 하는 것은 영장 집행에 많은 시간이 소요되도록 함으로써 오히려 강제처분에 의한 법익 침해가 더 커지는 경우도 존재할 수 있다[25]는 이유를 들고 있다.

또한, 미국의 US. v. Schandl 사건[26]에서 관련된 문서를 주의 깊게 분석해야 하는 탈세 수사의 특성상 혐의와 관련 없는 일부 문서가 압수되는 것은 불가피한 것이며, 현장에서 모든 문서를 검토한 후 압수 여부를 결정하도록 하는 것은 영장 집행에 많은 시간이 소요되기 때문에 오히려 강제처분에 의한 법익 침해가 더 커지도록 하는 것이라고 판시한 의미를 고려해 보면, 위 조항이 반드시 피압수자의 권익 보호에 충실한 것인지 여부도 면밀히 따져보아야 할 문제라고 주장한다.[27]

사실 출력복제의 원칙에 관한 조항은 신설될 당시부터 증거의 대상인 데이터의 '원본과의 동일성' 여부, 조작 가능성에 대한 시비가 존재할 수밖에 없고, 조작자가 현장에서 데이터를 삭제하거나 변경하는 등 압수수색을 방해할 수 있으며, 암호화된 경우에는 사실상 데이터 관리자의 협조를 얻기가 쉽지 않

25 United States v. Schandl, 947 F.2d 462 (11th Cir. 1991); 조성훈, "디지털증거와 영장주의: 증거분석과정에 대한 규제를 중심으로," 형사정책연구, 24(3), 2013, 136면.

26 United States v. Schandl, 947 F.2d 462 (11th Cir. 1991).

27 조성훈, "디지털증거와 영장주의: 증거분석과정에 대한 규제를 중심으로," 형사정책연구, 24(3), 2013, 136면.

다는 점 등을 이유로 압수 현장의 특수성을 무시한 것으로 압수 방법까지 정하는 것은 과도하다는 지적을 받아왔다.[28]

2) 프라이버시 보호에 적합한 방법이라는 입장

출력복제 원칙은 개인의 프라이버시를 최대한 보호하는 것으로써 적절하다는 주장이 있다.

저장매체를 압수하는 방법은 디지털 증거의 매체독립성과 부합하지 않고, 범죄와 관련 없는 정보의 대량 압수로 인하여 피압수자의 영업비밀 또는 사생활 비밀을 과도하게 침해할 위험성이 클 뿐만 아니라 수사권의 남용, 별건 수사라는 문제도 발생하기 때문이다.[29]

따라서 저장매체가 소재한 현장에서 주관적, 객관적, 시간적으로 관련된 데이터만을 압수하는 것이 원칙이고, 그것이 불가능한 경우에 한해 예외적으로 저장매체 자체를 압수할 수 있어야 하고, 압수 현장에 임한 수사관의 임기응변적, 재량적 판단만으로 저장매체 자체를 통한 범죄 유무관 데이터 전부를 압수할 수는 없다는 주장이다.[30]

4. 선별 압수 정책의 실효성

가. 출력복제 원칙에 대한 폭넓은 예외의 인정

1) 전교조 사무실 압수수색 사건[31]

위 사건에서 원본 반출이라는 예외적 집행이 허용되는 사유로 ① 압수수색 장소에 증거인멸의 정황이 있었던 점, ② 피압수자의 수가 70,000여 명에 달하고 피의 사실과 관련된 인원이 17,000여 명에 달했던 점, ③ 영장 집행 현

28 노명선, “디지털 증거의 압수·수색에 관한 판례 동향과 비교법적 고찰,” 형사법의 신동향, 통권 제43호, 2014, 168면.

29 원혜욱, “정보저장매체의 압수·수색 – 휴대전화(스마트폰)의 압수·수색 –,” 형사판례연구, 제22권, 2014, 303–335면.

30 오기두, “디지털 증거 압수수색에 관한 개정법률안 공청회 토론문,” *2012* 디지털 증거 압수수색에 관한 개정법률안 공청회 자료집, 2012.

31 서울중앙지방법원 2009.9.11. 자 2009보5 결정.

장에 다수 피압수자가 있었던 점, ④ 피압수자가 영장 집행을 적대시하고 다른 조합원이 현장에 몰려온 점, ⑤ 영장 집행 당시 서버에 전원 공급이 되지 않았다고 하다가 서버와 컴퓨터의 본체를 압수하려고 한 경우에 비로소 전원 공급이 가능하다고 말한 점, ⑥ 사법경찰관이 하드카피에 필요한 장비 등을 소지하고 있었던 점 등을 고려하였다.[32] 이를 통해서 볼 때, 법원은 증거인멸, 피의자 인원 및 범죄 사실의 복잡성뿐만 아니라 영장 집행 방해자들이 존재한다는 점과 전원 공급이 불가능하다는 현장 여건까지 폭넓게 인정하고 있다.

2) 왕재산 간첩단 사건[33]

위 사건에서는 "① 압수·수색·검증 영장은 압수·수색·검증할 물건을 '각 압수·수색·검증할 장소 및 신체에 장소·관리·보관·사용하고 있는 컴퓨터(PC), 카메라, 캠코더, 녹음기, 차량 내비게이션, 디지털 정보저장매체(USB, CD, HDD, MP3, PDA, 전자수첩, 디지털테이프, 프린트기, 기타 각종 메모리 등) 및 同기기·매체에 수록된 내용'으로 하고 있는 점, ② 각 영장 발부의 사유로 된 혐의 사실이 많고 각 압수·수색 장소에서 디지털 저장매체가 많게는 60여 개에 이를 정도로 다수 압수되었으므로 현장에서 범죄 사실의 관련성이 있는 전자정보만을 구분해 내는 것은 현실적으로 불가능하였던 것으로 보이고, ③ 실제로 이 법원에 압수된 각 디지털 저장매체에 저장되어 있던 600여 개에 이르는 문건이 증거로 제출되었던 점, ④ 일부 보안 USB에는 암호가 설정되어 있어 현장에서 그 내용을 지득할 수 없었으며, ⑤ 삭제 파일의 복구 등 추가적 분석이 필요하였던 것으로 보이는 점 등을 인정할 수 있다."고 전제한 뒤에 "저장매체 자체를 직접 혹은 하드카피나 이미징 등 형태로 반출한 것에는 부득이한 사유가 있었음이 인정된다."고 결론을 내리고 있다.

이 판결에서 법원은 압수 대상으로 디지털 저장매체를 적시하였던 점을 인정하였고, 디지털 저장매체가 약 60여 개가 존재하여 현장에서 관련 있는 정보만을 추출하는 것이 사실상 불가능하다고 보았으며, 암호 설정 및 데이터 복구 등 기술적 분석이 필요한 경우도 인정하였다.

---

32 조광훈, "디지털 증거의 압수·수색의 문제점과 개선방안," 서울법학, 21(3), 2014, 729면.
33 서울중앙지방법원 2012.2.23. 선고 2011고합1131, 2011고합1143(병합), 2011고합1144(병합), 2011고합1145(병합), 2011고합1146(병합) 판결.

3) 공직선거법 위반 사건[34]

공직선거법 위반 사건에서 휴대전화를 압수수색의 장소에서 수사기관 사무실로 반출한 것이 쟁점이 되었는 데, 법원은 이에 대해 "① 휴대전화는 공통된 운영체제를 갖고 있지 아니하여 각 제조사마다 메모리를 복제하는 방법이 다르고, 같은 제조사의 제품이라고 하더라도 제품명에 따라 메모리를 복제하는 방법이 다른 경우도 많은 점, ② 피압수자가 어떠한 휴대전화를 사용하는지 알 수 없는 수사기관으로서는 압수·수색 현장에서 압수하게 될 휴대전화에 적합한 소프트웨어나 장비를 구비하는 것이 용이하지 아니한 점, ③ 또한 휴대전화 메모리를 복제하는 경우, 삭제된 전자정보를 복원하고 범죄 사실과 관련된 전자정보를 선별하여 압수하는 것이 기술적으로 가능한지 여부를 두고 논란이 있다고 보이는 점(피고인이 2013. 5. 22. 제출한 변론요지서에서 기재한 '특정 프로그램을 이용한 루팅(rooting)이나 탈옥(jailbreak)을 하여 전자정보를 복제하는 방법'은 미할당 영역의 일부 데이터가 손상되어 삭제파일을 복구할 수 없는 경우도 있다는 점에서 보편화된 기술이라고 보기 어렵다), ④ 전자정보의 경우 간단한 조작에 의하여도 쉽게 변경되고 훼손될 우려가 크므로 저장매체에서 전자정보를 분리하여 추출함에 있어 원본과의 동일성을 보장받기 위하여 무결성과 진정성이 확보될 것이 요구되는 점 등을 종합하여 볼 때, 압수·수색 현장에서 휴대전화의 내용을 확인하고 범죄 사실과 관련된 전자정보만을 선별적으로 복제하는 것이 현저히 곤란하다고 보이므로, 일단 피고인의 휴대전화 자체를 압수하여 수사기관 사무실로 가져온 것은 적법한 것으로 보인다."라고 판시하였다.

이는 휴대전화에 대해 수사기관이 현장에서 출력·복사·복제하는 것을 기술적으로 현저히 곤란하다고 판단하여 휴대전화를 수사기관 사무실로 반출한 행위를 인정한 것이다. 최근 스마트폰 제조업체가 디바이스에 암호를 설정하거나 데이터를 물리적으로 추출할 수 있는 단자를 제거하는 등 다양한 보안 조치를 하고 있어 앞으로 스마트폰에 대한 원본 압수가 증가할 것으로 보인다.

34 부산고등법원 2013.6.5. 선고 2012노667 판결.

나. 선별 압수의 실효성

수사 실무에서 디지털 데이터에 대한 압수·수색영장을 신청하는 경우 법원은 영장 별지[35]를 이용하여 "컴퓨터용 디스크 등 정보저장매체에 저장된 전자정보에 대한 압수·수색·검증 방법을 제시하고 있다. 2015년 전후의 영장 별지 기재를 보면 "수색·검증만으로 수사의 목적을 달성할 수 있는 경우, 압수 없이 수색·검증만 함."이라는 항목은 변함이 없다. 현재 우리의 실무에서는 '수색'이 아니라 '압수' 범위를 한정함으로써 일반 영장에 의한 기본권 침해를 최소화하려는 노력을 하고 있다.

앞서 살펴본 미국의 판례 경향을 보면 휴대전화의 수색에 대해 별도의 영장주의를 요청하고 있는데 휴대전화을 압수하면 그 안의 내용을 수색할 수 있다는 전제하에 휴대전화 압수에 엄격한 영장주의가 적용되어야 한다는 논리에서 출발한 것이다.[36] 디지털 기기라는 매체와 그 안에 담겨 있는 데이터는 분리해서 생각해 보아야 하는데 우리의 영장 실무는 디지털 기기에 대한 압수수색은 당연히 그 내용의 수색까지 허용하는 것을 전제로 하고 다만, 취득해 오는 압수의 범위만을 줄이려는 태도를 보이고 있다.

형사소송법 제106조 제3항은 출력복제 원칙을 통해 압수 범위의 제한을 시도하였으나 앞서 살펴본 판례들은 수사 현실과 현장 상황을 그대로 반영하여 넓은 예외를 인정하고 있다. 보안 기술이 발전하여 현장에서의 탐색이 점차 어려워질 경우 예외 인정은 점차 늘어나 출력복제 원칙 규정이 형해화될 가능성이 있다.

설사 원칙이 지켜진다고 할지라도 파일의 열람에 의한 탐색이 전제된다면, 증거를 발견할 때까지 프라이버시 침해가 일어나기 때문에 출력, 복제 전 단계까지 탐색하는 방식과 원본의 반출 또는 이미징을 통해 수사기관의 사무실에서 탐색하는 방식이 크게 다를 것도 없다.

형사소송법 제106조 제3항은 유체물을 피압수자에게 두고 출력과 복제하는 경우 그 침해가 덜 할 것이라는 가정에 기반하였지만 디지털 저장매체 자체

35 부록 1 참조.

36 김혜미, "휴대폰 압수수색과 영장주의 원칙의 엄격한 해석 요청 – 한국과 미국의 판례 분석을 중심으로 –." 경희법학, 55(2), 2020, 25–54.

를 압류하지 않는 행위는 디지털 저장매체에 포함된 저장 내용에 대한 프라이버시의 합리적 기대에 크게 기여하는 바가 없으며 출력, 복제하기 위해 매체의 내용을 사람이 열람하는 방식에 의한 수색은 저장매체 전체에 대한 프라이버시 이익을 침해하는 결과를 야기한다.

파일을 열람하는 방식의 수색이 이루어진다면, 최초의 압수수색 현장에서 저장매체를 검색하여 증거에 공할 데이터를 출력, 복제하는 방식이 저장매체를 이미징하여 수사기관에서 분석을 통해 증거를 찾아내는 방식보다 프라이버시 침해를 최소화하는 것이라고 단정할 수 있을까?

현재의 디지털 증거 압수 원칙은 수사 현장에서 피의자의 방어권을 보장하는 데 일정한 기여를 하고 있다고 보는 입장[37]은 증거를 찾기 위한 수색 과정보다는 저장매체 원본이나 이미징을 통해 압수하는 행위가 더욱 침해성이 크다는 판단이 전제가 된 것으로 보인다. 그런데 출력한 행위나 본 것을 적는 것이나 데이터를 복제하는 것은 다르지 않고 본 것을 기억하는 방법에 의해서 추후 증거로 제출하는 것도 가능하므로 파일을 열람하는 방법에 의한 데이터 탐색을 수반한 압수가 프라이버시 침해 최소화에 어떤 기여를 하는지 불분명하다.

디지털 증거에 관하여는 종국적으로 증거에 공할 것의 범위를 줄이는 노력보다는 수색의 범위를 한정하는 노력이 프라이버시 침해 최소화에 기여할 수 있다.[38] 현재까지의 논의는 출력복제의 원칙을 통해 수사기관이 압수할 수 있는 데이터의 양을 줄이는 방법에 관한 것이었으나 파일의 열람 방식에 의한 탐색이 전제되는 경우 출력복제를 위한 탐색과 이미징을 통한 탐색에서 수색의 범위에는 차이가 없기 때문에 출력복제의 원칙만으로는 프라이버시 침해 최소화를 충분히 보장할 수 없다.

정보사회의 감시 또는 디지털 데이터의 탐색은 범죄를 사전에 예방하거나 범인을 검거하는 등 사회에 유익한 측면도 있는 양면적인 것이다. 다만, 양면적인 측면이 조화를 이루지 못하는 경우 전자전체주의적 사회와 감시강박적

37 오기두, "디지털 증거 압수수색에 관한 개정법률안 공청회 토론문," *2012* 디지털 증거 압수수색에 관한 개정법률안 공청회 자료집, 2012.

38 Orin S. Kerr, "Fourth amendment seizures of computer data," Yale Law Journal 119(4), 2010, pp700-724.

문화까지 형성하게 된다.[39] 수사를 위해 탐색해야 할 필요성에 비하여 프라이버시의 기대가 집약되어 있는 저장매체에 대한 과도한 수색의 문제점을 간과해서는 안 되며 저장매체 압수의 제한이라는 관점보다는 수색 방법 및 기간의 구체화, 파일의 직접 열람에 의한 탐색 최소화, 탐색 과정의 투명성 확보와 같은 실질적인 프라이버시 보호라는 관점으로 전환할 때가 되었다.

제2절 디지털 증거 압수의 의미

학자들은 압수의 의의에 대해 "물건의 점유를 취득하는 강제처분으로 여기에는 압류, 영치, 제출명령의 세 가지 유형이 있으며 압류는 좁은 의미의 압수로써 물건의 점유를 점유자 또는 소유자의 의사에 반하여 강제적으로 취득하는 강제처분이다."라고 설명한다. 형사소송법 제106조 제1항도 "물건을 압수할 수 있다."고 표현하고 있고 이하의 관련 규정들은 우체물, 임의제출물, 압수물의 환부, 압수장물의 피해자환부 등의 표현을 쓰면서 압수의 대상이 분명히 '물건'임을 명시하고 있다. 또한 디지털 증거를 염두에 두고 신설된 제106조 제3항도 디지털 증거 자체를 압수의 대상으로 표현하지 않고 있다.

반면, 앞서 살펴본 영장의 별지에는 '전자정보의 압수'라는 표현을 사용하고 있고 '압수 대상 전자정보의 상세목록을 교부하여야 한다', '전자정보는 삭제·폐기 또는 반환한다'는 등의 문구를 사용함으로써 디지털 데이터를 압수의 직접적 대상으로 삼고 있다. 디지털 데이터는 형사소송법이 제정되었을 때 예상하지 못한 것이다. 형사소송법 운용의 취지를 유지하기 위해 데이터를 물건의 일종으로 취급하여 압수의 대상으로 삼을 것인지, 도무지 물건과는 성향이 다르고 그 법률 효과가 다르기 때문에 다르게 취급할 것인지에 대한 검토가 필요하다.

---

39 고영삼, 『전자감시사회와 프라이버시』, 한울아카데미, 1998, 36면.

1. 견해의 정리

가. 학자들의 견해

디지털 데이터가 압수의 대상이 될 수 있는지에 대해 학자들의 의견은 첨예하게 대립한다.

컴퓨터에 입력된 정보 내지 전자적 기록 자체와 CD나 자기테이프 등의 전자적 기록매체는 이론적으로 구별할 수 없고, 일정한 프로그램에 의해 육안으로 읽을 수 있도록 출력된 인쇄물이나 그 밖의 형태로 된 출력물이 전자적 정보나 기록 자체를 그대로 반영한 것이라는 관계가 인정되는 한, 이를 증거물로 보아 압수 대상물이 될 수 있다고 하는 견해[40], 형사소송법 제106조 제3항의 신설을 통해 디지털 형태로 저장되어 있는 정보가 압수의 대상으로 입법되었다는 견해[41], 형사소송법 제106조 제3항을 합목적적으로 해석하면 디지털 데이터를 압수 대상으로 해석 가능하다는 견해[42], 민법상 무체물도 일정한 범위에서 물건에 포함되는 것에 착안하여 정보가 물건에 포함된다고 해석하면서 법률상 물건의 의미는 '유체물 및 관리 가능한 자연력'이며 여기서 관리 가능한 자연력에는 배타적 지배가 가능한 전기, 열, 광, 음향, 에너지 등이 포함되기 때문에 전자기적 신호로 저장되고 네트워크를 통해 이동될 때는 전기적 신호의 속성을 지니고 컴퓨터 특성상 데이터는 그 어떠한 무체물보다 배타적으로 관리가 가능하므로 물건에 관한 정의 규정에 따를 때 컴퓨터 데이터를 무체물이라는 이유로 물건의 범주에서 배제시킬 근거가 없고 따라서 압수·수색의 대상이 될 수 있다고 보는 견해[43]들은 모두 긍정설의 입장이다.

반면, 형사소송법 문언상 압수의 대상은 유체물이며 정보의 물건성을 인정할 수 없는 이상 정보는 압수의 대상이 될 수 없다는 견해[44], 형사소송법 제

---

40 노명선·이완규.『형사소송법』, 5판, SKKUP(성균관대학교 출판부), 2017, 230면; 정웅석·백석민,『형사소송법』, 전정 제4판, 대명, 2012, 212-213면; 최용성, ""과학수사 판례평석을 기반으로 한 디지털정보 압수 및 수색제도의 적격성 고찰," 과학수사학회지, 14(3), 2020, 217.

41 이재상·조균석,『형사소송법』, 제10판, 박영사, 2015, 318면.

42 이창현,『형사소송법』, 제2판, 입추출판사, 2015, 435면.

43 노승권, "컴퓨터 데이터 압수·수색에 관한 문제," 검찰, 통권 제111호, 2000, 280면.

44 김영규, "미국 연방대법원의 '휴대폰에 저장된 개인정보 보호'에 대한 판결의 의의 – 피체포자의 휴대폰에 저장된 정보의 영장 없는 수색 제한에 관한 RILEY 판결을 중심으로 –," 형사

106조 제3항은 정보에 대한 압수 절차와 방법을 명확하게 했을 뿐 형사소송법상 압수의 대상은 유체물이라는 견해[45], 디지털 데이터는 전자적 성질을 가진 신호이지만 집합체일 뿐 그 자체가 전기나 에너지가 아니므로 물건의 개념에 포함할 수 없다는 견해[46], 컴퓨터 데이터나 프로그램 그 자체는 유체물이 아니기 때문에 형사소송법에 의해 압수수색하는 것이 불가능하고 자기테이프 내의 정보와 출력된 유체물로 전환된 정보는 일체의 것으로 취급할 수 없으므로 자기테이프의 정보는 증거물에 해당하지 않는다는 견해[47]들은 부정설의 입장이다.

전자적 정보는 유체물은 아니지만 형사소송법상의 압수수색에 관한 규정을 준용하여 압수할 수 있다고 해석하는 절충적인 입장[48]도 있다.

나. 대법원의 입장

디스크, 저장매체, USB와 같은 저장매체만이 압수의 대상이 될 수 있는 것인지, 데이터도 압수될 수 있는지에 대해 대법원은 일련의 판결들에서 데이터 저장매체는 물론 데이터도 압수 가능한 것이라고 확인하고 있다는 견해[49]가 있다.

그런데 이 견해가 언급한 대법원의 판결을 그대로 옮겨 보면, "전자정보에 대한 압수수색 과정에서 이루어진 현장에서의 저장매체 압수, 이미징, 탐색, 복제 및 출력행위 등 수사기관의 처분은 하나의 영장에 의한 압수수색 과정에서 이루어진다."[50]라고 되어 있다. 여기서 대법원은 수사기관의 사무실로 가져간 데이터 저장장치의 수색, 출력 그리고 복사와 그로부터 선별한 정보들은 모두

정책연구, 25(4), 264면.

45 전현욱·윤지영, 『디지털 증거 확보를 위한 수사상 온라인 수색제도 도입 방안에 대한 연구』, 대검찰청 연구용역보고서, 2012, 14면.

46 이주원, "디지털 증거에 대한 압수·수색제도의 개선," 안암법학, 제37호, 2012, 159-160면.

47 강동욱, "컴퓨터관련범죄의 수사에 있어서의 문제점에 관한 고찰," 「현대형사법론」, 죽헌 박양빈교수 화갑기념 논문집, 1996, 707면(탁희성, "전자증거의 압수·수색에 관한 일고찰," 형사정책연구, 15(1), 2004, 25면에서 재인용).

48 이은모·김정환, 『형사소송법』, 박영사, 2019, 306-307면.

49 김성룡, "디지털 증거의 수색과 압수에서 쟁점들," 형사법연구, 30(3), 2018, 201면.

50 대법원 2015.7.16. 자 2011모1839 전원합의체 결정, 대법원 2011.5.26. 선고 2009모190 결정, 대법원 2015.10.15. 선고 2013모969 결정, 대법원 2014.2.27. 선고 2013도2155 판결.

그 각각이 압수수색 명령을 집행하는 행위의 일부라고 표현하고 있을 뿐이다. 대법원 판결의 어디에도 데이터를 압수의 대상으로 보았다고 할 수 있는 표현은 없다. 결국 대법원은 데이터의 탐색 행위를 영장 집행의 일환이라고 볼 뿐이지 데이터가 압수 대상이라고 선언한 것은 아니다.

2. 국외 입법 사례

가. 미국

미국에서도 초기에는 디지털 증거를 압수·수색영장으로 수집할 수 있는지에 관해 논란이 있었으나 미국 연방대법원이 "형사소송규칙 제41(h)에서 물건이라 함은 문서(documents), 장부(books), 서류(papers) 기타 유체물(tangible objects)을 포함한다고 정의하고 있으나 이는 한정적 열거가 아닌 예시적 열거에 불과하므로 동 규칙 제41조는 유체물에 한하지 않는다."고 판시함으로써 미국 수정헌법 제4조의 범위 안에 디지털 증거도 포함된다고 해석하였고 그 후 연방 형사소송규칙을 개정하여 제41조 제(a)항 정의 편에 압수·수색 대상인 '물건(property)'의 개념 속에 '정보(information)'를 포함[51]시킴으로써 논란의 소지를 없애고 입법적으로 해결하였다는 견해가 있다.[52] 그러나 이와 같은 미국 연방대법원의 취지가 압수의 대상에 정보를 포함시킨 것인지, 정보를 취득하는 경우에도 영장에 의할 것을 선언한 것인지 구분할 필요가 있다.

United States v. New York Telephone Co., 434 U.S. 159 (1977) 판결의 원문[53]을 살펴보면 다음과 같다.

---

51 Rule 41. Search and Seizure (2) (A) "Property" includes documents, books, papers, any other tangible objects, and information.

52 오기두, 『전자증거법』, 박영사, 2015, 13면; 원혜욱, "과학적 수사방법에 의한 증거수집 – 전자증거의 압수·수색을 중심으로 –," 비교형사법연구, 5(2), 2003, 173면; 전승수, "형사절차상 디지털 증거의 압수수색 및 증거능력에 관한 연구," 서울대학교 박사학위논문, 2011, 126면.

53 Fourth Amendment. Federal Rule Crim.Proc. 41(b) authorizes the issuance of a warrant to: "search for and seize any (1) property that constitutes evidence of the commission of a criminal offense; or (2) contraband, the fruits of crime, or things otherwise criminally possessed; or (3) property designed or intended for use or which is or has been used as the means of

"수정헌법 제4조와 연방 형사소송규칙 41(b)는 다음에 대한 영장 발부를 승인한다. '(1) 범죄의 집행에 대한 증거를 구성하는 재산, (2) 밀수품, 범죄의 과실 또는 그 밖의 범죄적으로 소유된 재산, (3) 범죄를 저지르는 수단으로 설계되거나 사용되거나 사용된 재산'을 수색하고 압수하는 경우이다. 영장에 의한 승인은 범죄를 용이하게 하기 위한 수단으로 사용된 것으로 의심되는 전화의 사용을 확인하기 위한 '수색'과 전화에 대한 '수색'이 생산해내는 증거의 '확보(압수)'를 포괄할 정도로 광범위하다. 규칙 41(h)은 "문서, 책, 서류 및 기타 유형물 등을 포함하기 위해" 재산을 규정하지만, 규칙 41에 따라 압류될 수 있는 모든 항목을 제한하거나 철저히 열거하는 것은 아니다. 실제로, Katz v. United States, 389 U. 347 (1967) 사건에서 전화 대화는 미국 수정헌법 제4조에 의해 보호된다는 것을 확인했고 규칙 41은 유형적인 항목에만 국한되지 않고, 합리적 의심에 따라 승인된 전자적 침입을 그 범위에 포함시킬 수 있을 정도로 충분히 유연하다."

이 판결은 전화 감청도 프라이버시를 침해하는 행위이기 때문에 영장을 발부받아 집행해야 함을 언급하고 있고 기존의 압수수색 규정에는 전화 감청과 같은 정보의 획득이 규정되어 있지 않았기 때문에 전화 감청도 미국 수정헌법 제4조에 따른 압수와 수색과 같이 영장의 집행에 의해 취득해야 함을 판시한 것으로 보이며 '정보가 유체물과 같은 물건'이라는 새로운 개념을 창출하였다고 단정할 수는 없다.

즉, 미연방대법원의 판결과 형사소송규칙 제41조는 수사기관이 대화의 내용과 같은 정보를 획득하기 위해서는 영장에 의한 승인을 받아야 함을 규정하기 위해 'property'의 범위에 'information'을 포함시켰다고 보아야 한다.

---

committing a criminal offense."
This authorization is broad enough to encompass a "search" designed to ascertain the use which is being made of a telephone suspected of being employed as a means of facilitating a criminal venture and the "seizure" of evidence which the "search" of the telephone produces. Although Rule 41(h) defines property "to include documents, books, papers and any other tangible objects," it does not restrict or purport to exhaustively enumerate all the items which may be seized pursuant to Rule 41. Indeed, we recognized in Katz v. United States, 389 U. S. 347 (1967), which held that telephone conversations were protected by the Fourth Amendment, that Rule 41 is not limited to tangible items, but is sufficiently flexible to include within its scope electronic intrusions authorized upon a finding of probable cause.

나. 일본

일본은 2004년 유럽평의회 사이버범죄협약에 가입하였고, 해당 협약의 이행을 위해 심의 끝에 2011년에 형사소송법을 일부 개정(정보처리고도화 등에 대처하기 위한 형법 등의 일부를 개정하는 법률 '情報処理の高度化等に対処するための刑法等の一部を改正する法律', 2011년 법률 제74호)하였다.[54] 해당 형사소송법 개정안에서는 기록명령부 압수를 신설하였으며, 정보저장매체의 압수 방법, 전자정보의 몰수에 관한 규정 등을 정비하고, 전자정보 압수 시 원격접근을 신설하는 등 디지털 증거와 관련한 규정을 입법함으로써 사이버범죄 수사를 위한 법제를 개정하였다.[55]

컴퓨터에 입력된 데이터 그 자체는 유체물이 아니므로 압수의 대상이 아니다. 통신 감청의 경우에 통신 내용도 같다. 그러나 이러한 데이터들이 저장매체에 입력되어 있는 경우 저장매체 등을 압수할 수 있지만 거기에는 관계없는 데이터가 섞여 있을 가능성이 크기 때문에 일본의 형사소송법은 증거가 될 데이터가 포함되어 있을 개연성이 높은 경우에는 내용적으로 선별 또는 분리할 수 있는 경우 이것을 분별하여 취득하도록 하고 있으며 분별할 수 없는 경우에만 전체를 압수하도록 하고 있다.[56]

일본의 형사소송법은 디지털 증거를 취득하는 방법으로 정보저장매체 원본을 압수하는 것을 예정하고 있으며 다만, 피압수자의 업무를 방해할 우려가 있는 경우, 전자정보만으로 증거 수집 목적을 달성할 수 있는 경우에는 정보저장매체 원본 압수를 지양하기 위해 다른 정보저장매체에 해당 내용을 복사, 인쇄, 이전하도록 규정하고 있다. 이러한 취지는 일본의 개정 형사소송법이 디지털 증거 수집에 있어 유체물 증거원칙을 지키고 있음을 의미한다.[57]

---

54 강철하, "디지털 증거 압수수색에 관한 개선방안," 성균관대학교 박사학위논문, 2012, 140면.
55 전현욱·김기범·조성용·Emilio C. Viano, 『사이버범죄의 수사 효율성 강화를 위한 법제 개선방안 연구』, 협동연구총서 15-17-01, 경제·인문사회연구회, 2015, 257면.
56 히라라기 토키오, 『일본형사소송법』, 조균석 옮김, 박영사, 2012, 171면.
57 전현욱·김기범·조성용·Emilio C. Viano, 『사이버범죄의 수사 효율성 강화를 위한 법제 개선방안 연구』, 협동연구총서 15-17-01, 경제·인문사회연구회, 2015, 320면.

다. 독일

독일 형사소송법 제94조는 '압수의 대상'으로 '물건'을 예정하고 있다.[58] 해당 규정에 따르면 컴퓨터 본체 및 그 주변기기 서류와 장부, 자기디스크 혹은 자기테이프와 같이 컴퓨터에 저장된 데이터를 외부에 표출하게 할 용도로 사용되는 저장매체나 전자기록의 출력물 등은 압수의 대상이 되지만 컴퓨터에 저장된 데이터 자체, 화면에 나타나는 데이터 등은 압수 대상으로 인정되지 않으며[59] 형사소송법 제94조에 의한 해석이 전통적인 견해였다.[60] 데이터는 저장매체에 저장한 것에 불과하고, 이를 포착할 수도 없으며 눈으로 볼 수도 없고, 저장매체가 없이는 존재할 수가 없어 물질적으로 존재하지 않기 때문에 물건으로서의 특징이 결여되어 있다고 본 것이다.[61]

그러나 독일 연방헌법재판소에서 서버 제공자의 메일 서버에 저장된 이메일에 대해서 압수의 대상이 될 수 있다고 결정하면서 무형적 대상도 압수의 대상에 포함시켰다.[62] 수사기관은 저장매체에 있는 데이터를 다른 저장매체에 복사하는 방법으로 데이터를 압수할 수 있다는 의견[63]이 대두되고 있다.

3. 디지털 증거를 압수물로 보는 경우의 문제

수사기관이 디지털 증거를 취득하는 경우 해당 정보주체의 프라이버시를 침해할 우려가 상당하기 때문에 법관의 심사를 받은 영장에 따라 이를 취득해야 한다는 주장과 디지털 증거가 물건의 일종이기 때문에 압수·수색영장에 의

58 독일형사소송법 제94조
(1) 조사의 증거로 중요할 수 있는 물품은 보관 또는 다른 방법으로 확보되어야 한다.
(2) 소지품이 한 사람이 소지한 상태에 있고 자발적으로 교부하지 않을 경우 압류해야 한다.
(3) 제1항 및 제2항은 징집 대상이 되는 운전면허에도 적용된다.

59 원혜욱, "과학적 수사방법에 의한 증거수집 – 전자증거의 압수·수색을 중심으로 –," 비교형사법연구, 5(2), 2003, 172면.

60 탁희성, "전자증거에 관한 연구," 이화여자대학교 박사학위논문, 2004, 80면.

61 Martin Kemper, 김성룡 역, "데이터와 이-메일의 압수적격성," 선진상사법률연구, 제33호, 2006, 151면.

62 BVerfG, 2 BvR 902/06 vom 16.6.2009.

63 Lutz Meyer-Gößner, StPO, 52, Aufl. 2009. §94 Rn.16a.(전승수,"형사절차상 디지털 증거의 압수수색 및 증거능력에 관한 연구," 서울대학교 박사학위 논문, 2011, 52면에서 재인용)

해 취득해야 한다는 주장은 압수·수색영장이 필요하다는 결론은 같지만 영장이 필요한 이유에 대해서는 서로 결을 달리한다. 디지털 증거를 압수수색이 가능한 물건의 일종으로 정의하고 현행 형사소송법을 적용하는 경우 여러 가지 문제가 발생한다.

가. 원격 압수수색의 해석 문제

물건의 경우 이를 압수하기 위해서는 그 물건의 소재에 대한 물리적 접근이 반드시 수반될 수밖에 없으나 네트워크를 통해 접근 가능한 데이터는 원격 접속에 의해서도 취득이 가능하다. 저장매체의 물리적 위치를 알기 어렵거나 그 위치를 안다고 할지라도 해당 장소 보다는 원격에서 접근하여 수집하는 것이 편한 경우가 많으며, 극단적인 경우에는 분산되어 저장되어 있을 수도 있고, 저장 위치가 수시로 변경될 수도 있어 원격 접속에 의한 정보 취득 필요성이 인정되기도 한다.[64]

인터넷 연결이 가능한 디지털 기기를 압수할 때, 그 디지털 기기를 통해 피처분자의 이메일, 웹하드 등에 접근하여 수색하거나 관련 증거를 취득할 필요성이 있는 경우 법원 영장 실무에서는 수사기관이 "압수수색 장소에 존재하는 컴퓨터로 해당 웹 사이트에 접속하여 디지털 데이터를 다운로드한 후 이를 출력 또는 복사하거나 화면을 촬영하는 방법으로 압수한다."는 취지의 압수·수색영장을 발부받는 방법으로 적법성을 확보하고 있다.[65] 이러한 방법의 압수수색에 관하여 "압수수색검증이 허용되는 범위를 피의자의 직접적인 지배하에 있는 장소에 국한시키지 않고 그의 관리권이 미치는 범위에서 다소 넓게 인정하는 것이 타당하다고 생각한다."거나[66], "영장 작성 당시 압수수색 장소를 피처분자의 컴퓨터로 특정한 경우에도 이와 합법적으로 접속 가능한 범위

64 "디지털 증거가 원격지에 있는 서버 시스템 등에 저장되어 있는 경우에 물리적 공간을 기준으로 한 장소의 개념을 그대로 유지한다면 압수·수색영장을 특정할 수 없어서 증거 수집이 불가능한 경우가 발생할 수 있다.", 권양섭, "디지털 증거의 압수·수색에 관한 입법론적 연구," 원광법학, 26(1), 2010, 348면.

65 이숙연, "형사소송에서의 디지털 증거의 취급과 증거능력," 고려대학교 박사학위논문, 2010, 34면.

66 이은모, "대물적 강제처분에 있어서의 영장주의의 예외," 법학논총, 24(3), 2007.8, 136면.

내에 있는 데이터 저장 장소까지 압수수색을 확대시킬 필요성이 있다."[67]는 견해가 있다.

대법원도 "피의자의 이메일 계정에 대한 접근권한에 갈음하여 발부받은 압수·수색영장에 따라 원격지의 저장매체에 적법하게 접속하여 내려 받거나 현출된 전자정보를 대상으로 하여 범죄 혐의 사실과 관련된 부분에 대하여 압수·수색하는 것은, 압수·수색영장의 집행을 원활하고 적정하게 행하기 위하여 필요한 최소한도의 범위 내에서 이루어지며 그 수단과 목적에 비추어 사회통념상 타당하다고 인정되는 대물적 강제처분 행위로서 허용되며, 형사소송법 제120조 제1항에서 정한 압수·수색영장의 집행에 필요한 처분에 해당한다. 그리고 이러한 법리는 원격지의 저장매체가 국외에 있는 경우라 하더라도 그 사정만으로 달리 볼 것은 아니다."라고 판시하고 있다.[68]

디지털 데이터를 유형물과 같은 압수의 대상으로 보게 되면, 원격 접속 방식의 압수수색이 가능하다는 일부 견해와 대법원의 판단은 우리의 형사소송법이 미치지 않는 타국의 영토주권을 침해하여 압수·수색영장을 집행하고 압수하게 되는 모순이 발생한다. 즉, 데이터인 디지털 증거를 물건과 같은 압수의 대상으로 삼게 되면 원격 접속 방식으로 관련 증거를 획득하는 행위를 설명할 수 없게 된다.

형사소송법 제109조는 "사건과 관계가 있다고 인정할 수 있는 것에 한정하여 피고인의 신체, 물건 또는 주거, 그 밖의 장소를 수색할 수 있다."고 규정하고 있다. 디지털 증거 자체를 압수의 대상으로 삼지 않고 그러한 것이 저장되어 있는 저장매체를 수색의 대상으로 삼는다고 해석하고 원격에서 관리되는 저장매체의 경우에도 '피고인에 의해 관리가 가능한' 매체인 경우 그 수색의 범위에 들어간다고 해석함으로써 원격 접속을 정당화하는 것이 훨씬 논리적인 접근이다.

Katz 사건[69]에서 미국 수정헌법 제4조가 보호하는 것은 사람이지 장소가 아니며 압수수색에 해당하는지 여부는 물리적 침입이 있었는지가 아니라 수사

---

67 박수희, "전자증거의 수집과 강제수사," 한국공안행정학회보, 16(4), 2007, 133면.
68 대법원 2017.11.29. 선고 2017도9747 판결.
69 Katz v. United States, 389 U.S. 347 (1967).

기관의 행위가 당사자가 누릴 것이라고 정당하게 믿는 프라이버시를 침해하였는지 여부를 기준으로 판단해야 한다고 하면서 결국 공중전화박스에 들어가 문을 닫고 전화 요금을 낸 사람은 자신의 통화 내역이 공개되지 않을 것이라는 합리적인 기대가 있으며 이러한 통화 내역을 감청하는 것은 수색에 해당한다고 판시한 것과 같은 논리로 원격 접속에 의한 데이터 수색으로 해석할 수 있을 것이다.

나. 몰수의 문제

형법 제48조[70]는 몰수의 대상을 규정하면서 제3항에서 전자기록 등 특수매체기록의 일부가 몰수에 해당하는 때에는 그 부분을 폐기하도록 규정하고 있다. 정보저장매체의 전부가 압수되어 선고에 의해 몰수할 경우에는 해당하는 부분의 파기가 가능할 수 있으나 디지털 데이터는 복제가 용이하고 원본과 사본의 구분이 불가능하다는 특성으로 인해 원본을 복제하여 데이터를 취득한 경우와 원격 접속의 방법으로 데이터를 취득한 경우에는 원본이 그대로 범인의 지배하에 놓여 있기 때문에 몰수의 실효성을 기대할 수 없다.[71]

디지털 데이터가 압수의 대상이 된다는 것은 데이터가 압수물이자 몰수물에도 해당할 수 있다는 해석으로 이어진다. 몰수가 실효적으로 가능하기 위해서는 배타적 지배가 가능한 디지털 저장매체와 같은 물건이 압수되어야 하는데 디지털 데이터가 압수물 또는 몰수물에 해당한다는 해석을 하게 되면, 수사기관이 복제하는 방식으로 파일을 가져왔을 때 몰수처분을 하기 위해 가져온 파일을 파기하여야 하는데, 이는 실질적으로 아무런 의미도 없는 행위가 된다.

---

70 형법 제48조 (몰수의 대상과 추징) ① 범인 외의 자의 소유에 속하지 아니하거나 범죄 후 범인 외의 자가 정을 알면서 취득한 다음 기재의 물건은 전부 또는 일부를 몰수할 수 있다.
1. 범죄행위에 제공하였거나 제공하려고 한 물건
2. 범죄행위로 인하여 생하였거나 이로 인하여 취득한 물건
3. 전2호의 대가로 취득한 물건
② 제1항 각 호의 물건을 몰수할 수 없을 때에는 그 가액을 추징한다.
③ 문서, 도화, 전자기록 등 특수매체기록 또는 유가증권의 일부가 몰수의 대상이 된 경우에는 그 부분을 폐기한다.

71 이관희·김기범·이상진, "정보에 대한 독자적 강제처분 개념 도입," 치안정책연구, 26(2), 2012, 85면.

이와 같이 데이터를 압수의 직접 대상으로 삼게 되면 배타적 지배가 가능한 물건을 기준으로 제정한 형사소송법의 규정들에 걸맞지 않은 경우가 발생하게 된다.

다. 환부의 문제

일단 취득한 데이터를 수사기관이 보관하며 법정에 원본 또는 복제한 것을 제출한다고 하여도 여전히 수사기관에 그 복제본이 남아 있다. 현행 형사소송법은 환부와 가환부, 피해자환부제도를 운영하고 있는데 저장매체를 반출하지 않고 데이터만을 복제, 출력하는 방식으로 취득한 경우 데이터의 이용을 전제로 한 환부의 실효성은 없다. 수사기관에서 복제한 데이터의 관리는 환부의 방법에 의하는 것이 아니라 개인정보에 관한 관리와 같이 폐기를 통해 취득 정보의 유출 방지, 수사기관에 의한 정보 남용 방지 등의 기술적, 관리적 대안이 필요하다.

라. 시사점

유형물을 염두에 두고 제정한 형사소송법의 압수에 관한 규정은 데이터에 대한 적용에서 한계가 드러난다. 디지털 데이터가 가지는 특성을 고려하지 않은 채 이를 물건과 같은 것으로 취급하여 압수의 대상으로 무리하게 해석하는 경우 현재의 형사소송법은 계속 모순을 드러내게 될 것이다.

이미 우리의 법규들은 데이터와 정보를 취급하기 위한 절차를 규정해 놓고 있다. 금융실명법 제4조 제1항 1호에 법원의 제출명령 또는 법관이 발부한 영장에 따른 거래정보 등의 제공을 가능하도록 규정하고 있고, 통신사실 및 통신의 내용에 관하여 통신비밀보호법상 법원의 허가서를 요구하도록 규정하여 법원의 심사를 받도록 함으로써 제3자가 보관하고 있는 데이터에 대한 취득의 적법성을 확보하고 있다. 이메일과 같은 전기통신에 대한 압수수색을 했을 경우[72] 그 당사자에게 통지하는 제도[73]를 통신비밀보호법에 신설함으로써 정보주

72 조국, “컴퓨터 전자기록에 대한 대물적 강제처분의 해석론적 쟁점,” 형사정책, 22(1), 2010, 120면에서 ‘저장된 전자우편도 통신비밀보호법의 적용대상이다.’라고 하면서 통신제한조치의

체에 대한 사후통지제도를 만든 것 역시 데이터의 특성을 반영한 것이다.[74]

통신비밀보호법 제9조의3은 매우 의미가 있다. 일명 이메일에 대한 압수수색은 전기통신서비스 제공자를 통해 데이터를 제공받는 형식으로 이루어지지만, 여전히 그 데이터의 권리주체는 배제된 상태이고 이러한 형태의 압수수색은 제3자, 즉 전기통신서비스 제공자를 이용한 원격 접속 압수수색과 다를 바가 없는 구조이며 그 권리주체에 대한 사전통지가 아닌 사후통지 개념을 스스로 인정하고 있다는 것이다. 즉, 이는 기본권으로 보호해야 할 데이터의 취득에 대해 영장주의를 도입하는 한편 그 규정에 대해 데이터 및 그 데이터 취득의 특성을 고려하였다는 점이다.

이러한 노력은 디지털 저장매체와 같은 물건을 대상으로 하기보단 그 데이터의 본질에 접근한 방식이고, 사생활의 비밀을 법률적으로 보호하고자 하는 노력[75]이며, 이는 데이터의 취득에 대한 형사소송법 제106조 3항에서 영장 집

대상이라고 주장하는 데 이메일 서비스 이외에도 통신을 할 수 있는 서비스가 다양하기 때문에 단지 내용에 의한 구분만을 고려하다보면 감청 대상이 모호해지게 되며 전자우편의 경우 제3의 장소에서 해당되는 기간 등을 정하여 제공받는 방식이 되나 감청의 경우 기계적인 장치를 이용하여 수사기관이 직접 취득한다는 점 등 집행절차에서의 침해성이 크다는 특성도 고려해야 한다. 이에 대해서는 별도의 연구가 진행되어야 할 사항으로 보인다.

73 제9조의3 (압수·수색·검증의 집행에 관한 통지) ① 검사는 송·수신이 완료된 전기통신에 대하여 압수·수색·검증을 집행한 경우 그 사건에 관하여 공소를 제기하거나 공소의 제기 또는 입건을 하지 아니하는 처분(기소중지결정, 참고인중지결정을 제외한다)을 한 때에는 그 처분을 한 날부터 30일 이내에 수사대상이 된 가입자에게 압수·수색·검증을 집행한 사실을 서면으로 통지하여야 한다.
② 사법경찰관은 송·수신이 완료된 전기통신에 대하여 압수·수색·검증을 집행한 경우 그 사건에 관하여 검사로부터 공소를 제기하거나 제기하지 아니하는 처분의 통보를 받거나 검찰송치를 하지 아니하는 처분 또는 내사사건에 관하여 입건하지 아니하는 처분을 한 때에는 그 날부터 30일 이내에 수사대상이 된 가입자에게 압수·수색·검증을 집행한 사실을 서면으로 통지하여야 한다.

74 통신비밀보호법의 전기통신은 송수신 중의 전기통신을 의미한다고 하고 서버에 보관되어 있는 이메일과 같은 전기통신은 실무상 압수·수색영장에 의해 취득하고 있으나 이 또한 데이터 자체를 압수의 대상으로 해석하기 때문인 것으로 보인다. 그러나 사생활에 대한 비밀을 보장하고자 하는 근본 취지에서 바라볼 때는 영장주의가 필요하며 데이터의 특성상 이에 대한 집행 방법 및 통지 방법만이 다를 뿐이다. 또한 타인에게 전송하는 통신의 내용인지 저장된 정보인지만 차이가 있을 뿐 모두 사생활의 비밀에 해당할 뿐만 아니라 웹하드, 구글 문서 등으로 통신을 할 수 있기 때문에 이러한 내용들이 과연 전기통신인지 네트워크상의 데이터인지 구분할 실익이 있을지 의문이다.

75 헌법 제18조에서는 "모든 국민은 통신의 비밀을 침해받지 아니한다."라고 규정하여 통신의 비밀 보호를 그 핵심 내용으로 하는 통신의 자유를 기본권으로 보장하고 있다. 통신의 자유를 기본권으로 보장하는 것은 사적 영역에 속하는 개인 간의 의사소통을 사생활의 일부로

행 방법을 구체적으로 적시한 것과 취지를 같이 한다.[76]

데이터에 대한 사생활의 비밀을 보장하기 위한 개별 법률은 데이터의 특성에 맞는 집행 방법과 통지제도를 구현하는 반면 데이터의 대량화 등으로 인해 사생활 비밀 보장의 필요성에 비추어 개정된 형사소송법은 데이터의 특성을 제대로 반영하지 못한 한계가 있다. 유형물을 염두에 둔 형사소송법의 압수규정을 해석론에 의해 무리하게 적용하기보다는 그 한계를 인식하고 데이터의 특성에 맞는 별도의 규정을 통해 이를 통제하려는 노력이 필요하다.

4. 디지털 증거 탐색의 법적 의미

가. 압수 개념의 정립

디지털 데이터는 압수의 대상이 될 수 없다. 여기서 말하는 '압수'는 "물건의 점유를 취득하는 강제처분으로 여기에는 압류, 영치, 제출명령의 세 가지 유형이 있다. 압류는 좁은 의미의 압수로써 물건의 점유를 점유자 또는 소유자의 의사에 반하여 강제적으로 취득하는 강제처분"을 의미하는 경우를 전제로 한 결론이다.

그러면 데이터를 복제하여 수사기관의 저장매체에 옮기는 행위를 어떻게 표현해야 하는가? 취득, 획득이라는 표현을 써야 할까? 아니면 압수라는 용어를 사용하되 압수란 "점유를 이전하는 것이 아니라 수사기관이 증거로써 확보하는 것"을 뜻하는 것으로 해석할 것인가? 법률적으로 Seize라는 단어가 소유권을 강제로 침탈하는 행위로 사용되지만 일반적으로는 '시선을 끌다', '기회를 잡다', '물건을 잡다'라는 다의적 의미가 있어서 'seized data'를 수사기관이 "배타적으로 점유를 이전하여 압류한"이라는 의미로 사용하지 않고 "수사기관이 증거로 사용할 목적으로 얻은 데이터"라고 해석하듯이 수사기관이 증거로 사

서 보장하겠다는 취지에서 비롯된 것이라 할 것이다.(헌법재판소 2001.3.21. 자 2000헌바25 결정)

76 금융 정보, 통신 정보, 디지털 데이터 모두 그 내용만 차이가 있을 뿐 데이터라는 특성과 이로써 보호하고자 하는 법익 그리고 이를 취득하는 방법이 다르지 않음에도 불구하고 각기 달리 규정되어 있을 뿐이다.

용할 목적으로 복제한 데이터를 "압수한 데이터"라고 표현할 수는 있다.

제1장 '정보 개념의 고찰'에서 설명한 바와 같이 정보란 인식주체가 인식하여 저장매체에 그 해석의 결과를 코딩하여 데이터로써 저장하는 것이지 그 정보 자체에 대해 배타적인 점유를 이전하는 것이 아니기 때문에 신호에 의해 전달되는 데이터나 정보 자체를 법률적 의미로 압수하는 것은 불가능하다.

따라서 '압수된 데이터', '압수된 정보'라는 표현에서 압수를 형사소송법에서 의미하는 압수라고 해석할 수는 없으며 "수사기관이 증거로 사용하기 위해 저장매체에 있는 데이터를 수사기관이 점유하는 저장매체에 복제하는 행위"라는 의미로 해석해야 한다.

우리의 형사소송법 제107조 제1항[77]과 제114조 제1항[78]은 우체물의 압수 대상에 '전기통신에 관한 것'을 추가하였고 영장의 방식을 규정한 조항은 단서에 "다만, 압수수색할 물건이 전기통신에 관한 것인 경우에는 작성기간을 기재하여야 한다."라고 개정하였다. 각 조항에는 '압수할 물건'으로 표현하고 있으나 앞서 살펴본 바와 같이 물건의 압류와 같은 의미로 해석할 경우에는 유체물을 대상으로 규정한 다른 법조항의 적용이 어려워진다. 따라서 소위 '데이터 또는 정보를 압수한다', '전기통신을 압수한다'는 용어의 의미는 데이터의 의미를 지득하거나 수사기관의 저장매체에 채록하는 것을 의미한다고 보아야 한다.

---

77 제107조(우체물의 압수) ① 법원은 필요한 때에는 피고사건과 관계가 있다고 인정할 수 있는 것에 한정하여 우체물 또는 「통신비밀보호법」 제2조제3호에 따른 전기통신(이하 "전기통신"이라 한다)에 관한 것으로서 체신관서, 그 밖의 관련 기관 등이 소지 또는 보관하는 물건의 제출을 명하거나 압수를 할 수 있다.

78 제114조(영장의 방식) ① 압수·수색영장에는 다음 각 호의 사항을 기재하고 재판장이나 수명법관이 서명날인하여야 한다. 다만, 압수·수색할 물건이 전기통신에 관한 것인 경우에는 작성기간을 기재하여야 한다. <개정 2011. 7. 18., 2020. 12. 8.>

1. 피고인의 성명
2. 죄명
3. 압수할 물건
4. 수색할 장소·신체·물건
5. 영장 발부 연월일
6. 영장의 유효기간과 그 기간이 지나면 집행에 착수할 수 없으며 영장을 반환하여야 한다는 취지
7. 그 밖에 대법원규칙으로 정하는 사항

나. 데이터 압수와 데이터 감청

'압수된 데이터'에서 사용된 '압수'의 의미를 더욱더 정확히 확인하기 위해서 데이터 감청과 데이터 압수를 비교해 볼 필요가 있다.

통신비밀보호법 제2조 제3호 및 제7호에 의하면 같은 법상의 '감청'은 전자적 방식에 의하여 모든 종류의 음향·문언·부호 또는 영상을 송신하거나 수신하는 전기통신에 대하여 당사자의 동의 없이 전자장치·기계장치 등을 사용하여 통신의 음향·문언·부호·영상을 청취·공독하여 그 내용을 지득 또는 채록하거나 전기통신의 송·수신을 방해하는 것을 말하는 것이다. 그런데 해당 규정의 문언이 송신하거나 수신하는 전기통신 행위를 감청의 대상으로 규정하고 있을 뿐 송·수신이 완료되어 보관 중인 전기통신 내용은 그 대상으로 규정하지 않은 점, 일반적으로 감청은 다른 사람의 대화나 통신 내용을 몰래 엿듣는 행위를 의미하는 점 등을 고려하여 보면, 통신비밀보호법상의 '감청'이란 그 대상이 되는 전기통신의 송·수신 과정 중에 이루어지는 경우만을 의미하고, 이미 수신이 완료된 전기통신의 내용을 지득하는 등의 행위는 포함되지 않는다.[79] 따라서, 디지털 데이터가 전기통신의 송수신 도중에 있는 경우에는 통신제한조치에 의거하여 그 내용을 지득해야 하고, 수신이 완료된 전기통신의 내용이 디지털 데이터로 존재하는 경우에는 압수·수색영장에 의하여 취득해야 한다.

SNS 서비스인 카카오톡의 대화 내용에 관하여 송수신이 완료된 데이터를 취득할 때 통신제한조치를 한 것은 위법이라는 판결이 있다. 대법원은 이 사건에서 "통신제한조치 허가서에 기재된 통신제한조치의 종류는 전기통신의 '감청'이므로, 수사기관으로부터 집행 위탁을 받은 카카오는 통신비밀보호법이 정한 감청의 방식, 즉 전자장치 등을 사용하여 실시간으로 이 사건 대상자들이 카카오톡에서 송·수신하는 음향·문언·부호·영상을 청취·공독하여 그 내용을 지득 또는 채록하는 방식으로 통신제한조치를 집행하여야 하고 임의로 선택한 다른 방식으로 집행하여서는 안 된다고 할 것이다. 그런데도 카카오는 이 사건 통신제한조치 허가서에 기재된 기간 동안, 이미 수신이 완료되어 전자정보의

---

79 대법원 2012.10.25. 선고 2012도4644 판결.

형태로 서버에 저장되어 있던 것을 3~7일마다 정기적으로 추출하여 수사기관에 제공하는 방식으로 통신제한조치를 집행하였다. 이러한 카카오의 집행은 동시성 또는 현재성 요건을 충족하지 못해 통신비밀보호법이 정한 감청이라고 볼 수 없으므로 이 사건 통신제한조치 허가서에 기재된 방식을 따르지 않은 것으로서 위법하다고 할 것이다. 따라서 이 사건 카카오톡 대화 내용은 적법절차의 실질적 내용을 침해하는 것으로 위법하게 수집된 증거라 할 것이므로 유죄인정의 증거로 삼을 수 없다."고 판시[80]하였다.

이 판례에 따르면 디지털 형식으로 전송되는 카카오톡의 대화 내용이 전송되고 있느냐 전송이 완료되었느냐에 따라 집행의 방식이 달라진다. 그런데 대화 내용을 이루고 있는 데이터는 동일하다는 점에 집중할 필요가 있다. 똑같은 데이터임에도 불구하고 감청을 하는 경우에는 '지득 또는 채록'이라는 표현을 쓰고 있다. 만약 수사기관에서 압수·수색영장을 발부받아 카카오톡 대화 내용을 취득했다면 대화 내용을 '압수'하였다고 표현하게 될 것이다.

데이터에 대한 취득은 형사소송법 또는 통신비밀보호법 등의 법률에 따른 절차가 다르고 그 집행의 방식만이 다를 뿐 데이터에 대한 보존의 측면(수사기관의 저장매체에 옮겨 담는 행위)에서는 데이터 압수와 데이터 감청은 같은 의미를 가진다.

데이터 감청에서 '지득, 채록'이라는 표현을 쓰면서 데이터를 압수할 물건에 포함시킨다는 논의를 하지 않는 것처럼 압수수색의 대상으로써도 그것이 압수할 물건에 포함되느냐 안 되느냐는 의미가 없는 논쟁일 뿐이다.

앞서 살펴본 데이터 또는 정보 압수에 대한 긍정설의 견해 중 "관리 가능한 자연력에는 배타적 지배가 가능한 전기, 열, 광, 음향, 에너지 등이 포함되는 바, 컴퓨터 전자기록, 즉 데이터는 저장장치에 전자기적 신호로 저장되고 네트워크를 통해 이동될 때는 전기적 신호의 속성을 지니고 컴퓨터 특성상 데이터는 그 어떠한 무체물보다 배타적으로 관리가 가능하다고 한다."는 견해[81]가 있었다. 이 견해는 전기와 전기에 담기는 신호를 구분하지 못한 오류가 있다. 물론 전기, 열, 광, 음향 등은 관리 가능한 자연력인 것은 사실이다. 하지만

80 대법원 2016.10.13. 선고 2016도8137 판결.
81 노승권, "컴퓨터 데이터 압수·수색에 관한 문제," 검찰, 통권 제111호, 2000, 280면.

데이터는 그의 일종이 아니다. 이러한 자연력을 통해 데이터가 의미하는 바를 표현할 뿐이고 수신 측에서는 그 파형과 신호를 분석하여 동일한 데이터 값을 생성한 후 수신 측의 저장매체에 그대로 다시 기록하는 것이다. 데이터는 에너지가 아니며 물질도 아니며 물건도 아니고 인식할 수 있는 신호의 체계이다.

따라서 데이터는 유형물과 같은 압수의 대상이 아니라 데이터 감청에서 표현한 바와 같이 '지득, 채록'하는 것이다.

다. 디지털 저장매체 분석의 법적 성질

살인사건 현장을 검증하고 혐의자의 주거를 수색하여 살인 도구를 압수하거나 은닉해 둔 마약을 압수한 후, 혈흔의 DNA나 마약의 성분을 감정하는 행위들은 명확하게 구분할 수 있다. 반면, 주거에 대한 수색을 통해 디지털 저장매체를 발견한 이후 디지털 저장매체에 저장된 데이터를 증거로 취득하는 과정에서 수색, 검증, 분석이 각 단계별로 구분이 가능한지도 검토해 볼 필요가 있다.

원본 매체를 압수하여 수사기관의 사무실에서 기억된 범위의 추출과 확인 이후 분석 과정에는 참여권이 인정될 필요가 없다고 설명하면서 분석은 압수수색검증 이후의 사후 행위로 보는 견해[82]가 있다. 그러나 분석을 통해 삭제된 파일을 복구하는 행위, 컴퓨터 로그 기록을 확인하여 타임라인을 확인하는 행위, 인터넷 사용 내역 등을 확인하는 행위가 이루어지면, 그 파일의 내역과 함께 사용자의 컴퓨터 이용 행태가 육안으로 확인되기 때문에 여전히 프라이버시에 대한 침해가 발생한다. 따라서 압수수색의 사후 행위라고 하여 영장주의의 통제에서 벗어나도록 방치할 수는 없다.

저장매체를 탐색하는 과정에서 그 내용을 인식할 수 있는 상태의 증거가 되는 부분을 즉시 출력, 복제할 수 있는 경우가 있는 반면에 복제한 데이터에서 악성코드를 찾아내거나 스테가노그래피 기법을 통해 은닉한 데이터를 찾아내기 위해 분석을 수행하는 경우라든지 윈도우 아티팩트를 확인하여 피처분자의 활동 내역을 현출해 내는 경우도 있다. 출력하여 그 내용을 육안으로 즉시

---

82 장윤식, 『디지털 증거분석실 표준 설계안 연구』, 경찰청 연구용역, 2017, 34면.

확인할 수 있는 경우나 복제한 후에 공판정에서 즉시 파일의 내용을 제시할 수 있는 경우의 탐색은 수색의 과정에 해당한다고 할 수 있다. 또한 암호화된 파일을 복호화하는 행위, 삭제된 파일을 복구하는 행위, 스테가노그래피 기법을 통해 은닉한 데이터를 찾아내는 행위는 수색에 필요한 처분[83]을 하는 것으로 볼 수 있다. 이러한 과정을 거쳐 육안으로 확인할 수 있도록 데이터를 변환한 후 탐색하는 경우는 수색의 과정에 해당한다고 판단된다. 다만, 삭제되어 있었다는 상황, 스테가노그래피 기법을 사용했다는 정황, 암호화되었다는 상황, 해당 시스템의 로그 기록을 분석하여 결과를 도출하는 행위, 파일의 메타데이터를 분석하는 행위, 윈도우 아티팩트를 확인하여 컴퓨터의 사용 이력을 재구성하는 행위는 검증[84]의 일환이라고 보아야 한다. 결국 저장매체에 대한 탐색을 시작하여 수사기관의 사무실에서 분석을 수행한 후 최종 증거로 제시될 수 있는 결과를 찾아내기 전까지는 수색과 검증의 단계 내에 포함된다고 볼 수 있다.

이러한 취지에서 대법원의 다음 판시 사항[85]은 타당하다. "전자정보는 복제가 용이하여 전자정보가 수록된 저장매체 또는 복제본이 압수수색 과정에서 외부로 반출되면 압수수색이 종료한 후에도 복제본이 남아있을 가능성을 배제할 수 없고, 그 경우 혐의 사실과 무관한 전자정보가 수사기관에 의해 다른 범죄의 수사의 단서 내지 증거로 위법하게 사용되는 등 새로운 법익 침해를 초래할 가능성이 있으므로, 혐의 사실 관련성에 대한 구분 없이 이루어지는 복제·탐색·출력을 막는 절차적 조치가 중요성을 가지게 된다. 따라서 저장매체에 대한 압수수색 과정에서 범위를 정하여 출력 또는 복제하는 방법이 불가능하거나 압수의 목적을 달성하기에 현저히 곤란한 예외적인 사정이 인정되어 전자정보가 담긴 저장매체 또는 복제본을 수사기관 사무실 등으로 옮겨 이를 복제, 탐색, 출력하는 경우에도, 그와 같은 일련의 과정에서 형사소송법 제219조, 제121조에서 규정하는 피압수수색 당사자(이하 '피압수자'라 한다)나 그 변호인에

83 형사소송법 제120조(집행과 필요한 처분) ① 압수·수색영장의 집행에 있어서는 건정을 열거나 개봉 기타 필요한 처분을 할 수 있다.

84 검증이란 시각, 청각, 취각, 미각, 촉각 등 오관의 작용에 의하여 물건, 인체 또는 장소의 존재, 형태, 성질, 형상 등을 실험, 관찰하여 인식하는 강제처분을 말한다.(형사실무제도1, 343면)

85 대법원 2015.7.6. 자 2011모1839 전원합의체 결정.

게 참여의 기회를 보장하고 혐의 사실과 무관한 전자정보의 임의적인 복제 등을 막기 위한 적절한 조치를 취하는 등 영장주의 원칙과 적법절차를 준수하여야 한다".

5. 수색으로 보는 경우의 문제 인식

디지털 데이터를 저장하고 있는 저장매체 자체는 압수의 대상이 될 수 있음은 명백하다. 하지만 그 안에 저장되어 있는 데이터를 선별하여 관련성이 있는 증거를 찾아내야 한다면 선별하고 열람하는 과정은 수색이 된다. 이러한 수색을 통하여 관련 데이터를 찾아내고 이를 복사하는 행위 또는 현출된 화면을 촬영하거나 기록하는 행위를 어떻게 평가할 것인가?

압수라는 것은 물건의 점유를 법집행기관으로 이전시켜 기존의 소유, 소지, 점유할 권원을 박탈하는 것을 의미한다. 데이터에 대한 복제는 기존의 소유, 소지, 점유의 권원을 박탈하지 않기 때문에 통상적인 압수에 해당하지 않음이 명백하다. 그럼에도 불구하고 데이터를 압수할 수 있다고 표현하려면 '압수'의 의미를 재정의해야 한다.

미국 법원은 경찰관이 장물로 의심되는 스테레오의 시리얼 넘버를 기록한 것은 시리얼 넘버에 대한 불법적 압수를 구성하지도 않는다고 판단[86]하였고 사진 촬영에 의하여 현장의 사진을 기록한 것은 불법한 압수가 되지 않는다[87]고도 판단하였다.

시리얼 넘버를 종이에 기록하는 행위, 현장을 사진 촬영하는 행위와 법집행기관의 저장매체에 사건 관련 데이터를 복사하는 행위를 동등하게 취급할 수 있다면 데이터에 대한 복사 및 복제 행위는 압수가 아니라는 결론에 도달한다. 그러나 이에 대해 정보를 종이에 기록하는 것과 사진을 찍는 것은 단순히 인간의 지각을 일정한 양식에 보존하는 것인 반면 데이터를 복사하는 것은 법집행기관이 관찰하지 않은 것을 복사함으로써 정보를 법집행기관의 소지로 옮

---

86 Arizona v. Hicks, 480 U.S. 321, 323-324(1987).

87 Bills v. Aseltine, 958 F.2d 697, 707(6th Cir. 1992).

기는 것이기 때문에 차이가 존재한다는 의견이 있다.[88] 이러한 의견은 나중에 관찰하기 위해 데이터를 복사하는 행위는 압수에 해당한다고 보는 것이다.

그런데 지각한 것을 옮겨 적거나 사진 촬영하는 것과 아직 그 내용을 보지는 않았지만 그 데이터를 복사하는 행위 사이에서 압수 여부를 구분할 때 인간의 지각 유무를 기준으로 나누는 것은 합리적인 이유가 없다. 전통적으로 압수라는 행위는 피대상자의 소유권과 점유권을 옮기는 행위를 통해 해당 유체물에 대한 권한 행사를 할 수 없도록 한다는 점을 기준으로 생각해 보면 데이터에 대한 복사는 데이터 저장매체에 대한 소유권과 점유권을 침해하지 않으므로 이를 압수에 해당한다고 보기 어렵다. 결국 데이터는 수색의 대상이 될 뿐이다. 시간적으로 압수가 수색의 뒤에 이루어지기 때문에 데이터를 압수의 대상으로 삼는 것 보다는 데이터를 복사하기 이전의 행위를 수색으로 보는 것이 데이터에 대한 헌법적 보호 시점을 앞당기게 되는 이익도 존재한다.

데이터를 압수의 대상으로 보면 법집행기관의 영장 집행을 감독하고 제어하는 데 있어서 범죄 사실과 관련성이 있는 데이터에 대한 압수의 양을 줄이는 데 방점을 두고 보게 되지만, 데이터에 대해서는 온전히 수색 행위만 존재한다고 인식을 전환하면 범죄와 관련 있는 부분에 대한 수색만을 허용해야 한다는 점을 인식할 수 있다. 수색의 범위를 관련성 있는 부분에 한정하지 않을 경우, 일반 영장의 집행과 다를 바가 없기 때문이다.

미국 수정헌법 제4조는 'effects'와 'papers'를 구분하고 있다. 재산권에 해당하는 유체물과 프라이버시 등을 기록하고 있는 서류는 다르기 때문이다. 문서위조죄의 대상이 되는 papers는 그 자체가 증거물에 해당되지만 문서의 내용을 담고 있는 papers는 프라이버시의 집약체이다. 특히, 21세기의 기술은 이러한 차이를 더욱 극명하게 한다. 스마트폰이나 플래시 드라이브 같은 휴대용 장치들은 분명 'effects'에 해당하여 서류가방이나 백팩과 같은 수색과 압수의 대상이지만 해당 장치들이 보유하고 있는 데이터의 엄청난 양과 민감성 때문에 이를 단순히 'effects'라고 단정할 수 없다. 컴퓨터 수색에서 문제가 되는 부분은 합리적인 의심이 드는 증거를 발견하기 위해 방대한 양의 무고한 데이터

88 Orin S. Kerr, "Fourth amendment seizures of computer data," Yale Law Journal 119(4), 2010, p714.

가 노출될 수 있다는 점이다. 1760년대 영국에서 발생한 "papers 압수가 일반 영장의 집행"이라는 논란이 있었던 것처럼 디지털 저장매체에 대한 수색 범위를 한정하지 않는다면 일반 영장의 집행과 다르지 않다.[89]

6. 소결

데이터는 물건과 같이 배타적으로 점유를 이전시킬 수 있는 것이 아니다. 인식함으로써 수신자 측에서 정보가치를 가질 뿐이고 수신자의 프로세스를 통해 데이터를 재생산하여 기록하는 것이다. 전송 중인 카카오톡의 대화 내용은 감청의 대상이 되지만 송수신이 완료된 대화 내용은 압수·수색영장에 의해 확보한다. 대화 내용을 취득하는 절차와 방식만이 다를 뿐이지 압수·수색영장에 의해 집행한다고 해서 카카오톡의 대화 내용을 압수한다고 표현할 필요가 있는 것은 아니다. 감청에서 표현하는 바와 같이 그 대화 내용을 지득, 채록하는 것일 뿐이다.

다만, 데이터를 압수한다는 표현이 허용되지 않는 것은 아니다. 여기서의 압수라는 의미를 압수물, 몰수물과 같은 개념으로 사용할 수는 없으나 본인의 의사에 반하여 강제로 취득, 지득하는 행위를 의미하는 바로 사용한다면 데이터를 압수한다는 표현도 가능하다. 이는 미국의 판결에서도 "seized data"라는 표현을 쓰는 것과 같은 의미이다.

데이터를 압수의 대상으로 본다고 할지라도 형사소송법에서 압수물을 처분하는 규정과 걸맞지 않다. 결국 압수의 대상으로 볼 실익이 존재하지 않는다. 오히려 압수의 대상으로 볼 경우 저장매체 수색에 대해서는 집중하지 못하고 오로지 압수할 데이터의 범위만을 줄이려는 노력을 통해 저장매체 수색을 통해 발생하는 프라이버시 침해에 대해서는 대응할 수 없게 된다.

데이터와 정보는 프라이버시의 매개체이다. 미국 연방대법원은 1977년 처음으로 헌법상 정보프라이버시권에 대해 언급하였다. "헌법상 프라이버시권을

89 DONALD A. DRIPPS, ""Dearest Property": Digital Evidence and the History of Private "Papers" as Special Objects of Search and Seizure", The Journal of Criminal Law and Criminology (1973－), [s. l.], v. 103, n. 1, 2013, p51.

보호하는 사건은 두 종류의 이익과 관련이 있다. ① 개인사의 공개를 피할 사익과 ② 특정 종류의 중요한 결정을 내릴 독립성에의 이익이다."[90]라고 하면서 실체적 적법절차상 프라이버시를 개인정보 수집, 사용, 공개와 관련한 프라이버시(정보프라이버시, informational privacy)와 신체나 가정사에 관한 결정과 관련한 프라이버시(의사결정 프라이버시, decisional privacy)로 분류하였다.[91] 데이터에 대한 열람과 탐색이 수색에 해당하며 미국 수정헌법 제4조에 따른 보호를 받으면서 수색되기 위해서는 프라이버시에 대한 합리적 기대를 가지고 있어야 한다. 프라이버시에 대한 합리적 기대를 침해하면서 정보를 취득하기 위해서는 영장에 의해야 하고 그 집행의 방법도 적법해야 한다. 압수는 수색이라는 행위 이후에 이루어지는 것이다. 데이터에 대한 열람은 수색 행위의 출발점이다. 데이터를 압수의 대상으로 삼으려는 노력을 하지 않더라도 그 탐색과 열람은 이미 수색 행위에 해당하므로 충분히 헌법적 보호 대상으로 삼을 수 있다.

저장매체의 수색이라고 한다면 압수의 전 단계인 수색에 집중하게 되고 광범위한 프라이버시 침해에 초점을 맞추게 된다. 결국 압수할 것이 무엇이냐라는 집중에서 감청과 같이 수색의 범위를 제한하려는 노력을 하는 것이 바람직하다.

제3절 디지털 저장매체 압수수색에서 정보 개념의 적용

1. 강제처분의 대상이 되는 데이터

정보는 존재하는 것의 특성이 아니라 이를 인식하는 주체 또는 상황에 따라 달리 평가되는 가치이기 때문에 그 가치를 부여하는 모든 주체 또는 상황에 공통되는 단일한 개념을 설정하는 것은 불가능하다는 점을 앞서 살펴보았다.

90 Whalen v. Roe 429 U.S. 589 (1977).

91 이지영, 『전자정보의 수집·이용 및 전자감시와 프라이버시의 보호 – 미 연방헌법 수정 제4조를 중심으로 –』, 비교헌법재판연구, 헌법재판소 헌법재판연구원, 2015, 6면.

우리의 법규범에서조차 자료, 지식, 정보 등이 구분되지 않는 경우가 있으며 일상에서는 정보의 개념에 대한 다양한 해석이 존재한다. 다만, 정보에 대한 권리가 기본권의 하나로써 인식되고 있는 상황에서는 이에 대한 규범적 정의가 선행될 영역은 존재한다. 정보는 그 특성상 법 목적에 연유하지 않으면 규범적 평가가 어렵게 되고 정보가 법률 거래와 법적 보호의 대상이 되는 경우 법적인 대상화 작업이 불가피하기 때문이다. 정보를 법의 대상으로 삼고자 하는 경우 정보의 내용, 경로, 인식 등 하나의 현상을 객관적으로 파악할 수 있어야만 한다.[92]

개인에 관한 자료들이 디지털 데이터로 보관되고 이러한 자료들에 대한 보호의 필요성이 제기됨에 따라 통신비밀보호법은 통신사실과 통신의 내용을 보호하게 되고 금융실명법은 금융자료를 보호의 대상으로 삼게 되었다. 최근의 법리는 이러한 대상을 강제적인 방법으로 취득하지 않은 경우에도 그 취득 자체를 규제하는 모습을 보이고 있다.

경찰이 신용카드회사에 공문을 발송하여 매출 전표의 거래명의자를 확인한 사안에서 대법원은 "수사기관이 범죄의 수사를 목적으로 '거래정보 등'을 획득하기 위해서는 법관의 영장이 필요하다고 할 것이고, 신용카드에 의하여 물품을 거래할 때 '금융회사 등'이 발행하는 매출 전표의 거래명의자에 관한 정보 또한 금융실명법에서 정하는 '거래정보 등'에 해당한다고 할 것이므로, 수사기관이 금융회사 등에 그와 같은 정보를 요구하는 경우에도 법관이 발부한 영장에 의하여야 할 것이다. 그럼에도 수사기관이 영장에 의하지 아니하고 매출 전표의 거래명의자에 관한 정보를 획득하였다면, 그와 같이 수집된 증거는 원칙적으로 형사소송법 제308조의2에서 정하는 '적법한 절차에 따르지 아니하고 수집한 증거'에 해당하여 유죄의 증거로 삼을 수 없다."고 판시[93]하였다.

데이터를 제공받는 절차에서 어떠한 강제력이 수반되지 않았음에도 불구하고 단지 그 데이터의 내용을 인식하는 것조차 영장주의의 대상으로 삼은 것이다. 규범이 존재하기 전까지 자유롭게 거래되던 개인에 관련된 자료들이 이제는 그 데이터를 인식하는 것마저 강제처분에 해당한다는 공감대가 형성된

92 정진명, "사권의 대상으로서 정보의 개념과 정보 관련 권리," 비교사법, 7(2), 2000, 305면.
93 대법원 2013. 3. 28. 선고 2012도13607 판결.

것인데 이러한 흐름은 데이터가 가지는 원래의 속성에 의해서가 아니라 사회가 데이터에 대해 인식한 정보적 보호 가치에 따라 발생한 것이다.

규범적으로 정의하여 강제처분의 대상이 된 데이터들로는 개인정보, 신용정보, 의료정보, 군사정보 등을 예시로 들 수 있다. 규범이 데이터에 대한 가치평가자가 되어 법으로써 보호해야 할 대상으로 삼은 것이다. 규범적으로 정의된 데이터는 물론 강제처분의 대상이 될 수 있으며 이 경우 해당 데이터에 대한 정보의 가치 부여자는 수사기관이 아니라 해당 데이터를 규범적으로 정의한 법규가 될 것이기 때문에 수사기관은 해당 법규가 정한 특별한 규정[94]을 추가적으로 준수해야 한다.

2. 정보에 대한 압수가능성

본래 압수의 대상은 소유와 점유의 대상이 될 수 있는 '물건'이다. 물건은 유체물 또는 전기, 열, 빛, 에너지와 같이 관리할 수 있는 자연력이어야 하며 배타적으로 지배가 가능해야 하기 때문에 배타적 지배가 불가능한 유체물은 물건에 해당하지 않는다. 또한, 사람이 아닌 외계의 일부여야 하기 때문에 신체의 일부는 물건에 포함되지 않으며 인간의 인격이나 사상과 관념 등도 당연히 물건으로 취급받을 수 없다.[95] 따라서 유체물에 표현되어야 그 존재를 인식할 수 있는 '데이터'를 독자적으로 물건의 한 종류로써 취급하는 것은 불가능한 것이 당연한 논리적 귀결이다.

그렇다면 저장매체에 있는 일부의 증거를 취득하는 방법은 무엇이며 이러한 행위를 어떻게 평가해야 할까? 현재의 형사소송법은 저장매체의 경우에는 '복제와 출력의 방법'을 제안한다. 복제와 출력이 압수 행위일까? 과연 유체물이 아닌 현상을 복제와 출력의 방식으로 강제처분하는 문제가 디지털 시대에

---

94 형사소송법 제106조 제4항은 저장매체에 대한 압수를 통해 정보를 제공받은 경우 '개인정보 보호법」 제2조제3호에 따른 정보주체에게 해당 사실을 지체 없이 알려야 한다.'고 규정하고 있으며 금융실명거래 및 비밀보장에 관한 법률 제4조는 금융거래정보에 관한 영장 집행의 특칙을 규정하고 있다.

95 김준호, 『민법강의』, 제25판, 법문사, 2019, 165－166면.

비로소 새로 등장한 이슈일까?

디지털 저장매체에 대한 수색의 공간은 주거나 물리적 공간이 아니라 하드 디스크와 같은 저장매체이며 처분의 방법이 논리적인 것을 포함한다는 측면에서는 통상의 것과 다르지만[96] 매체와 매체 속에 내포된 내용은 역시 증거로서 확보되어야 할 증거 대상이라는 점에서는 물리적인 압수수색이 추구하고자 하는 목적과 다르지 않다.[97] 확인하고 법정에 제출해야 할 것이 디지털로 기록되었다는 이유로 압수·수색영장의 집행 구조가 달라지지는 않는다. 디지털 저장매체에 대한 압수는 많은 양의 글이 쓰여져 있는 서류 뭉치를 압수하는 것과 다를 바 없고 저장매체에 있는 데이터를 프로그램을 통해 불러와 그 내용을 인식하는 것과 서류 뭉치에 씌여진 글귀를 해석하여 내용을 인식하는 것은 프로그램을 사용한다는 것 외에는 크게 다르지 않다. 유체물의 형질과 상태를 수사기관이 인식하는 것도 정보를 인식하는 것이며 서류 뭉치에 적혀져 있는 글귀의 내용을 이해하는 것도 역시 정보를 인식한다는 점에서 크게 다르지 않다.

그런데 과거 우리는 압수 현장에 놓여 있는 물건의 상태를 사진 촬영하는 것을 두고 '정보'를 압수했다고 표현하지 않았으며 이 문제에 대해 큰 고민도 하지 않았다. 압수수색검증의 대상은 보관·보존된 현상과 데이터가 될 것이며 이것이 유체물이 아니어서 배타적 이전을 할 수 없기 때문에 증거 취득의 방법으로써 사진 촬영, 녹음, 녹화, 복제, 출력 등의 방법을 사용하게 될 뿐이지 '정보' 자체를 압수하는 개념이라고 생각하지는 않았다.

결국 과거이든 현재이든 '정보' 자체는 압수수색의 대상이 될 수 없다. 압수수색의 현장에서 어떠한 자료 또는 현상에 가치를 부여하는 자는 수사기관이 될 것이며 수사기관이 부여하는 가치는 증거로 사용하고자 하는 가치이다. 정보를 압수하는 것이 아니라 증거가치가 있다고 인정되는 것을 정보화 또는 코딩, 즉 해당 인식에 필요한 데이터의 보존조치를 통하여 법정에 제시하는 것이고 법원은 수사기관이 제시한 종이, 진술, 사진 등 정보운반체에 있는 정보를 다시 인식할 뿐이다. 이는 범죄 현장을 사진 촬영하거나 스케치하거나 검증

96 Orin S. Kerr, "Searches and Seizures in a Digital Wolrld", Harvard Law Review, Vol. 119, The Harvard Law Review Association, 2005, pp539－547.
97 이규호, "미국에 있어 디지털 증거의 증거능력," 민사소송, 11(2), 2007, 154면.

조서를 작성하거나 서류의 일부를 복사하는 등의 행위와 다르지 않으며 이러한 행위를 비유적으로 '압수하였다'고 표현할 뿐이다.

3. 원격 접속을 통해 데이터를 열람하는 행위의 의미

우리의 형사소송법은 우리 영토 내에서 유효하다. 국경을 사이에 두고 손을 뻗을 만한 거리에 있다고 하더라도 선 밖의 영역이 우리의 영토가 아니라면 우리의 형사소송법을 적용할 수 없다. 데이터를 획득하는 경우에도 데이터를 저장한 서버가 국외에 있다면 국내 형사소송법을 근거로 하여 그 서버에 물리적으로 접근하는 방법으로 데이터를 가져올 수가 없다.

그런데 정보통신망은 물리적인 접근이 없이도 국외의 서버에 저장된 데이터를 전송받을 수 있다. 국내에 있는 범죄 혐의자가 사용하는 이메일 서버가 해외에 있는 경우, 국내에서 접속하여 이메일 내용을 다운로드할 수 있고 압수한 스마트폰을 통해 피압수자가 가지고 있는 해외 계정에 접근할 수 있다. 심지어 이러한 절차를 통해 데이터를 다운로드하는 수사기관마저 그 데이터가 해외 서버에 저장되어 있는 것인지조차 인식할 수 없다.

우리나라의 영토에서 연결되어 있는 통신망을 통해 다른 나라의 서버에 저장되어 있는 데이터를 들여다보거나 이를 다운로드하는 행위를 어떻게 평가할 것인가? 온라인에서는 우리의 형사소송법을 적용하는 것이 가능한가? 아니면 타국의 서버에 물리적으로 접근한 것과 같이 취급할 것인가? 또는 데이터를 수집하기 위해 해당 서버의 소재지를 관할하는 국가의 동의가 필요한가? 이러한 문제의식은 데이터의 관할권 성립을 판단함에 있어서 기존의 전통적인 영토주의 접근 방식을 그대로 채택하는 것이 적합하지 않다는 '데이터 예외주의(data exceptionalism)' 담론을 낳게 된다. 이를 찬성하는 학자들은 데이터가 기존의 유·무형 자산과는 다른 독특한 속성을 가지며, 이러한 특징들로 인해 클라우드 환경에서는 데이터에 대해 기존의 영토주의적 접근 방식을 적용하기 어렵다고 주장한다. 예외주의라는 것은 원칙은 따로 정해져 있으나 어떠한 경우에만 특별히 다르게 취급하자는 것이다. 과연 데이터를 들여다보는 행위도 원칙적으로 영토주의 접근 방식을 채택해야 타당하지만 단지 현실적인 필요에 따라 데이터의 경우에만 특별히 취급할 필요가 있는가?

데이터나 신호로부터 정보를 생산해 내는 것은 물리적인 무엇이 아니라 인식 과정이다. 원격으로 접속하여 데이터를 들여다보거나 다운로드하는 행위 역시 데이터에 담겨 있는 정보를 인식하거나 다른 정보운반체에 해당 데이터를 복사하는 것이다. 데이터 예외주의를 선택하여 원격 접속에 의한 데이터 접근이 가능하도록 하는 해석이 없이도 당초 해외 서버에 있는 데이터를 열람하는 행위는 어떠한 영토주권도 침해하지 않는다. 만약 해외에 있는 서버에 보관된 데이터를 열람하는 행위가 영토를 침해하는 것이라고 해석한다면 우주 공간에서 인공위성으로 타국을 촬영하는 행위뿐만 아니라 멕시코 국경에서 미국 국경에 있는 시민과 수어를 통해 대화를 하는 행위까지도 영토를 침해하는 것이라고 해석해야 한다.

시각적으로 물건을 바라보는 것은 사물의 형상을 우리의 눈을 통해 인식하는 것일 뿐 그 사물이 우리의 눈으로 이동하는 것이 아닌 것처럼 해외에 위치한 서버 내의 데이터를 네트워크를 통해서 들여다보는 행위는 통신망을 통해 흘러오는 신호를 해석하는 것에 불과하기 때문에 이는 국경에서 신호를 송수신하는 것과 다를 바가 없다. 역외 압수수색의 문제는 수사기관이 위치하는 영토에서 상대측의 신호를 인식하는 행위일 뿐이기 때문에 정보주체의 의사에 반하여 접근할 수 있는 권한을 정당하게 확보하는 한 영토주권의 문제를 야기하지 않는다.

4. 데이터를 열람하는 방법의 문제점

디지털 데이터는 컴퓨터를 이용하지 않고는 읽거나 볼 수 없기 때문에 그 자체로 내용을 읽고 알 수 있는 서면에 기록된 데이터보다도 프라이버시에 대한 기대 정도가 높다.[98] 특히 저장매체의 대량성, 데이터 저장의 압축성 때문에

---

98 오기두, “형사절차상 컴퓨터관련 증거의 수집 및 이용에 관한 연구,” 서울대 박사학위논문, 1997, 89면.

수사기관이 범죄와 관련된 데이터를 확보하려면 범죄와 관련 없는 엄청난 양의 데이터 영역을 수색해야 하는 문제가 발생한다. 만약 디지털 저장매체를 압수하는 것으로 영장의 집행이 완료되는 것으로 한다면 그 이후의 탐색은 압수 이후의 사후 처분으로 끝나기 때문에 디지털 저장매체에 있는 파일을 검색하는 것을 수색의 일환으로 해석하는 것이다.

디지털 저장매체에 대한 영장을 집행하는 경우 매체 자체를 압수하는 것이 원칙이 아니라 그 안에 있는 증거되는 범위만을 출력하고 복제하는 것을 원칙으로 규정한 형사소송법 제106조 제3항은 매체 자체의 압수를 통한 프라이버시 침해를 최소화하기 위한 노력의 산물이다.

수사 실무는 디지털 저장매체를 압수하는 대신에 범위를 정하여 필요한 부분만을 취하고 있다. 그러나 출력복제의 원칙이 프라이버시 침해 최소화에 어느 정도 기여하는지 살펴볼 필요가 있다. 저장매체를 압수하고 그 내용을 읽지 않는 행위, 저장매체를 압수하고 그 내용을 읽어 보는 행위, 저장매체를 압수하지 않고 그 내용을 읽어 보고 필요한 부분을 출력 또는 복제하는 행위 중 프라이버시 침해의 경중을 따져보아야 한다.

세 가지 경우에서 프라이버시 침해가 가장 적은 것은 첫 번째이다. 비록 저장매체에 대한 소유나 점유가 이전되는 문제는 있으나 내용을 읽지 않기 때문에 프라이버시 침해는 가장 적다. 반면에 두 번째와 세 번째는 프라이버시 측면에서 크게 다를 바가 없다. 저장매체를 압수하느냐 필요한 부분만을 출력, 복제하느냐는 결국 저장매체에 대한 소유, 점유의 이전만이 문제될 뿐 크게 다르지 않다.

사생활을 담고 있는 디지털 영역에서 가장 크게 비중을 두어야 할 것은 그 안의 데이터에 대해 수사기관이 인식할 기회를 얼마나 가지느냐이다. 디지털 데이터는 수사기관이 이를 읽어서 인식하기 전에는 어떠한 가치를 부과할 수 없고 증거에 대한 가치 또는 범죄와의 관련성 또한 특정할 수 없다. 결국 수사기관이 최초에 압수수색의 대상으로 삼는 것은 유체물인 저장매체이며 그 안에 있는 무형의 것에 대해서는 범위를 정하고 그 데이터가 보여주는 의미를 새로운 정보운반체(사진 촬영, 복제, 출력, 녹화, 조서의 작성 등)에 담는 방법으로 취득하게 되는데 이는 압수 대상이 되는 유체물 자체의 문제가 아니라 취득하게 되는 데이터 이외의 영역을 수색하는 수색 범위의 문제[99]로 귀결된다. 눈으로 읽을 수 있는 수색 범위와 방법을 구체적으로 정하지 않을 경우 수색 자체가 압수와 다를 바 없는 침해를 양산하게 되기 때문이다. 인간의 뇌 역시 사진촬영, 복제, 출력 등과 같은 정보운반체[100]에 해당하기 때문이다.

헌법 제12조 제1항이 비록 법률에 의한 경우 압수수색이 허용된다고 규정하고 있으나 헌법 제17조부터 제23조까지는 사생활의 불가침, 통신비밀의 불가침, 양심·종교·언론·출판·집회·결사·학문·예술의 자유, 재산권의 보장을 기본권으로 삼고 있다. 범죄 관련성이 없는 나머지 부분은 헌법 제17조부터 제23조가 보장해야 할 기본권들이 포함되어 있음에도 불구하고 해당 영역의 데이터를 눈으로 직접 인식하는 행위는 기본권을 직접 침해하기 때문에 이러한 수사 실무가 유지되는 한 형사소송법 제106조 제3항은 그 역할을 다하는 것이 아니다.

제4절 수색의 공간으로서의 디지털 저장매체

1. 데이터에 대한 영장주의의 핵심

우리의 헌법재판소는 "신체의 자유에 비하여 주거의 자유는 그 기본권 제한의 여지가 크다."고 판시[101]하고 있다. 그런데 이에 대해 주거의 자유는 사생활의 비밀을 보호하는 근간이 되므로 이를 침해하는 행위가 반드시 신체의 자

---

99 이관희·김기범·이상진, "정보에 대한 독자적 강제처분 개념 도입," 치안정책연구, 26(2), 2012, 93면.

100 "정보운반체는 세 가지 부류가 있다. 물질, 정신과 구조이다. 예를 들어, 책에 있어서 정보의 물질적 운반체는 책 자체이다. 그러나 책이 정보를 운반할 수 있는 것은 의미 있는 텍스트로 인쇄되어 있기 때문인 데 이 텍스트는 책이 아니며 책에 있어서 구조적 운반체이다. 게다가 그 텍스트가 어떤 지식을 표상하고 있다고 할 수 있는데 그 지식은 책에서 정보의 정신적 운반체가 된다."; Mark Burgin, Data, Information, and Knowledge, Information, v. 7, No.1, 2004, p13−14.

101 헌법재판소 2018.4.26. 선고 2015헌바370, 2016헌가7(병합) 결정.

유를 제한하는 것보다 가볍다고 단정할 수 없다는 견해[102]가 있다. 주거의 자유는 통신의 자유, 사생활의 비밀 및 자유와 함께 사생활 영역에 관한 기본권이다. 개인의 사생활은 인간 존재의 본성적인 면을 보호할 뿐만 아니라, 공동체를 위한 의무 이행과 개성 발현을 통한 사회 기여의 바탕이 되기 때문이다.[103] 디지털 저장 방식의 출현과 IT 기술의 발전으로 인해 개인의 프라이버시 공간은 통신매체와 저장매체에 집약되고 있기 때문에 프라이버시 보호의 필요성은 점점 더 증대되고 있다.

디지털 저장 기술은 과거에는 기록하지 않았던 개인의 사생활을 쉽게 기록할 수 있도록 함으로써 개인에 관한 정보가 대량으로 저장되게 하고 있다. 인터넷의 이용은 개인에 관한 정보가 손쉽게 전파될 수 있도록 함으로써 프라이버시의 보호 영역을 확장시켰다. 수사기관은 양적으로 증가된 데이터에 접근할 수 있으며 인터넷에 의해 확장된 영역에 개입할 수 있는 가능성이 더욱 커지게 되었다. 이로 인해 프라이버시가 침해될 가능성이 과거에 비해 높아졌다.

정보사회에서 영장주의의 핵심은 프라이버시에 대한 보호이다. 확장된 프라이버시 영역에 대한 통제를 위해 유형물을 기준으로 발전해 온 영장의 집행 방식에만 의존하는 것은 한계가 있다. 과거의 영장 집행에 관한 규정이 유형물의 보관, 관리, 처분를 통해 소유, 점유에 대한 권리를 통제하였는 데 이러한 통제 방식은 프라이버시에 그대로 적용되기 어렵다.

헌법재판소는 인터넷 데이터인 패킷감청에 대해 "인터넷 회선 감청은 인터넷 회선을 통하여 흐르는 전기신호 형태의 '패킷'을 중간에 확보한 다음 재조합 기술을 거쳐 그 내용을 파악하는 이른바 '패킷감청'의 방식으로 이루어진다. 따라서 이를 통해 개인의 통신뿐만 아니라 사생활의 비밀과 자유가 제한된다. '패킷감청'의 방식으로 이루어지는 인터넷 회선 감청은 수사기관이 실제 감청 집행을 하는 단계에서는 해당 인터넷 회선을 통하여 흐르는 불특정 다수인의 모든 데이터가 패킷 형태로 수집되어 일단 수사기관에 그대로 전송되므로, 다른 통신제한조치에 비하여 감청 집행을 통해 수사기관이 취득하는 자료가 비

102 변종필, "형사소송법 제216조 제1항 제1호의 위헌성에 대한 검토," 비교형사법연구, 20(2), 2018, 123면.
103 차병직·윤재왕·윤지영, 『지금 다시, 헌법』, 로고폴리스, 2016, 127면.

교할 수 없을 정도로 매우 방대하다는 점에 주목할 필요가 있다. 불특정 다수가 하나의 인터넷 회선을 공유하여 사용하는 경우가 대부분이므로, 실제 집행단계에서는 법원이 허가한 범위를 넘어 피의자 내지 피내사자의 통신자료뿐만 아니라 동일한 인터넷 회선을 이용하는 불특정 다수인의 통신자료까지 수사기관에 모두 수집·저장된다. 따라서 인터넷 회선 감청을 통해 수사기관이 취득하는 개인의 통신자료의 양을 전화 감청 등 다른 통신제한조치와 비교할 바는 아니다. 따라서 인터넷 회선 감청은 집행 및 그 이후에 제3자의 정보나 범죄수사와 무관한 정보까지 수사기관에 의해 수집·보관되고 있지는 않는지, 수사기관이 원래 허가받은 목적, 범위 내에서 자료를 이용·처리하고 있는지 등을 감독 내지 통제할 법적 장치가 강하게 요구된다."고 결정[104]하였다.

전송 중이거나 전송이 완료되어 저장되어 있는 데이터에 대해 그 수집하고자 하는 범위 또는 대상이 특정되지 않는다면, 수사기관이 탐색하는 자료의 범위가 비교할 수 없을 정도로 매우 방대하기 때문에 사생활의 비밀과 자유가 침해될 소지가 크다는 점에 주목할 필요가 있다. 따라서 광범위한 탐색을 통해 지득, 채록하게 된 데이터는 압수수색제도에서 규정한 관리 방식이 아니라 통신비밀보호법이나 위 헌법재판소 결정에서 이야기는 방식으로 규제될 필요가 있다.

2. 저장매체의 집적도와 프라이버시 민감성의 증가

주거에 대한 수색과 노상에서 개인이 소지한 가방에 대한 수색은 비록 개인에 속한 것들이기는 하지만 다르게 취급되어야 한다. 프라이버시에 관한 기본권의 침해성이 전자가 훨씬 강하기 때문이다.[105] 특히, 데이터의 프라이버시 민감성에 따라 데이터를 사생활에 관한 주요 핵심 데이터, 비밀데이터, 공유된 기밀 데이터, 제한된 접근이 가능한 데이터, 접근제한이 없는 데이터로 구분하는 경우, 디지털 저장매체에는 위와 같이 분류한 데이터가 모두 포함되었을 가

104 헌법재판소 2018.8.30. 선고 2016헌마263 전원재판부 결정.

105 Claudia Warken, "Classification of Electronic Data for Criminal Law Purposes", Eucrim 2018, pp228.

능성이 높다. 따라서 디지털 저장매체의 수색으로 인한 프라이버시의 침해 정도는 유체물 또는 주거의 수색으로 인한 프라이버시 침해에 비해 훨씬 크다.

디지털 저장매체에 대한 프라이버시 보호 필요성은 데이터 처리량의 증가와 저장매체 집적도의 향상에 따라서 상대적으로 강화된다. 글로벌 데이터 처리량은 2018년 33제타바이트에서 2025년 175제타바이트까지 증가할 것으로 예상된다. 오늘날 50억 명 이상의 인구가 매일 데이터와 상호 작용하며 이 수는 2025년까지 세계 인구의 75%에 달하는 60억 명으로 증가할 것이다. 2025년이면 데이터에 연결된 사람 한 명이 18초당 1번꼴로 데이터 상호작용을 하게 된다.[106] 현재도 그렇지만 개인의 일상은 시간이 갈수록 점차 디지털 저장매체와 클라우드에 저장될 것이다.

우리가 통상 개인 컴퓨터에 사용하는 1테라바이트 드라이브에는 소설책 500만 권을 저장할 수 있는데 이는 국회도서관이 소장하고 있는 약 400만 권의 도서를 저장하고도 남는 크기이다. 이러한 기술 발전은 사생활에 관한 주요 핵심 데이터를 비롯한 모든 데이터를 저장하고 있는 디지털 저장매체에 대해 간섭이 배제되거나 가장 최소화되어야 한다는 당위성을 증대시키는 요인이다.

디지털 저장매체의 집적도 향상과 데이터 처리량의 증가는 수색의 범위에 큰 영향을 미치게 된다. '범행에 사용된 칼을 찾기 위해 혐의자의 집을 수색하고 칼을 압수하는 것', '범행에 사용된 칼을 찾기 위해 서울시 모든 집을 수색하고 칼을 압수하는 것', '문서 파일을 압수하기 위해 1.4메가바이트 플로피디스크를 탐색하는 것', '문서 파일을 압수하기 위해 1테라바이트 하드 디스크를 탐색하는 것'을 각각 비교해 보면 압수가 필요한 증거의 양은 고정되어 있음에 비하여 상대적으로 수색의 양과 범위만이 변화하게 된다.

디지털 저장매체에 저장된 증거를 취득함에 있어서 주의 깊게 살펴야 할 부분은 무엇을 어떻게 압수할 것인가가 아니라 압수 대상이 아닌 데이터 영역에 대한 열람을 어떻게 하면 최소화할 수 있는가이다. 디지털 저장매체에 대한 영장의 집행에 있어서 압수의 양을 규제하기 위한 노력만으로는 프라이버시 보호가 충분하지 않으며 수색의 범위 설정과 수색 방법의 적정화를 통한 프라

106 David Reinsel·John Gantz·John Rydning, "The Digitization of the World From Edge to Core," IDC White Paper, 2018.11, pp3-5.

이버시 보호 노력이 수반되어야 한다.

3. 파일을 열어보는 행위의 의미

디지털 기술 이전에는 일반 시민의 일상은 일기장에 기록되거나 업무 노트에 기재되는 수준이었다. 디지털 기술과 인터넷 서비스로 인해 시민의 일상은 스마트폰과 인터넷 서비스 업체의 서버에 모두 기록된다. 프라이버시, 가정, 통신은 침범당해서는 안되며 모든 사람은 이에 대한 간섭과 침해로부터 법의 보호를 받을 권리가 있다.[107]

물리적 주거로부터 시작되었던 프라이버시의 공간은 ICT의 발달과 더불어 PC, 클라우드와 모바일 디바이스 등을 통해 사이버공간까지 확장되고 있다. 이에 더하여 디지털 저장매체의 집적도가 급격히 향상되면서 물리적인 크기에 비하여 저장된 데이터의 양은 엄청나게 증가하고 있다. 이러한 증가 추세에 비추어 보았을 때, 디지털 저장매체에 대한 프라이버시는 오프라인보다 더욱 두텁게 보호되어야 한다.

법집행기관에 의한 수색은 개인의 프라이버시에 대한 기대를 침해하는 것이다. 주거에 대한 수색은 공개된 영역과 사적 영역 사이의 경계를 물리적으로 침입함으로써 외부에서는 관찰할 수 없는 집 안의 모습을 노출시키고 이로 인해 프라이버시를 침해한다. 이러한 프라이버시 침해의 기본적 구조는 디지털 저장매체에도 동일하게 적용된다. 개인이 사용하는 디지털 저장매체에 저장된 내용에 대해서 개인은 프라이버시에 대한 합리적 기대를 가지기 때문이다.[108]

그런데 디지털 저장매체의 압수수색에 대한 논의에서 데이터가 가지는 정보적 가치를 무시하고 물건과 유사하게 압수의 범위를 축소하고자 하는데 집중한 나머지 "피처분자가 배타적으로 보유하고 있던 데이터의 열람 행위"에 대

---

107 The Universal Declaration of Human Rights Article 12.
No one shall be subjected to arbitrary interference with his privacy, family, home or corre－spondence, nor to attacks upon his honour and reputation. Everyone has the right to the protection of the law against such interference or attacks.

108 Orin S. Kerr, "Searches and Seizures in a Digital World", Harvard Law Review, Vol. 119, No. 2, 2005.12, pp549.

한 침해에 관하여는 깊은 논의가 없었던 것은 아닌지 되돌아 볼 필요가 있다. "과연 [유체물이 아닌] 데이터를 유체물과 별도로 압수할 수 있는 것인가"라는 논의의 집중은 '압수의 범위를 축소'함으로써 기본권 침해를 최소화하려는 데 초점을 맞추게 하였고 압수 이전에 광범위하게 이루어지는 '수색' 행위의 영향력과 침해성에 대해서는 다소 온건한 태도를 보여 왔다.

예를 들면, 압수할 대상이 범죄 혐의 사실과 관련 있는지 여부는 수색·검증 전에는 알 수 없기 때문에 수색·검증 영장 발부 시에는 매우 완화된 심사가 필요하며 압수는 직접적으로 기본권을 침해하므로 엄격하게 심사해야 한다는 시각[109]이 있으나 이러한 시각은 수색을 통해 프라이버시가 침해될 수 있다는 것을 고려하지 못한 것이다.

이제 한 권의 노트를 압수하는 것과 수천, 수억만 장이 저장될 수 있는 디지털 저장매체를 압수하는 것은 그 근본이 다르다는 점은 널리 인식되고 있다. 형사소송법 제106조 제3항에서 정한 출력복제의 원칙은 프라이버시의 집약체인 디지털 저장매체에 대한 압수의 범위를 제한하려는 노력의 결과물이며 그 취지는 타당하다.

그러나 이 원칙이 과연 피압수자가 가지는 프라이버시에 대한 기대를 침해하지 않는 방법으로써 충분한 것인지는 의문이다. 수사기관이 가져갈 데이터의 크기가 문서 한 장의 분량에 해당할지라도 이를 찾아내기 위해 1TB 크기의 저장 공간을 열어본다면 1TB에 저장된 프라이버시는 이미 무너져 버리기 때문에 수색의 범위를 한정하지 않는다면 출력복제의 원칙만으로는 프라이버시 침해를 최소화하기에 역부족이다.

디지털 저장매체에 저장되어 있는 데이터는 사회 또는 개인이 유용하다고 판단한 가치가 부여되는 경우 정보로써 구현되며 이를 특별히 보호하기 위해서는 주어지는 가치가 재산권인지, 프라이버시인지, 표현의 자유에 관한 것인지 검토되어야 한다. 또한 이러한 데이터는 그 자체가 물질과 같은 형태로 존재하는 것이 아니라 데이터 처리자의 인식을 통해 정보화되는 등 정보운반체를 통해 유통과 거래가 이루어진다.[110] 그 데이터가 재산적인 가치를 지니던 프

109 오기두, "전자정보의 수색·검증, 압수에 관한 개정 형사소송법의 함의," 형사소송 이론과 실무, 4(1), 2012, 158면.

라이버시에 관한 것이던 비트열로 저장되어 있는 상태에서는 그 가치가 현출되지 않으나 프라이버시의 보호를 기대하고 있는 비트열이 프라이버시 주체를 제외한 제3자에 의해 정보로써 인식되는 순간 데이터가 가진 가치에 대한 침해가 즉시 발생하게 된다.

물리적 공간에 대한 프라이버시의 침해는 물리적 침입뿐만 아니라 엿보거나 엿듣는 행위까지를 포함하는 것처럼 디지털 저장매체에 대한 침해도 데이터에 대한 열람 시부터 발생한다. 형사소송법 규정처럼 범위를 정하여 출력과 복제를 하려면 불가피하게 데이터를 열람해야 하는데, 현재의 형사소송법 규정과 실무가 오랜 시간 저장매체를 탐색하는 것을 허용함으로써 수색하는 사람에 의한 프라이버시 침해를 방치하고 있다.

디지털 저장매체에서 증거에 공할 데이터가 있는지 확인하기 위해서는 매체의 탐색이 전제되어야 하는데 증거에 공할 데이터에 비해 탐색할 범위는 상대적으로 방대하여 마치 서류 한 장을 압수하기 위해 대한민국 영토 전체를 샅샅이 수색하는 것과 유사하다. 따라서 수색 과정에서 발생할 프라이버시의 침해 정도를 확인하고 그 침해를 최소화할 대책을 마련할 필요가 있다.

따라서 압수의 범위를 정하기 전에 수색의 범위를 줄일 수 있는 방법을 모색하는 쪽으로 시선을 옮겨야 한다. 영장 발부 단계부터 수색 방법과 수색이 허용된 기간을 명시하고, 수색의 범위가 특정되지 않은 경우, 우선 데이터 보존 조치를 통해 수색 방법을 특정할 수 있도록 하며, 자동화된 기술을 활용하여 탐색하고, 파일을 열람하는 경우에도 그 열람 기록을 남기도록 하는 등 수사기관이 관련성 없는 데이터를 직접 열어보는 행위를 통제함으로써 디지털 저장매체에 대한 프라이버시 침해 논쟁을 종식시킬 필요가 있다.

4. 소결

유체물의 경우 각 쓰임과 가치를 유체물별로 특정 지을 수 있으며 이를 인식하기도 쉽다. 그러나 디지털 저장매체에 보관된 데이터의 경우 그 사용 또

110 이관희·이상진, "정보 속성의 이해와 디지털매체 압수수색에 대한 인식개선," 형사정책연구, 30(3), 2019, 41면.

는 보유 등의 가치는 혼재되어 있으며 열람해 보기 전까지는 이를 특정할 수도 없다. 또한 디지털 저장매체의 집적도 향상에 따라 증거에 제공할 양에 비해 탐색을 필요로 하는 범위가 상대적으로 커지고 있다.

좀 과장하여 비교하자면 1메가바이트를 압수하기 위해 1테라바이트를 열어보는 것은 약 500만 권의 책에 기재될 수 있는 개인의 프라이버시를 침해하는 결과를 야기하는 것과 같다. 압수수색에 관하여 경계해야 할 것은 일반 영장, 포괄 영장인 데 열람하는 방식에 의한 수색은 포괄 영장의 집행과 다를 바가 없다. 이런 방식으로 인식하게 된 별건의 증거에 증거능력을 인정해 줄 경우 피의자는 영원히 별건 수사를 받게 될 위험에 놓일 수도 있다.

증거에 공하게 될 데이터의 양에 비하여 수색의 대상이 되는 기타 데이터의 양이 과대하다는 점, 해당 영역에는 사생활에 관한 주요 핵심 데이터, 비밀 데이터가 포함되어 있으며 데이터 생성 시기에 따라 수개월 내지 수년 동안의 데이터가 저장되어 있다는 점 때문에 시간 개념을 고려하지 않고 데이터의 종류와 양만을 고려한다면 '무차별적이고 광범위한 사후 감시'와 크게 다를 바 없다. 디지털 저장매체에는 개인의 프라이버시가 집적되어 있을 가능성이 크기 때문에 수사기관에 의한 디지털 저장매체의 수색은 감시와 같은 정도의 침해 수준이라고 관점을 전환해야 한다.

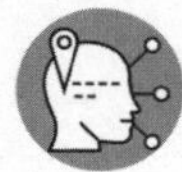

05

디지털 증거의 자동 검색

Chapter

05 디지털 증거의 자동 검색

제1절 수색 범위 한정의 기준

1. 관련성과 필요성

형사소송법 제215조는 수사기관이 범죄 수사에 필요한 때에는 피의자가 죄를 범하였다고 의심할 만한 정황이 있고 해당 사건과 관계가 있다고 인정할 수 있는 것에 한정하여 압수수색검증할 수 있다고 규정하고 형사소송법 제106조 제1항은 법원이 필요한 때에는 피고사건과 관계가 있다고 인정할 수 있는 것에 한정하여 증거물 또는 몰수할 것으로 사료하는 물건을 압수할 수 있다고 규정하고 있다.

개정 전에 해당 조항들은 단지 '필요한 때에는' 압수할 수 있다고 하였는데 과거의 규정은 '필요하기만 하면 언제든지' 압수할 수 있다는 것이었으며 법문언으로만 본다면 상당히 권위적이고 국가 우선적이라는 주장이 있다. 결국 '피고사건과 관계가 있다고 인정할 수 있는 것', 즉 관련성 요건이 추가됨으로써 피고사건과 관계가 없는 것은 압수나 수색이 안 된다는 것이다.[1] 그런데 당초 제106조 제1항이 압수할 수 있는 대상으로 이미 증거물과 몰수할 물건으로 한정하고 있었고 증거물이란 사실인정을 위해 필요한 것이며 사실인정에 필요

1 오기두, "전자정보의 수색·검증, 압수에 관한 개정 형사소송법의 함의," 형사소송 이론과 실무, 4(1), 2012, 129면.

한 것은 이미 피고사건과 관련이 있어야 하는 것이어서 기존의 규정에 따라서도 증거로서의 관련성이 있어야 압수할 수 있는 것이었다. 과거 포괄적인 압수·수색영장이 발부되고 집행되었던 것은 법규정의 미비가 아니라 당시의 사회적 상황에 따른 것이었을 뿐이다.

일본의 형사소송법 제99조 제1항은 "재판소는 필요한 때에는 증거물 또는 몰수할 물건이라고 사료되는 것을 압수할 수 있다. 단, 특별한 규정이 있는 경우에는 그러하지 아니하다."라고 규정하고 있고 제222조 제1항은 제99조를 수사기관에 준용한다고 규정하고 있다. 과거 일본의 치죄법 제162조 제1항이 '사실을 증명할 수 있는 물건'을 압수할 수 있다고 규정한 것이 현행 일본 형사소송법에 반영되어 '증거물 또는 몰수할 물건'으로 규정되기에 이른 것이다. 해당 규정에 대해 일본 학자도 압수의 대상은 '사건에 관련된' 증거물 또는 몰수할 것으로 사료하는 물건이라고 본다.[2]

미연방증거규칙 401조[3]는 관련 증거에 대한 테스트라는 표제하에 (a) 증거가 없을 때보다 어떠한 사실을 더 개연성 있게 만들거나 덜 개연성 있게 하는 경향이 있거나, (b) 해당 사실이 법적 조치를 결정하는 데 있어서 중요하면 관련성 있다고 규정하고 있다. 미연방증거규칙의 경우 증거와 관련성 있는 증거를 구분해 놓고 있어서 관련성 없는 증거도 증거의 한 종류로 볼 여지가 있으나 우리는 형사소송법 제307조 제1항이 "사실의 인정은 증거에 의하여야 한다."고 함으로써 증거라는 개념 안에 '사실의 인정을 위해 필요한 것'이라는 내용이 이미 포함되어 있다. 결국 증거물을 압수한다는 것은 별다른 수식어가 없어도 당연히 피고사건 또는 피의사건의 사실인정에 필요한 것에 한정된다는 것을 의미하며 오히려 '사실인정에 필요한 것'이라는 개념이 개정 형사소송법에서 추가한 '관계가 있다고 인정되는 것'보다 더욱 구체적이다.

관련성의 개념을 중시하는 입장은 관련성을 객관적 관련성, 주관적 관련

---

2 히라라기 토키오, 『일본형사소송법』, 조균석 옮김, 박영사, 2012, 170면.

3 Rule 401. Test for Relevant Evidence
Evidence is relevant if:
(a) it has any tendency to make a fact more or less probable than it would be without the evidence; and
(b) the fact is of consequence in determining the action.

성, 시간적 관련성으로 나눈다. 객관적 관련성이란 관련성의 제1차적 측면으로 혐의 사실과 관련 있는 것만을 수색·검증·압수할 수 있다는 의미이고 법상 「피고(해당)사건과 관계가 있다고 인정할 수 있는 것」이 이에 해당한다. 즉, 개정법상의 위 문구는 원칙적으로 객관적 관련성을 의미한다고 한다. 주관적 관련성은 수사대상인 피의자와 관련되어 있어야 하고 범죄 사실과 무관한 사람이나 피의자 및 범죄 사실과 너무 멀리 떨어진 사람에 대한 개괄적 추적은 허용되지 않는다는 것을 의미하며, 시간적 관련성은 범죄 혐의 사실이 발생한 시점에 근접한 것만이 대상이 된다는 요건이라는 주장이 있다.[4]

그런데 관련성이라는 개념을 이렇게 구분하는 근거는 미약하다. 압수와 수색이 포괄 영장의 집행 또는 일반 영장이 되지 않도록 해야 한다는 측면에는 동의하지만 범죄 사실을 입증하는 데 필요한 증거 또는 범죄 사실을 반박하는 데 사용되는 증거의 범위와 이에 사용될 물건의 압수와 수색에 필요한 범위의 한정은 관련성이 아니라 '필요한 때'라는 개념에서 도출된다고 봐야 한다. 관계가 없는 것은 사실인정에 당연히 불필요한 것이며 관계가 있는 것도 사실인정에 충분한 다른 증거가 있는 경우에는 불필요한 때가 있기 때문이다. 따라서 증거란 '사실인정에 관련된 것(관련성)'을 모두 의미하나 영장에 의해 증거를 압수수색할 때에는 관련성이 있을 뿐만 아니라 필요한 한도 내의 것만 압수수색하여야 한다고 표현하는 것이 더욱더 적절하다.

대법원도 "압수물이 증거물 내지 몰수하여야 할 물건으로 보이는 것이라 하더라도 범죄의 형태나 경중, 압수물의 증거가치 및 중요성, 증거인멸의 우려 유무, 압수로 인하여 피압수자가 받을 불이익의 정도 등 여러 가지 사정을 종합적으로 고려하여 판단해야 한다."고 판시[5]하고 있다.

2. 압수 관련성과 수색 필요성의 구분

관련성과 필요성에 대한 평가는 압수·수색영장을 신청하고 발부받아 현장

4 오기두, "전자정보의 수색·검증, 압수에 관한 개정 형사소송법의 함의," 형사소송 이론과 실무, 4(1), 2012, 151-152면.

5 대법원 2004.3.23. 자 2003모126 결정.

에서 압수·수색영장을 집행하는 단계, 압수한 물건을 검토하는 단계, 압수한 물건을 공판정에서 증거로 사용하는 단계에서 각각 이루어질 수 있는데 각 단계별로 관련성과 필요성의 범위와 정도는 다소 다를 수 있다. 특히 디지털 증거는 비가시적인 특징을 가지고 있기 때문에 모든 파일을 열어보기 전에는 범죄와의 관련성을 확인하는 것이 쉽지 않다.[6]

관련성을 엄격하게 해석해서 적용해야 한다는 견해는 영장에 기재된 죄명과 범죄 사실만을 관련성의 인정 가부의 전제 사실로 보고 있다.[7] 이러한 견해는 헌법상의 영장주의를 엄격하게 적용할 것을 요구하며 영장에 기재된 범죄 사실과 관련 있는 증거만 압수수색의 대상이 된다고 주장한다.

이에 반하여 관련성을 완화해서 해석하여 적용해야 한다는 견해는, 기본적 사실관계가 동일하거나 동종·유사한 범행과 관련이 있는 것으로 보일 경우에는 영장에 기재된 피의 사실과는 다소 상이하더라도 관련성을 인정하기 위한 전제에 해당할 수 있다고 주장한다.[8] 즉, 관련성을 인정하기 위해 전제가 되는 피의 사실은 영장에 기재된 범죄 사실만 해당하는 것으로 한정하지 않는다. 이러한 견해는 디지털 증거에 대한 포괄적인 압수·수색은 허용될 수 없더라도 피의 사실과의 관련성에 의한 특정의 정도는 완화해서 적용해야 한다고 주장하는 데[9] 이러한 견해들은 수사 현장의 특수성과 수사의 효율성을 강조한 것이다.

대법원은 "압수의 대상을 압수·수색영장의 범죄 사실 자체와 직접적으로 연관된 물건에 한정할 것은 아니고, 압수·수색영장의 범죄 사실과 기본적 사실관계가 동일한 범행 또는 동종·유사의 범행과 관련된다고 의심할 만한 상당한 이유가 있는 범위 내에서는 압수를 실시할 수 있다."고 판시[10]하여 관련성의 인정에 대한 판단의 범위를 영장에 기재된 범죄 사실에만 한정하고 있지 않다.

---

6 이원상, "디지털 증거의 압수·수색절차에서의 관련성 연관 쟁점 고찰 – 미국의 사례를 기반으로 –", 형사법의 신동향, 제51호, 2016, 4면.
7 신동운, 『간추린 형사소송법』, 제5판, 법문사, 2013, 117면.
8 박민우, "수사기관의 압수에 있어 관련성 요건의 해석과 쟁점에 대한 검토," 경찰학연구, 16(1), 2016, 20면.
9 손동권, "새로이 입법화된 디지털 증거의 압수·수색제도에 관한 연구 – 특히 추가적 보완입법의 문제 –," 형사정책, 23(2), 2011, 334면.
10 대법원 2009.7.23. 선고 2009도2649 판결.

증거란 사실인정을 위해 필요한 것이고 압수수색은 이러한 사실인정에 도움이 되는 자료들을 획득하는 것이기 때문에 그 관련성 여부를 검토할 때 범죄사실에만 국한하는 것은 옳지 못하다. 간혹 범죄 혐의자의 부재증명을 위한 압수수색도 있을 수 있으며 범죄 사실을 인정할 간접사실에 관한 증거가 필요한 경우도 있으며, 이러한 사실에 관한 탄핵증거의 수집 필요성도 있기 때문에 '범죄 사실의 유죄를 입증할 것'에 한정하는 태도는 증거의 개념을 유죄의 인정에 필요한 것으로 축소해석하는 태도이다.

관련성은 무한히 확대될 수 있는 개념이기 때문에 현실적으로 관련성의 범위를 한정하는 것은 불가능하다. 관련 없는 것을 배제하는 것은 가능하나 관련성의 정도를 특정하는 것은 쉽지 않으며 무의미하다. 따라서 포괄 영장의 집행을 방지하고 압수수색의 범위 축소에 기여하기 위해서는 관련성 개념 이외에 필요성 개념이 필요하다.

유형물을 압수수색할 때는 특정된 장소에 대한 수색이 큰 문제가 되지 않는다. 영장을 신청할 단계에서 압수할 대상이 있다고 판단되는 장소를 수색의 장소로 특정하기 때문에 주로 문제가 되는 것은 관련성 있는 물건의 압수에 한한다. 그런데 디지털 저장매체의 경우에는 해당 파일을 열어보기 전까지는 관련성 유무를 확인할 수 없기 때문에 파일의 열람이 필요한 수색의 범위를 한정하는 사전 절차가 반드시 선행되어야 한다.

유형물에 대한 압수수색의 과정에서는 압수할 물건에 대해서는 관련성 요건을 엄격하게 적용하고 수색 단계에서의 관련성은 압수할 증거의 존재 개연성으로 충분하다고 보아야 한다. 예를 들어 저작권법을 위반한 책을 압수하기 위해서는 책이 들어갈 수 있는 서랍에 대한 수색이 허용될 수 있으나 지갑에 대한 수색은 허용될 수 없다. 편지 한 장을 압수하고자 하는 경우에는 지갑뿐만 아니라 종이 한 장이 보관될 수 있는 모든 영역이 수색의 관련성이 있다고 인정할 수 있다.

그러나 디지털 저장매체에 대한 압수수색에서는 압수물의 크기와 형상으로 관련성을 추정하는 것이 불가능하기 때문에 어느 정도까지 파일을 수색하고 열람할 필요성이 있는지를 확인하여야 한다. 증거 관련성에만 집착할 경우 일단 대량으로 혼재되어 있는 유관 정보와 무관 정보를 모두 열어보고 관련성을 파악하게 되어 사생활의 비밀에 대한 노출이 심대해진다. 따라서 수색할 필요성이 있는 범위를 줄이기 위한 구체적인 방안을 모색할 필요가 있다.

제2절 탐색을 위한 별개의 영장 신청

한국의 수사 실무에서 디지털 데이터에 대한 압수·수색영장을 신청하면, 법원은 영장 별지를 이용하여 "컴퓨터용 디스크 등 정보저장매체에 저장된 전자정보에 대한 압수·수색·검증"의 방법을 제시하고 있다. 매체의 압수와 압수한 매체에 대한 수색을 구분하지 않고 영장 집행의 현장에서 매체를 수색하여 관련된 부분을 출력 및 복제하는 것을 원칙으로 하고 예외적인 상황에서는 매체 자체를 압수하거나 이미징하여 수사기관이 사무실에서 분석할 수 있도록 함으로써 압수와 수색, 검증과 분석이 하나의 영장에 의해 집행되고 있다. 현재 우리의 실무에서는 '수색'이 아니라 '압수'의 범위를 한정함으로써 일반 영장에 의한 기본권 침해를 최소화하려는 노력을 하고 있다.

이에 반하여 미국의 영장 실무는 매체를 압수하고 해당 매체를 수색하기 위한 영장의 발부를 신청하면서 수색이 필요한 합리적 사유를 제시하고 수색의 방법과 기간까지 명시하여 영장을 신청하고 있다.

HSI(Homeland Security Investigation)의 수사관이 연방 캘리포니아 남부지방법원에 제출한 2019.12.30.자의 수색영장 신청서(Application for a search warrant)[11]를 검토해 볼 필요가 있다. 신청서는 표지와 부록, 수사관의 선서진술서로 구성되어 있다. 부록 A에는 수색이 필요한 재산이 아이폰이라는 사실과 해당 아이폰은 HSI 사무실에 압수, 보관되어 있다는 사실이 기재되어 있다. 부록 B에는 수색을 통해 확보가 필요한 증거(ITEMS TO BE SEIZED)에 대해 자세히 묘사되어 있는데 그 내용은 다음과 같다.

11 부록 2 참조.

첨부 A에 기술된 휴대전화에 대한 수색 허가에는 아래에서 설명하는 증거를 찾기 위해 휴대전화에 있거나 포함된 디스크, 메모리 카드, 삭제된 데이터, 잔여 데이터, 슬랙 공간, 임시 또는 영구 파일의 수색이 포함된다. 휴대전화의 압류 및 수색은 영장을 뒷받침하기 위해 제출한 진술서에 기술된 검색 방법론을 따를 것이다.

휴대전화에서 압류될 증거는 2019년 10월 6일부터 2019년 12월 10일까지의 이메일, 문자메시지, 다양한 애플리케이션을 통한 채팅 및 채팅 로그, 사진, 오디오 파일, 동영상, 위치 데이터와 같은 전자 기록, 통신, 데이터 등일 것이다.

a. 멕시코에서 미국으로 메스암페타인이나 연방에서 금지하는 물품들을 밀수하려는 시도로 보이는 것
b. 멕시코에서 미국으로 메스암페타인이나 연방에서 금지하는 물품들을 밀수하기 위해 사용된 전화번호, IP 주소, 이메일 주소와 같은 계정, 시설, 저장 장치, 서비스를 식별할 수 있는 것
c. 멕시코에서 미국으로 메스암페타인이나 연방에서 금지하는 물품들을 밀수하는 공모자, 범죄 조직, 연루자를 식별할 수 있는 것
d. 멕시코에서 미국으로 밀수하는 메스암페타인이나 연방에서 금지하는 물품들의 은닉 장소, 발송지, 배송지 같은 장소의 위치 또는 경로를 식별할 수 있는 것
e. 대상 기기에 접근하거나 통제할 수 있는 사람을 식별할 수 있는 것
f. 위에 설명한 활동들과 관련한 통신이나 기록 또는 데이터의 생성과 수신 시간을 확인하거나 생성자, 수신자를 식별할 수 있거나 그러한 맥락을 확인할 수 있는 것

선서진술서에는 사건의 개요, 배경, 합리적 의심을 뒷받침하는 사실들, 수색의 방법 등을 상세히 기재하는 데 그 내용은 다음과 같다.

선서진술서(AFFIDAVIT)

도입(INTRODUCTION)

1. 대상 장치에 대한 수색영장을 신청하기 위해 선서진술서를 제출한다.
2. 신청하는 영장은 멕시코에서 미국으로 메스암페타민을 밀수한 P씨에 대한 수사와 기소에 관련된 것이며 대상 장치는 현재 HSI 압수물 금고에 있다.
3. 이 진술서에 포함된 정보는 나의 훈련, 경험, 조사, 그리고 다른 법 집행기관 요

원들과의 협의에 기초한다. 본 진술서는 대상 장치에 대한 수색영장을 발급받기 위한 한정된 목적으로 작성되기 때문에, 나 또는 다른 요원이 이 수사와 관련하여 알고 있는 정보를 망라하고 있지는 않다. 여기에서 제시된 일시는 추정한 것이다.

배경(BACKGROUND)

4. 신청자의 소속과 직책 및 교육 이력에 대한 설명
5. 마약 범죄와 관련된 수사 경험에 대한 소개
6. 마약 밀수와 관련된 수사 경험상 밀수범들은 통상 휴대전화를 사용하는 데, 그 이유는 다른 범인들과의 공모, 마약의 운반과 이동 상황에 대한 모니터링, 법집행기관의 활동에 대한 정보 공유 등을 손쉽게 할 수 있기 때문이다.
7. 나의 훈련, 경험, 다른 수사관들의 조언 등을 종합하여 판단하면, 휴대전화에는 전자 증거가 포함되어 있을 수 있다. 예를 들면 통화 기록과 연락처, 음성과 문자 통신 기록, 이메일, 문자메시지, 각종 애플리케이션을 통한 채팅과 채팅 로그, 사진, 녹음 파일, 동영상, 위치 데이터 등이 있다. 특히 마약 수사 경험이 있는 수사관들의 조언과 나의 경험을 토대로 보면, 마약 거래에 종사하는 자들은 마약 거래에 종사하는 다른 사람에게 보여주기 위한 용도로 그들의 휴대전화에 마약과 관련된 사진이나 동영상을 저장하는 것이 보통이다.
8. 이러한 정보는 휴대전화의 디스크, 메모리 카드, 삭제된 데이터, 잔여 데이터, 슬랙 공간, 임시 또는 영구 파일에 저장되어 있을 수 있다. 특히 휴대전화를 수색하면 아래와 같은 증거가 확보될 수 있다.
   a. 멕시코에서 미국으로 메스암페타인이나 연방에서 금지하는 물품들을 밀수하려는 시도로 보이는 것
   b. 멕시코에서 미국으로 메스암페타인이나 연방에서 금지하는 물품들을 밀수하기 위해 사용된 전화번호, IP 주소, 이메일 주소와 같은 계정, 시설, 저장 장치, 서비스를 식별할 수 있는 것
   c. 멕시코에서 미국으로 메스암페타인이나 연방에서 금지하는 물품들을 밀수하는 공모자, 범죄 조직, 연루자를 식별할 수 있는 것
   d. 멕시코에서 미국으로 밀수하는 메스암페타인이나 연방에서 금지하는 물품들의 은닉 장소, 발송지, 배송지 같은 장소의 위치 또는 경로를 식별할 수 있는 것
   e. 대상 기기에 접근하거나 통제할 수 있는 사람을 식별할 수 있는 것
   f. 위에 설명한 활동들과 관련한 통신이나 기록 또는 데이터의 생성과 수신 시간

을 확인하거나 생성자, 수신자를 식별할 수 있거나 그러한 맥락을 확인할 수 있는 것

합리적 의심을 뒷받침하는 사실들(FACTS SUPPORTING PROBABLE CAUSE)

9. 2019년 12월 9일 오후 12시 43분에 P씨는 미국 국경을 통과하고자 하는 신청을 하였는데 그가 몰고 온 차에는 30킬로 가까운 메스암페타민이 숨겨져 있었다. P씨는 체포되었고 휴대전화는 압수되었다.
10. P씨는 마약에 대해 알지 못한다고 하였고, 압수된 휴대전화는 자신의 것이라고 인정하였다.
11. 이러한 사실들로 미루어 보아 P씨는 미국 내로 마약을 밀수하는 자들과 휴대전화를 통해 통신한다는 합리적 의심이 든다.
12. 나의 경험과 훈련에 의하면, 마약 거래상들은 마약 거래 전 며칠 또는 수주 전에 마약 밀수와 관련한 계획과 협력 관련 회의에 참여한다. 공범자들은 종종 피의자의 체포 사실을 모른 채 마약의 소재를 알려고 계속 연락을 시도할 것이다. 그래서 P씨가 자동차를 등록하기 30일 전인 10월 6일부터 대상 장치의 수색에 대한 허가를 요청한다. P씨는 그 차량을 11월에 구입했다고 말했다.

방법론(METHODOLOGY)

13. 휴대전화의 제조사, 모델 및 일련번호를 알고 있다고 해서 기기가 가입한 서비스의 성격과 유형, 기기에 저장된 데이터의 특성을 판단하는 것은 불가능하다. 오늘날 휴대전화는 간단한 전화와 문자메시지용 기기일 수 있고, 카메라가 장착되어 있을 수 있으며, 달력이나 주소록과 같은 기능이 있는 개인용 디지털 수첩 역할을 할 수 있고, 전자 메일 서비스, 웹 서비스, 초보적인 워드 프로세싱이 가능한 미니 컴퓨터가 될 수 있다. 점점 더 많은 수의 휴대전화 서비스 제공업체들은 가입자들이 인터넷을 통해 기기에 접속하고 원격에서 기기에 포함된 모든 데이터를 파괴할 수 있게 허용하고 있다. 이러한 이유로 기기는 보안 환경에서만 전원을 공급받을 수 있고, 가능하다면 네트워크에 대한 접근이 불가능한 '비행 모드'에서 전원이 켜져야 한다. 일반 컴퓨터와 달리, 많은 휴대전화는 하드 드라이브나 하드 드라이브와 유사한 장치가 없으며, 정보를 기기 내의 휘발성 메모리나 기기에 삽입된 메모리 카드에 저장한다. 현재의 기술은 포렌식 하드웨어와 소프트웨어를 사용하여 일부 휴대전화 모델에 저장된 데이터 일부를 획득할 수 있다. 기기에 저장된 정보의 일부를 포렌식으로 획득할

수 있다 하더라도 압수 대상 데이터 모두가 획득되는 것은 아니다. 포렌식 기술이 적용되지 않는 기기이거나 포렌식으로 획득할 수 없는 잠재적으로 관련 데이터가 저장되어 있는 기기의 경우, 조사자는 수동으로 장치를 검사하면서 디지털 사진을 사용하여 조사 과정과 결과를 기록해야 한다. 이 과정은 시간과 노동 집약적이며 몇 주 또는 그 이상이 걸릴 수 있다.

14. 청구한 영장이 발부되면, 대상 휴대전화을 수거해 분석 대상으로 삼겠다. 휴대전화와 그 메모리 카드에 있는 데이터에 대한 모든 포렌식 분석은 이 영장의 범위 내에 있는 데이터의 식별과 추출하기 위해 지시된 수색 프로토콜을 따를 것이다.
15. 이 영장에 따라 압수 대상 자료를 확인·추출하려면 수작업 검토를 포함한 광범위한 자료 분석 기법이 필요할 수 있으며, 그 결과 수주 또는 수개월이 소요될 수 있다. 데이터의 확인과 추출을 수행하는 담당자는 법원에 추가 신청 없이 90일 이내에 분석을 완료할 것이다.

증거의 사전 획득 시도(PRIOR ATTEMPTS TO OBTAIN THIS EVIDENCE)

16. 법집행기관은 이 영장에 의해 찾으려고 하는 증거를 얻으려고 사전에 시도하지 않았다.

결론(CONCLUSION)

17. 위에 제시된 사실과 정보에 의하면, 대상 기기를 수색하면 P씨가 타이틀 21, 미국법, 952 및 960조를 위반했다는 증거를 찾을 수 있다고 믿을 만한 합리적인 의심이 있다.
18. 대상 기기는 피고가 체포될 당시 압수되었고 그 이후 안전하게 보관되어 왔기 때문에 대상 기기에 그러한 증거가 계속 존재한다고 믿을 만한 이유가 있다. 위에서 말한 바와 같이, 나는 이 수색의 적절한 시간 범위는 2019년 10월 06일 부터라고 믿는다.
19. 따라서 법원이 첨부 A에 기술된 기기에 대한 수색과 상술한 방법론을 이용하여 첨부 B에 열거된 항목의 압류를 법집행기관에게 허용하는 영장의 발급을 요청한다.

이 영장 신청에 따라 법원은 HSI 수사관이 요청한 90일이 아니라, 2020. 1. 13.까지 단 2주의 기간을 주면서 그 기간 내에 수색을 완료하라는 영장을 발부해 주었다.

미국의 영장신청서를 통해 추론할 수 있는 것은 ① 매체의 압수와 그에 대한 수색을 분리하고 있다는 점, ② 매체의 탐색을 수색으로 표현하고 있다는 점, ③ 매체에서 획득할 증거와 수색할 데이터 영역에 대해 영장 신청 단계에서 구체적으로 명시하고 있다는 점, ④ 해당 증거가 사건과 관련성이 있다는 점을 구체적으로 설명하고 있다는 점, ⑤ 수색에 필요한 시간과 그 정도의 시간이 걸리는 사유에 대해 설명하고 있다는 점이다.

한 개의 압수·수색영장을 통해 매체에 대한 압수와 수색을 동시에 진행할 수 있도록 허용하는 우리의 영장 실무는 영장을 집행하기 전에 수색이 필요한 현장의 상황을 알 수 없기 때문에 영장 집행의 현장에서 매체 자체를 압수해야 할 예외적 상황이 발생할 여지가 많게 되고 결국 프라이버시 침해를 최소화하려는 노력이 무색하게 될 우려가 많다. 수사기관의 입장에서도 탐색에 필요한 계획을 세울 시간적 여유가 없기 때문에 제대로 된 증거 수집이 어려울 수도 있다. 프라이버시 침해를 최소화하기 위해서는 수색의 방법과 기간에 대한 세부적 계획이 수립되어야 하며 압수 현장에서 계획에 따른 수색이 어렵다고 판단되는 경우 미국의 사례처럼 압수와 수색을 분리하여 일단 매체를 압수한 후 수색에 필요한 영장을 다시 발부받는 등의 방법도 고려하여야 한다.

제3절 영장 제도에 의한 제한

1. 수색 방법과 기간의 특정

영장 집행의 대상이 되는 컴퓨터나 디지털 장치는 암호화가 되어 있거나 증거가 될 수 있는 영역이 삭제되었을 수 있고 스테가노그라피 기법을 활용하여 은닉되었을 수도 있다. 경우에 따라서는 파일이나 그 파일에 기재된 내용보다는 파일을 생성하고 열어본 시간이나 수정한 시간, 시스템을 사용한 로그와 인터넷 사용 내역 등이 사실인정에 필요한 경우도 있다. 영장의 집행을 착수하기 전에는 이러한 사항들을 완벽하게 예측하는 것은 불가능하다. 따라서 영장의 집행 방법에 대해서는 어느 정도 수사기관의 재량에 맡기는 것이 현실이다.

그럼에도 불구하고 파일의 직접 열람에 의한 탐색은 그 즉시 프라이버시 침해가 발생할 수밖에 없기 때문에 사건의 양상에 따라 가능한 수색 방법(수색하거나 분석하는 도구와 사용할 기술[12])을 열거하고 수색의 필요성을 주장하여 사전에 법원의 심사를 받는 노력이 필요하다. 또한 원본의 압수 또는 이미징 이후의 수색에 대해서 무단히 장기간 탐색하는 것을 방지하기 위해 수색의 기간도 제한하는 것이 필요하다. In the Matter of the Search of: 3817 W. West End 판결에서 일리노이주의 연방치안판사는 미리 제출된 증거분석계획(search protocol)을 승인하기 전에는 압수된 디지털 저장매체를 분석할 수 없도록 하는 제한을 부과하고, 만약 증거분석계획을 기간 내에 제출하지 아니하면 압수된 컴퓨터 및 디지털 저장매체를 반환하여야 한다는 취지로 판시하였고,[13] 또한 수색 경과에 대한 보고서를 제출하도록 하는 조건을 부과한 사례[14]가 있음을 참고할 필요가 있다.

그런데 반론이 만만치 않을 것으로 예상된다. 영장청구서에 집행 방법을 기재하여 사전에 사법적 심사를 받을 경우 검사에게 영장 집행 지휘 책임을 부여하고 있는 형사소송법 제115조와 정면으로 배치되고, 판사들이 법정에서 압수수색의 합리성을 판단할 때 정황보다는 사전에 부가된 조건 준수에 한정하여 판단할 우려가 있다는[15] 점이다. 게다가 영장을 심사하는 법관이 전문 지식을 가지고 있는지도 중요한 문제이다. 미국 연방대법원도 2006년 U.S. v. Grubbs 판결에서, 미국 수정헌법 제4조가 요구하는 압수·수색 대상의 특정 외

12 노명선, 『전자적 증거의 실효적인 압수·수색, 증거조사 방안연구』, 대검찰청 용역보고서, 2007, 54-56면.

13 더 나아가 United States v. Barbuto, 2001 WL 670930 (D. Utah Apr. 12, 2001), 판결과 같이 증거분석계획이 제출되지 아니하였다는 이유로 증거능력을 배척한 사례도 있다(이하 논문에서 재인용: 조성훈, "디지털증거와 영장주의: 증거분석과정에 대한 규제를 중심으로," 형사정책연구, 24(3), 2013, 128면).

14 United States v. Voraveth, 2008 WL 4287293 (D. Minn. Jul. 1, 2008).

15 조성훈, "디지털증거와 영장주의: 증거분석과정에 대한 규제를 중심으로," 형사정책연구, 24(3), 2013, 143-144면.

에, 그 영장이 어떠한 방식으로 집행되어야 할 것인지에 대한 상세한 기술이 포함되어야 할 아무런 이유가 없다는 취지로 판시하였다.[16] 이는 영장 집행에 대한 구체적 사항은 수사기관의 판단에 따라 이루어지는 것이며, 다만 그 집행이 합리적인 것인지 여부를 사후에 판단할 수 있을 따름이라는 취지이다.[17]

그러나 수색할 매체의 저장 용량이 점점 커지고 있는 점, 사후 통제로는 침해에 대한 권리 구제가 쉽지 않다는 점, 파일을 일일이 열어보는 방식에 의한 수색이 쉽게 허용될 경우 수색 과정에서 발견된 별건 증거로 인한 수사가 무한히 반복될 가능성도 사전에 예방해야 한다는 점 등으로 인하여 법원에 의한 사전 통제를 강화하는 방향으로 제도를 운영하는 것이 바람직하다.

우리 대법원은 압수·수색영장의 집행 과정에서 우연히 발견한 녹음 파일이 당초 영장에 기재된 범죄 사실과 무관한 경우 해당 사건과의 관련성이 없다는 이유로 해당 녹음 파일의 증거능력을 부정[18]하고 있으며 일명 '종근당사건'에서도 "혐의 사실과 관련된 전자정보 이외에 이와 무관한 전자정보를 탐색·복제·출력하는 것은 원칙적으로 위법한 압수·수색에 해당하므로 허용될 수 없다."는 입장[19]을 확인하였다. 그런데 같은 사건에서 대법원은 "그러나 전자정보에 대한 압수·수색이 종료되기 전에 혐의 사실과 관련된 전자정보를 적법하게 탐색하는 과정에서 별도의 범죄 혐의와 관련된 전자정보를 우연히 발견한 경우라면, 수사기관은 더 이상의 추가 탐색을 중단하고 법원에서 별도의 범죄 혐의에 대한 압수·수색영장을 발부받은 경우에 한하여 그러한 정보에 대하여도 적법하게 압수·수색을 할 수 있다."고 함으로써 디지털 저장매체를 탐색하는 과정에서 발견된 다른 사건의 증거에 대해 적법하게 취득할 수 있는 길을 열어두었다. 결국 파일을 광범위하게 열람하는 방식에 의한 수색을 허용하여 별건의 증거를 발견하고 추가 압수·수색영장을 통해 적법성을 확보하는 경우 별건수사는 지속적으로 반복될 가능성이 있다.

따라서 디지털 저장매체에 대한 압수수색에 관하여는 사전 통제를 강화함

16 United States v. Grubbs, 547 U.S. 90 (2006).

17 조성훈, "디지털증거와 영장주의: 증거분석과정에 대한 규제를 중심으로," 형사정책연구, 24(3), 2013, 134면.

18 대법원 2014.1.16. 선고 2013도7101 판결.

19 대법원 2015.7.16. 자 2011모1839 전원합의체 결정.

으로써 당초 범죄 혐의와 관련 없는 데이터에 대한 접근을 차단할 필요가 있고 이러한 취지에서 영장의 신청 단계부터 수색 방법에 대한 통제가 선행되어야 한다. 디지털 증거를 다루고 있는 통신비밀보호법(제6조 제4항)[20]상 통신제한조치 허가장 청구서에도 집행 방법을 기재하도록 하고 있다.[21] 그 범위와 방법을 사전에 명확히 특정하는 것은 곤란하더라도 해당 사건과 관련성이 있다고 판단되는 디지털 증거나 저장매체를 압수수색할 수 있다는 취지를 영장청구서상에 개괄적·보충적으로 기재하고[22] 이때, 수색할 방법과 수색의 기간을 포함해야 한다.

2. 데이터 보존조치와 2단계 압수수색의 활용

데이터와 저장매체에 대한 압수수색검증은 일률적으로 정할 성질이 아니다. 우선, 컴퓨터가 범죄의 도구나 수단으로 활용되었거나, 서버 자체가 온전히 온라인 도박에 사용되거나 아동성착취물과 같이 금제품을 저장하고 있는 경우 증거의 확보뿐만 아니라 몰수의 필요성에 따라 저장매체 자체를 압수할 필요성도 존재하며 저장매체에 저장된 파일이 아닌 보조 자료 또는 메타데이터 등의 분석을 요하는 경우도 있으나 현장에서 소요되는 이미징 시간이 상당하여 영장의 집행 자체가 주거권을 침해하는 경우도 있다. 이러한 다양성으로 인해 사전에 개괄적으로나마 수색의 방법과 기간을 특정하기가 곤란한 상황이 있을 수 있으며 수색의 방법과 기간을 정하여 영장을 발부받았다고 할지라도 압수현장에서는 당초에 정해진 수색의 방법이 적합하지 않을 수도 있다. 이러한 경우에 활용할 수 있는 방법이 데이터 보존조치와 2단계 압수수색이다.

데이터 보존조치의 경우 United States v. Tamura 사건[23]의 판결 내용을

---

20 통신비밀보호법 제6조 제4항 제1항 및 제2항의 통신제한조치청구는 필요한 통신제한조치의 종류·그 목적·대상·범위·기간·집행장소·방법 및 당해 통신제한조치가 제5조 제1항의 허가요건을 충족하는 사유 등의 청구이유를 기재한 서면(이하 "청구서"라 한다)으로 하여야 하며, 청구이유에 대한 소명자료를 첨부하여야 한다.(후략)

21 김용호·이대성, "실무상 디지털 증거의 압수·수색의 문제점과 개선방안," 한국정보통신학회논문지, 17(11), 2595－2601, 2013.

22 조광훈, "형사소송법 제106조의 쟁점과 개정안 검토," 법조, 63(7), 2014, 215면.

23 United States v. Tamura, 694 F.2d 591(9th Cir. 1982).

참조할 필요가 있다. 동 사건에서 법원은 "수사기관이 범죄와 무관한 자료와 유관한 자료가 혼합되어 양자를 현장에서 현실적으로 분리할 수가 없는 경우 수사기관은 당해 자료를 봉인하고 이를 보관하면서 영장발부판사의 별도 영장 발부를 기다려야 한다."고 판시하였다.[24]

우리의 대법원도 "전자정보에 대한 압수·수색이 종료되기 전에 혐의 사실과 관련된 전자정보를 적법하게 탐색하는 과정에서 별도의 범죄 혐의와 관련된 전자정보를 우연히 발견한 경우라면, 수사기관은 더 이상의 추가 탐색을 중단하고 법원에서 별도의 범죄 혐의에 대한 압수·수색영장을 발부받은 경우에 한하여 그러한 정보에 대하여도 적법하게 압수·수색을 할 수 있다."는 취지로 판시[25]하고 있으나 이는 압수수색에 착수한 이후에 별건 증거를 발견한 경우를 말하는 것으로서 데이터 보존조치와는 다소 맥락을 달리한다.

데이터 보존조치는 일단 파일을 열람하는 방식에 의한 탐색을 개시하기 이전 단계에서 범죄 사실과 무관한 데이터에 대한 열람을 최소화할 방안을 강구하고 영장 신청 단계에서 법관으로부터 허용되는 수색의 방법을 모색할 시간을 확보하기 위한 조치이다. 우리의 법규정상 미국의 참조 판결과 같은 보존조치를 시행하고 별도의 영장을 발부받을 수 있도록 하는 직접적 근거는 없으나 우리 형사소송법 제127조의 규정[26]은 집행을 중지하고 현장을 폐쇄하는 근거를 마련해 두고 있는 만큼 해당 규정의 적용 또는 새로운 입법을 통해 데이터 보존조치제도를 마련하는 것을 검토할 수 있을 것이다.

또한 방대한 양의 데이터에서 필요한 데이터를 발견하는 것은 많은 시간과 노력이 소요되며 현장에서 컴퓨터를 조작하여 증거를 찾는 작업이 오히려 증거가치를 훼손시킬 가능성도 있다는 고려와 광범위한 수색을 통해 포괄 영장의 집행과 같은 침해상황도 방지할 필요가 있기 때문에 2단계 압수수색을 고려해 볼 수 있다.

2단계 압수수색이란 현장에서 범죄와 관련된 정보만을 선별하는 것이 현

---

24 조성훈, "디지털증거와 영장주의: 증거분석과정에 대한 규제를 중심으로," 형사정책연구, 24(3), 2013, 127면.

25 대법원 2015.7.16. 자 2011모1839 전원합의체 결정.

26 형사소송법 제127조(집행중지와 필요한 처분) 압수·수색영장의 집행을 중지한 경우에 필요한 때에는 집행이 종료될 때까지 그 장소를 폐쇄하거나 간수자를 둘 수 있다.

실적으로 어렵고, 또한 압수 목적을 달성하기 위해서는 원저장매체나 저장매체를 이미징한 사본을 압수할 수밖에 없다면 이를 인정하고, '제3의 장소로의 이동'이라는 형식의 새로운 증거 확보 방식을 공론화하여 제3의 장소로 이동 후, 집행 시 통제하는 방법을 강구하는 방식의 집행이다.[27]

1단계에서는 수색을 필요가 있는 매체 또는 이미징한 사본에 대한 압수이며 1단계 압수를 통해 수색할 대상에 대한 환경을 확인한 경우 앞서 논한 바와 같이 수색 방법 등을 기재한 2단계 수색영장을 추가로 발부받음으로써 수색의 정당성을 확보하는 것이다. 법원에 제2차 영장을 신청할 경우에는 디지털 저장매체에 대한 환부시기, 분석담당자, 사본의 파기절차, 범죄 사실과 관련 없는 데이터에 대한 처리 등을 사후계획서에 기술하도록 하고, 압수허가 심사 시에 함께 심사하여야 한다.[28] 이는 압수·수색영장의 집행에 대한 법원의 통제를 강화하고 압수수색의 적법성에 대한 논란을 불식시킬 수 있는 방안으로 검토해 볼 필요가 있다.

3. 탐색 과정의 규제와 감사

디지털 데이터의 비가시성으로 인해 비록 자동화된 프로세스로 실제 열람할 범위를 최소화하는 경우에도 최종적인 분석 단계에서는 파일의 열람이 수반될 수밖에 없다. 특히, 물리적으로 손상된 휴대전화 등 디지털 장치에서 메모리를 복구하는 경우 이진 비트열을 해독하여 시각적으로 확인하는 절차가 필요하다. 다만, 이러한 경우 분석 또는 탐색 과정에 대해서 동영상 촬영 또는 열람하는 모니터 화면의 녹화 등을 통해 로그를 기록함으로써 사건과 관련 없는 부분에 대한 탐색을 방지할 사후 통제 장치가 필요하다.

디지털 증거는 정보의 대량성과 비가독성이라는 특징을 가지고 있어서 그동안 과잉 압수에 대한 우려가 많았는 데[29] 이러한 통제 장치의 도입은 수사관

27 권양섭, "디지털 저장매체의 예외적 압수방법에 대한 사후통제 방안," 형사법연구, 26(1), 2014, 250면.

28 권양섭, "디지털 저장매체의 예외적 압수방법에 대한 사후통제 방안," 형사법연구, 26(1), 2014, 255면.

이 합리적인 수준에서 수색 범위를 설정하고 분석 과정에서의 열람에서도 투명성을 확보하여 열람의 이유를 적절히 설명할 수 있기 때문에 비록 그 범위가 구체적이지 않더라도 정당화될 수 있다.[30] 또한 이러한 통제 장치는 향후 피압수자 또는 변호인의 물리적인 참여를 대체할 수 있는 방안으로 활용될 여지도 있다.

제4절 자동 검색 기술에 의한 선별 수색

저장매체 자체에 대한 압수는 포괄 영장의 집행과 다를 바가 없어 압수 범위를 한정하고자 하는 노력은 긍정적이다. 그러나 압수에 집중하다보니 파일의 직접 열람에 의한 수색이 프라이버시 영역에 대한 포괄적 수색영장 집행과 다를 바 없다는 점은 간과되어 왔다.

압수는 수색의 다음 단계에서 이루어지는 행위이다. 압수 전 데이터에 대한 탐색 과정에서 수사기관이 해당 데이터를 인식하였다면 즉시 프라이버시에 대한 침해가 발생하고 별건 수사의 가능성이 커지기 때문에 수색 단계부터 열람의 범위를 최소화할 방안이 모색되어야 한다.

압수하는 방법인 출력복제 원칙은 수사기관의 현실적 고려로 인해 많은 예외를 인정하고 있어 그 효용성 자체가 의심스러우며, 설사 출력복제 원칙을 고수한다고 할지라도 디지털 저장매체 또는 이미지에 대한 탐색의 방법과 탐색의 기간을 개선하지 않는다면 출력복제 원칙이 기본권 침해 최소화에 기여하는 바는 매우 적다.

수사기관이 오로지 합목적성만을 주장하면서 법집행 현실의 한계만을 주장하는 것은 바람직하지 않다. 수사기관도 한계를 극복할 수 있는 기술이 등장

29 정대희·이상미, “디지털증거 압수수색절차에서의 ‘관련성’의 문제,” 형사정책연구, 26(2), 2015, 125면.

30 이원상, “디지털 증거의 압수·수색절차에서의 관련성 연관 쟁점 고찰 – 미국의 사례를 기반으로 –”, 형사법의 신동향, 제51호, 2016, 14면.

하면 그 기술을 적극 활용할 필요가 있다. 데이터가 과도하게 많아 압수수색에 장시간이 소요되는 현실로 인해 수사기관 역시 검색 기술을 활용하여 수색 범위를 최소화할 필요가 있다.

이러한 주장은 압수의 범위뿐만 아니라 수색의 방법까지 제한함으로써 수사기관의 활동을 위축시켜야 한다는 점에 방점이 있는 것이 아니다. 현존하는 합리적인 기술을 수사 현장에 적극 활용하는 것은 증거의 염결성을 유지시키고 수사기관이 불필요하게 프라이버시 영역을 침해하지 않도록 할 뿐만 아니라 기술의 활용을 통해 수사의 효율성도 증대시키고자 하는 측면이 강하다.

디지털 포렌식 영역에서 이미 수사기관은 키워드를 이용하여 검색하고 파일의 시그니처로 은닉한 파일을 찾아내며 삭제된 영역을 기계적으로 복구하는 기술을 보유하고 있다. 수사기관이 최고의 기술이 있음에도 불구하고 중위 수준의 기술만을 활용하여 프라이버시 영역을 무작위로 탐색한다면 이는 위법한 압수수색이라는 비난을 피하기 어렵다.

1. 키워드 검색

압수수색 현장에서 관련성 있는 증거의 범위를 설정하기 위해 가장 일반적으로 사용되는 방법은 키워드 검색이다. 키워드는 입증하고자 하는 사실과 연관이 있는 것으로서 영장을 신청한 범죄 사실과의 관련성을 충분히 고려하여 만들어진다. 키워드를 통해 저장매체를 검색하면, 키워드가 포함된 파일을 선별하여 이를 수사기관의 저장매체에 복사할 수 있다. 이러한 키워드 검색 방법이 범죄 사실과 관련성을 찾을 수 있는 효과적인 방법이기는 하나 키워드 검색 방법만으로 해당 사건과 관련성이 있는 모든 파일을 검색할 수는 없다. 키워드 검색 방법의 특성상 수사관이 작성한 키워드와 정확히 일치하는 파일만 검색되기 때문이다. 이러한 기술적 한계에 의하여 해당 사건과 관련성 있는 데이터를 수색하는 데 실패할 수가 있다.[31] 특히 피압수자가 파일명을 변경해 두

31 유상현·이경렬, "디지털 증거의 선별적 압수수색에 관한 LSH(Locality Sensitive Hashing)기법 활용방안 연구," 형사정책, 31(4), 2020, 159면.

거나 은닉해 두었을 경우에는 실효성이 없고 파일이 아닌 기타 로그 기록을 검색해내는 데도 한계가 있을 수밖에 없다.

2. 문서유사도 검색

문서유사도를 이용한 선별 검색 방법은 저장매체에 기록된 전자정보의 최소 단위인 파일의 유사도를 비교하여 유사한 문서 순으로 나열할 수 있다. 기존의 키워드 검색 방법은 동일한 키워드가 포함된 문서만을 추출해 주는 것에 반해 문서유사도 기법을 활용하면 전체 데이터에 대한 파악이 용이하다. 다만 유사도는 육안으로 '유사하다' 혹은 '유사하지 않다'로 구별할 수 있는 척도로써 이때 '유사하다'와 '유사하지 않다'의 판단은 사람마다 차이가 있을 수밖에 없는 주관적인 지표이기 때문에 이러한 주관적인 지표로 검색한다면 수사기관이 주관적인 의도대로 증거를 수집한다는 의혹이 생길 우려가 있으며 나아가 적법하지 못한 증거 수집으로 보일 수가 있다. 하지만 수학적으로 정립되어 있는 계산식을 통해 프로그램으로 구현·처리되는 문서유사도 검색 기법을 사용하면 검색에서 수사기관의 주관적 의도를 배제할 수 있게 된다.

프로그램으로 구현된 유사도 검색 방법 중 Locality Sensitive Hashing 알고리즘이 있다. Locality Sensitive Hashing은 데이터 마이닝, 패턴 인식, 계산 기하학 및 데이터 압축과 같은 분야에서 사용되고 철자 검사, 표절 탐지 및 화학적 유사성을 측정하는 데도 이용되고 있다.[32]

문서유사도를 이용하여 검색하면, 키워드 검색의 한계를 극복할 수 있다. 문서유사도(LSH) 기법의 장점을 간략하게 소개하면 다음과 같다.

첫째, 최초의 수색 시점에 저장매체에 기록된 사실인정에 관한 데이터를 최대한 확보할 수 있는 가능성이 생긴다. LSH의 장점인 전체 데이터에 대한 빠른 비교와 유사 문서를 이용한 유사도 문서에 기초한 분류를 통한 수집이기 때문에 기존의 파일 확장자, 파일 이름, 파일의 수정 및 생성 시간 등과 같이

---

32 유상현·이경렬, "디지털 증거의 선별적 압수수색에 관한 LSH(Locality Sensitive Hashing)기법 활용방안 연구," 형사정책, 31(4), 2020, 161면.

기술적 관련성을 통해 수집하는 방법에 비해 더 많은 선택권을 주게 된다.

둘째, 사실인정에 필요한 증거의 관련성을 확인할 수 있는 방법이 증가한다. 컴퓨터 사용자가 문서 내부에 은어를 사용하였거나 맞춤법 오류가 있는 경우 키워드 검색은 효과가 없으며 이러한 경우를 대비하여 모든 데이터를 직접 열람할 수는 없다. 하지만 문서유사도를 이용하면 그 과정에서 발견되는 단어와 문장의 조합을 통해 컴퓨터 사용자가 내부에서 자주 사용하는 문구나 단어를 확보할 수 있으며 이렇게 확보된 문구나 단어가 사용된 문서를 통해 문서유사도 검색을 하면 더 많은 연관성 있는 데이터를 찾을 수 있다.

셋째, 저장매체의 대용량화로 인해 소요되는 자원과 시간을 크게 절약할 수 있다. LSH는 일반적으로 대용량 데이터를 처리하는 텍스트 마이닝에서 사용되는 방법으로 저장매체의 대용량화로 인한 탐색 문제를 해결하는 데 큰 도움이 된다. 문서유사도를 통해 저장매체에 기록된 파일들을 그룹한 후 기존에 사용하던 키워드 및 확장자, 기간 검색 등의 방법을 통해 대용량 데이터에 대해서도 수색을 효율적으로 진행할 수 있다.[33]

기존 키워드 검색은 단순히 단어나 문구가 완전히 일치하는 문서를 찾는 방법이기 때문에, 이를 통해 선별 압수가 행해지면 범죄 사실과 관련성이 적거나 없음에도 불구하고 단지 단어나 문구가 일치한다는 이유로 검색되고 수사기관이 이를 취득하게 되는 경우가 있어 오히려 피압수자의 프라이버시 보호 관점에서 적절하지 않은 경우도 있다. 이와 달리 문서유사도를 이용한 방법은 파일 내부에 포함된 키워드에 대한 전체적인 유사도로 검색 및 나열되기 때문에 키워드 검색으로 찾지 못하는 혐의 문서를 찾을 수 있는 가능성이 증가할 뿐만 아니라 관련성 있는 데이터만 선별됨으로써 피압수자의 프라이버시 보호 측면에서도 유익하다. 나아가 단일 문서가 아닌 다수의 대용량 저장매체 혹은 클라우드 환경과 같이 검색 대상 영역이 크고 많은 경우에는 Locality Senstive Hashing의 문서유사도를 이용한 선별 수색이 더욱 합당한 결과를 보일 것으로 예상된다.

위와 같은 문서유사도를 이용한 선별 수색 방법의 도입 또한 까다롭지 않

33 유상현·이경렬, "디지털 증거의 선별적 압수수색에 관한 LSH(Locality Sensitive Hashing)기법 활용방안 연구," 형사정책, 31(4), 2020, 165–166면.

다. 현재 수사기관에서 사용하는 키워드 기반의 디지털 데이터 선별 압수수색 방법도 텍스트 마이닝의 한 종류로 볼 수 있다. 텍스트를 구성하는 가장 작은 단위인 단어를 색인화하는 과정을 거쳐 이를 토대로 검색하는 방식이기 때문이다. 문서유사도를 이용한 검색은 단순히 한 단계 더 발전한 텍스트 마이닝의 한 종류이다. 이와 같은 이유로 현재 키워드 검색 방법에 더하여 쉽게 문서유사도 검색 방법을 추가할 수 있다.[34]

3. 자동 선별 시스템의 도입

수색에 관련성 요건이 요구되는 정도와 관련하여 범죄 혐의 사실과 관련 있는지 여부는 수색·검증 전에는 알 수 없으므로 수색·검증 영장 발부 시에는 매우 완화하여 심사할 수밖에 없고, 따라서 수색·검증의 관련성은 관련 데이터를 저장하고 있을 가능성으로 족하다는 의견이 있다.[35] 이러한 의견은 압수의 경우 직접적으로 기본권을 침해하므로 엄격하게 심사해야 한다는 입장이다.

그러나 앞서 언급한 바와 같이 파일의 직접 열람에 의한 수색은 프라이버시에 대한 심각한 침해를 야기하기 때문에 압수에 비하여 기본권 침해 정도가 적다고 단언할 수 없다. 따라서 수색에 있어서 관련성 요건을 완화할 수 있다는 의견에 동의할 수 없다. 다만, 내용을 열어보기 전에는 증거 관련성을 파악할 수 없다는 점에는 공감하기 때문에 수사기관이 그 내용을 일일이 인식하지 않고 기계적인 방법을 통해 관련 있는 데이터를 선별해 내는 작업을 통해서 사람이 직접 열람하는 범위를 줄여야 한다.

수색할 데이터 범위의 부당한 확대를 방지하기 위한 논리적 위치 특정이 되어야 한다. 컴퓨팅 서비스에 대한 압수수색으로 침해되는 이익이 주로 프라이버시에 대한 기대라는 점에서 인식전환이 필요하다. 범죄 혐의와 무관한 다른 데이터까지 검색하는 것을 막기 위해 수색 과정을 사람의 개입 없이 자동

34 유상현·이경렬, "디지털 증거의 선별적 압수수색에 관한 LSH(Locality Sensitive Hashing)기법 활용방안 연구," 형사정책, 31(4), 2020, 175면.

35 오기두, "전자정보의 수색·검증, 압수에 관한 개정 형사소송법의 함의," 형사소송 이론과 실무, 4(1), 2012, 158면.

검색 프로그램 등이 수행하는 방안(Automated Search)을 강제함으로써 무관한 데이터의 검색을 원천적으로 차단할 필요가 있다.[36]

디지털 포렌식은 숨겨지거나 삭제된 파일 복구, 타임라인의 분석, 캐쉬 파일이나 메타데이터의 분석, 웹 히스토리 분석, 로그 분석, 키워드 분석 등 다양한 기술이 동원된다. 영장 집행 전에 발견할 증거를 미리 특정하는 것은 불가능하지만 예상되는 디지털 흔적을 찾기 위한 기술을 사용하여 수색함으로써 사람이 눈으로 직접 열람하는 방식의 탐색을 최소화하여야 한다. 최소화의 방안으로 자동 선별 시스템의 도입을 고려할 수 있다.

디지털 포렌식 과정에서 관련 범죄 유형에 따라 증거를 추출할 대상 영역이 나뉠 수 있다. 증거를 추출하기 위한 범죄 유형과 그에 따른 조사 내용을 기준으로 분류하면 비슷한 범죄 유형의 죄종끼리 그룹화 되는 것이 확인된다. 아래 표[37]와 같이 "성착취물," "도박," "보이스피싱," "강력범죄," "명예훼손," "재산범죄," "문서범죄," "의료약사법," "뇌물," "지식재산권," "해킹" 사건에서 디지털 저장매체에 대한 조사 내용들이 유형화되는 것을 확인할 수 있다.

범죄 유형	조사 내용	죄종
성착취물	동영상파일, 사진파일 소지 및 유포여부	카메라등이용촬영죄, 강간, 아동청소년성보호에관한법률, 정보통신망(음란물유포)
도박	문서파일, 사진파일, 도박프로그램설치 및 실행흔적, 인터넷기록	게임산업진흥에관한법률, 국민체육진흥법위반(도박개장등)
보이스피싱	문서파일, 사진파일, 음성파일	전자금융거래법, 폭행, 협박
강력범죄	문서파일, 동영상파일, 사진파일, 음성파일, 인터넷기록	변사, 폭행, 협박
명예훼손	문서파일, 사진파일, 인터넷기록	정보통신망법(명예훼손)
재산범죄	문서파일, 사진파일	사기, 공갈
문서범죄		자동차관리법, 공전자등불실기재
의료,약사법	문서파일, 사진파일, DB파일, 이메일	의료법, 사기 및 약사법

36 양종모, "클라우드 컴퓨팅 환경에서의 전자적 증거 압수·수색에 관한 고찰," 홍익법학, 15(3), 2014, 14면.

37 윤상혁·이상진, "디지털증거 자동선별 시스템에 관한 연구," 디지털포렌식연구, 14(3), 2020, 242면.

뇌물	문서파일, 사진파일, 음성파일, 이메일	뇌물수수
지식재산권	문서파일, 동영상파일, 사진파일, 인터넷기록, 프로그램실행 흔적	저작권법
해킹	해킹 경로 및 행위	정보통신망(침해)

또한 범죄 유형에 따라 필수적으로 수집, 탐색해야 하는 아티팩트는 다음 표[38]와 같이 정리될 수 있다.

범죄 유형	조사 내용	아티팩트
성착취물	동영상파일, 사진파일 소지 및 유포여부	네트워크정보, 표준시간정보, 인터넷접속기록, 인터넷 쿠키목록, 다운로드목록, 프리패치, 외장장치접속기록, 응용프로그램설치목록, 응용프로그램설치로그, 사진파일, 동영상파일, 썸네일파일, 파일메타정보,
도박	문서파일, 사진파일, 도박프로그램설치 및 실행흔적, 인터넷기록	네트워크정보, 표준시간정보, 인터넷접속기록, 즐겨찾기목록, 외장장치접속기록, 응용프로그램설치목록, 응용프로그램설치로그, 사진파일, 문서파일, 썸네일파일, 파일메타정보,
보이스피싱	문서파일, 사진파일, 음성파일	표준시간정보, 사진파일, 음성파일, 썸네일파일, 파일메타정보
강력범죄	문서파일, 사진파일, 음성파일, 인터넷기록	표준시간정보, 인터넷접속기록, 사진파일, 동영상파일, 문서파일, 음성파일, 썸네일파일, 파일메타정보
명예훼손	문서파일, 사진파일, 인터넷기록	표준시간정보, 인터넷접속기록, 사진파일, 문서파일, 썸네일파일, 파일메타정보
재산범죄 문서범죄	문서파일, 사진파일	표준시간정보, 외장장치접속기록, 사진파일, 문서파일, 썸네일파일, 파일메타정보
의료,약사법	문서파일, 사진파일, DB파일	표준시간정보, 사진파일, 문서파일, 썸네일파일, DB파일, 파일메타정보
뇌물	문서파일, 사진파일, 음성파일, 이메일	표준시간정보, 이메일, 사진파일, 문서파일, 음성파일, 썸네일파일, 파일메타정보
지식재산권	문서파일, 동영상파일, 사진파일, 인터넷기록, 프로그램실행 흔적	네트워크정보, 표준시간정보, 인터넷접속기록, 다운로드목록, 이메일, 프리패치, 외장장치접속기록, 응용프로그램설치목록, 응용프로그램설치로그, 사진파일, 동영상파일, 문서파일, 음성파일, 썸네일파일, 파일메타정보

38 윤상혁·이상진, "디지털증거 자동선별 시스템에 관한 연구," 디지털포렌식연구, 14(3), 2020, 244면.

해킹	해킹 경로 및 행위	복원지점, 네트워크정보, 표준시간정보, 인터넷접속기록, 인터넷쿠키목록, 다운로드목록, 인터넷캐시목록, 이메일, 시스템로그, 보안로그, 프리패치, 점프리스트, 외장장치접속기록, 응용프로그램설치목록, 응용프로그램설치로그

범죄 유형 별 조사 내용과 조사 내용에 따른 아티팩트를 기준으로 디지털 매체에 대한 수색의 범위를 한정할 수 있다. 영장 집행관은 증거를 선별하고자 하는 시스템에서 범죄 유형을 선택하고 수집되는 데이터의 종류를 확인한 후 수집되는 데이터의 종류를 추가하거나 삭제할 수 있다. 영장 집행관이 범죄 유형을 선택하면 증거 선별과 수집 과정으로 진행된다. 영장 집행관은 시스템 운영체제의 종류를 분석하여 수집 방식을 구분하고 필요한 데이터를 수집한다. 이렇게 수집된 파일의 정보를 이용하여 시스템 정보, 인터넷 사용 내역, 로그 파일을 파싱하고 가공하여 영장 집행관이 해석 가능한 데이터로 정규화하는 과정을 거치게 된다. 데이터 정규화 작업은 육안으로 검색하지 않고 기술적인 방법으로 범죄 유형과 조사 내용 및 해당 아티팩트에 해당하는 데이터에 한정하여 수집하고 정규화하는 것이다.

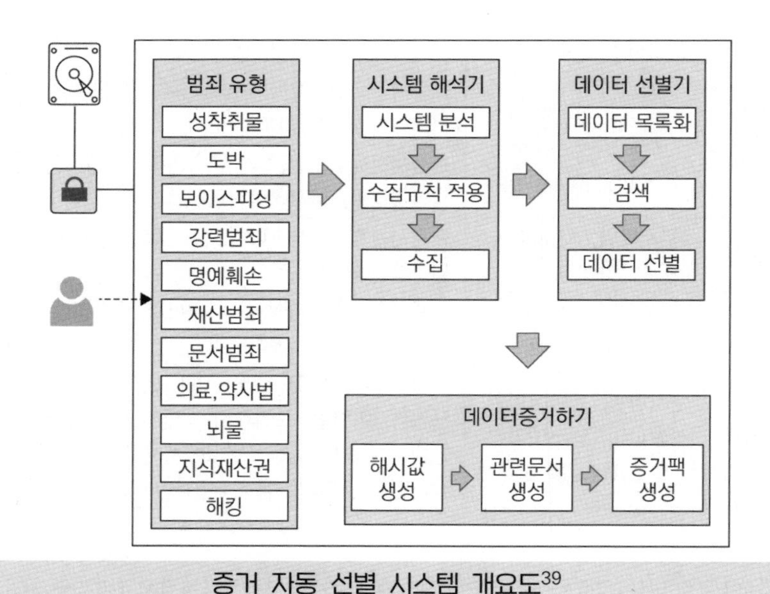

증거 자동 선별 시스템 개요도[39]

영장 집행관은 1차로 수집된 디지털 데이터에 한하여 증거 선별 작업을 하게 된다. 선별 작업이 완료된 데이터는 증거의 진정성을 보장하기 위해 메타데이터와 함께 추출되고, 추출된 데이터는 해시함수를 통해 생성한 해시값으로 데이터의 무결성을 입증할 수 있다.[40]

4. 선별 수색의 예외

앞서 살펴본 키워드 검색, 문서유사도 검색, 자동 선별 시스템의 도입을 통한 검색 기법은 평문을 대상으로 했을 때 유효하다. 그런데 파일 또는 폴더, 디스크 자체를 암호화하여 복호화키가 없이는 그 내용조차 볼 수 없는 경우도 있으며 심층암호(Steganography)[41]기법을 사용하여 메시지를 은닉하는 방법이 사용될 수도 있다. 특히 고도로 발전된 암호 기술과 심층암호 기술은 각종 조직범죄나 테러, 산업기밀유출, 안보 관련 범죄 등의 분야에서 비밀통신의 수단으로 사용되고 해킹 관련 범죄에서는 악성코드를 숨기거나 비밀통신을 위해 악용되기도 하므로 각종 범죄의 수사 과정에서는 종종 심층암호 기법이 적용된 증거가 발견되기도 한다. 게다가 최근에는 범죄자들이 해킹이나 사이버 공격을 은밀하게 수행하기 위해 심층암호 기법을 사용하여 악성코드가 포함된 내용물을 숨기고 있다는 사실이 밝혀지기도 하였다.[42]

암호나 심층암호 기법이 사용된 경우 단기간 내에 암호화된 파일을 복호화할 수 없으며 심층암호로 은닉된 사실을 쉽게 발견할 수도 없다. 이러한 관련 흔적은 영장의 집행 현장에서 즉시 찾기 어렵고 별도의 상세한 분석을 통해 여러 단서를 얻어야만 가능하다. 따라서 암호나 심층암호 기법이 적용된 증거를 식별하기 위해서는 일반적인 검색 절차 이외에도 저장매체의 광범위한 탐

---

39 윤상혁·이상진, “디지털증거 자동선별 시스템에 관한 연구,” 디지털포렌식연구, 14(3), 2020, 245면.

40 윤상혁·이상진, “디지털증거 자동선별 시스템에 관한 연구,” 디지털포렌식연구, 14(3), 2020, 246면.

41 메시지를 특정 파일에 감추어 저장하는 기법으로 외관상 일반적인 파일과 차이가 없으나 그림이나 문서 파일 등의 내부에 메시지를 숨겨 소통하기 위한 목적으로 사용된다.

42 Vyacheslav Kopeytsev, “Steganography in attacks on industrial enterprises,” Kaspersky ICS CERT(2020), p2.

색, 은닉된 메시지로 추정되는 데이터의 추출 및 복호화, 암호화에 사용된 도구에 대한 분석 등 추가적 분석들이 사용되어야 한다.

특히 심층암호 기법은 대상의 존재 자체를 숨기려는 본질적 속성으로 인해 육안 식별이나 존재 사실의 확인이 불가능하며 현장에서는 어느 매체의 어떤 영역에 영장에 기재한 압수수색 대상과 관련된 것이 존재하는지 알 수 없다. 또한 존재 사실을 확인하더라도 그 숨겨진 내용을 탐색하고 분석하기 어렵다. 심층암호 도구들을 활용해 보거나 파일의 미세한 변화를 탐지하는 등 다양한 방식을 활용하여야 하는데 기본적으로 약 200개 이상의 도구가 존재하고 각각의 도구는 데이터 삽입 방식을 보호하기 위해 서로 다른 자체 기술을 사용하며 도구마다 구현하는 방식 또한 다양하기 때문에 메시지를 추출하는 일은 매우 어렵다.[43]

결국 암호나 심층암호가 사용된 저장매체의 경우 원본 또는 이미징한 파일에 대한 사후 분석이 필요하다는 것을 의미한다. 이러한 경우에는 그 내용을 볼 수가 없기 때문에 증거로 채록할 것에 대한 범위를 설정할 수조차 없어 형사소송법 제106조 제3항의 원칙을 적용할 수 없다.

암호나 심층암호가 사용되어 추가적인 분석을 위해 원본이나 이미징 파일을 확보해야 하는 상황은 지득, 채록할 데이터에 대한 관련성의 문제가 아니라 원본 압수와 이미징의 필요성으로 설명되어야 한다. 암호나 심층암호가 사용되었다고 의심되는 경우, 증거 관련성이 있는 파일 대부분이 삭제된 흔적이 있는 등 디지털 저장매체 전체에 대한 정밀 분석이 필요한 사건에 대해서는 선별수색의 예외로써 원본 압수 또는 이미징의 필요성이 있는 사건으로 분류되어야 하고 수사기관의 사무실에서 2차 영장에 의해 정밀한 분석이 이루어져야 한다.

이러한 예외적 상황이 발생하여 저장매체 전체의 파일 내용을 육안으로 수색하는 경우에는 일반 영장에 의한 수색과 다를 바가 없다. 따라서 모든 파일에 대한 수색을 허용하는 대신에 영장의 범죄 사실과 관련 없는 다른 범죄의 증거가 발견되는 경우 증거능력을 부여하지 않아야 한다.

---

43 마이클 라고·체트 호스머, 『데이터 은닉의 기술, 데이터 하이딩』, 김상정 옮김, SYNGRESS, 2013, 62면.

제5절 플레인 뷰 원칙 적용 가능성과 별건 증거의 처리문제

1. 플레인 뷰 원칙 – 영장 없는 압수의 허용

주거에 대한 수색 과정에서 영장에 기재되어 있는 물건이 존재할 경우 법집행기관은 해당 증거를 압수할 수 있다. 이러한 과정에서 법집행기관이 'plain view'로 우연히 마주치게 된 영장 기재 사실 이외의 다른 범죄에 관한 증거인 것이 명백한 경우 영장에 기재되지 않은 물건이라도 압수가 가능하다.[44]

주의해야 할 점은 플레인 뷰 원칙은 영장 없는 수색을 허용하는 것이 아니라 단지 영장 없는 압수를 허용하는 것이라는 점이다.[45] 영장 없는 수색까지 허용하게 되면 대상이 특정된 영장이 일반 영장으로 전환될 위험이 있기 때문이다.[46] Horton 사건에서 피고는 보석과 현금을 강탈하기 위해 총을 사용하였다. 경찰은 강탈된 보석과 현금을 찾기 위해 피고의 집에 대한 수색영장을 발부받았다. 수색 과정에서 경찰관은 플레인 뷰 상태에서 총기를 발견하고 이를 압수하였다. 이 사건에서 법원은 영장에 기재되지 않은 경우에도 발견한 무기를 증거로 사용하는 것을 인정하였다. 이 사건에서 법원은 플레인 뷰에 따른 합법적인 압수가 허용되기 위한 조건을 설시하였는 데 ① 경찰관은 플레인 뷰 상태에서 발견될 증거가 있는 장소에 도착할 당시 미국 수정헌법 제4조를 위반하지 않았어야 하며 ② 그 물건 자체에 접근할 수 있는 합법적인 권한을 가지고 있어야 하며 ③ 증거의 범죄 관련성이 명백해야 한다고 설시하였다.[47] 이는 물건을 발견하기 전까지의 수색 과정에서 불법성이 있는 경우 플레인 뷰 원칙이 적용되지 않는다는 것을 의미한다.

플레인 뷰 원칙은 압수수색 과정에서 다른 범죄의 증거가 발견될 경우 예외적으로 압수를 허용하는 원칙이다. 이 원칙이 적용되려면 첫째, 증거가 있는

---

44 Horton v. California, 496. U.S. 128, 136(1990).

45 Id. at 134.

46 손동권, "수사절차상 긴급 압수·수색 제도와 그에 관한 개선입법론," 경희법학, 46(3), 2011, 16면.

47 Id. at 136–41.

현장에 대한 접근이 적법하여야 하고 둘째, 대상 자체에 접근할 수 있는 정당한 권한이 있어야 하며 셋째, 증거의 범죄관련성이 명백해야 한다.

그런데 디지털 저장매체에 대한 수색에서 모든 파일을 읽는 방식이 사용될 경우 영장범위를 벗어난 수색으로 확장되어 정당성을 상실하며 법집행기관이 명령어를 입력하거나 프로그램을 사용하여 파일을 열어야 하기 때문에 우연히 증거를 발견하였다고 할 수도 없다. 이러한 이유에서 미국에서는 일찍이 디지털 저장매체에는 플레인 뷰 원칙을 적용할 수 없다는 선례가 나왔고 앞으로도 이런 추세는 계속될 것으로 보인다.

그렇다면 법집행기관이 디지털 저장매체를 검색하는 과정에서 발견한 다른 범죄의 증거를 이용하는 것은 불가능한가? 법집행의 정당성만을 일방적으로 강조함으로 인해 다른 범죄의 명백한 증거가 사용될 길을 모조리 봉쇄하는 것도 형사사법 정의에 반한다. 궁극적으로 디지털 저장매체에 플레인 뷰 원칙이 적용하기 위한 조건을 설정하고 디지털 플레인 뷰 원칙을 재정의함으로써, 우리는 법의 안정성을 함께 고려하면서 프라이버시를 보호할 수 있는 방법을 찾아야 한다.

2. 판례의 입장

가. 우리나라

1) 대법원 2007. 11. 15. 선고 2007도3061 전원합의체 판결

검찰 수사관이 압수·수색영장으로 제주도 도지사 정책특보의 사무실을 압수수색하고 있던 중 도지사 비서관이 도지사 집무실에 보관 중이던 제주도 도지사의 업무일지 등의 서류 뭉치를 가지고 압수수색 장소의 출입문을 열고 들어오자 검사가 해당 서류를 압수한 사안에서 대법원은 “영장에 압수할 물건으로 기재되지 않은 물건의 압수, 영장 제시 절차의 누락, 압수목록 작성·교부 절차의 현저한 지연 등으로 적법절차의 실질적인 내용을 침해한 점이 있는지 여부 등을 심리해 보았어야 할 것이다. 그럼에도 불구하고, 원심이 이 점에 관하여 충분히 심리하지 아니한 채 그냥 압수절차가 위법하더라도 압수물의 증거능력은 인정된다는 이유만으로 이 사건 압수물의 증거능력을 인정하고 이를 유죄 인정의 유력한 증거로 채택하여 위 피고인들에 대한 이 사건 공소사실 중 유죄 부분에 대하여 죄책을 인정한 것은, 적법한 절차에 따르지 아니하고 수집한 증거의 증거능력에 관한 법리오해, 채증법칙 위반 등의 위법을 범한 것으로, 이는 판결에 영향을 미쳤음이 분명하다."고 판시하였다.

이 판결은 과거 성질형상불변론을 폐기하는 판결로서 의미가 깊다. 그런데 이 판결은 압수 현장에서 범죄 관련 증거를 우연히 발견한 경우에 적용되는 플레인 뷰 법리를 적용하지 않고 위법수집증거로 배제하였다. 이 판결에 대한 비판적 시각은 해당 서류 뭉치의 압수는 플레인 뷰 원칙이 적용되는 요건인 ① 수사기관이 대상물을 관찰할 수 있는 지점에 적법하게 도달하였을 것, ② 관찰할 물건에 대한 물리적인 접근 권한이 있을 것, ③ 관찰할 당시 대상물이 범죄와 관련되어 있음이 명백할 것이 모두 충족되었고 미국의 경우 플레인 뷰 원칙에 따라 긴급압수를 일반적으로 허용하는 데 반하여 우리 판례는 이를 부정하고 있다는 견해[48]가 있다.

그러나 이 사건에서 검사가 압수한 것은 서류 뭉치인데 서류 뭉치는 그 내용을 살펴보아야 범죄와의 관련성을 확인할 수 있기 때문에 "관찰할 당시 대상물이 범죄와 관련되어 있음이 명백"하다고 볼 수는 없다고 생각된다. 다만, 이 판결이 플레인 뷰 원칙에 대한 심사를 하지 않은 것으로 보아 우리 판례가 플레인 뷰 원칙을 수용하지 않고 있다는 데에는 동의한다.

2) 대법원 2015. 7. 16. 자 2011모1839 전원합의체 결정

검사는 2011.4.25. 수원지방법원으로부터 준항고인 1의 배임 혐의와 관련하여 압수·수색영장(이하 '제1 영장'이라 한다)을 발부받은 당일 준항고인 2(이하 '준항고인 2'라 한다) 빌딩 내 준항고인 1의 사무실에 임하여 압수·수색을 개시하였는 데, 그곳에서의 압수 당시 제1 영장에 기재된 바와 같이 이 사건 저장매체에 혐의 사실과 관련된 정보와 관련되지 않은 전자정보가 혼재된 것으로 판단하여 준항고인 2의 동의를 받아 이 사건 저장매체 자체를 봉인하여 영장 기

48 손동권, "수사절차상 긴급 압수·수색 제도와 그에 관한 개선입법론," 경희법학, 46(3), 2011, 17면.

재 집행 장소에서 자신의 사무실로 반출하였고 검사는 2011.4.26.경 이 사건 저장매체를 대검찰청 디지털 포렌식 센터에 인계하여 그곳에서 저장매체에 저장되어 있는 전자정보파일 전부를 '이미징'의 방법으로 다른 저장매체로 복제(이하 '제1 처분'이라 한다)하도록 하였는 데, 준항고인 1 측은 검사의 통보에 따라 2011.4.27. 위 저장매체의 봉인이 해제되고 위 전자정보파일이 대검찰청 디지털 포렌식 센터의 원격디지털공조시스템에 복제되는 과정을 참관하다가 임의로 그곳에서 퇴거하였다.

검사는 제1 처분이 완료된 후 이 사건 저장매체를 준항고인 2에게 반환한 다음, 위와 같이 이미징한 복제본을 2011. 5. 3.부터 같은 달 6일까지 자신이 소지한 외장 하드 디스크에 재복제(이하 '제2 처분'이라 한다)하고, 같은 달 9일부터 같은 달 20일까지 외장 하드 디스크를 통하여 제1 영장 기재 범죄 혐의와 관련된 전자정보를 탐색하였는 데, 그 과정에서 준항고인 2의 약사법 위반·조세범처벌법 위반 혐의와 관련된 전자정보 등 제1 영장에 기재된 혐의 사실과 무관한 정보들도 함께 출력(이하 '제3 처분'이라 한다)하였다. 제2·3 처분 당시에는 준항고인 1 측이 그 절차에 참여할 기회를 부여받지 못하였고, 실제로 참여하지도 않았다.

검사는 앞의 압수수색의 과정에서 우연히 발견한 준항고인 1 등의 약사법 위반·조세범처벌법 위반 혐의에 관련된 전자정보(이하 '별건 정보'라 한다)의 출력물을 수원지방검찰청 특별수사부에 통보하여 특별수사부 검사가 2011.5.26.경 별건 정보를 소명자료로 제출하면서 다시 압수·수색영장을 청구하여 수원지방법원으로부터 별도의 압수·수색영장(이하 '제2 영장'이라 한다)을 발부받아 외장 하드 디스크에서 별건 정보를 탐색·출력하는 방식으로 압수·수색을 하였는 데 이때 특별수사부 검사는 준항고인 측에 압수·수색 과정에 참여할 수 있는 기회를 부여하지 않았을 뿐만 아니라 압수한 전자정보 목록을 교부하지도 않았다.

이와 같은 사실관계에서 대법원은 제2 영장 청구 당시 압수할 물건으로 삼은 별건 정보는 제1 영장의 피압수자에게 참여의 기회를 부여하지 않은 상태에서 임의로 재복제한 외장 하드 디스크에 저장된 정보로서 그 자체가 위법한 압수물이어서 앞서 본 별건 정보에 대한 영장청구 요건을 충족하지 못한 것이므로, 비록 제2 영장이 발부되었다고 하더라도 그 압수·수색은 영장주의의 원칙에 반하는 것으로서 위법하다고 하지 않을 수 없다고 결론을 내리면서 "전자정보에 대한 압수·수색에 있어 저장매체 자체를 외부로 반출하거나 하드카피·이미징 등의 형태로 복제본을 만들어 외부에서 저장매체나 복제본에 대하여 압수·수색이 허용되는 예외적인 경우에도 혐의 사실과 관련된 전자정보 이외에 이와 무관한 전자정보를 탐색·복제·출력하는 것은 원칙적으로 위법한 압수·수색에 해당하므로 허용될 수 없다. 그러나 전자정보에 대한 압수·수색이 종료되기 전에 혐의 사실과 관련된 전자정보를 적법하게 탐색하는 과정에서 별도의 범죄 혐의와 관련된 전자정보를 우연히 발견한 경우라면, 수사기관은 더 이상의 추가 탐색을 중단하고 법원에서 별도의 범죄 혐의에 대한 압수·수색영장을 발부받은 경우에 한하여 그러한 정보에 대하여도 적법하게 압수·수색을 할 수 있다. 나아가 이러한 경우에도 별도의 압수·수색 절차는 최초의 압수·수색 절차와 구별되는 별개의 절차이고, 별도 범죄 혐의와 관련된 전자정보는 최초의 압수·수색영장에 의한 압수·수색의 대상이 아니어서 저장매체의 원래 소재지에서 별도의 압수·수색영장에 기해 압수·수색을 진행하는 경우와 마찬가지로 피압수·수색 당사자(이하 '피압수자'라 한다)는 최초의 압수·수색 이전부터 해당 전자정보를 관리하고 있던 자라 할 것이므로, 특별한 사정이 없는 한 피압수자에게 형사소송법 제219조, 제121조, 제129조에 따라 참여권을 보장하고 압수한 전자정보 목록을 교부하는 등 피압수자의 이익을 보호하기 위한 적절한 조치가 이루어져야 한다."고 판시하였다.

이 사례는 압수수색 도중 별건 증거를 발견한 경우에는 새로운 압수·수색영장을 발부받아 집행하여야 한다고 함으로써 이미 발견한 별건 증거의 증거능력에 대해서는 판단하지 않았다. 다만, "별도의 압수·수색 절차는 최초의 압수·수색 절차와 구별되는 별개의 절차이고, 별도 범죄 혐의와 관련된 전자정보는 최초의 압수·수색영장에 의한 압수·수색의 대상이 아니어서"라고 판시함으로써 압수수색 도중 발견한 별건의 증거에 대해 최초의 영장 집행에 따른 예외로 인정하지 않는 취지로 설시하였다.

3) 대법원 2014. 1. 16. 선고 2013도7101 판결

부산지방검찰청 검사가 2012. 8. 3. 부산지방법원으로부터 피고인 2의 공직선거법 위반 혐의와 관련하여 피고인 1이 소지하는 휴대전화 등을 압수하는 내용의 영장을 받아 부산지방검찰청 수사관이 피고인 1의 주거지에서 그의 휴대전화를 압수하고 이를 부산지방검찰청으로 가져온 후 그 휴대전화에서 추출한 전자정보를 분석하던 중 피고인 1과 피고인 7 사이의 대화가 녹음된 녹음파일을 통하여 을과 병에 대한 공직선거법 위반의 혐의점을 발견하고 수사를 개시하였다. 그런데 이 사건 영장은 '피고인 2를 피의자로 하여 피고인 2가 공소외 1에게 지시하여 피고인 1을 통해 공천과 관련하여 ○○○당 공천심사위원인 공소외 13 등에게 거액이 든 돈 봉투를 각 제공하였다'는 혐의 사실을 범죄 사실로 하여 발부된 것으로서 갑의 정당후보자 관련 금품제공 혐의사건과 관련된 자료를 압수하라는 취지였다.

피고인 2의 혐의를 인정하기 위한 압수수색에서 피고인 1의 범죄와 관련된 증거를 발견한 경우 그 증거의 증거능력이 문제된 사안에서 대법원은 "이 사건 녹음 파일에 의하여 그 범행이 의심되었던 혐의 사실은 공직선거법상 정당후보자 추천 관련 내지 선거운동 관련 금품 요구·약속의 범행에 관한 것으로서, 일응 범행의 객관적 내용만 볼 때에는 이 사건 영장에 기재된 범죄 사실과 동종·유사의 범행에 해당한다고 볼 여지가 있다. 그러나 이 사건 영장에서 당해 혐의 사실을 범하였다고 의심된 '피의자'는 피고인 2에 한정되어 있는데, 수사기관이 압수한 이 사건 녹음 파일은 피고인 1과 피고인 7 사이의 범행에 관한 것으로서 피고인 2가 그 범행에 가담 내지 관련되어 있다고 볼 만한 아무런 자료가 없다.

결국 이 사건 영장에 기재된 '피의자'인 피고인 2가 이 사건 녹음 파일에 의하여 의심되는 혐의 사실과 무관한 이상, 수사기관이 별도의 압수·수색영장을 발부받지 아니한 채 압수된 이 사건 녹음 파일은 형사소송법 제219조에 의하여 수사기관의 압수에 준용되는 형사소송법(2011. 7. 18. 법률 제10864호로 개정되어 2012. 1. 1.부터 시행된 것) 제106조 제1항이 규정하는 '피고사건' 내지 같은 법 제215조 제1항이 규정하는 '해당 사건'과 '관계가 있다고 인정할 수 있는 것'에 해당한다고 할 수 없으며, 이와 같은 압수에는 헌법 제12조 제1항 후문, 제3항 본문이 규정하는 헌법상 영장주의에 위반한 절차적 위법이 있다고 할 것이다. 따라서 이 사건 녹음 파일은 형사소송법 제308조의2에서 정한 '적법한 절차에 따르지 아니하고 수집한 증거'로서 이를 증거로 쓸 수 없다고 할 것이고, 그와 같은 절차적 위법은 헌법상 규정된 영장주의 내지 적법절차의 실질적 내용을 침해하는 중대한 위법에 해당하는 이상 예외적으로 그 증거능력을 인정할 수 있는 경우로 볼 수도 없다."고 판시하였다.

나. 미국

혼재되어 있는 컴퓨터 파일에 대한 플레인 뷰 원칙 적용에 있어 미국 법원의 판결은 나뉘고 있다. 파일을 검색할 때 수사관은 특정한 파일에 접근하기 위해 일정한 명령어를 입력해야 하기 때문에 이렇게 발견된 파일에 대해 플레인 뷰 원칙은 적용될 수 없다는 입장도 있으며 이런 중간 절차에도 불구하고 수색 중 발견한 증거에 플레인 뷰 원칙을 적용할 수 있다는 입장도 있다.

1) United States v. Gray[49]

1999.2.5. 미국 연방수사국 요원들은 해킹 혐의를 받고 있는 피고인의 집을 압수수색하여 컴퓨터 4대를 압수하였다. 수사기관의 사무실에서 분석요원은 압수한 컴퓨터의 하드 드라이브 내용을 복사하면서 복사되는 디렉토리와 하위 디렉토리에 포함된 각각의 파일을 열고 간략하게 살펴보는 중 "Tiny Teen"이라는 제목의 하위 디렉토리를 발견하였다. 그는 해당 디렉토리에 아동성착취물이 들어 있는지 궁금하여 열어보았고 아동성착취 관련 이미지를 확인하였다. 이후 수색을 중단하고 아동성착취물에 대한 파일 검색을 실행하겠다는 두 번째 영장을 발부받았다.

해킹 사건에 관한 분석 중 분석요원이 처음으로 발견한 아동성착물 관련 이미지에 대해 법원은 ① 대상을 쉽게 확인할 수 있던 장소에 합법적으로 임장하였고, ② 대상 자체에 대해서도 합법적 접근권을 가지고 있으며, ③ 대상의 불법성이 명백하기 때문에 영장주의의 예외인 플레인 뷰 원칙에 따라 정당하게 압수된 것이라고 판시하였다.

---

49 United States v. Gray 78 F. Supp. 2d 524(E.D. Va. 1999).

2) United States v. Turner[50]

경찰은 폭행 사건의 증거를 찾기 위해 Turner의 집에 방문하였고 그의 동의를 받아 주거를 수색하였다. 주거를 수색하던 도중 경찰은 그의 컴퓨터 화면에서 한 여성의 사진을 발견하였는 데 화면의 여성이 폭행 피해자와 닮았다고 판단하고 컴퓨터에 앉아 툴바의 '사용된 파일' 인덱스에 접속해 'jpg'라는 레이블이 붙은 파일 여러 개를 발견하였다. 이 파일들을 클릭하자 속박당한 누드 여성의 사진 몇 장이 현출되었고 경찰은 하드 드라이브를 계속 검색하여 아동성착취물을 발견하였다.

폭행 사건에 관한 주거 수색 도중 발견한 아동성착취물에 대해 법원은 경찰의 컴퓨터 파일 검색은 피고인이 동의한 범위를 초과했기 때문에 위법하고 그런 상태에서 발견한 증거는 배척되어야 한다고 판시하였다.

3) United States v. Carey[51]

Carey는 코카인을 판매하고 소지한 혐의로 조사를 받고 있었다. 경찰은 그의 동의로 그의 집을 수색했고 마약 관련 증거와 컴퓨터를 발견하고 해당 컴퓨터들을 경찰서로 반출하였다. 경찰은 해당 컴퓨터에서 마약의 판매와 유통과 관련된 이름, 전화번호, 장부, 영수증, 주소 등에 대한 컴퓨터 내 파일을 검색할 수 있는 영장을 발부받아 해당 컴퓨터를 검색하던 중 아동성착취물을 발견하였고 이후 계속 아동성착취물을 발견하기 위한 수색을 계속하였다.

마약 사건에 대한 수색 중 발견한 아동성착취물에 대해 법원은 경찰이 처음 마주친 아동성착취물 파일의 증거능력을 배척하지는 않았으나 이후에 발견한 파일에 대하여는 마약과 관련된 증거보다는 아동성착취물을 찾기 위해 계속 검색을 하였다면 이는 영장에 기재된 압수수색의 범위를 벗어난 행동이며 위헌적인 일반 영장의 집행과 다를 바 없다고 판시하고 플레인 뷰 원칙을 적용하지 않았다.

---

50 United States v. Turner, 169 F.3d 84(1st Cir. 1999).

51 United States v. Carey 172 F.3d 1268(10th Cir. 1999).

4) United States v. Wong[52]

1999.11.22. Wong은 동거녀에 대한 실종 신고를 했고 동거녀는 2000.1.24. 거주지로부터 떨어진 곳에서 살해된 상태로 발견되었다. 경찰은 Wong을 살인 사건의 혐의자로 지목하였다. 경찰은 Wong의 집에 대한 압수·수색영장을 발부받아 그의 컴퓨터에 대한 수색을 진행하였다. 경찰은 컴퓨터에서 동거녀가 유기된 장소에 관한 지도나 관련 글을 찾으려고 하였고 검색이 필요한 항목은 일반 텍스트, 특수 텍스트 또는 이미지 파일일 수 있다고 판단했다. 경찰이 이미지 파일에 대한 검색을 하던 중 아동성착취물을 발견하여 해당 파일의 위치를 메모한 후 살인사건과 관련된 증거를 계속 검색했다.

경찰이 살인사건의 증거를 찾던 도중 발견한 아동성착취물에 관하여 법원은 파일의 범죄 관련성이 명백하고 경찰이 살인사건에 관련된 이미지 파일을 합법적으로 검색하고 있었기 때문에 그 검색 과정에서 발견된 아동성착취물 이미지는 플레인 뷰 원칙에 따라 증거로 인정될 수 있다고 판시하였다.

5) United States v. Comprehensive Drug Testing, Inc[53]

2002년 8월 연방수사국은 프로야구 선수들에게 스테로이드를 불법으로 공급한 혐의로 BALCO(Bay Area Lab Cooperative, BALCO)에 대한 수사에 착수했다. 같은 해 선수협회는 프로야구 선수들과 협의를 통해 익명으로 스테로이드 검사를 실시하고 검사 결과는 비밀로 유지하기로 했다. 이 테스트 프로그램은 CDT(Compressive Drug Testing, Inc.)에 의해 수행되었으며 실제로 테스트를 수행한 실험실은 Quest Diagnostics, Inc.였다.

2004년 4월 7일 법원은 혐의를 받고 있는 10명의 선수에 대한 기록을 압수수색할 수 있는 영장을 발부했다. 그런데 연방수사국은 대상 선수들의 기록뿐만 아니라 다른 프로야구 선수들의 약물검사 기록도 열람하고 이를 압수하였다. 연방수사국은 영장의 요구사항을 무시했을 뿐만 아니라 압수한 컴퓨터 데이터에 대한 허용되지 않는 열람을 통해 찾은 정보를 후속 영장을 발부받는데 필요한 증거로 사용하기까지 했다. 이에 대해 CDT 측은 세 곳의 지방법원

52 United States v. Wong 334 F.3d 831, 838(9th Cir. 2003).

53 United States v. Comprehensive Drug Testing, Inc 621 F.3d 1162(9th Cir. 2010).

에 이의를 제기했고 각 지방법원은 공히 수사국의 행위는 영장의 범위 외의 곳을 수색함으로써 사건과 관계없는 다른 사람들의 권리를 침해하는 행위로 평가하였다. 이어서 연방수사국은 제9 연방 항소법원에 항소를 제기하였으나 제9 연방 항소법원은 2010년 9월 13일 침해 행위로 최종 판결하였다.

연방수사국은 검사 결과가 포함된 디렉토리는 적법하게 압수하였으며 해당 디렉토리를 검색하던 중 발견한 다른 선수들의 자료는 플레인 뷰 원칙이 적용되어야 한다고 주장하였다. 그러나 법원의 다수 의견은 법집행기관이 압수한 데이터를 하나하나 열람하는 방식의 수색을 허용하는 것은 모든 파일에 대해 플레인 뷰 원칙을 적용해야 할 우려가 있다고 생각했다. 이 판결은 디지털 저장매체에 관하여 파일을 모두 열어보는 방식에 의한 수색 방법은 '우연히' 증거를 발견했다고 할 수 없기 때문에 플레인 뷰 원칙을 적용할 수 없다는 것을 시사한다.

3. 디지털 저장매체에서 플레인 뷰 원칙의 적용 가능성

가. 파일을 열어보는 방식에 의한 수색의 문제

1) 파일 열람에 따른 프라이버시 침해

디지털 저장매체에서 발견한 증거를 법집행기관의 저장매체에 복제하는 행위를 '압수'라고 보는 입장에서는 '압수의 범위를 축소'함으로써 기본권 침해를 최소화하려는 데 초점을 맞추게 되고 '압수' 이전에 광범위하게 이루어지는 '수색' 행위의 영향력과 침해성에 대해서는 다소 온건한 태도를 보이게 된다.[54] 예를 들면, 압수할 대상이 범죄 혐의 사실과 관련 있는지 여부는 수색 전에는 알 수 없기 때문에 수색영장 발부 시에는 매우 완화된 심사가 필요하며 압수는 직접적으로 기본권을 침해하므로 엄격하게 심사해야 한다는 견해[55]가 그것

---

54 이관희·이상진, "파일 열람 행위에 의한 영장 집행의 문제점과 디지털 저장매체 수색압수구조의 개선방안," 법조, 69(4), 2020, 263면.

55 오기두, "전자정보의 수색·검증, 압수에 관한 개정 형사소송법의 함의," 형사소송 이론과 실무, 4(1), 2012, 158면.

이다.

그런데 디지털 저장매체에 있는 데이터가 법집행기관에 의해 정보의 형태로 인식된다는 관점에서 보면 압수와 수색의 구분은 무의미하다. 출력을 통해 데이터를 종이에 현출하는 행위, 복제를 통해 저장매체에 사본을 만드는 행위, 출력복제를 위한 선별과정에서 해당 데이터를 불러와 모니터에 현출한 것을 보는 행위, 해당 화면을 촬영하는 행위, 화면에 현출된 내용을 종이에 기재하는 행위 모두는 인식한 데이터의 내용을 다른 매체에 옮겨 놓는 방법만이 다를 뿐 데이터가 이미 법집행기관에게 노출되었다는 사실에는 변함이 없다.[56]

데이터가 재산적인 가치를 지니던 프라이버시에 관한 것이던 비트열로 저장되어 있는 상태에서는 그 가치가 현출되지 않으나 프라이버시의 보호를 기대하고 있는 비트열이 프라이버시 주체를 제외한 제3자에 의해 정보로써 인식되는 순간 침해가 발생한다. 따라서 디지털 저장매체에 대한 영장의 집행에서 데이터를 복제함으로써 침해가 발생하는 것이 아니라 데이터를 선별하기 위해 열람할 때 피처분자의 프라이버시에 대한 기대는 무너지는 것이다.

2) 수색 범위의 확대

저장매체를 반출하거나 저장매체를 복제하여 실험실로 옮긴 후에 삭제된 파일을 복구하거나 코드를 분석하는 모습은 마치 미세섬유의 성분을 추출하거나 DNA 분석을 하는 것과 유사하다. 디지털 포렌식을 일반 과학적 증거에 대한 분석과 유사하다고 보는 입장에서는 이러한 분석을 압수수색 이후의 사후 행위로 간주한다.

디지털 포렌식 실험실에서는 삭제된 파일을 복구하고 컴퓨터 로그 기록을 조사하여 타임라인을 확인하거나 인터넷 사용 내역 등을 추출하기도 한다. 이러한 분석 작업이 완료되기 전까지는 이진수의 형태로만 존재하기 때문에 정보가치를 알 수 없으며 분석이 완료되어 프로그램을 통해 현출하여야 정보가치를 인식할 수 있기 때문에 데이터가 의미하는 내용을 인간이 인식할 수 있는 형태로 구현해 내기 전까지는 여전히 수색의 과정에 있으며 최종적으로 증거

56 이관희·이상진, "파일 열람 행위에 의한 영장 집행의 문제점과 디지털 저장매체 수색압수구조의 개선방안," 법조, 69(4), 2020, 263면.

로 사용할 수 있는 상태로 분석을 완료하였을 때 수색을 종료하였다고 평가할 수 있다. 결국 디지털 저장매체에 대해 플레인 뷰 원칙을 적용하기 위해서는 저장매체에 대한 압수 또는 복제 후 반출 시점부터 실험실에서의 분석이 종료될 때까지의 수색이 정당하다고 평가되어야만 한다.

3) 일반 영장의 집행 문제

분석 작업이 완료될 때까지 수색이 정당하다고 평가되기 위해서는 분석의 대상이 되는 데이터의 범위가 범죄와의 관련성 또는 압수·수색영장에 기재된 범위 내에 들어와야 한다. 이러한 범위를 한정하지 않은 상태에서 저장매체에 대한 열람과 수색은 일반 영장과 같은 효과를 야기할 수 있다.[57]

일반 영장은 왕의 관리들이 사적인 주거에 들어가 어느 범죄에 대하여도 증거를 저인망식으로 수색할 수 있었다. 영국과 영국식민 시대의 일반 영장(general warrants)에 대한 대응으로 미국 수정헌법 제4조가 탄생하였다. 미국 수정헌법 제4조의 기안자들은 새로 건립되는 연방정부는 이러한 권한이 없다는 것을 명확히 하기를 원했으며 일반 영장을 금지시켰다.[58] 모든 수색 또는 압수는 합리적이어야 하며 영장은 미국 수정헌법 제4조에 따라 오직 수색할 장소와 압수할 사람 또는 물건이 특정되어 기술된 경우에만 발부될 수 있으며 압수와 수색이 저인망식으로 이루어지는 것은 금지된다.

주거에 진입하는 행위는 거주자의 프라이버시에 대한 합리적 기대를 침해하는 수색에 해당하기 때문에[59] 법집행기관은 영장을 소지하거나 영장주의에 대한 예외가 인정되는 경우에 한하여 주거에 진입할 수 있다. 주거에 진입한 경우 개방된 공간을 수색할 수 있으나 캐비넷을 열거나 물건을 이동시키는 것은 새로운 수색에 해당하기 때문에 영장이나 영장주의의 예외에 의해 정당화되어야 한다.[60] 디지털 저장매체의 수색을 허용하는 영장이 발부된 경우에도 관련된 데이터를 찾기 위해 범죄와 관련 없는 데이터를 모두 열람하거나 관련

---

57 Kimberly Nakamaru, Mining for Manny: Electronic Search and Seizure in the Aftermath of United States v. Comprehensive Drug Testing, 44 Loy.L.A.L.Rev.783(2011).

58 Orins S. Kerr, "Searches and Seizures in an Digital World," 119 Harv. L. Rev. p536(2005).

59 Kyllo v. United States, 533 U.S. 27. 32－33(2001).

60 Arizona v. Hicks, 480 U.S. 321, 325(1987).

없는 데이터를 방대하게 복제하여 법집행기관의 실험실로 옮겨 가는 행위는 일반 영장의 집행과 다를 바가 없다는 점을 유의하여야 한다.

나. 디지털 저장매체에 대한 플레인 뷰 원칙 적용 여부

디지털 저장매체에는 모든 데이터가 '0'과 '1'로 구성되어 있기 때문에 운영체제에서 보이는 파일 이름이나 디렉토리 이름을 보고 수색 여부를 결정할 수 있게 되고 파일 이름을 변경해 두었거나 파일 확장자를 변경한 경우에는 데이터 자체를 직접 들여다보거나 프로그램을 통해 현출된 화면을 육안으로 확인하는 수밖에 없다. 결국 컴퓨터 환경에서는 영장에 기재되어 있는 증거와 영장과는 관계없는 데이터가 뒤섞여 있기 때문에 유체물에 대한 수색과 같이 일반적인 육안으로 영장에 기재된 증거만을 선별해 내는 것이 불가능하다.

플레인 뷰 원칙은 영장 없는 수색이 아니라 단지 영장 없는 압수를 허용하는 것[61]이기 때문에 디지털 증거에 대해서는 압수가 허용되지 않는다는 관점에서는 수색 행위만이 존재하는 디지털 저장매체에 대한 검색 과정에서 플레인 뷰를 적용하여 압수를 허용할 여지가 없게 된다. 또한 데이터가 압수의 대상이 된다고 할지라도 그 수색이 정당하여야 하는데 앞서 살펴본 바와 같이 디지털 저장매체에 대한 수색은 일반 영장의 집행과 같은 정도로 광범위하여 파일을 열람하는 방식에 의한 수색은 위법하기 때문에 플레인 뷰 원칙을 적용할 수 없다.

따라서 디지털 저장매체에서 플레인 뷰 적용을 가능하게 하기 위해서는 우선 기존의 플레인 뷰 원칙 적용을 디지털 저장매체의 수색 과정에 적합하게 수정해야 하며 일반 영장의 집행에 이르지 않는 정도의 수색 범위 조정을 통해서 수색 자체에 정당성을 부여해야 한다.

파일을 읽는 방식의 수색은 프라이버시 침해 최소화에 기여하는 바는 없다. 디지털 증거에 관하여는 종국적으로 증거로 사용할 것의 범위를 줄이는 노력보다는 수색의 범위를 한정하는 노력이 프라이버시 침해 최소화에 기여할 수 있다.[62] 결국, 영장을 통한 사전 통제, 정보 처리 기술을 활용한 자동화 검

61 Horton v. California, 496. U.S. 128, 133-34(1990).

색, 수색 과정에 대한 사후 통제를 통한 투명성 확보 등과 같은 프라이버시 보호 대책이 선행되어야 디지털 저장매체에서 플레인 뷰 원칙을 적용할 가능성이 생긴다.

4. 디지털 저장매체에서 플레인 뷰 원칙 적용을 위한 선결 조건

가. 특별한 탐색 기술의 필요성

디지털 증거는 그 형태가 다양하고 범죄와 관련된 증거만을 찾는다는 것이 어렵거나 분석이 장시간 소요되기 때문에 부득이 디지털 저장매체를 압수할 수밖에 없다는 주장까지 있다. 이러한 주장은 복제가 가능하더라도 데이터의 양이 방대할 경우 시간상 현실적으로 복제가 불가능하고, 현장에서 증거를 복제하거나 출력하는 방법이 대상자의 업무에 더 큰 지장을 초래할 가능성도 있고 디지털 증거가 아닌 문서에 대한 압수수색에 있어서도 현장에서 모든 문서를 검토한 후 압수 여부를 결정하도록 하는 것은 영장 집행에 많은 시간이 소요되도록 함으로써 오히려 강제처분에 의한 법익 침해가 더 커지는 경우도 존재할 수 있다[63]는 이유를 들고 있다.

U.S. v. Schandl 판결[64]에서는 관련된 문서를 주의 깊게 분석해야 하는 탈세 수사의 특성상 혐의와 관련 없는 일부 문서가 압수되는 것은 불가피한 것이며, 현장에서 모든 문서를 검토한 후 압수 여부를 결정하도록 하는 것은 영장 집행에 많은 시간이 소요되기 때문에 오히려 강제처분에 의한 법익 침해가 더 커지도록 하는 것이라고 판시하여 앞의 주장을 보강한다.

그런데 범죄자들이 현재의 과학기술을 범행에 사용하는 것처럼 법집행기관도 현대에 유용한 기술을 법집행에 활용하는 것이 타당하다. 민사소송의 E-Discovery에서 정보 처리 기술을 활용하여 디지털 저장매체의 열람 범위를

62 Orin S. Kerr, "Fourth amendment seizures of computer data," Yale Law Journal 119(4), 2010, pp700-724.

63 United States v. Schandl, 947 F.2d 462(11th Cir. 1991); 조성훈, "디지털증거와 영장주의: 증거분석과정에 대한 규제를 중심으로," 형사정책연구, 24(3), 2013, 136면.

64 United States v. Schandl, 947 F.2d 462(11th Cir. 1991).

기술적으로 정하고 있으며 필터링 기술을 활용하여 사람의 육안으로 확인하지 않고서도 음란물과 아동성착취물의 유통을 방지하는 기술을 사용하고 있다.

디지털 저장매체를 압수하는 방법이던 이미징하여 법집행기관의 사무실에서 분석하는 방법이던 육안을 통해 열람하는 방식은 범죄와 관련 없는 데이터를 광범위하게 침해하기 때문에 이를 그대로 수용할 수도 없으며 데이터에 대한 증거가치를 인식하기 위해서는 최종적으로 법집행기관의 육안으로 이를 확인하는 단계가 반드시 필요한 것도 사실이다.

법관의 허가를 통하여 사전에 수색의 범위와 방법이 지정되거나 수색에 있어서 일반 영장에 의한 수색에 이르지 않는 특별한 검색 기법을 적용하여 육안으로 열람할 수색의 범위를 최소화함으로써 저인망식 수색의 위험성을 배제하고 이런 과정을 통해 정당하게 식별된 수색의 범위에 한하여 육안으로 이를 열람하는 것을 허용할 수 있도록 해야 한다. 이러한 완충적인 제도(특별한 검색 기법의 적용)가 도입된 경우 육안으로 열람하는 과정에서 확인된 별건 증거에 대해서도 플레인 뷰 원칙을 적용할 수 있다.

나. 영장을 통한 사전 통제

1) 수색 방법과 기간의 사전 지정

압수수색 현장에서 디지털 저장매체가 암호화되어 있거나 파일이 삭제되거나 은닉되어 있을 수도 있고 파일이 해외의 서버에 저장된 경우도 있다. 법집행기관이 현장에 임장하기 전에 이러한 사정을 예측하는 것은 불가능하다. 그러나 파일의 직접 열람에 의한 탐색은 그 즉시 프라이버시 침해가 발생할 수 밖에 없기 때문에 사건의 양상에 따라 예측이 가능한 범위 내에서 수색의 방법과 수색에 소요되는 기간에 관하여 법원의 심사를 받아 압수수색의 정당성을 확보하여야 한다.

이에 대하여 판사들이 법정에서 압수수색의 합리성을 판단할 때 정황보다는 사전에 부가된 조건 준수에 한정하여 판단할 우려가 있으며[65] 압수수색의

65 조성훈, "디지털증거와 영장주의: 증거분석과정에 대한 규제를 중심으로," 형사정책연구, 24(3), 2013, 143-144면.

상황을 모른 상태에서 구체적으로 수색의 방법을 열거하는 것이 쉽지 않기 때문에 영장 집행에 대한 구체적 사항은 법집행기관의 판단에 따라 이루어는 것이 바람직하다는 의견이 있다.[66] 하지만 영장 집행의 구체적인 사항을 법집행기관의 판단으로 남겨둘 경우 앞서 살펴본 일반 영장 집행의 문제와 광범위한 수색으로 인한 프라이버시 침해 논란 등에서 자유로울 수 없기 때문에 법원에 의한 사전 통제를 강화하는 방향으로 제도를 운영하는 것은 양보할 수 없는 필수적인 것이다.

2) 데이터 보존조치 후 수색

예측이 가능한 범위 내에서 수색의 방법과 기간을 명시하여 법원의 사전 심사를 받은 경우에도 실제 영장의 집행 과정에서는 예측된 사항과 다른 상황이 발생할 가능성은 충분히 존재한다. 수색 현장이 당초 영장에 기재된 수색의 방법과 기간에 따라 집행이 불가능한 상황이 발생한 경우 데이터 보존조치를 활용할 수 있다.[67]

우리 대법원은 "전자정보에 대한 압수·수색이 종료되기 전에 혐의 사실과 관련된 전자정보를 적법하게 탐색하는 과정에서 별도의 범죄 혐의와 관련된 전자정보를 우연히 발견한 경우라면, 법집행기관은 더 이상의 추가 탐색을 중단하고 법원에서 별도의 범죄 혐의에 대한 압수·수색영장을 발부받은 경우에 한하여 그러한 정보에 대하여도 적법하게 압수·수색을 할 수 있다."는 취지로 판시[68]하였다. 이러한 판시사항은 압수수색에 착수한 이후에 별건 증거를 발견한 경우 봉인, 보관을 하는 조치를 언급한 것이다. 하지만 플레인 뷰 원칙을 적용하기 위한 데이터 보존조치는 다소 맥락을 달리한다. 영장에 기재된 수색의 방법이 실제 수색 대상 매체에 적합하지 않거나 파일을 열람하고자 하는 범위가 영장에 기재된 범위보다 광범위할 경우 수색을 개시하기 이전에 법관으로부터 허용되는 수색의 방법을 모색 또는 수정할 시간을 확보하기 위한 조

66 조성훈, "디지털증거와 영장주의: 증거분석과정에 대한 규제를 중심으로," 형사정책연구, 24(3), 2013, 134면.

67 이관희·이상진, "파일 열람 행위에 의한 영장 집행의 문제점과 디지털 저장매체 수색압수구조의 개선방안," 법조, 69(4), 2020, 263면.

68 대법원 2015.7.16. 자 2011모1839 전원합의체 결정.

치이다.

법원에 제2차 영장을 신청할 경우에는 디지털 저장매체에 대한 환부시기, 분석담당자, 사본의 파기절차, 범죄 사실과 관련 없는 정보에 대한 처리 등을 사후계획서에 기술하도록 하고, 압수영장 발부 시에 함께 심사하여야 한다.[69] 이는 압수·수색영장의 집행에 대한 법원의 통제를 강화하고 압수수색의 적법성에 대한 논란을 불식시킬 수 있는 방안으로 검토해 볼 필요가 있다.

다. E-Discovery 정보 처리 기술을 활용한 탐색

1) E-Discovery & EDRM

증거개시제도(Discovery)는 소송당사자가 상대방이나 제3자로부터 소송과 관련된 증거자료를 수집하기 위한 변론 전 절차를 통칭하는 개념으로, 민형사 소송에서 법원의 개입 없이 당사자 간의 요청에 의해 소송과 관련된 정보를 공개하는 제도이다.

증거개시제도를 전자적 자료에 활용할 경우, 전자적 자료의 방대성으로 인한 과도한 비용의 발생, 자료의 위변조 위험 증대와 조작 가능성, 삭제된 자료의 복구 문제, 중요 자료의 불필요한 노출, 전문 기술과 장비와 프로그램의 요청 등과 같은 문제가 발생하기 때문에 이를 해결하기 위한 판단 기준이나 지침들이 2004년 제시되었고[70] 그러한 논의의 결과로 2006년 미 연방민사소송규칙의 개정이 이루어지면서 E-Discovery 제도가 명문화되기에 이르렀다.

전자증거개시(E-Discovery) 제도는 디지털 데이터 압수수색의 관점에서 참고할 몇 가지 특징을 가지고 있다.[71] 첫째, 전자적 자료의 증거개시에 있어서는 전자적 자료를 검색, 재생, 해석, 작성 및 산출해야 하는 경우가 많기 때문에 전문가의 지원이 절대적이다. 둘째, 개시 요청 당사자가 상대 당사자의 컴퓨터

---

69 권양섭, "디지털 저장매체의 예외적 압수방법에 대한 사후통제 방안," 형사법연구, 26(1), 2014, 255면.

70 Jonathan M. Redgrave(ed.), *The Sedona Principle: Best Practice Recommendation & Principles for Addressing Electronic Document Production*, 2005.

71 Henry S. Noyes, Is E-Discovery So Different That It Requires New Discovery Rules? An Analysis of Proposed Amendments to the Federal Rules of Civil Procedure, Tennessee Law Review vol.71, 2004, pp593-594.

시스템에 대한 현장 조사를 행하는 경우 의도치 않은 방법으로 데이터가 유출될 수 있다. 셋째, 전자적 자료는 그 특성상 수정 및 변환될 수 있기 때문에 증거개시를 위해서는 일정한 수준의 보존 의무가 전제되어야 한다. 마지막으로 전자적 형태의 자료로 제출되는 경우에는 해당 데이터를 검색할 수 있는 특정 프로그램이 없는 한 접근이 불가능하다.

이러한 특징과 문제점들을 고려하여 미국 연방민사소송규칙에서 명시하고 있는 전자증거개시의 요구조건들을 효과적으로 준수하기 위한 절차를 표준화하고, 절차별 기능 및 명세를 작성한 표준절차모델인 EDRM(Electronic Discovery Reference Model)[72]이 2005년 5월에 만들어져 사용되고 있다. EDRM은 전자적 자료의 무결성을 보장하기 위해 관리, 분석, 생산, 공개에 이르는 전 과정을 포섭하기 위해 개발되었기 때문에 소송당사자가 EDRM을 수행하는 경우, 전자적 자료(ESI) 산출물에 대한 쟁점이 매우 간소화되고 불합리한 논쟁을 최소화할 수 있게 된다.

이 모델은 원래 민사절차상 전자증거개시를 위하여 개발된 것으로 미연방 민사소송규칙에서 명시하고 있는 전자증거개시 요건들을 표준화하였기 때문에 형사절차에 동일하게 준용할 수는 없으나 사실상 사용되고 있는 해당 표준 중 정보 처리 기술을 디지털 저장매체의 압수수색에 활용할 경우 수색의 범위를 최소화할 수 있다고 판단된다.

2) 자동화된 검색에 의한 범위 제한

전자적 자료를 대상으로 한 유효적절한 증거 검색과 검토 방법은 전자증거개시 절차상 매우 중요한 요소가 되고 있다. 실무상으로도 이 같은 전자적

72 EDRM은 정보 관리(Information Management)부터 법정에서 전자증거를 제시하는 공개(Presentation) 단계까지 총 9단계로 구성되어 있다. 첫째, 전자증거개시 준비절차인 정보 관리 단계(Information Management), 둘째, 보존 의무가 있는 전자적 자료나 소송 발생 시 필요한 모든 관련 정보의 위치를 확인하는 식별 단계(Identification), 셋째, 전자적 자료가 우연히 또는 고의로 삭제 및 변경되지 않도록 하는 보존 단계(Preservation), 넷째, 보존한 전자적 자료(ESI)를 검토, 분석하기 위해 추출하는 수집 단계(Collection), 다섯째, 전자적 자료에 대한 효과적인 검토를 할 수 있는 형태의 포맷으로 변경하는 처리 단계(Preservation), 여섯째, 전자적 자료에 대한 관련성 및 권한에 대해 검토하는 단계(Review), 일곱째, 해당 사건과 관련된 주제나 주요 패턴 등에 대한 문맥과 내용을 분석하는 단계(Analysis), 여덟째, 전자적 자료(ESI)에 포함되는 사용 가능한 포맷 생산을 하는 단계(Production), 마지막으로 최종 산출한 전자적 자료(ESI)를 증거로서 공개하기 위한 단계(Presentation) 등이다.

자료의 특성으로 인해 기존의 문서 검토에서 최선의 방식으로 여겨지던 수작업 검토(manual review)는 전자적 자료가 대상이 되는 대다수의 사안에서 실현 불가능하여 구시대의 산물로 전락해 가고 있다.[73] 전자적 자료에는 키워드 검색 기법이 사용된다. 키워드 검색에 관한 기본적인 접근법은 크게 색인 검색(indexed search)과 비색인 검색(un－indexed search) 혹은 단일경로 방식(single passmethod)이 있다.

색인 검색은 색인 작업이 선행되어야 한다는 점에서 최초 결과를 얻기까지 시간이 소요되는 단점이 있지만 일단 색인이 완료되면 실시간 검색이 가능하다. 이에 반해 비색인검색이나 단일경로 방식의 경우 최초 결과를 바로 얻을 수 있다는 장점이 있지만 매번 자료 전체를 대상으로 새로 검색해야 한다는 점에서 전반적으로는 효율성이 떨어진다.[74]

다만, 키워드 검색에도 한계는 있다. 소송과 관련 없는 자료라 하더라도 키워드가 포함되어 있으면 모두 검색되는 등 관련 없는 자료가 결과에 포함될 가능성이 있으며, 키워드의 선택 또는 오탈자에 의해 관련 있는 자료가 누락될 수 있고 검색 대상이 되는 자료가 이미지, 음성, 영상 자료인 경우 검색 자체가 어렵다. 또한 압축 파일, 삭제된 파일 등은 특별한 기능을 가진 검색 기술을 필요로 한다. 암호 파일은 해독한 후에만 검색이 가능하다.

결국 범죄 혐의와 무관한 다른 데이터까지 검색하는 것을 막기 위해 수색과정을 사람의 개입 없이 자동 검색 프로그램을 사용하는 방안(Automated Search)을 강제함으로써 무관한 데이터의 검색을 원천적으로 차단할 필요가 있다.[75]

디지털 포렌식은 숨겨지거나 삭제된 파일 복구, 타임라인의 분석, 캐쉬 파일이나 메타데이터의 분석, 웹 히스토리 분석, 로그 분석, 키워드 분석 등 다양한 기술이 동원된다. 영장 집행 전에 발견할 증거를 미리 특정하는 것은 불가

73 Harrison M. Brown, Searching for an answer: defensible e－discovery search techniques in the absence of judicial voice, 16 Chap. L. Rev. 410, 2013.

74 Gregory L. Fordham, Using keyword search terms in e－discovery and how they relate to is－sue of responsiveness, privilege, evidence standards and rube goldberg, 15 Rich. J. L. & Tech. 8, 2009, p19.

75 양종모, "클라우드 컴퓨팅 환경에서의 전자적 증거 압수·수색에 관한 고찰," 홍익법학, 15(3), 2014, 14면.

능하지만 예상되는 디지털 흔적을 찾기 위한 기술을 사용하여 수색함으로써 사람이 눈으로 직접 열람하는 방식의 수색을 최소화하여야 한다.

이러한 제한적인 조치가 법집행기관의 재량을 억제하는 효과만 있는 것은 아니다. 디지털 증거는 반드시 모니터와 같은 출력 장치를 통하여 파일의 유무를 탐색하고, 클릭하여 파일을 열어보는 과정을 거쳐야만 하는데 그런 과정에서 다른 범죄와 관련된 증거들이 발견되기도 한다.[76] 그런데 파일을 열람하는 방식에 의한 광범위한 수색을 통해 발견된 별건 증거는 열람하는 방식 자체가 프라이버시를 침해하기 때문에 플레인 뷰 원칙을 적용하여 유효한 증거로 사용할 수 없다는 반론이 제기될 수 있다.

그러나 자동화된 검색 기술을 통하여 선별된 이후의 시점에서 파일의 열람에 의한 수색은 불가피하기 때문에 이러한 조건하에서 발견된 별건 증거인 경우에는 플레인 뷰 원칙을 적용할 근거가 마련될 수 있을 것이다.

라. 감청 수준의 사후 통제

감청은 프라이버시에 대한 침해가 수반되기 때문에 원칙적으로 허용되지 않고[77] 법률이 정한 바에 따라 허용된다. 감청이나 수색이나 프라이버시에 대한 침해를 수반한다는 점에서 같다. 또한 디지털 저장매체에 대한 수색은 여러 데이터 유형이 광범위하게 혼재되어 있어 찾고자 하는 증거에 비하여 수색이 필요 없고 프라이버시에 대한 기대 가능성이 대단히 높은 데이터가 많다는 점에서 감청과 크게 다를 바가 없다.

그런데 통신비밀보호법은 감청에 관하여 대상이 되는 범죄를 제한하고 있고(법 제5조), 통신제한조치의 종류·그 목적·대상·범위·기간 및 집행장소와 방법을 특정하도록 하고 있으며 조치의 기간도 제한하고 있다(법 제6조). 또한 통신제한조치의 대상이 된 가입자에게 집행 사실을 통지하고(법 제9조의2), 범죄수사를 위하여 인터넷 회선에 대한 통신제한조치로 취득한 자료의 관리에 대

76 이원상, "디지털 증거의 압수·수색절차에서의 관련성 연관 쟁점 고찰 – 미국의 사례를 기반으로 –", 형사법의 신동향, 제51호, 2016, 9면.

77 Louis B. Swartz, "Information Communication Technology Law, Protection and Access Right," Information Science Reference, 2010, p.348.

해 상세히 규정하고 있으며(법 제12조의2), 국회의 통제를 받도록 하고 있다(법 제15조).

유체물을 대상으로 한 영장 집행과 관리는 디지털 저장매체에 대한 압수 수색에서의 그것과 엄연히 다르다. 앞서 살펴본 바와 같이 디지털 저장매체에 대한 압수가 감청에서 이루어지는 침해와 크게 다를 바가 없다면 감청에서 요구되는 통제 방법을 차용할 필요가 있다. 영장에 수색 방법이 특정된 경우 실제 수색의 과정에서 영장이 정한 방법대로 수색이 이루어졌는지에 대한 감독이 필요하며 당사자의 동의에 의하여 수색을 하는 경우 수색의 범위 지정 및 자동 검색이 적절했는지에 대한 사후 심사가 필요하다. 압수수색 과정 및 분석 과정에 대해 촬영, 기록 등을 통해 로그를 남기는 것을 의무화함으로써 집행 단계에서 광범위한 수색이 이루어진 경우 발견된 증거의 증거능력을 부정하는 등 사후 통제 장치를 마련해 두어야 한다.

디지털 증거는 정보의 대량성과 비가독성이라는 특징을 가지고 있어서 그 동안 과잉 압수에 대한 우려가 많았는 데[78] 이러한 통제 장치의 도입은 수사관이 합리적인 수준에서 수색 범위를 설정하고 분석 과정에서의 열람도 투명성을 확보하여 열람의 이유를 적절히 설명할 수 있기 때문에 비록 그 범위가 구체적이지 않더라도 정당화될 수 있다.[79] 또한 이러한 통제 장치는 향후 피압수자 또는 변호인의 물리적인 참여를 대체할 수 있는 방안으로 활용될 여지도 있다.

5. 소결 – 자동 검색이 전제된 수색에서 플레인 뷰 원칙 적용

우리 판례의 경우 디지털 증거뿐만 아니라 일반 증거에 관하여도 미국에서 인정되는 플레인 뷰 원칙을 적용하지 않는 것으로 보인다. 다만, 압수수색 중 별건 증거를 발견하고 추가적인 탐색이 필요한 경우 별도의 영장을 발부받

---

78 정대희·이상미, "디지털증거 압수수색절차에서의 '관련성'의 문제," 형사정책연구, 26(2), 2015, 125면.

79 이원상, "디지털 증거의 압수·수색절차에서의 관련성 연관 쟁점 고찰 – 미국의 사례를 기반으로 –", 형사법의 신동향, 제51호, 2016, 14면.

을 수 있도록 허용하고 있다. 그런데 별건 증거를 발견하고 추가 탐색은 하지 않은 경우 이미 발견한 별건 증거의 처리에 대해서 판례는 언급이 없다.

수사 실무에서는 별건 증거를 압수하기 위해 피대상자를 현행범 또는 긴급체포하고 형사소송법 제216조 제1항[80]에 따라 체포 현장에서 압수수색을 하고 사후에 영장을 발부받는 방법을 취하는 것으로 보인다. 예를 들어 해킹 사건에 관한 압수수색 중 아동성착취물를 발견한 경우 아동성착취물 소지의 현행범으로 체포하면서 관련 증거를 압수하는 경우를 말한다. 체포 현장에서 필요에 따라 압수수색을 하는 것과는 달리 증거를 압수하기 위해 역으로 신병을 체포하는 것 자체가 변칙적인 방법이다. 현행범 체포 또는 긴급체포의 필요성이 없는 경우나 범행 중이나 범행 직후로 보이지 않는 상황에서 별건 증거를 발견하였을 때 이를 확보할 방법이 없기 때문에 예외적으로 플레인 뷰 원칙을 적용할 필요성이 있는 것은 사실이다.

미국처럼 플레인 뷰 원칙을 적용하는 경우에도 앞서 살펴본 바와 같이 디지털 매체에 대한 압수수색에서는 플레인 뷰 원칙을 적용하기 곤란한 측면이 있다. 파일을 열람하는 방식의 수색이 이루어질 경우 과도한 프라이버시 침해로 수색의 정당성을 잃게 될 수도 있으며 수색의 정당성을 잃게 된 경우 수색의 과정에서 발견한 다른 사건의 증거도 이를 사용할 수 없게 되기 때문이다. 앞서 살펴본 몇몇 사건에서 미국의 판례는 디지털 저장매체에서 플레인 뷰를 적용할 것인지에 대해 상반된 의견을 보이고 있다. 하지만 디지털 저장매체의 기술이 발전하고 프라이버시에 대한 민감성이 높아짐에 따라 점차 디지털 저장매체에 대해서는 플레인 뷰 원칙을 적용할 수 없다는 추세로 전환될 것이다.

---

80 제216조(영장에 의하지 아니한 강제처분) ① 검사 또는 사법경찰관은 제200조의2·제200조의3·제201조 또는 제212조의 규정에 의하여 피의자를 체포 또는 구속하는 경우에 필요한 때에는 영장 없이 다음 처분을 할 수 있다.

1. 타인의 주거나 타인이 간수하는 가옥, 건조물, 항공기, 선차 내에서의 피의자 수색. 다만, 제200조의2 또는 제201조에 따라 피의자를 체포 또는 구속하는 경우의 피의자 수색은 미리 수색영장을 발부받기 어려운 긴급한 사정이 있는 때에 한정한다.
2. 체포 현장에서의 압수, 수색, 검증

② 전항 제2호의 규정은 검사 또는 사법경찰관이 피고인에 대한 구속영장의 집행의 경우에 준용한다.

③ 범행 중 또는 범행직후의 범죄 장소에서 긴급을 요하여 법원판사의 영장을 받을 수 없는 때에는 영장 없이 압수, 수색 또는 검증을 할 수 있다. 이 경우에는 사후에 지체없이 영장을 받아야 한다.

다행히 민사소송에서 E-Discovery가 발전하여 자동화된 검색 프로토콜을 통해 증거를 선별하는 기술이 사용되고 있으므로 이를 디지털 저장매체에 대한 수색에 응용한다면 육안으로 직접 열람하는 방식의 수색 범위를 한정할 수 있게 되고 감청에서 행해지고 있는 세밀한 통제가 디지털 저장매체의 수색에도 적용할 수 있어서 수색에 정당성을 부여하게 되고 최종적으로 육안으로 열람하는 과정에서 발견된 다른 사건의 증거에도 플레인 뷰 원칙을 적용할 가능성을 부여하게 된다.

디지털 저장매체에 대해 플레인 뷰 원칙의 엄격한 적용을 주장하는 것은 법집행기관의 활동만을 제약하고자 하는데 중점을 둔 것이 아니다. 현존하는 합리적인 기술과 방법을 활용하는 것은 증거의 발견과 수집을 용이하게 할 뿐만 아니라 그 증거가치를 유지하는 등 수사의 효율성도 함께 증대시킴과 동시에 법집행기관이 기본권을 침해했다라고 하는 비난으로부터 자유롭도록 하는데도 기여할 수 있다. 이미 법집행기관은 디지털 포렌식 영역에서 자동 검색 프로그램을 활용하고 있고 그 기법을 발전시켜 나가고 있다. 앞으로도 디지털 데이터를 효율적으로 분류하고 사건 관련 데이터를 자동으로 검색하는 방법을 표준화하여 법집행 과정에서 프라이버시 보호와 실체적 진실 발견이 균형을 이루도록 해야 한다.

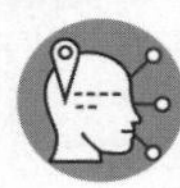

06

역외 압수수색의 가능성

Chapter

06 역외 압수수색의 가능성

제1절 사이버공간과 규제

1. 사이버공간의 개념과 현실성

공간이란 어떤 물질이나 물체가 존재할 수 있거나 어떤 일이 일어날 수 있는 장소를 말한다. 우리는 사이버공간에서 이루어지거나 이를 이용한 범죄에 대응하는 형사정책과 제도를 논하기에 앞서 공간에 대한 이야기를 건너뛸 수는 없다. 범죄가 발생하면 그 원인을 살피고 이를 억제하고 규율함으로써 그 공간을 안전하게 하고자 하는 욕구가 발동하기 때문이다. 범죄가 일어나는 공간에 대한 규율을 위해서는 그 공간에 대한 이해는 필수적이다.

오프라인 세상에서 국가는 영토 내에서 법률을 제정하고 그 법을 통해 영토 내에서 시민들 간에 일어나는 행위를 규율하여 왔는데, 사이버공간에서는 영토 개념이 사라지기 때문에 그 자체를 규율할 수는 없고, 사이버공간을 이용하는 시민들 개개인을 규율할 수 있을 뿐이다. 또한 오랜 기간 오프라인을 중심으로 만들어져 왔던 많은 법규들은 사이버공간에는 걸맞지 않은 것이 많다.

사이버공간이라는 것은 무엇을 말하는 것일까? 1984년 발표된 윌리엄 깁슨(W.Gibson)의 소설 『뉴로만서(Neuromancer)』에서 사이버공간이라는 말이 처음 사용되었으며, 어떤 일이 일어날 수 있는 장소를 말하는 공간의 의미에 '컴퓨터의', '인터넷의', '가상현실의'라는 의미를 내포하는 사이버가 합쳐진 용어이다. 미국은 2011년 '사이버공간 정책 검토'에서 사이버공간을 "정보기술 인프라의 상호의존적인 네트워크"로 정의하고 있다.[1] 북대서양조약기구(NATO)는 탈린 매뉴얼에서 사이버공간을 "컴퓨터 네트워크를 통하여 데이터를 저장·수정·교환하기 위한 컴퓨터와 전자기파의 사용이 특징인 물리적, 비물리적 요소로 형성된 환경"이라고 정의하였다.[2] 국제전기통신연합(ITU)은 사이버공간을 "컴퓨터·전기통신·인터넷 네트워크에 직접적, 간접적으로 연결된 시스템 및 서비스"라고 정의한다.[3] 우리는 사이버공간을 ① 디지털 기기가 정보통신망으로 연결되어 만들어지며 ② 사람과 사람 사이의 활발하고도 즉각적인 커뮤니케이션이 이루어짐에 따라 다양한 사회문화적 현상이 일어나는 ③ 가상공간이라고 정의한다.[4] 사람들은 감성적, 미학적, 사회적, 역사적인 의미 공간에서도 살아가고 있는데[5] 사이버공간도 이러한 의미 공간에 속한다.

일차적으로 사이버공간은 컴퓨터와 정보통신 인프라 및 이를 통해 연결되는 네트워크를 기반으로 하여 만들어진 공간이며 인터넷이 대표적인 예이다. 그러나 사이버공간은 단순한 '기술 공간'만을 의미하지는 않으며 그 구성 과정부터 사회적 영향을 강하게 받을 뿐만 아니라 역으로 현실 공간의 사회적 재구성 과정에도 지대한 영향을 미치고 있다. 다시 말해 사이버공간은 기존 현실 공간을 보완하면서 꾸준히 그 외연과 내포를 확장시키고 있는 '사회 공간'으로서, 현실 세계와 구분되어 존재하는 또 다른 차원의 공간이 아니라 현실 생활이 확대된 연장 공간이다.[6] 물리적 공간을 구성하는 아날로그 네트워크(신문, 방송 등)와 사이버공간을 구성하는 디지털 네트워크는 끊임없이 갈등하고 교류하면서 현실 공간을 확대시킨다.[7] 사이버공간은 가상의 공간으로부터 시작된 말

1 White House, *Cyberspace Policy Review*, 2011, p. 1.
2 Michael N. Schmitt (ed.), *Tallinn Manual on the International Law Applicable to Cyber Warfare: Prepared by the International Group of Experts at the Invitation of the NATO Cooperative Defence Centre of Excellence*, Cambridge University Press, 2013, p. 211.
3 Brahima Sanou, *National Cybersecurity Strategy Guide*, ITU, 2011, p. 5.
4 배덕현, "사이버공간의 정의와 특징 – 몇 가지 사례를 중심으로 –," 문화역사지리, 27(1), 2015, 131면.
5 피에르 레비, 『집단지성: 사이버 공간의 인류학을 위하여』, 권수경 옮김, 문학과지성사, 2002, 170면.
6 김도승, "사이버공간에서 경찰책임의 법적 구조와 특징," 토지공법연구, 제46권, 2009, 240면.
7 김홍열, 『디지털 시대의 공간과 권력(가상공간의 탄생과 권력관계 변화에 대한 정보사회학적 연구)』, 한울아카데미, 2013, 95.

이지만 결코 가상의 공간이 아니다. 현실에 영향을 미쳤으며 현실 공간으로 확대되었고 현실 공간이 되어 버렸다.

다만, 사이버공간을 통해 통신하고 있는 개인들은 오프라인에 비해 훨씬 광범위하게 접촉할 수 있다. 접촉할 수 있는 개인의 수, 속도 그리고 개인의 이용가능성 등이 결합되어 그 범위가 특별해진다. 범위는 일종의 힘으로 간주될 수 있다. 네트워크상의 행위는 현실 공간에서의 행위보다 훨씬 강력한 힘을 지닌다. 내 옆에 있는 누군가에게 무엇을 말하거나 학술지에 논문을 게재했을 때 나의 행동은 물리적 한계를 지니지만, 이와 유사한 행동이 사이버공간을 통하면 영향력은 끝없이 확대된다. 사이버공간에서 표출된 내 생각은 사실상 영구히 존재할 수 있다.[8]

사이버공간과 현실 공간의 또 다른 차이점으로 익명성을 들 수 있다. 현실 공간의 익명성은 익명성을 추구하는 개인의 노력이 요구되는 데 비해 사이버 공간의 익명성은 대개 자연스런 상태라는 것이 두드러진 차이점이다. 익명성은 신뢰에 있어 문제를 야기하고 사람과 말을 갈라놓는다. 다른 사람이 내가 한 말을 마치 자신이 한 말인 것처럼 유포하는 것도 가능하다. 자신과 통신하는 사람들의 신원을 확인할 수 없는 상황에서는 신뢰를 구축하기 어렵다.[9]

사이버공간에서의 데이터는 본래 가치의 손상 없이 데이터의 작성자 혹은 보유자 모르게 재생산될 수 있으며 재생 과정에서 어떠한 가치의 손상도 생겨나지 않는다. 복제된 프로그램이나 자료들은 완벽하게 사용 가능할 뿐만 아니라 복제가 이루어졌다는 어떠한 증거도 찾을 수 없다. 이러한 재생 가능성은 범위와 익명성 모두와 관련된다. 재생 가능하기 때문에 데이터는 항구불변할 가능성, 혹은 최소한 상당히 오래 존재할 가능성을 지니고 있다. 이는 네트워크상의 행위 범위를 증대시킨다. 익명성으로 인해 제기되는 데이터의 충실성 문제 또한 데이터의 재생 가능성으로 인해 초래되는 문제이다. 재생 가능성 때문에 누구든 익명으로 남의 말을 하거나 혹은 변형시킬 수 있다.[10]

---

8 리차드 스피넬로·허만 타바니 엮음, 『정보화 시대의 사이버윤리』, 이태건·홍용희·이범웅·노병철·조일수 옮김, 인간사랑, 2008, 83-84면.

9 리차드 스피넬로·허만 타바니 엮음, 『정보화 시대의 사이버윤리』, 이태건·홍용희·이범웅·노병철·조일수 옮김, 인간사랑, 2008, 86면.

10 리차드 스피넬로·허만 타바니 엮음, 『정보화 시대의 사이버윤리』, 이태건·홍용희·이범웅·노

과거의 실수가 사이버공간에 영구적으로 보존되고 언제라도 들춰볼 수 있게 됨으로써, 잘못을 저지른 사람들은 과거의 노예가 될 수 있다. 사람들에게 다시 기회를 주고, 갱생의 길을 터주는 일의 가치는 머지않아 지나간 시대의 유물이 될지도 모른다. 이는 실험하고, 성장하고, 변화하는 사람의 자유에 심각한 영향을 미칠 것이다.[11] 사람의 기억에만 의존하던 과거에는 치기 어린 실험과 어리석은 사건들은 결국 잊혀져, 다시 새롭게 시작하고, 변화하고, 성장할 수 있는 기회가 주어졌다. 하지만 사이버공간에 엄청난 양의 정보가 저장되면서, 이러한 순간들은 쉽사리 잊혀지지 않게 되었다. 사람들은 이제 그들의 과거를 고스란히 기억하는 디지털 응어리와 함께 살아가야만 한다.[12]

2. 사이버공간의 규제

"이 신기술은 누구나 금방 손쉽게 다른 사람과 의사소통할 수 있게 해주고, 정치적 국경을 사실상 지워버릴 것이며, 자유무역을 보편화시킬 것이다. 기술 발전 덕분에 이제는 더 이상 외국인이란 없으며 우리는 점차 공동의 언어를 채택해 나가게 될 것이다".

이 말은 전보가 발명되면서 나왔던 말이다. 그로부터 100년이 흐른 뒤 또 다른 기술 혁명이 등장하여 이 말에 다시 생명을 불어넣고 있다. 인터넷이 등장함에 따라 세상을 다스리는 방식이 새롭게 바뀔 것이며 인류도 영토를 중심으로 이루어지는 통제의 굴레에서 영원히 해방될 것이라고 믿었다.[13] 이러한 믿음은 다음에서 소개할 사이버공간 독립 선언문에 잘 표현되어 있다.

A Declaration of the Independence of Cyberspace[14]

by John Perry Barlow

병철·조일수 옮김, 인간사랑, 2008, 87−88면.

11 솔 레브모어·마사 누스바움 편저, 『불편한 인터넷』, 김상현 옮김, 에이콘, 2012, 35면.

12 솔 레브모어·마사 누스바움 편저, 『불편한 인터넷』, 김상현 옮김, 에이콘, 2012, 38면.

13 잭 골드스미스·팀우, 『사이버 세계를 조종하는 인터넷 권력 전쟁』, 송연석 옮김, 뉴런, 서문.

Governments of the Industrial World, you weary giants of flesh and steel, I come from Cyberspace, the new home of Mind. On behalf of the future, I ask you of the past to leave us alone. You are not welcome among us. You have no sovereignty where we gather.

산업 세계의 정부들, 잔혹하고 냉혹한 너 지긋지긋한 거인아. 나는 정신의 새 고향 사이버공간에서 왔다. 미래의 이름으로 과거의 너희에게 명하노니 우리를 내버려 두라. 우리는 너희를 환영하지 않는다. 너희는 우리의 영토를 통치할 권한이 없다.

We have no elected government, nor are we likely to have one, so I address you with no greater authority than that with which liberty itself always speaks. I declare the global social space we are building to be naturally independent of the tyrannies you seek to impose on us. You have no moral right to rule us nor do you possess any methods of enforcement we have true reason to fear.

우리는 선출된 정부도 없고, 필요성도 느끼지 않으며, 자유 그 자체가 말하는 것 이상의 권위는 너희에게 없음을 알린다. 나는 너희가 가하는 폭정에 근본적으로 독립하여 우리가 건설한 범세계적인 사회 공간임을 선언한다. 너희는 우리를 지배할 도덕적 권리도 없고 두려워할 원인이 되는 어떠한 집행 수단도 없다.

Governments derive their just powers from the consent of the governed. You have neither solicited nor received ours. We did not invite you. You do not know us, nor do you know our world. Cyberspace does not lie within your borders. Do not think that you can build it, as though it were a public construction project. You cannot. It is an act of nature and it grows itself through our collective actions.

정부의 권력은 통치받겠다는 합의로부터 나온다. 우리는 너희를 요청하지도 환영하지도 않는다. 우리는 너희를 초대하지 않았다. 너희는 우리에 대해서도 우리의 세계에 대해서도 모른다. 사이버공간은 너희의 영토 밖에 있다. 사이버공간을 마치 공공 건설 사업처럼 너희가 만들 수 있다고 생각하지 마라. 너희는 만들 수 없다. 사이버공간은 인간성의 행위이며 우리의 집단적인 행동을 통해 스스로 성장한다.

You have not engaged in our great and gathering conversation, nor did you create the wealth of our marketplaces. You do not know our culture, our ethics, or the unwritten codes that already provide our society more order than could be obtained by any of your impositions.

너희는 위대하면서도 건설적인 우리의 대화에 참여하지도 않았으며 우리 시장의 부도 만들지 않았다. 너희가 부과하여 얻을 수 있는 그 무엇보다 훨씬 질서정연한 우리의 문화, 윤리, 불문율에 대해 너희는 모른다.

You claim there are problems among us that you need to solve. You use this claim as an excuse to invade our precincts. Many of these problems don't exist. Where there are real conflicts, where there are wrongs, we will identify them and address them by our means. We are forming our own Social Contract. This governance will arise according to the conditions of our world, not yours. Our world is different.

너희가 해결해 줄 필요가 있는 문제가 우리에게 있다고 너희는 주장한다. 너희는 우리의 관할 구역에 침범하기 위한 구실로 이런 주장을 사용한다. 그런 문제들은 존재하지 않는다. 실제적인 갈등이 있다면, 잘못이 있다면, 우리가 찾아낼 것이고 우리의 방법으로 해결할 것이다. 우리는 우리 자신의 사회 계약을 만들고 있다. 너희의 세계가 아니라 우리 세계의 규정에 따라 통치될 것이다. 우리 세계는 다르다.

Cyberspace consists of transactions, relationships, and thought itself, arrayed like a standing wave in the web of our communications. Ours is a world that is both everywhere and nowhere, but it is not where bodies live.

사이버공간은 우리의 대화로 얽힌 지속적인 물결처럼 정렬된 트렌잭션, 관계, 사유 그 자체로 구성되어 있다. 우리는 모든 곳에 있으면서 아무 데도 없는 세계이나, 육체가 사는 곳은 아니다.

We are creating a world that all may enter without privilege or prejudice accorded by race, economic power, military force, or station of birth.

우리는 인종, 경제력, 군사력, 출생지에 따른 특권이나 편견 없이 아무나 들어갈 수 있는 세상을 만들고 있다.

We are creating a world where anyone, anywhere may express his or her beliefs, no matter how singular, without fear of being coerced into silence or conformity.

우리는 아무리 특이할지라도 침묵이나 복종을 강요당하지 않으면서 누구나 어디에서나 스스로의 신념을 표현할 수 있는 세상을 만들고 있다.

Your legal concepts of property, expression, identity, movement, and context do not apply to us. They are all based on matter, and there is no matter here.

재산, 표현, 정체성, 운동, 맥락에 관한 너희의 법적인 개념들은 우리에게 적용되지 않는다. 그것들은 물질에 기반하나 여기에는 물질이 없다.

Our identities have no bodies, so, unlike you, we cannot obtain order by physical coercion. We believe that from ethics, enlightened self-interest, and the commonweal, our governance will emerge. Our identities may be distributed across many of your jurisdictions. The only law that all our constituent cultures would generally recognize is the Golden Rule. We hope we will be able to build our particular solutions on that basis. But we cannot accept the solutions you are attempting to impose.

우리의 실체는 너희와 달리 육체가 없기 때문에 물리적 강제력으로 질서를 유지할 수 없다. 우리는 윤리, 성숙한 자기 이해, 공익으로부터 우리의 통치 체계가 나타나리라 믿는다. 우리의 실체는 다양한 너희들의 관할 구역에 퍼져 있을 것이다. 우리를 구성하는 문화가 일반적으로 인정하는 유일한 법은 황금률이다. 이것에 근거하여 우리가 우리의 특별한 해결책을 만들 수 있기를 바란다. 그러나 너희가 부과하려는 해결책을 우리는 받아들일 수 없다.

In the United States, you have today created a law, the Telecommunications Reform Act, which repudiates your own Constitution and insults the dreams of Jefferson, Washington, Mill, Madison, DeToqueville, and Brandeis. These dreams must now be born anew in us.

미국에서 너희는 오늘 통신개혁법을 제정하였는 데, 그것은 너희 자신의 헌법을 부인하는 것이며, 제퍼슨, 워싱턴, 밀, 메디슨, 드 토크빌, 브란다이스의 꿈을 모욕하는 짓이다. 이들의 꿈은 이제 우리 속에서 새로 태어나야 한다.

You are terrified of your own children, since they are natives in a world where you will always be immigrants. Because you fear them, you entrust your bureaucracies with the parental responsibilities you are too cowardly to confront yourselves. In our world, all the sentiments and expressions of humanity, from the debasing to the angelic, are parts of a seamless whole, the global conversation of bits. We cannot separate the air that chokes from the air upon which wings beat.

너희의 아이들이 원주민인 세계에 너희는 항상 이민자일 수밖에 없어서 너희는 너희의 아이들을 두려워하고 있구나. 너희가 그들을 무서워하기 때문에 너희는 너무 두려워 스스로 맞서지 못하고 부모의 책임을 너희의 관료에게 맡기는구나. 우리 세계에서는 하찮은 것부터 천상에 이르기까지 인간성에 대한 모든 감정과 표현이 끊임없는 전체의 일부분이며 비트의 범세계적인 대화이다. 우리는 날개에 부닥치는 공기에서 질식시키는 공기를 따로 떼어 놓을 수 없다.

In China, Germany, France, Russia, Singapore, Italy and the United States, you are trying to ward off the virus of liberty by erecting guard posts at the frontiers of Cyberspace. These may keep out the contagion for a small time, but they will not work in a world that will soon be blanketed in bit-bearing media.

중국, 독일, 프랑스, 러시아, 싱가포르, 이탈리아, 미국에서 너희는 사이버공간의 입구에 검문소를 세워 자유의 바이러스를 격리하려고 한다. 일시적으로 전염을 막을지 몰라도, 곧 비트로 무장된 미디어로 뒤덮여질 세상에서는 아무런 효과도 없을 것이다.

Your increasingly obsolete information industries would perpetuate themselves by proposing laws, in America and elsewhere, that claim to own speech itself throughout the world. These laws would declare ideas to be another industrial product, no more noble than pig iron. In our world, whatever the human mind may create can be reproduced and distributed infinitely at no cost. The global conveyance of thought no longer requires your factories to accomplish.

점점 쇠락해가는 너희의 정보 산업을 미국 또는 어디든 스스로 세계의 전부라고 주장하는 법을 제정하여 영속시킬 수 있을지 모른다. 그러한 법들은 싸구려 위스키에 불과한 또 다른 공산품에 대한 아이디어의 선언일 뿐이다. 우리 세계에서는 인간의 지성이 만들 수 있는 모든 것이 아무런 비용 없이 무한정 재생산되고 배포될 수 있다. 범지구적 상상력의 배포는 너희의 공장에서 더 이상 달성할 수 없다.

These increasingly hostile and colonial measures place us in the same position as those previous lovers of freedom and self-determination who had to reject the authorities of distant, uninformed powers. We must declare our virtual selves immune to your sovereignty, even as we continue to consent to your rule over our bodies. We will spread ourselves across the Planet so that no one can arrest our thoughts.

날로 늘어가는 적대적이고 식민지적인 조치들은 멀고, 알지 못하는 제국의 권위를 거부했던 이전의 자유와 자결 옹호자들의 처지로 우리를 몰아 넣는다. 비록 우리가 우리의 육체에 대한 너희의 지배를 계속 받아들이지만 우리는 너희의 통치에 우리의 가상 주체가 면역되어 있음을 강력하게 선언한다. 우리는 어느 누구도 우리의 생각을 막을 수 없도록 이 지구에 우리 자신을 확산시킬 것이다.

We will create a civilization of the Mind in Cyberspace. May it be more humane and fair than the world your governments have made before.

우리는 사이버공간에서 정신 문명을 건설할 것이다. 이 문명은 너희 정부가 만들었던 것보다 훨씬 인간적이고 공정할 것이다.

Davos, Switzerland
February 8, 1996

1990년대 중반까지 인터넷에 대한 국가기구의 역할은 네트워크 관련 기술자들의 자발적인 모임이나 네트워크 개발에 대한 지원을 관리하는 정도였다. 당시 사이버공간은 무한한 자유를 누리는 듯했다. 이러한 조건은 네트워크 사용자들의 규범과 인터넷의 기술적 아키텍처 자체가 국가기구의 법률적인 규제에 대항하는 토대로 활용될 수 있었기 때문에 가능했다. 1996년 미국에서 통신품위법(CDA) 제정을 둘러싸고 자유주의자와 규제주의자 간에 대립했을 때, 결국 자유주의자의 승리로 끝났고 사이버공간에 대한 국가의 개입은 일단 멈추는 듯 보였다. 자유주의자들은 '보이지 않는 손'이 사이버공간의 자유와 개방성

14 사이버공간 독립 선언문(A Cyberspace Indepencence Declaration)은 미국 대통령 빌 클린턴이 통신품위법에 서명하자 존 페리 바를로(John Perry Barlow)가 사이버공간의 독립을 선언하며 인터넷에 게시한 문서이다. 통신품위법은 미성년자를 온라인상의 폭력물, 음란물로부터 보호하기 위해 만들어졌는 데, 외설 정보나 폭력 정보를 송신할 경우에 최고 2년의 징역과 25만 달러의 벌금이 부과되기 때문에 '표현의 자유를 침해한다'는 소송이 제기되었다. 1997년 6월 미국 대법원은 '범위가 넓고 모호해 헌법이 보장하는 표현의 자유를 침해할 소지가 높으며 미성년자의 보호 못지않게 성인의 권리도 보장받아야 한다.'며 위헌 판결을 내렸다.

의 자연스러운 질서를 유지해 줄 것이라 믿었다. 자유주의자들의 이러한 기대는 인터넷이 채용하고 있던 기술적 구조에 힘입은 바 크다. 인터넷은 컴퓨터 네트워크들의 전 세계적인 네트워크였기 때문에 사이버공간에서 국민국가의 주권을 상당 정도 약화시키는 결과를 가져오기도 하였다.

하지만 통신품위법을 비롯한 법률 규제가 실패한 이유는 인터넷의 이러한 기술적 구조 때문이라기보다는 인터넷 사용자들의 가치관과 규범이 이를 용납하지 않았기 때문이다. 초기 네티즌들은 제퍼슨 민주주의와 자유주의에 입각하여 사상과 표현의 자유를 사이버공간의 독립 근거로 삼았다. 네티즌 사이에 조성된 여론과 규제에 항의하는 집합행동 또한 정부의 직접적인 규제를 저지한 주요한 요인으로 꼽을 수 있다. 그러나 1990년대 중후반 이후에 들어와서 사이버공간 완전독립론은 정부의 개입 및 인터넷의 본격적인 상업화에 직면하여 그 입지가 약화되기 시작했다.

자유주의자들은 인터넷이 활성화되기 시작했던 1990년대 초중반의 정부개입에 대해서는 어느 정도 성공적으로 대응할 수 있었지만 1990년대 중후반부터 본격적으로 전개되고 있는 상업화를 통한 사이버공간의 재구조화에는 그다지 확실한 대응책을 보여 주지 못하였다. 자유주의자들의 기술환원론과 기술결정론은 사이버공간 완전독립론으로 연결되었지만 현실은 사이버공간이 독립되어 있지 않고 현실 사회의 한 구성 부분에 지나지 않음을 보여 주었다.

레식(Lessig, 1999)은 1990년대 중반에서 후반에 이르는 시기를 검토하면서 인터넷 아키텍처를 포함한 기술적 통제의 영향력이 확대되고 있는 현실에 주목하였다. 그는 인터넷의 열린 체제가 국가와 자본의 개입을 통해 닫힌 체제로 전환될 수 있다고 인식하였다. 그는 사이버공간의 독립을 보장했던 인터넷의 구조가 반대로 소프트웨어 기술(code)과 그의 결과적 축조물인 구조(architecture)에 의하여 통제될 수 있다고 경고하였다.[15]

사이버공간의 규제에 대한 각 진영의 입장을 정리하면 다음의 표[16]와 같다.

15 백욱인, "사이버스페이스의 규제와 자율에 관한 연구," 규제연구, 11(2), 2002, 170-172면.
16 백욱인, "사이버스페이스의 규제와 자율에 관한 연구," 규제연구, 11(2), 2002, 172면.

	규제주의	자유주의	협약주의(형성주의)
규제에 대한 입장	규제 찬성	규제 반대	사이버공간은 새로운 협약을 통해 잘 다듬어져야 함
현실/사이버 공간 간의 관계	현실의 연장으로서의 사이버공간	정부의 규제와 통제로부터 자유로운 공간	새로운 규약에 따라 공동체가 형성되는 공간
대표적 주장자		초기 네티즌, Barlow	Lessig
특징	정부주도의 규제 통신관련품위법 등급제	Jeffersoninan Liberalism 사이버공간 독립 선언문	사이버공간은 협약에 입각한 새로운 규제가 필요함, 누가 어떻게 협약을 만드느냐가 중요함

인터넷이 현실 공간과 연결될수록 자유주의자들이 염원했던 보이지 않는 손에 의한 자연스러운 질서유지는 이상에 불과하다는 사실이 확인되었다. 표현의 자유를 누리면서 민주주의의 장이 실현되는 반면 모욕적이고 폭력적인 언어들이 무고한 생명을 앗아가고 자금 이체와 인터넷 서비스의 편리함 이면에 사이버금융사기와 개인정보 유출이라는 심각한 악영향이 있다. 이러한 부작용은 사이버공간에 대한 규제주의자들에게 힘을 실어주게 되고 사이버공간에 대한 규제 입법으로 이어지게 된다.

2005년 일명 개똥녀 사건을 필두로 한 사이버 폭력 사건들은 익명성의 폐단을 규제해야 할 필요성을 부각시켰고 2007. 1. 26. 정보통신망 이용촉진 및 정보보호 등에 관한 법률(이하 “정보통신망법”)의 개정을 통해 인터넷 실명제가 도입된다. 그러나 5년 후인 2012. 8. 23. 헌법재판소는 정보통신망법 제44조의5 제한적 본인확인제에 대하여 만장일치로 위헌결정[17]을 내리고 2014. 5. 28. 해당 법조항이 삭제되면서 완전히 역사 속으로 사라졌다. 당시 재판부는 “이 사건 법령조항들이 표방하는 건전한 인터넷 문화의 조성 등 입법목적은, 인터넷 주소 등의 추적 및 확인, 당해 정보의 삭제·임시조치, 손해배상, 형사처벌 등 인터넷 이용자의 표현의 자유나 개인정보자기결정권을 제약하지 않는 다른 수

17 헌법재판소 2012.8.23. 2010헌마47 결정.

단에 의해서도 충분히 달성할 수 있음에도, 인터넷의 특성을 고려하지 아니한 채 본인확인제의 적용 범위를 광범위하게 정하여 법집행자에게 자의적인 집행의 여지를 부여하고, 목적달성에 필요한 범위를 넘는 과도한 기본권 제한을 하고 있으므로 침해의 최소성이 인정되지 아니한다. 또한 이 사건 법령조항들은 국내 인터넷 이용자들의 해외 사이트로의 도피, 국내 사업자와 해외 사업자 사이의 차별 내지 자의적 법집행의 시비로 인한 집행 곤란의 문제를 발생시키고 있고, 나아가 본인확인제 시행 이후에 명예훼손, 모욕, 비방의 정보의 게시가 표현의 자유의 사전 제한을 정당화할 정도로 의미 있게 감소하였다는 증거를 찾아볼 수 없는 반면에, 게시판 이용자의 표현의 자유를 사전에 제한하여 의사표현 자체를 위축시킴으로써 자유로운 여론의 형성을 방해하고, 본인확인제의 적용을 받지 않는 정보통신망상의 새로운 의사소통수단과 경쟁하여야 하는 게시판 운영자에게 업무상 불리한 제한을 가하며, 게시판 이용자의 개인정보가 외부로 유출되거나 부당하게 이용될 가능성이 증가하게 되었는 바, 이러한 인터넷게시판 이용자 및 정보통신서비스 제공자의 불이익은 본인확인제가 달성하려는 공익보다 결코 더 작다고 할 수 없으므로, 법익의 균형성도 인정되지 않는다. 따라서 본인확인제를 규율하는 이 사건 법령조항들은 과잉금지원칙에 위배하여 인터넷 게시판 이용자의 표현의 자유, 개인정보자기결정권 및 인터넷게시판을 운영하는 정보통신서비스 제공자의 언론의 자유를 침해한다."고 판시하였다.

인터넷에서의 자유가 다른 법익을 침해하고 이러한 침해로 인해 규제하려는 노력이 수반되고 규제에 다시 항거하는 것이 되풀이 되는 곳이 사이버공간이다. 아무리 획기적인 통신기술이 나온다고 할지라도 인터넷을 사용하는 것은 영토 내에 있는 국민이고 그 국민들은 정부의 보호와 통제하에 생활을 영위하기 때문에 지리적인 구분과 정부의 강제력을 완전히 배제할 수는 없다. 인터넷의 등장과 함께 많은 이들이 국가가 인터넷을 통제할 수 없다고 하였지만 각국의 정부는 자국에서 개발한 기술을 활용하거나 법률의 제정을 통해 자국 영토 내에서 강제력을 행사하고 있다.

여전히 사이버공간에서는 폭력이 난무하며 이로 인해 안타까운 목숨을 잃는 사람이 있으며 암호화폐, 다크웹 등 새로운 기술을 악용하여 아동성착취물을 유통하는 등의 부작용이 있다. 국민들은 인터넷에서 벌어지는 악영향에 대해 정부가 나서서 피해를 예방하고 해결해 주기를 원하고 있다. 결국 정부는 사이버공간의 본질적인 자유를 침해하지 않으면서 적절한 규제를 통해 악영향을 최소화하는 방책을 찾아야 하는 어려운 과제를 맡게 되었다.

3. 법률에 의한 사이버공간 규제 가능성

사이버공간에서 유해 정보를 통제하기 위해서 가장 바람직한 것은 모든 국가들이 통일적인 기준을 통해 세계법을 만들고 이를 실행에 옮기는 것이다. 그러나 서로 다른 문화와 법제도를 가지고 있는 국가 간에 의견을 일치시키는 것은 결코 쉬운 일이 아니다. 언젠가는 통일된 세계법이 제정될 것을 기대하지만 그 날이 오기 전까지 각 나라는 각자의 영토 안에서 유효한 법을 제정하거나 정책을 마련함으로써 물리적으로 연결된 통신선로를 통제하여 외부로 접속을 차단하거나 외부로부터 유입되는 데이터를 필터링하는 방법을 사용할 수밖에 없다. 그리고 현재로서는 속지법에 근거한 규제가 사실상 사이버공간을 규제할 수 있는 최선의 방법이다. 속지법이 사이버공간을 규제할 수 있음을 보여주는 전형적인 사례로 야후닷컴 사건이 있다.

2000년 2월 프랑스 파리에서 마크 노벨(Marc Knobel)이 인터넷을 검색하던 중 야후닷컴 경매 사이트에 수많은 나치의 상징물이 거래되고 있는 것을 발견하였다. 프랑스에서는 나치 관련 기념물에 대한 판매가 불법이었기 때문에 그는 이미 2년 전에 AOL(American Online)에서 나치 사이트를 발견한 뒤 AOL 측에 항의하여 문제된 사이트를 폐쇄시킨 전력이 있었다. 마크 노벨은 야후닷컴에 불만을 제기하였으나 당시 야후를 이끈 제리 양은 표현의 자유를 제한하는 일은 말도 안 된다며 일축하였다. 결국 마크 노벨은 2000년 4월 야후가 미국에 있다고 할지라도 국경을 넘어 프랑스에서도 손쉽게 접근하여 나치 기념물을 구입할 수 있다면 프랑스 법을 위반한 것이라면서 야후를 상대로 프랑스 법원에 소송을 제기하였다.

당시 원고 측 변호인인 로날드 카츠는 “인터넷이 모든 걸 바꿔놓는다고 생각하는 순진한 사람들이 있다. 그러나 인터넷이 프랑스 법까지 바꿀 수는 없다."고 했으며, 야후 측은 프랑스 법원이 관할권도 없는 지역에서 판결을 내린다고 주장을 했다. 당시 야후 헤더 킬렌 부사장은 프랑스 법이 미국에 있는 웹사이트에 적용된다면 인터넷 기업은 사업을 할 때마다 어느 나라의 법을 따라야 하는지 고민하게 될 것이라고 말하기도 했다.[18]

원고 측은 프랑스가 미국이 판매하는 불법 나치 물품으로부터 스스로를 지킬 주권적 권리를 가지고 있으며 프랑스 법이 문서, 텔레비전, 라디오에서 인종차별을 허용하지 않는데 인터넷이 예외가 되어야 하는 이유가 없다고 주장하였다. 미국 자동차 회사가 자동차를 판매할 때 여러 나라의 다양한 안전 및 환경 관련법들을 의무적으로 따르게 되어 있는데 야후가 사업 대상 국가의 법에 대해 예외적인 적용을 받을 이유가 없다는 논리이다.

2000. 11. 20. 법원은 최종 판결을 선고하면서 "야후가 금지된 나치 경매 사이트를 프랑스에서도 접속할 수 있도록 의식적인 노력을 했다는 점에서 프랑스 법원이 야후와 야후 서버를 제재할 수 있는 권한을 갖는다. 미국 야후 사이트를 방문하는 프랑스 사용자에게는 프랑스어로 된 광고를 보여주고 있었다는 점은 야후가 프랑스 사람들을 위한 맞춤 콘텐츠를 만들고 있었다는 증거임과 동시에 지역별로 사용자를 찾아내 차단하는 것이 어느 정도 가능했음을 보여준다. 모든 프랑스인의 접속을 100% 차단하는 것은 불가능하지만 야후는 프랑스 사용자들을 막기 위해 합당한 최선의 노력을 다하라."고 명령했다. 결국 야후는 2001. 1. 2. "향후 증오와 폭력을 조장하거나 미화하는 단체와 관련된 물품은 야후 내 어떤 상거래 품목으로도 등록되지 못하게 할 것"이라는 발표와 함께 야후 경매 사이트에서 모든 나치 물품을 삭제하였다.[19]

이 사건은 당시의 관점에서는 매우 부당한 것으로 보일 수 있었다. 당시에는 인터넷 이용이 폭발적으로 증가했으며 자유로운 데이터의 흐름과 획득을 신봉하는 사람들이 늘어났고 인터넷 안에서의 표현의 자유를 제한하는 일은 있을 수 없는 일로 받아들였었다. 인터넷에는 사용자의 국적에 따라 수많은 국가가 존재할 수 있거나 또는 아예 존재하지 않을 수도 있었다. 인터넷에 대한

---

18 잭 골드스미스·팀우, 『사이버 세계를 조종하는 인터넷 권력 전쟁』, 송연석 옮김, 뉴런, 2006, 14면.
19 잭 골드스미스·팀우, 『사이버 세계를 조종하는 인터넷 권력 전쟁』, 송연석 옮김, 뉴런, 2006, 22-24면.

규제를 부인하던 사람들에게 야후 판결은 충격적이었다. 반면, 이 사건은 인터넷의 관할권과 국제법의 문제, 규제 가능성에 대한 중요한 지침을 던진 사건으로 기록된다.[20]

다른 법제를 가지고 있는 국가의 국민들은 인터넷의 연결성을 활용하여 여러 가지 활동을 하게 될 것이고 앞으로도 야후와 같은 사건이 지속적으로 발생할 것이 예상된다. 야후의 사례는 각국의 법이 자국에서 다르게 적용될 경우의 문제이지만 각국의 법이 해당 행위를 모두 불법으로 규정한 경우에 한 나라의 형사소송법에 근거하여 타국에 존재하는 데이터를 획득하는 것이 가능한가의 문제로도 확장될 것이다. 사이버공간을 규율하기 위해 세계의 공통법이 존재한다면 그 규제는 통일될 것이지만 이러한 공통법의 제정은 요원하므로 사이버공간을 규제하고 사이버공간에서 형사절차법이 제대로 기능할 수 있는 방법에 대한 논의는 지속되어야 한다.

제2절 역외 압수수색의 개념과 필요성

1. 개념

통상 원격 압수수색이란 최초 압수수색 장소의 수색 대상 컴퓨터와 네트워크로 연결된 다른 시스템에 사건 관련 데이터가 저장되어 있을 가능성이 확인되고 해당 컴퓨터를 통해 접근, 이용이 가능한 경우 다른 시스템을 수색하여 관련된 데이터를 압수하는 행위로 정의[21]하고 있다.

형사소송법 제109조 제1항은 "법원은 필요한 때에는 피고사건과 관계가 있다고 인정할 수 있는 것에 한정하여 피고인의 신체, 물건 또는 주거, 그 밖의

---

20 박덕영·안국현·박민아, 『인터넷 접속규제와 국제분쟁에 관한 연구』, KISCOM 2007-01, 정보통신윤리위원회, 2007, 5-6면.

21 정대용·김기범·이상진, "수색 대상 컴퓨터를 이용한 원격 압수수색의 쟁점과 입법론," 법조, 65(3), 2016, 46면.

장소를 수색할 수 있다."고 규정하고 있고, 제2항은 "피고인 아닌 자의 신체, 물건, 주거 기타 장소에 관하여는 압수할 물건이 있음을 인정할 수 있는 경우에 한하여 수색할 수 있다."고 규정하고 있을 뿐 네트워크로 연결되어 있는 상태에서 원격으로 수색할 수 있는 것을 예상하지 못했다.

원격 압수수색의 문제는 우리의 형사소송법이 적용될 수 있는 대한민국 영토 내에서 네트워크로 연결된 다른 서버의 내용을 압수수색할 수 있는지의 문제와 서버가 물리적으로 다른 나라에 위치하고 있는 경우에 영토주권의 문제를 어떻게 해결할 수 있는지로 나뉘게 된다. 영토 내 원격 압수수색의 경우 국내법의 해석 또는 입법을 통해 해결할 수 있다. 유럽평의회의 사이버범죄협약도 영토 내 원격 압수수색에 관하여는 규정하고 있으나 원격 압수수색을 넘어선 역외 압수수색에 관하여는 해결하지 못하고 있다.

사이버범죄협약 제19조는 저장된 데이터의 압수·수색이라는 표제하에 제2항[22]에서 "각 가입국은 그의 기관이 제1항 (a)에 따라 특정 컴퓨터를 수색·접근하여 발견한 데이터가 자국 영토 내의 다른 컴퓨터에 저장되어 있고, 최초 수색 대상인 컴퓨터에서 그 데이터에 정당하게 접근 가능하다고 믿을 수 있는 경우, 다른 컴퓨터를 신속히 수색·접근할 수 있도록 하는 입법적 또는 그 밖의 조치를 취해야 한다."고 규정하고 있으며 원격 압수수색의 범위를 '해당 국가 영토 내(in its territory)'로 한정하고 있다. 역외 압수수색에 대한 검토는 원격의 방법으로 영장을 집행하는 것이 가능한지의 문제와 영토주권을 침해하는 것은 아닌가에 대한 문제를 포괄한다.

2. 필요성

스마트폰의 압수는 전화 기능만 있는 아날로그 전화기의 압수와는 그 성

22 Each Party shall adopt such legislative and other measures as may be necessary to ensure that where its authorities search or similarly access a specific computer system or part of it, pur-suant to paragraph 1. (a) and have grounds to believe that the data sought is stored in an-other computer system or part of it in its territory, and such data is lawfully accessible from or available to the initial system, the authorities shall be able to expeditiously extend the search or similar accessing to the other system.

질이 다르다. 스마트폰의 압수는 스마트폰을 통해 접속이 가능한 스마트폰 사용자의 계정에 대한 접근으로까지 확대될 가능성이 있다. 이러한 문제는 클라우드 서비스 사용자가 늘어남에 따라 일반 PC의 압수에서도 발생하는 문제이다. 데이터를 열람하는 곳과 데이터가 저장되어 있는 곳이 다른 경우는 계속 증가할 것이고, 이에 따라 원격 접속에 의한 압수수색의 문제는 더욱 증대될 것이다.

디지털 데이터의 특성으로 언급했던 네트워크성으로 인해 데이터는 무한히 전송, 저장 또는 검색이 가능하고 그 데이터의 내용을 취득할 때 물리적 장소의 개념은 전혀 중요하지 않게 되었다. 또한 네트워크성이 대량성과 맞물리면서 개인 자료를 원격지 서버에 보관하는 양이 많아지게 되고 범인이 소지한 컴퓨터는 단순히 해당 데이터를 처리하고 전송하는 역할만을 수행하고 관련 증거는 원격지에 있는 서버에 저장하는 경우가 증가하고 있다. 이러한 이유 때문에 수사기관이 범인의 소재에 대한 압수수색을 하면서 그가 소지하고 있는 디지털 기기를 통한 수색을 진행하게 되면 해당 기기와 연결되어 있는 계정에 접속하여 관련 증거를 채록해야 할 현실적인 필요성이 발생한다.

물리적인 물건과 공간에 대한 압수수색을 규정한 현행 제도를 엄격하게 해석, 적용할 경우 이와 같은 현실적 필요를 충족시킬 수 없다. 네트워크 영역에서 디지털 데이터의 압수수색이 가능하기 위해서는 물리적 장소를 특정함으로써 수색을 제한하기보다는 수색할 범위를 한정하여 기본권 침해를 최소화하는 방향으로 변화하여야 한다. 또한 데이터의 사용자가 데이터를 보관, 관리하는 것과 같은 정도와 방법의 접근 권한이 법관의 심사에 의해 수사기관에게 부여될 필요가 있다.

3. 사이버범죄의 대응과 기본권 보호의 조화

오늘날 네트워크 환경 특히 인터넷은 사회, 경제, 문화 등 전 영역에 걸쳐 많은 혜택을 주고 있으며 접근의 용이성과 신속성, 익명성 등으로 인해 활발한 정보 교류의 장으로 활용되고 있다. 한편, 이러한 이점이 범죄 측면에서 많은 해악을 나타내고 있고 심지어는 사이버 테러까지도 가능한 취약점으로 작용하고 있다. 사이버공간을 물리적 영토의 개념으로 받아들이게 되면 범죄자에게는 자유로운 공간이 수사기관에게는 장벽으로 작용할 수밖에 없기 때문에 수사의 필요성은 역외 압수수색의 허용 여부를 판단함에 있어서 배제되어서는 안 되는 요소이다.

다만 수사기관의 처분은 국민의 기본권 침해와도 직접 연결되어 있기 때문에 수사의 필요성이 인정된다고 할지라도 기본권을 심대하게 침해하는 방법이 사용되어서는 안 되며 그러한 방향으로 무리하게 해석되어서도 안 된다.

독일에서는 비밀경찰과 사이버수사대를 통합한 테러대응센터를 구축한 후 비밀리에 수사대상자의 컴퓨터를 수색할 수 있는 '트로이의 경찰(Kommissar Trojaner)'이라는 프로그램을 개발하여 이를 활용할 수 있도록 연방대법원 수사판사에게 요청하였으나 2007. 1. 31. 연방대법원은 이와 같은 온라인상의 비밀수색이 근거 법률의 결여로 인해 허용되지 않는다고 판시하였다.

국내의 실정이나 기본권 보호 측면에도 독일 연방대법원의 결정은 충분히 예상할 수 있는 것으로 보인다. 그러나 여기서 주목해야 할 점은 독일 수사기관이 테러 위협에 대응하기 위해 위와 같이 기본권 침해 요소가 명백함에도 위와 같은 수사 방법을 선택하려고 했다는 점이다. 특히 최근에는 다크웹을 이용한 범죄가 증가하고 있으며 송수신이 암호화되는 폐쇄적인 SNS를 통해 범행의 공모가 일어나는 등 사이버공간의 범죄를 예방하거나 이를 추적하여 수사하기가 쉽지 않은 상황이다. 수사기관의 강제처분은 국민의 재산권과 사생활의 비밀을 침해하게 되지만, 범죄자 역시 사이버공간을 이용하여 해킹과 사이버테러를 통해 국민의 재산권을 침해하고 개인정보와 사생활의 비밀을 침해하고 있는 것이 사실이다.

따라서 일반 국민의 기본권을 침해하지 않는 정도의 해석 수준에서 수사기관도 범죄자의 발견과 범죄에 대한 증거를 수집할 수 있도록 제도적 장치를 마련해야 하고 수사 방법에 대한 명확한 법률적 해석도 병행되어야 한다. 현행 형사소송법은 사이버범죄에 원활하게 대처할 수 있도록 규정되어 있지 않다. 우리의 법제가 유럽평의회의 사이버범죄협약의 규정과 같이 사이버범죄에 적합하게 개정되어 있지 않은 문제점을 충분히 인식할 필요가 있고, 역외 압수수색과 같이 그 필요성이 현저한 방법에 대해 적극적이고 긍정적인 방향으로 해석하는 것도 고민해 보아야 한다.

제3절 역외 압수수색에 대한 국내외 판례의 태도

1. 국내 - 대법원 2017.11.29. 선고 2017도9747 판결

국가정보원 수사관은 피고인 명의의 차량 안에서 발견한 이동형 저장장치에서 '분기마다 사용할 이메일 주소와 암호'를 알게 되었다. 수사기관은 중국 인터넷 서비스 제공자가 제공하는 이메일 서비스 이메일 홈페이지 로그인 입력 창에 국가정보원이 압수수색 과정에서 입수한 위 이메일 계정·비밀번호를 입력, 로그인한 후 국가보안법 위반 범증 자료 출력물 및 동 자료를 선별하여 저장한 저장매체를 봉인·압수할 수 있는 압수·수색·검증영장을 발부받았다.

국가정보원 수사관 등은 2015. 11. 26. 한국인터넷진흥원에서 압수·수색영장을 제시하고 한국인터넷진흥원의 주임연구원이 참여하고 디지털 포렌식 전문가가 입회한 가운데 위 주임연구원으로 하여금 노트북을 사용하여 인터넷 익스플로어(Internet Explore) 및 크롬(Chrome) 브라우저를 통하여 영장에 기재된 이메일 계정에 로그인하였고 총 15건의 이메일(헤더정보 포함) 및 그 첨부파일을 추출하여 출력·저장하는 방식으로 압수하였다.

서울고등법원은[23] 이 사건 압수·수색은 형사소송법에서 규정한 대물적 강제처분인 압수·수색의 효력을 아무런 근거 없이 확장하는 것이고 우리나라 사법관할권이 미치지 아니하는 영역에 대하여 형사소송법에서 규정한 방식과 효력의 범위를 넘어서는 국내 압수·수색영장을 집행한 것이라는 등의 이유를 들어 위법하다고 인정하고, 이를 통해 취득한 이메일 내용은 위법수집증거로서 그 위법성이 중대하여 증거능력이 없다고 판단하였다.

23 서울고등법원 2017.6.13. 선고 2017노23 판결.

반면, 대법원은[24] 압수·수색할 전자정보가 압수·수색영장에 기재된 수색 장소에 있는 컴퓨터 등 정보처리장치 내에 있지 아니하고 그 정보처리장치와 정보통신망으로 연결되어 제3자가 관리하는 원격지의 서버 등 저장매체에 저장되어 있는 경우에도, 수사기관이 피의자의 이메일 계정에 대한 접근 권한에 갈음하여 발부받은 영장에 따라 영장 기재 수색 장소에 있는 컴퓨터 등 정보처리장치를 이용하여 적법하게 취득한 피의자의 이메일 계정 아이디와 비밀번호를 입력하는 등 피의자가 접근하는 통상적인 방법에 따라 그 원격지의 저장매체에 접속하고 그곳에 저장되어 있는 피의자의 이메일 관련 전자정보를 수색 장소의 정보처리장치로 내려 받거나 그 화면에 현출시키는 것 역시 피의자의 소유에 속하거나 소지하는 전자정보를 대상으로 이루어지는 압수수색이라고 하였다. 또한 수색 행위는 정보통신망을 통해 원격지의 저장매체에서 수색 장소에 있는 정보처리장치로 내려 받거나 현출된 전자정보에 대하여 위 정보처리장치를 이용하여 이루어지고, 압수 행위는 위 정보처리장치에 존재하는 전자정보를 대상으로 그 범위를 정하여 이를 출력 또는 복제하는 방법으로 이루어지므로, 수색에서 압수에 이르는 일련의 과정이 모두 압수·수색영장에 기재된 장소에서 행해지기 때문에 이런 집행 방법이 형사소송법의 규정에 위반하여 압수·수색영장에서 허용한 집행의 장소적 범위를 확대하는 것으로 볼 수 없다고 판시하였다.

2. 국외

가. Gorshkov 사건

미국 회사의 컴퓨터에 대한 해킹 사건 수사와 관련하여 미국연방수사국(Federal Bureau of Investigation, FBI)은 피고인인 Vasiliy Gorshkov가 키보드로 입력한 모든 데이터를 수집하여 러시아에 소재한 그의 컴퓨터 아이디와 비밀번호를 획득하였고, 온라인 접속을 통해 러시아에 소재한 피고인의 컴퓨터에서

24 대법원 2017.11.29. 선고 2017도9747 판결.

파일을 다운로드한 후 그를 기소한 사건에서 피고인은 이러한 방식으로 획득한 컴퓨터 데이터의 증거 사용을 배제해 달라고 주장하였다. 이에 대해 법원은 미국 영토 밖에 있는 미국 비거주 외국인의 데이터를 압수수색하는 행위에는 미국 수정헌법 제4조가 적용되지 않으며, 데이터 복제 행위로부터 원본 데이터가 손상이나 변경되지 않았기 때문에 피고인 또는 그 외의 자에 대한 소유권적 이해관계를 침해하지 않으므로 압수가 아니라고 판단하고 피고인의 신청을 기각하였다.[25]

나. 마이크로소프트(Microsoft) 사건

2013년 12월 미국 연방수사국은 마약밀매사건과 연관이 있는 이메일 계정에 대해 뉴욕남부지방법원으로부터 수색영장을 발부받아 마이크로소프트를 상대로 해당 이메일 계정의 내용을 포함한 관련 정보의 제출을 요청하였다. 그러나 마이크로소프트는 미국 내 서버에 저장되어 있는 일부 데이터만을 제출하였고, 이메일의 내용과 같은 콘텐츠 데이터는 아일랜드 더블린에 위치한 데이터 센터에 저장되어 있다는 이유로 데이터 제출을 거부하였다. 이에 2014년 4월 25일 뉴욕남부지방법원 치안판사는 마이크로소프트가 미국에서 사업을 수행하고 있으며, 아일랜드 서버에 접근 권한을 가진 미국 법인이라는 점을 근거로 마이크로소프트가 수색영장 집행에 응해야 한다고 판시하였으나, 마이크로소프트는 이에 항소한 사건이다.[26]

제2 연방 항소법원은 법이 미국 영토 관할에 한하여만 적용될 것이라는 의도하에 입법된 것인데, 영장의 대상인 데이터가 아일랜드 더블린 소재 데이터 센터에 저장되어 있고 해당 데이터 센터에서 압수되어야 하기 때문에 법률이 명시한 행위가 미국 영토 밖에서 일어난 것이라고 판단하였다. 따라서 그러한 영장의 집행은 법률의 불법적인 역외 적용에 해당한다고 판시하여 원심 판결을 뒤집고 영장을 무효화하였다.[27]

---

25 United States v. Gorshkov, No. CR00－550C, 2001 WL 1024026 (W.D. Wash. May 23, 2001).
26 송영진, "수사기관의 클라우드 데이터 접근에 관한 비판적 고찰 : "데이터 예외주의" 논쟁과 각국의 실행을 중심으로," 형사정책연구, 30(3), 2019, 168－169면.
27 Microsoft v. United States, No. 14－2985 (2d Cir. 2016).

미국 정부는 연방대법원에 상고하였으나 이 사건을 심리하는 동안 미국 의회는 '클라우드 서버가 어디에 위치해 있는지와 상관없이 통신제공자들의 저장 공간에 저장통신법이 적용되도록 개정하는 내용'의 클라우드법(the Clarifying Lawful Overseas Use of Data Act)을 발의하고 2018년 3월에 통과되었다. 결국 상고법원은 2018. 4. 17. 결정을 통해 소의 이익이 없다고 하여 소송을 각하하였다.[28]

3. 시사점

국내 사건과 Gorshkov 사건은 수사기관이 계정에 로그인하는 방법으로 압수수색한 사안이고 마이크로소프트 사건은 서버 관리자인 마이크로소프트가 자료 제공을 거부한 사안이어서 자료 획득의 모습은 서로 다르지만 국외 서버에 보관되어 있는 데이터에 대해 영장을 정당하게 적용할 수 있는지에 대한 쟁점은 동일하다. 그럼에도 불구하고 각 법원은 각기 다른 입장을 보이고 있다. 우선 우리 항소법원과 마이크로소프트 사건의 미국 항소법원은 영장의 집행이 불법적인 역외 적용에 해당한다고 판시한 반면에, 우리 대법원은 수색 행위와 압수 행위가 국내에서 이루어졌다는 논리로 영장의 집행이 정당하다고 보았고 Gorshkov 사건의 미국 법원은 원격 접속 방식으로 데이터를 획득하는 행위가 아예 압수에 해당하지 않는다고 판단하였다.

우리와 미국 항소법원의 판시에 따를 경우, 해외에 저장된 데이터 취득을 위해서는 형사사법공조요청에 의할 수밖에 없게 되는데 미국의 경우 클라우드법의 입법을 통해 통신제공자들에 대한 영장 집행이 가능하도록 해결하였고 우리의 경우 대법원은 "수색 행위는 정보통신망을 통해 원격지의 저장매체에서 수색 장소에 있는 정보처리장치로 내려 받거나 현출된 전자정보에 대하여 위 정보처리장치를 이용하여 이루어지고, 압수 행위는 위 정보처리장치에 존재하는 전자정보를 대상으로 그 범위를 정하여 이를 출력 또는 복제하는 방법으로 이루어지므로, 수색에서 압수에 이르는 일련의 과정이 모두 압수·수색영장

28 United States v. Microsoft Corp., 138 S. Ct. 1186, 1188 (2018).

에 기재된 장소에서 행하여졌다."면서 '역외 집행이 아니라 압수수색 장소가 국내인 영장의 집행이다'는 다소 억지스러운 논리 구성을 통해 원격 접속 방식의 영장 집행을 인정하였다.

각 법원의 태도가 상이함에도 불구하고 모든 법원이 공통적으로 인정하고 있는 것은 "해외 서버에 보관되어 있는 데이터의 열람 행위는 역외 접속이다.[29]"라는 점이다. 사이버공간이라는 것은 전 세계 어디에서나 접속 가능한 것을 전제로 만들어진 공간인 데 앞의 법원들은 이러한 공간에서 데이터를 열람한 행위를 마치 타 영토에 침범하여 열람하는 것처럼 이해하고 있다.

제4절 역외 압수수색에 관한 외국의 태도

1. 미국

원격지 압수수색에 대한 명문화된 규정은 없다. 다만, 관할 구역을 오인하여 발부받은 영장으로 다른 지역에 소재하는 컴퓨터 데이터를 수색한 경우에 의도적으로 다른 지역 내에 있는 컴퓨터에 저장된 데이터를 수색하지 않았다면 연방형사소송규칙을 위배한 것은 아니라고 판결하였다.[30] 이와 별도로 2008년에 연방형사소송규칙 제41조(b)(5)[31]를 신설하여 발생한 사건을 관할하는 지역의 판사가 다른 주나 관할권 밖에 있는 물건에 대해 영장을 발부할 수 있다는 규정을 추가하였다.[32]

---

29 우리 대법원은 이런 논리를 배격하기 위해 역외 수색과 압수를 한 것이 아니라 국내 수색 장소로 데이터를 내려받아 국내의 정보처리장치를 수색하고 그 장치에 존재하는 데이터를 압수한 것이라고 보았다.

30 United States v. Ramirez, 112 F.3d 849, 852(7Cir. 1997)

31 a magistrate judge having authority in any district where activities related to the crime may have occurred, or in the District of Columbia, may issue a warrant for property that is located outside the jurisdiction of any state or district

32 박종근, "디지털 증거 압수수색과 법제," 형사법의 신동향, 통권 제18호, 2009, 39면

2. 독일

2008년 1월 1일 이후 형사소송법 제110조 3항[33]에서 공간적으로 떨어져 있고, 외부에 있는 저장매체에 대해 원격지 압수수색을 허용하되, 조사 대상 기기에서 접근할 수 있고, 즉시 집행하지 않으면 증거가치 있는 데이터가 손실될 위험이 있는 경우로 제한하고 있다.[34]

3. 일본

현행법하에서 데이터를 강제처분의 대상으로 보는 입장에 의하면 영장 집행 대상물이 아닌 다른 기록매체에 접속하고 그 내용을 인식하는 것은 허용되지 않는다고 보아왔다.[35] 그러나 찬반의 논란도 많이 있어서 일본은 형사소송법 개정안 제99조 제2항[36]과 제107조 제2항[37]에 원격 조작에 의한 데이터의 검색 및 보전 방법을 규정함으로써 입법적으로 해결을 시도하고 있다. 이는 현재

---

33 German Code of Criminal Procedure section 110 (3) (3) The examination of an electronic storage medium on the premises of the person affected by the search may be extended to also cover physically separate storage media insofar as they are accessible from the storage medium if there is a concern that the data sought would otherwise be lost. Data which may be of significance for the investigation may be secured; section 98 (2) shall apply accordingly.

34 김기범·이관희·장윤식·이상진, "정정보영장 제도 도입방안 연구," 경찰학연구, 11(3), 2011, 96면.

35 전승수, "형사절차상 디지털 증거의 압수수색 및 증거능력에 관한 연구," 서울대학교 박사학위 논문, 2011, 187면.

36 Japanese Code of Criminal Procedure Article 99 (2) If the article to be seized is a computer, and with regard to a recording medium connected via telecommunication lines to such computer, it may be reasonably supposed that such recording medium was used to retain electronic or magnetic records which have been made or altered using such computer, or electronic or magnetic records which can be altered or erased using such computer, the computer or other recording medium may be seized after such electronic or magnetic records have been copied onto such computer or other recording medium.

37 Japanese Code of Criminal Procedure of Japan Article 107 (2) When making the ruling provided for in Article 99, paragraph (2), in addition to the particulars prescribed in the preceding paragraph, the seizure warrants set forth in the preceding paragraph must contain the range of recording medium to which the electronic or magnetic records are to be copied and which is connected via telecommunication lines to the computer to be seized.

대부분의 컴퓨터가 네트워크로 연결되어 있고, 그 데이터를 네트워크상에 있는 시스템 등에 저장하는 경우가 빈번한 현실을 반영한 것으로 볼 수 있다.[38]

4. 검토

독일과 일본의 경우 원격 접속에 의한 압수수색에 관하여는 명문의 규정을 두고 있으나 이러한 규정이 영토를 달리하는 역외 압수수색에까지 적용되는지는 명확하지 않다.

제5절 역외 압수수색의 가능성

1. 데이터에 대한 인식

우리가 사물을 본다는 것은 물체에 빛이 반사되어 눈으로 이동하고 망막의 광수용기가 빛을 전기 임펄스로 변환하고 전기 임펄스가 시신경을 통해 뇌로 전달되면 뇌가 신호를 처리하여 이미지를 생성하는 것이다. 멀러 떨어져 있는 상황에서 통신을 하는 원리도 결국 신호를 받아 물리적으로 보관하는 것이 아니라 원격지에 있는 신호를 인식하고 이를 수신자가 부호화하고 저장하는 방식이다.

'종이'와 '종이에 적힌 글귀가 의미하는 바'를 구분할 수 있다면 우리가 받아들이는 데이터라는 것이 기본적으로 주어진 신호의 의미를 이해하고 해석하고자 하는 의식적인 주관 없이는 정의할 수 없는 어떤 것[39]이라는 사실은 명백해 보인다. 따라서 네트워크에서 받아들이는 데이터는 유형적인 재화와 달리

38 전승수, "형사절차상 디지털 증거의 압수수색 및 증거능력에 관한 연구," 서울대학교 박사학위 논문, 2011, 190면.

39 홍경자, "정보개념과 정보해석학의 근대적 기원," 해석학연구, 10(13), 2004, 31면.

인간의 정신적인 측면과 직결되어 있으며[40] 존재가 아닌 인식의 바탕이 된다.

시각적으로 물건을 바라보는 것은 사물의 형상을 우리의 눈을 통해 인식하는 것일 뿐 그 사물이 우리의 눈으로 이동하는 것이 아니며 데이터를 읽어오는 것 또한 네트워크를 통해 상대 측에 있는 신호를 수신자가 그대로 해석하여 인식하는 것일 뿐이다. 역외 압수수색의 문제는 수사기관이 위치하는 영토에서 상대 측의 신호를 인식하는 행위일 뿐이기 때문에 계정에 대한 접근 권한을 정당하게 획득하는 한 역외 압수수색이 영토권의 문제를 야기하지는 않는다. 이는 정보가 존재하는 것이 아니라 인식하는 것이라는 점으로부터 출발하는 해석이다.[41]

2. 사이버공간에서 접속의 의미

원격 접속에 의한 압수수색의 문제는 수사기관이 정보주체의 계정에 직접 접근하는 행위뿐만 아니라 해외 서버를 운영하고 있는 국내 서비스 업체를 상대로 한 압수·수색영장의 집행에서도 발생한다. 수사기관은 국내에 본점을 둔 업체가 데이터를 국외에 보관하고 있는가는 상관없이 현재까지 이메일과 금융자료를 압수·수색영장을 통해 제공받아 왔고 이러한 영장의 집행에서 역외 압수수색으로 인한 타국의 사법관할권을 침해했다는 주장은 없었다.

사이버공간은 영토, 시민, 국가로 구성되는 국가의 개념을 넘어선 새로운 공간이다. 비록, 데이터를 저장한 장치들은 물리적으로 타국에 위치하는 경우가 있지만, 세계 어디에 있던지 인터넷에 연결되어 있다면 세계 각지에서 저장해 둔 기록을 열람하고 전달하고 수정하고 있다. 사이버공간에서는 기록물을 넘겨받는 것이 아니라 통신매체를 통해 기록물의 내용을 인식하는 것이며 이런 방법은 당초에 영토의 개념을 넘어서는 것이다. 그럼에도 불구하고 압수수색에서 사이버공간을 간혹 영토의 개념으로 해석하여 문제점을 논하는 경우가 종종 등장한다.

40 정진명, "사권의 대상으로서 정보의 개념과 정보 관련 권리," 비교사법, 7(2), 2000, 299면.
41 이관희·이상진, "정보 속성의 이해와 디지털매체 압수수색에 대한 인식개선," 형사정책연구, 30(3), 2019, 44면.

국내외 판례들은 사이버공간의 압수수색을 영토의 문제로 접근하였지만 네트워크 환경에서 데이터의 취득은 물리적인 것이 아니라 논리적인 것이기 때문에 영토를 침해하는 경우는 발생하지 않는다. 다만, 이러한 환경에서 영장을 집행하는 경우, 유체물을 중심으로 마련된 관련 법규정이 적용되지 않을 가능성이 있기 때문에 수사기관의 위법한 압수수색을 방지할 보완조치의 마련이 필요하다.

한 국가가 사람, 물건, 사건 등에 대해 행사할 수 있는 권한의 총체를 국가관할권(state jurisdiction)이라고 한다. 국가가 입법부의 행위, 행정부의 명령과 규칙 혹은 재판소의 선례 등을 통하여 법규범을 선언하는 힘인 입법관할권과 제정된 법규를 행정적 또는 사법적 행동을 통하여 실제 사건에 적용하는 집행관할권으로 구분할 수 있다. 국가는 자국 영토 내에서 물리적으로 발생하는 행위를 규율하기 위한 국내 법규를 제정할 수 있는 역내 관할권을 가지며 자신이 제정한 법규를 자국 영토 내에서 집행할 수 있다.[42]

전통적인 국제법상 성립하고 인정되었던 주권, 관할권의 전제가 되는 지역, 사람, 행위 간의 관계가 사이버공간에는 잘 들어맞지 않는다. 사이버공간상 거래는 개방되어 있는 모든 국가의 관할권 내에서 동시에, 균일하게 이루어지며, 어느 특정한 국가에서 그러한 데이터의 흐름을 규제하고자 한다면 다른 국가의 관할권 내에서 부작용을 야기할 것이다.[43]

인터넷 서비스가 국제화됨에 따라 국경을 초월한 인터넷 서비스에 대한 데이터 취득의 필요성이 커지고 있으나 국가 간 사법관할로 인하여 신속한 집행에 한계가 있고 데이터 제공자가 자발적으로 데이터를 제공하지 않으면 외국 서버에 있는 데이터를 우리나라 사법권이 미치는 영역으로 가져올 수 없다거나 네트워크 접속을 통해 사건과 관련된 데이터를 확인하여 이를 "우리 사법관할권이 미치는 영역으로 다운로드 하는 방법으로 가져오는 압수수색"이라는 표현을 사용[44]하기도 한다. 결국 네트워크를 통한 원격 압수수색은 영장의 장소적 범위를 벗어난 것으로 위법하다거나[45] 법집행기관이 자국 국경 외의 데이

42 김대순, "국가관할권 개념에 관한 소고," 법학연구, 제5권, 1995, 206-208면.
43 장신, "사이버공간과 국제재판관할권," 법학연구, 48(1), 2007, 431면.
44 정대용·김기범·권헌영·이상진, "디지털 증거의 역외 압수수색에 관한 쟁점과 입법론 – 계정 접속을 통한 해외서버의 원격 압수수색을 중심으로 –," 법조, 65(9), 2016, 142면.

터를 검색하는 행위는 국제관습법에 위반된다는 의견[46]으로 귀결된다. 외국 서버에 접속하여 데이터를 열람하는 행위가 국경을 초월한 것이며 영토를 넘어 '어떠한 물건을 가져오는' 등의 사법권 적용의 문제로 귀결시키는 것이 당연한 해석인지 의문이다.

구글이나 트위터를 검색하는 행위, 인공위성으로 타국의 영토를 촬영하는 행위, 국경을 넘어 타국을 망원경으로 관찰하는 행위, 국경을 사이에 두고 대화를 나누는 것, 국제전화를 걸어 통화 내용을 녹음하는 행위를 두고 영토주권을 침해하는 것이라고 해석하지 않는다면 법집행기관이 OSINT(Open Source Intelligence)를 위해 구글 등 서비스를 이용하여 데이터를 검색하는 행위는 구글의 서버가 있는 타국의 사법관할권을 침해한다고 해석하기 어려우며 대상자의 계정에 접근하기 위해 압수·수색영장을 발부받는 것을 제외하면 타국에 서버를 둔 대상자 계정에 접근하는 행위를 두고 당연히 영토주권을 침해했다고 전제하는 것은 성급한 해석이다.

오랜 기간 수사기관은 금융계좌추적용 압수·수색영장을 발부받아 금융기관 본점에서 무수히 많은 금융자료를 제공받아 왔으며 국내에 사업자를 둔 이메일 서비스 회사에 대해 이메일 내용을 압수수색해 왔다. 만약 이러한 방식의 데이터 접근이 영토주권을 침해하는 행위라고 해석한다면 금융기관 또는 이메일 서비스 회사가 국외 서버에 해당 자료들을 보관하고 있었고 이를 수사기관에 제공해 온 행위들은 사법관할권이 미치지 않는 타국에 대한 영장의 집행이 된다는 논리로 귀결된다.

3. 데이터에 대한 논리적 압수수색

사이버공간에서 접속을 통한 데이터 열람 행위는 물리적인 데이터를 가져오는 것이 아니라 통신선로를 통해 전달된 신호를 해석하여 국내에 있는 단말

45 전승수, "형사절차상 디지털 증거의 압수수색 및 증거능력에 관한 연구," 서울대학교 법학박사학위논문, 2011, 197-198면.

46 Bellia, Patricia L, "Chasing bits across borders", University of Chicago Legal Forum, 2001, pp100.

기가 이를 인식하고 해석한다는 개념보다는 해외의 서버에 접근한 것이기 때문에 영토주권을 침범할 수 있다는 사고가 선행[47]되는 등 데이터 인식에 대한 이해 부족으로 강제처분제도에서 많은 후속 쟁점이 발생하였다.

수색과 압수를 공간에 대한 탐색 또는 유체물에 대한 점유의 배제로 보는 관점에서는 데이터가 압수의 대상이 될 수 없다는 견해로 이어질 수 있으며 데이터에 대해서는 '수색과 압수'라는 개념을 사용하는 것이 적합하지 않게 된다. 그러나 수색을 프라이버시에 대한 기대를 침해하는 것, 압수[48]를 수사기관이 강제력을 동원하여 데이터를 형사재판에서 증거를 사용할 수 있도록 취득하는 것이라고 개념 정의를 하면, 데이터가 저장된 매체에 대한 수색과 데이터에 대한 논리적 압수가 가능해진다.

'데이터' 자체는 압수의 직접적 대상인 압수물이 될 수 없다. 수색과 압수의 현장에서 어떠한 자료 또는 현상의 가치 부여자는 수사기관이 될 것이며 수사기관이 부여하는 가치는 증거로서의 가치이다. 데이터 자체를 압수하는 것이 아니라 증거가치가 있다고 인정되는 것을 정보화 또는 코딩, 즉 해당 인식에 필요한 데이터의 보존(압수의 확장)조치를 통하여 법정에 제시함으로써 법원이 이를 인식할 수 있는 상태로 취득 또는 채록하게 될 뿐이며[49] 이러한 압수의 방법을 논리적 압수라고 할 수 있다. 논리적 압수수색에서는 데이터가 이전되는 것이 아니라 데이터를 인식하는 것일 뿐이므로 국경을 넘는 것이 아니다. 따라서 피대상자가 데이터를 사용하는 방법에 상응한 방법에 따라 수사기관이 동일한 데이터를 열람, 지득할 수 있다면 이러한 영장 집행의 방법은 허용되어야 한다.

데이터 압수수색에 대해 법관의 심사를 받는다는 것은 피대상자가 계정에 관한 접근 권한을 독점함으로써 그 계정 내에 있는 데이터에 대한 저장,

---

47 정대용·김기범·권헌영·이상진, "디지털 증거의 역외 압수수색에 관한 쟁점과 입법론 – 계정 접속을 통한 해외서버의 원격 압수수색을 중심으로 –," 법조, 65(9), 2016, 142면.

48 유체물의 점유이전은 압수의 본래적 효과가 아니라 증거로 확보했기 때문에 부수적으로 점유가 배제될 뿐이다. 데이터가 압수의 대상이 된다는 것은 유체물처럼 배타적으로 점유를 이전하는 개념을 선행조건으로 인정한 것이 아니라 '데이터에 대한 사진 촬영, 출력, 복제 등의 방법을 통해서 증거로 활용하는 행위'를 압수의 개념으로 전제한 것이다.

49 이관희·이상진, "정보 속성의 이해와 디지털매체 압수수색에 대한 인식개선," 형사정책연구, 30(3), 2019, 44면.

수정, 열람, 관리의 권한을 배타적으로 향유하는 것을 침해하여 그 데이터를 열람, 지득하겠다는 것의 정당성을 확보하는 것일 뿐이고 물리적으로 이동이 전제되지 않은 데이터를 논함에 있어 물리적인 위치와 장소를 전제로 할 필요는 없다.

4. 소결

인터넷이 이전의 전보와 전화 같은 통신 네트워크와 다른 점은 서킷 스위치 대신 패킷 스위치 방식이라는 점이다. 인터넷 환경에서 통신의 양 끝단에서 데이터를 처리하여 음성이나 화상으로 변환하는 원리는 전화 통신과 크게 다르지 않다. 수사기관이 타국에 있는 상대방과 국제전화를 통해 통화를 하고 그 진술의 내용을 청취하거나 이를 녹음했다고 하여 수사기관이 타국의 영토주권을 침해했다고 판단하지는 않는다. 이와 같은 이치로 네트워크를 통해 원격에 있는 데이터의 열람 행위를 두고 원격에 있는 서버에 대한 접근을 통해 영토주권을 침해했다고 평가할 수는 없다.

디지털 네트워크의 등장 이후 공간은 물질적인 것이 존재하는 장소라는 생각이 변하기 시작했다. 보이는 것이 존재하는 장소 외에 또 다른 장소가 실재하고 그 장소 역시 현실 공간의 일부가 된다. 데이터는 상품과 같은 물질이 아니고 결코 소멸되지 않으며 네트워크를 타고 계속 흐른다. 도처에 존재하며 시간을 거슬러 존재하고 시간과 상관없이 존재하며[50] 우리는 이를 지각하고 인식할 뿐이다.

50 김홍열, 『디지털 시대의 공간과 권력(가상공간의 탄생과 권력관계 변화에 대한 정보사회학적 연구)』, 한울아카데미, 2013, 128면.

제6절 데이터에 대한 관리처분의 방법

1. 물건에 대한 지배 방법

민법 제98조는 유체물 및 전기 기타 관리할 수 있는 자연력을 물건으로 규정하고 있다. 유체물이란 공간의 일부를 차지하고 사람의 오감에 의하여 지각할 수 있는 형태를 가진 물질을 말한다. 반면에 전기, 열, 빛 등 일정한 형체가 없는 것을 무체물이라고 하며 무체물이라 할지라도 관리할 수 있는 자연력은 물건에 포함된다. 여기서 관리할 수 있다는 의미는 배타적인 지배가 가능하다는 것을 뜻한다.

디지털 데이터가 물건에 포함될 수 있는지에 대하여 여러 견해가 있으나 이미 데이터에 대해서는 이를 정보저장매체의 압수라는 방법으로 취득하거나 복제, 출력 등의 방법으로 제공받고 있기 때문에 이를 수사기관에서 취득할 수 있는지를 규명하기 위한 논의의 실익은 크지 않다. 형사절차상 해결해야 할 문제는 디지털 증거의 취득 필요성보다는 무체물인 데이터의 특성에 따라 이를 배타적으로 지배할 수 있는 방법에 대해 논의하고 유체물에 대한 집행과 관리에 초점이 맞추어진 강제처분 절차의 하자를 치유하는 것이 더 큰 의의가 있다.

재산에 관한 법적 지위로서 재산권은 재산을 취득, 사용, 수익, 처분할 수 있는 배타적인 법적 지위를 말한다. 이 가운데 재산을 사용 또는 수익할 수 있는 법적 지위를 '사적 유용성'이라고 하고 이를 처분할 수 있는 법적 지위를 '처분권'이라고 구분하기도 한다. 결국 재산에 대한 법적 지위의 핵심 요소는 개인적 지위에서 이를 이용하는 성질과 그 이용에 타인의 사용을 배제할 수 있는 성질을 말한다.[51] 프라이버시 또는 재산권의 내용이 될 수 있는 데이터를 개인이 어떠한 방법으로 관리, 독점할 수 있는지에 대한 고민이 선행되어야 한다.

---

51 이준일, "재산권에 관한 법이론적 이해," 공법학연구 7(2), 2006, 224-225면.

2. 데이터에 대한 배타적 관리처분 방법

물건에 대한 수사상 압수의 형태는 압류와 영치가 있고 법원의 압수 형태로 제출명령이 있다. 압류는 물리적 강제력을 사용하여 유체물의 점유를 점유자 또는 소유자의 의사에 반하여 이전하는 것이며, 영치는 유류물이나 임의제출물의 경우와 같이 점유의 이전에 피처분자의 의사에 반하지 않는 경우이고, 제출명령은 일정한 물건의 제출을 명하는 처분을 말한다.[52] 압류, 영치, 제출명령은 강제력의 수반 여부만이 다를 뿐 이들의 공통점은 점유가 이전된다는 점이다.

물건의 경우 이를 배타적으로 소유하고 제3자의 간섭을 배제하고 관리하고 통제[53]하는 방법으로써 점유라는 방법을 사용하기 때문에 물건에 대한 관리권을 박탈하는 처분에는 점유의 이전을 포함할 수밖에 없다. 그러나 디지털 데이터는 배타적으로 관리하는 방법이 다르다.

물건의 점유는 장소적으로 이전하거나 타인에게 보관을 요청하는 등의 방법을 사용하지만, 디지털 데이터는 인증의 방법을 사용하여 접근을 제어하거나 관련 계정에 대한 인증정보만을 타인에게 고지함으로써 데이터를 상호 공유할 수 있다. 또한 사용하는 디지털 기기가 네트워크에 연결되어 있으면 디지털 데이터의 소재와 인증 매체의 소재가 동일할 필요도 없다.

디지털 데이터가 압수의 대상이라고 선언하면 압수의 종류로써 압류, 영치, 제출명령이 의도한 효과를 거둘 방법을 모색해야 하고 이를 모색하기 위해서는 피압수자가 디지털 데이터를 관리처분하는 방법을 고려하고 이에 대응하는 데이터의 취득 방법이 마련되어야만 한다.

3. 역외 압수수색에 관리처분권의 적용

가. 영장의 집행 방법으로 데이터 접근권의 인정

디지털 데이터를 물건에[54] 포함시킬 수 있느냐에 대해 긍정설[55, 56]과 부

52 신동운, 『간추린 신형사소송법』, 법문사, 2007, 74면.
53 박진아, "사이버 물권 시론," 원광법학, 27(2), 2011, 165면.

정설[57] 등 견해의 대립이 있으나 이미 데이터에 대해서는 이를 정보저장매체의 압수라는 방법으로 취득하거나 복제, 출력 등의 방법으로 제공받고 있기 때문에 이를 수사기관에서 취득할 수 있는지를 규명하기 위한 논의의 실익은 크지 않다는 것은 앞서 살펴본 바와 같다.

형사절차상 해결해야 할 문제는 디지털 데이터에 대한 취득 필요성보다는 무체물인 데이터의 특성에 따라 이를 배타적으로 지배할 수 있는 방법에 대해 논의하고 유체물에 대한 집행과 관리에 초점이 맞추어진 강제처분 절차의 하자를 치유하는 데 더 큰 의의가 있다고 하는 점 또한 앞서 살펴보았다. 이로써 디지털 데이터에 대한 배타적 지배 방법으로써 관리처분권이 인정되어야 한다는 점을 주장하였다. 여기서는 영장을 집행하는 과정에서 피대상자의 관리처분권을 배제할 수 있는 개념으로 데이터 접근권을 주장하고자 한다.

디지털 데이터가 물건과 다른 가장 큰 특징은 그 관리자 입장에서 데이터를 배타적으로 관리하는 방법으로 데이터 저장매체의 존재를 관리하는 방법도 있으나 그 내부의 데이터 자체에 대해 암호화 조치를 실행하는 등 보안장치로 관리하는 논리적인 방법도 있다는 점, 쉽게 복제하거나 네트워크를 통해 전송이 가능하기 때문에 데이터의 복제나 전송이 배타적으로 이를 이전하는 것

---

54 민법 제98조는 유체물 및 전기 기타 관리할 수 있는 자연력을 물건으로 규정하고 있으며 유체물이란 공간의 일부를 차지하고 사람의 오감에 의하여 지각할 수 있는 형태를 가진 물질을 말한다. 반면에 전기, 열, 빛 등은 일정한 형체가 없는 것을 무체물이라고 하며 무체물이라 할지라도 관리할 수 있는 자연력은 물건에 포함된다. 여기서 관리할 수 있다는 의미는 배타적인 지배가 가능하다는 것을 뜻한다.

55 조석영, "디지털 정보의 수사방법과 규제원칙," 형사정책, 제22권, 제1호, 2010, 80면에서 "데이터는 어떠한 무체물보다 배타적 관리가 가능하기 때문에 무체물이라는 이유로 물건의 범주에서 배제할 근거가 없다고 주장하면서 형사소송법 제106조의 증거물에 데이터를 포함시켜야 한다."고 주장하는 데 데이터 자체는 논리적인 값에 불과하므로 데이터가 저장매체를 통해 관리할 수 있는 무체증거에는 포함될 수 있으나 전기나 열과 같은 자연력에 해당한다고 보기에는 어렵다.

56 노승권, "컴퓨터 데이터 압수·수색에 관한 문제," 검찰, 통권 제111호, 2000, 280면; 김기준, "전자우편에 대한 증거수집과 관련된 문제점," 해외연수검사연구논문집Ⅱ, 2001, 169면; 김형성·김학신, "Computer Forensics의 법적 문제 연구," 성균관법학, 18(3), 2006, 109면.

57 탁희성, "전자증거의 압수·수색에 관한 일고찰," 형사정책연구, 15(1), 2004, 32면; 박수희, "전자증거의 수집과 강제수사," 한국공안행정학회보, 16(4), 2007, 138면; 강동욱, "컴퓨터 관련범죄의 수사에 있어서의 문제점에 대한 고찰," 현대형사법론, 죽헌 박양빈 교수 화갑기념논문집, 1996, 707면; 박종근, "디지털 증거 압수수색과 법제," 형사법의 신동향, 통권 제18호, 2009, 35면.

은 아니라는 점이다. 또한 저장매체 내 또는 네트워크에 연결된 서버의 저장 크기에 따라 특정한 공간의 개념이 없어 저장매체 안에서 새로운 수색 범위의 문제가 발생할 수 있다는 점도 유체물에 대한 압수와 다른 것으로 볼 수 있다.

디지털 데이터에 대해서는 그 관리 방법이 논리적인 측면을 포함하기 때문에 그 취득을 위해서는 유체물에 대한 압수와는 다른 방법을 필요로 하게 된다. 네트워크를 통해 데이터를 원격에서 제공받는 방법 등 정보주체가 데이터를 지배하는 방식과 동일한 방법으로 압수·수색영장을 집행할 수 있도록 허용되어야 한다. 다만, 이러한 방법이 가져올 수 있는 남용의 문제는 데이터 접근 방법에 대한 사전 심사, 데이터 접근 과정에 대한 로그의 생성과 사후 통제 등 별도의 방법으로 규제해야 한다.

나. 국외 서버에 대한 압수·수색영장 집행의 가능성

1) 현황과 문제점

네트워크 발달로 국경을 초월한 영장 집행의 필요성이 증가하고 있지만, 국가 간 사법관할로 인하여 집행에 많은 제약이 있다. 데이터 제공자가 자발적으로 데이터를 제공하지 않는 이상 외국 서버에 있는 데이터를 우리나라 사법권이 미치는 영역으로 가져올 수 없다면 압수수색은 불가능하다고[58] 주장하기도 한다. 이러한 해석은 디지털 데이터를 보관하고 있는 저장매체가 국외에 위치하고 있으며 이러한 매체 자체가 압수 또는 수색의 직접적인 대상이라고 해석하기 때문에 발생하는 문제이다.

그러나 이러한 현상을 그대로 방관할 수는 없다. 네트워크 환경으로 인해 범죄자은 새로운 범죄 도구를 창출하고 이용하여 국경을 초월한 범죄행위를 일삼는 반면 수사기관이 같은 수준의 대응력을 갖출 수 없다면 인터넷이라는 환경으로 인한 피해는 고스란히 국민에게 돌아가게 될 것이다. 또한 어떤 국가는 타국에 대한 접속을 허용하는 반면 다른 한 국가는 이를 불허한다면 엄격한 법규를 보유하고 엄격한 해석을 하는 국가는 늘 피해국이 될 수밖에

58 이숙연, “형사소송에서의 디지털 증거의 취급과 증거능력”, 박사학위논문, 고려대학교, 2010, 36면.

없게 된다.

이러한 예로 미국의 'Gorshkov' 사건을 들 수 있다. 미국 FBI는 러시아 해커가 미국의 2개 은행을 해킹하여 금융정보를 탈취한 사건(일명 Gorshkov 사건)을 수사하면서 러시아 해커에게 고용을 제안하여 미국으로 유인한 뒤, 키로거 프로그램이 설치되어 있는 노트북을 주면서 면접의 일환으로 실제 해킹했었던 은행 사이트를 해킹하도록 제안하였다. 해커는 러시아에 있는 서버에 접근해서 해킹 툴을 다운 받아 해킹하였고, FBI는 키로거를 이용하여 아이디와 패스워드를 확보한 뒤, 러시아 서버에 접근하여 해킹툴을 비롯한 데이터를 다운받아 증거로 사용하였다. 이에 대해 법원은 미국 수정헌법 제4조에 어긋나지 않는 정당한 수사 행위라고 판결하였다.[59]

그 이유에 대해 a) 수정헌법 4조는 미국인이 아닌 자에 대한 역외 수색을 포함하지 않고, 비영주자의 소유물로 미국 영토 밖에 존재하기 때문에 복사 부분이 미국 안으로 들어올 때까지 이것은 국외에 있는 것으로서 수정헌법 4조가 적용되지 않는다. b) 수정헌법 4조가 적용되더라도, 수정헌법이 요구하는 영장 예외의 긴급한 사유에 해당하여 즉시 복제하지 않으면 증거가 파괴되거나 확보에 실패할 것이라는 주장에 충분한 이유가 있다. c) 러시아 법률에 위반되지 않으며 위반된다 하더라도 미국 내에서의 형사소송 절차에 영향을 주지 않는다고 설시했다.[60]

2) 정보주체의 데이터에 대한 관리처분권을 근거로 한 접근

네트워크로 연결되어 있는 곳에서 원격 접속 방식으로 데이터를 관리하는 사용자는 접근 권한을 부여받아 이에 대해 인증하는 방식으로 해당 계정을 이용한다. 서버를 운영하는 자는 계정 사용자들과의 계약 등을 통해 정당한 접근 방법을 사용한 계정의 사용을 배타적으로 허용하며 심지어 패스워드조차 암호화하여 저장함으로써 이를 초기화하지 않는 이상 서버의 관리자조차 사용자의 인증 수단을 알기 어렵다.

사용자에게 서버의 일부에 디지털 데이터를 저장하도록 허용하고 이를

59 United State v. Gorshkov 2001 WL 1024026 *1 (W.D.W.A May 23, 2001).
60 Jihyun Park, "International trend against cybercrime and controversy over the F.B.I.'s practice of Extra-territorial Seizure of Digital Evidence," 국제법학회논총, 49(3), 2004, 226-234면.

관리할 수 있게 해주는 유일한 방법은 인증 시스템의 사용이며, 수사기관이 해당 계정에 접근하기 위한 인증 방법을 사용자로부터 확보할 수 없을 때에는 기술적인 수단을 포함한 다른 방식으로 인증에 필요한 코드를 확보하여 디지털 데이터가 보관된 계정에 접근하는 것은 허용될 수 있어야 한다. 그러나 사용자에게 인정된 인증 방법을 벗어나 해킹과 같이 서버를 제공한 통신망에 대한 또 다른 침입으로 간주될 방법을 사용하는 것은 서버 또는 통신망 관리자의 권익도 침해하기 때문에 이에 대한 허용성 여부는 신중히 검토하여야 한다.

관리처분권 개념을 도입하여 국외 서버에 대한 접근의 정당성을 즉시 확보하고자 하는 취지는 아니다. 데이터에 대한 접근을 위해 논리적인 인증 시스템을 통하게 되지만 물리적으로 정보통신망이라는 인프라를 통해서만 이루어지는 것이 현실이기 때문이다. 다만 관리처분권 개념은 국제형사사법 공조체제를 갖출 때 데이터 접근에 대한 이론적 정당성을 제공해 줄 수는 있을 것이다.

유럽평의회 사이버범죄협약은 타국에 저장된 컴퓨터 데이터에 대한 보존명령 요청 제도를 마련함과 동시에 당사자의 동의가 있는 경우에는 국경을 초월하여 접속할 수 있다는 규정을 둠으로써 국외 서버에 대한 접근의 초석을 마련해 두었다.

유럽평의회 사이버범죄협약 제29조에서 당사국은 다른 당사국에 저장된 컴퓨터 데이터에 대하여 '긴급보존명령'을 요청할 수 있음을 규정하고 있다. 중요 데이터가 다른 나라에 존재하고 있음을 파악하게 된 경우, 상당한 시일이 소요되는 기존의 형사사법공조시스템으로는 증거의 변경이나 멸실의 위험이 커 데이터의 확보가 곤란할 수 있다. 따라서 다른 나라에 수사가 진행될 때까지 긴급보존명령을 국제형사사법공조의 방식으로 요청할 수 있도록 규정한 것이다.

동 조약 32조에서는 당사자의 동의를 얻었거나 공중에 공개된 데이터에 관련해서는 당사국의 동의 없이도 국경을 초월하여 그 데이터에 접속할 수 있음을 규정하고 있다.[61] 이는 당사자의 동의에 준하는 법적 권한을 취득한다면 당사자가 관리처분권의 범위 내에서 취득, 이용할 수 있는 디지털 데이터에 대

61 이창수, "초국가적 사이버범죄에 대한 국제공조 활성화방안과 그 선결과제," 형사법의 신동향, 통권 제21호, 2009, 116면.

한 수색 및 압수가 가능하다고 해석할 여지를 제공하고 있다.

제7절 역외 압수수색의 보완 조건

1. 네트워크 환경에서 현행 영장 집행 규정의 부정합성

유체물에 대한 영장 집행을 전제로 한 현행 형사소송법의 규정들은 네트워크 환경에서의 영장 집행에 그대로 적용할 수 없는 경우가 있다.

형사소송법 제114조 제1항은[62] 수색할 장소를 영장에 기재하도록 하고 있으나 클라우드와 분산 처리 기술이 발전하면서 데이터가 보관되어 있는 서버의 물리적 위치를 특정할 수 없는 경우가 많기 때문에 데이터에 대한 수색의 장소는 물리적 서버의 위치가 아니라 수색의 대상이 되는 서비스 또는 계정이 되어야만 한다. 이러한 상황에서는 형사소송법 제118조[63]에 따라 영장의 처분을 받는 자에게 영장을 제시할 수도 없으며, 제123조[64]에 따라 책임자를 참여하게 할 수도 없고, 제128조[65]와 제129조[66]에 따라 증명서나 압수목록을 교부할 수도

62 제114조(영장의 방식) ① 압수·수색영장에는 피고인의 성명, 죄명, 압수할 물건, 수색할 장소, 신체, 물건, 발부년월일, 유효기간과 그 기간을 경과하면 집행에 착수하지 못하며 영장을 반환하여야 한다는 취지 기타 대법원규칙으로 정한 사항을 기재하고 재판장 또는 수명법관이 서명날인하여야 한다. 다만, 압수·수색할 물건이 전기통신에 관한 것인 경우에는 작성기간을 기재하여야 한다.

63 제118조(영장의 제시) 압수·수색영장은 처분을 받는 자에게 반드시 제시하여야 한다.

64 제123조(영장의 집행과 책임자의 참여) ① 공무소, 군사용의 항공기 또는 선차 내에서 압수·수색영장을 집행함에는 그 책임자에게 참여할 것을 통지하여야 한다.
② 전항에 규정한 이외의 타인의 주거, 간수자 있는 가옥, 건조물, 항공기 또는 선차 내에서 압수·수색영장을 집행함에는 주거주, 간수자 또는 이에 준하는 자를 참여하게 하여야 한다.
③ 전항의 자를 참여하게 하지 못할 때에는 인거인 또는 지방공공단체의 직원을 참여하게 하여야 한다.

65 제128조(증명서의 교부) 수색한 경우에 증거물 또는 몰취할 물건이 없는 때에는 그 취지의 증명서를 교부하여야 한다.

66 제129조(압수목록의 교부) 압수한 경우에는 목록을 작성하여 소유자, 소지자, 보관자 기타 이에 준할 자에게 교부하여야 한다.

없다. 또한 얼마 동안 영장을 집행할 수 있는지에 대한 기준도 존재하지 않으며, 이러한 방식의 집행을 통해 취득한 증거가 증거능력을 인정받기 위해 갖추어야 할 진정성, 동일성, 무결성, 신뢰성 등의 요건을 증명할 방법도 없다.

네트워크 환경에서 현행 영장 집행 규정의 부정합성은 주로 수사기관의 기본권 침해 행위를 제어하고 감독할 방법이 없는 문제점으로 귀결된다.

가. 영장의 제시

압수·수색영장은 처분을 받는 자에게 반드시 제시하여야 한다(형사소송법 제118조). 이 규정은 물리적 장소에 임장하여 영장을 집행하는 것을 전제로 한 규정이다.

그러나 클라우드에 있는 데이터는 유선 또는 무선으로 연결된 네트워크를 통해 전송, 조회, 검색이 가능하기 때문에 물리적 장소를 초월하여 존재한다.[67] 이러한 경우 원격에서 해당 데이터를 취득하는 것이 가능하며, 수사기관도 같은 방법으로 데이터를 취득할 필요가 있다.

이에 대해 네트워크로 연결되어 있어도 서버라고 하는 물리적 공간에 대한 압수수색이 가능하다는 반론이 제기될 수 있으나, 수사기관의 영장 신청 단계에서 IP를 통해 어느 기관이나 단체에 할당되었는지 알 수 있을 뿐 구체적인 위치나 존재 형태 등을 확인할 수 없어 영장 신청 자체가 어려울 수 있으며, 네트워크로 서버를 관리하는 범행의 경우 서버에 대한 압수수색 과정에서 범인의 증거인멸이나 도주 우려에 대해 고려하지 않을 수 없다.[68]

이러한 필요에 따라 원격 접속에 의한 압수수색이 가능하다고 하더라도 해당 규정은 디지털 데이터의 운영에 대한 특성인 네트워크성에 적합하지 않게 된다.

디지털 증거에 대한 압수수색에 있어 제3자가 관리, 보관하고 있는 데이터는 제출 요구 방식에 의하는 경우가 많다. 예를 들어 금융계좌에 대한 조회,

67 노명선, "사이버 범죄의 증거확보에 관한 몇 가지 입법적 제언," 성균관 법학, 19(2), 2007, 352면.

68 김기범·이관희·장윤식·이상진, "정보영장 제도 도입방안 연구," 경찰학연구, 11(3), 2011, 88–89면.

이메일에 대한 압수, 배송정보에 대한 조회 등 기업이 보유한 데이터를 요구할 때 압수·수색영장에 의할 경우 팩스 등의 통신매체를 통해 영장을 제시하는 경우가 많다. 이때, 과연 영장의 원본을 제시해야 하는지가 문제될 수 있다. 집행 구조상 사실조회를 제공받는 것과 같이 수색 장소에 대한 물리적 수색 없이 해당 데이터만을 제공받는 취지를 고려할 때, 수색 없이 디지털 데이터만을 제공받을 목적인 경우에는 압수·수색영장의 제시 방법을 현실에 맞게 개정할 필요가 있다.

나. 영장 집행 시 주거주 등의 참여

형사소송법 제123조는 수색 장소의 주거주, 간수자 또는 이에 준하는 자가 영장 집행에 참여하고 이들을 참여하게 할 수 없을 때에는 인거인 또는 지방공공단체의 직원을 참여하게 하여야 한다고 규정하고 있다.

이 규정이 디지털 데이터에 대한 영장 집행의 경우에 어떻게 적용될지 고찰해 보기 전에 이 조항을 둔 기본 취지에 대해 살펴볼 필요가 있다. 검사, 피고인, 변호인 등 당사자의 참여권을 보장한 제121조의 규정은 당사자의 방어권을 보장하기 위해 규정되었다.[69]

그런데 제123조는 수색 장소의 주거주 등 관련자의 참여를 규정하고 예외적으로 피처분자가 아닌 제3자의 입회도 허용하고 있다. 제123조에 규정된 참여권자는 모두 소송의 당사자가 아니라는 점에 주목하여야 하며 이는 수사기관의 적법절차를 보장하기 위한 제도적 장치로 보인다. 공정성과 도덕성을 의미하는 절차적 적법절차에 각종 고지와 청문을 필수적으로 요구하기 때문이다.[70]

서버에 여러 사람의 계정이 공존하고 이에 대한 영장을 집행할 때 데이

---

69 허일태, "韓國 刑事節次法에 있어서 防禦體系," 동아법학, 제21호, 1996, 58면.

70 "미 연방대법원은 절차적 적법절차가 '공정성'이라는 일반적 기준을 포함한다고 보고 최소한의 공정성, 즉 '정부가 은밀한 방법으로 사적 권리를 박탈하는 것'을 허용하지 않는다. 예를 들면 속임수를 써서 배심원으로 선발되게 하거나 강제에 의한 자백, 적합한 고지의 결여, 형사재판의 여러 단계에서 변호인의 조력을 받지 못하는 것 또는 조력 거부, 강제적 자기부죄, 불합리한 수색과 압수 등이 그것이다."; 헨리 J. 에이브러햄, 『기본적 인권과 재판: 미국 대법원 판례』, 윤후정 옮김, 이화여자대학교 출판부, 1992, 133면.

터가 직접적으로 영장 집행의 대상이고 데이터가 저장된 저장매체가 수색의 장소라고 해석한다면 물리적으로 서버가 소재한 장소의 관리자가 참여자가 된다고 해석하기보다는 서버 운영자가 간수자가 된다고 해석하여야 할 것이다.

특히, 원격 접속에 의한 디지털 데이터의 압수수색에는 수색 범위의 확장이나 압수수색 후 2차 접속의 위험이 있는 등 적법절차를 보장해야 할 필요성이 더욱 크기 때문에 압수·수색영장 집행 전체 과정에 참여하여 적법절차를 보장할 공정한 제3자의 참여 등이 구체적으로 제시되어야 할 것이다. 공정한 제3자 역시 원격으로 접속할 때 사용된 수사기관의 단말기에 접속하여 진행 과정을 모니터링하는 방법에 의해서도 참여가 가능할 수 있다는 점도 고려해야 한다.

이와 관련하여 독일의 입법례를 주목할 필요가 있다. 독일의 경우 점유자 참여제도와 집행증인 제도가 별도로 운영되고 있다. 압수수색 대상 장소나 대상물의 점유자는 수색에 참여할 수 있으며 그의 대리인 등이 입회하도록 할 수도 있다. 이 조항은 압수수색 관계자의 이익을 도모하기 위한 것이다. 집행증인 제도는 주거, 상업 공간 등에 대한 수색에 있어 검사가 입회하지 않을 때 수색이 이루어지는 지역의 공무원이나 지방자치단체의 구성원 2인이 참여하도록 하고 있는데 이는 수색에 있어서 객관적인 증인을 참여시킴으로써 국가의 입장에서는 이해 충돌 상황에서 수사기관의 절차적 합법성을 보장할 수 있으며, 압수수색 관계자의 입장에서는 증인의 존재로 인하여 적법절차를 보장받을 수 있기 때문이다.[71] 이러한 입법 태도를 디지털 증거의 압수수색 제도에 도입하는 것을 긍정적으로 검토해 볼 필요가 있다.

다. 압수목록과 증명서의 교부

형사소송법 제128조는 수색한 경우에 증거물 또는 몰취할 물건이 없는 때에는 그 취지의 증명서를 교부하여야 한다고 규정하고 제129조는 압수한 경우에는 목록을 작성하여 소유자, 소지자, 보관자 기타 이에 준할 자에게 교부

71 김기준, "수사단계의 압수수색 절차 규정에 대한 몇 가지 고찰," 형사법의 신동향, 통권 제18호, 2009, 10-11면.

하여야 한다고 규정하고 있다.

이는 압수수색 처분의 결과에 대한 사항을 증명서에 의해 증명하거나 반출된 물건의 목록을 피처분자에게 고지함으로써 피처분자 등이 압수물에 대한 환부, 가환부를 신청하거나 압수처분에 대한 준항고를 하는 등 권리행사 절차를 밟는 가장 기초적인 자료로 삼을 수 있도록 하기 위한 규정이다.[72]

그런데 물리적 압수물의 경우에는 그 물건의 형태와 위치 등이 충분히 분리가 가능하여 목록에 의해 관리될 수 있으나, 디지털 데이터를 영장 집행의 직접적 대상으로 본다면 어느 단위까지 목록에 기재해야 할지 결정되어야 한다. 불법적으로 취득한 수만 개의 개인정보 파일, 서버에 저장되어 있는 수천 개의 불법음란물 동영상 파일 등의 경우 각 목록을 작성하여야 하는지 의문이며 그 파일이 소재한 영역과 경로 등도 기재해야 하는지 의문이다.

이러한 경우 압수한 파일 전부에 대한 해시값을 생성하여 이를 교부하거나 관련 정보 부분을 사진 촬영하여 교부하는 등의 대안이 마련되어야 한다. 또한 금융정보를 제공받는 것과 같이 제3자로부터 그 압수의 범위를 정하여 수사기관이 수동적으로 데이터를 취득한 경우 압수목록의 교부를 생략하는 것이 허용되는지, 수사의 밀행성을 확보하는 목적으로 원격 접속에 의한 압수수색을 실시한 경우 목록의 교부가 사후통지로 대체될 수 있는지도 디지털 데이터의 압수수색에서 다르게 적용되어야 할 부분이다.

2. 압수수색의 방법, 범위와 기간의 특정

네트워크 환경에서의 압수수색에서 지득, 채록할 대상뿐만 아니라 압수수색의 방법, 범위와 수색의 기간까지 특정되어야만 한다. 특히, 파일의 직접 열람에 의한 탐색은 그 즉시 프라이버시 침해가 발생할 수밖에 없기 때문에 사건의 양상에 따라 가능한 수색 방법[73]을 열거하여 법원의 심사를 받는 것이 바람직하다. 또한 적법한 영장을 소지하였다는 이유로 무단히 장기간 탐색하는 것

72 신동운, 『신형사소송법』, 제5판, 법문사, 2014, 366면.

73 노명선, 『전자적 증거의 실효적인 압수·수색, 증거조사 방안연구』, 대검찰청 용역보고서, 2007, 54-56면.

도 방지되어야 하기 때문에 수색 기간의 제한도 필요하다.

정보주체에 대한 프라이버시 침해는 사후 통제로 침해에 대한 권리 구제가 어렵다. 수색의 대상, 범위, 기간의 제한 없이 파일을 모두 열어보는 방식에 의한 수색이 허용될 경우 수색 과정에서 발견된 별건 증거[74]로 인한 수사가 무한히 반복될 가능성도 있기 때문에 법원에 의한 사전 통제를 강화하는 방향으로 제도를 운영하여야 한다.

디지털 증거를 다루고 있는 통신비밀보호법(제6조 제4항)[75]상 통신제한조치 허가장 청구서에도 집행 방법을 기재하도록 하고 있다.[76] 그 범위와 방법을 사전에 명확히 특정하는 것은 곤란하더라도 해당 사건과 관련성이 있다고 판단되는 계정의 범위를 영장청구서상에 개괄적·보충적으로 기재하고,[77] 수색할 방법과 수색의 기간도 포함해야 한다.

3. 전문입회인 제도 도입

디지털 증거 취득과 채록 과정에서 무결성의 입증이 증거능력 인정 여부에 중요한 요소이므로 왜곡과 변조의 가능성을 배제하기 위해 책임자 등의 참여가 필수적이다.[78] 압수한 스마트폰에 접근하는 경우와 같이 피압수자의 동의

---

74 "전자정보에 대한 압수·수색에 있어 저장매체 자체를 외부로 반출하거나 하드카피·이미징 등의 형태로 복제본을 만들어 외부에서 저장매체나 복제본에 대하여 압수·수색이 허용되는 예외적인 경우에도 혐의 사실과 관련된 전자정보 이외에 이와 무관한 전자정보를 탐색·복제·출력하는 것은 원칙적으로 위법한 압수·수색에 해당하므로 허용될 수 없다. 그러나 전자정보에 대한 압수·수색이 종료되기 전에 혐의 사실과 관련된 전자정보를 적법하게 탐색하는 과정에서 별도의 범죄 혐의와 관련된 전자정보를 우연히 발견한 경우라면, 수사기관은 더 이상의 추가 탐색을 중단하고 법원에서 별도의 범죄 혐의에 대한 압수·수색영장을 발부받은 경우에 한하여 그러한 정보에 대하여도 적법하게 압수·수색을 할 수 있다."; 대법원 2015. 7. 16. 자 2011모1839 전원합의체 결정.

75 통신비밀보호법 제6조제4항 제1항 및 제2항의 통신제한조치청구는 필요한 통신제한조치의 종류·그 목적·대상·범위·기간·집행장소·방법 및 당해 통신제한조치가 제5조제1항의 허가요건을 충족하는 사유 등의 청구이유를 기재한 서면(이하 "청구서"라 한다)으로 하여야 하며, 청구이유에 대한 소명자료를 첨부하여야 한다. (후략)

76 김용호·이대성, "실무상 디지털 증거의 압수·수색의 문제점과 개선방안," 한국정보통신학회논문지, 17(11), 2595−2601, 2013.

77 조광훈, "형사소송법 제106조의 쟁점과 개정안 검토," 법조, 63(7), 2014, 215면.

78 오경식, "수사절차상 압수·수색제도에서의 인권보장 방안," 형사법의 신동향, 통권 제50호,

등에 따라 영장을 집행하는 경우에는 문제가 발생하지 않으나 원격지 서버의 계정에 대한 가입자의 동의가 없거나 증거인멸 등의 우려에 따라 가입자에게 고지하지 않은 채 영장을 집행하는 경우에는 참여권이 보장되지 않는 문제가 발생한다.

앞서 살펴본 국내 판결[79]에서 수사기관은 제3자인 한국인터넷진흥원의 주임연구원을 참여시키고 디지털 포렌식 전문가를 입회시킨 상태에서 영장을 집행하였는 데 이러한 조치는 형사소송법 제123조[80]에 근거한 조치로 보인다.

원격 접속에 의한 압수수색에서 참여자는 영장의 적법한 집행을 담보해야 할 위치에 있으며 향후 법정에 출석하여 취득한 증거의 증거능력 인정 요건을 충족하는지에 관해 증언할 가능성도 존재한다. 따라서, 전문입회인은 단순히 인거인 등의 지위보다는 형사소송법의 규정에 대한 이해가 필요하고, 원격 접속의 방식에 의한 압수수색의 성격과 절차에 대한 이해도 필요하다.

4. 사후 감사 제도의 도입

네트워크 환경에서 데이터에 대한 취득은 압수·수색영장을 통해 집행한다는 것 이외에 데이터의 취득 과정(서버에 대한 접속 후 열람 및 저장)은 통신사실 확인자료 제공 요청 허가서의 집행, 통신제한조치에서의 감청, 금융자료 취득을 위한 압수·수색영장의 집행과 다르지 않다. 이러한 방식의 집행에서는 정보주체의 참여가 현실적으로 어렵기 때문에 우리의 법령에서는 데이터 취득 절차에 대한 로그를 기록하도록 하고 있다.

전기통신사업법 제83조는 전기통신사업자가 통신자료를 제공한 경우에는 해당 통신자료 제공 사실 등 필요한 사항을 기재한 대장과 자료제공요청서 등

2016, 9면.

79 대법원 2017.11.29. 선고 2017도9747 판결.

80 제123조(영장의 집행과 책임자의 참여) ① 공무소, 군사용의 항공기 또는 선차 내에서 압수·수색영장을 집행함에는 그 책임자에게 참여할 것을 통지하여야 한다.
② 전항에 규정한 이외의 타인의 주거, 간수자 있는 가옥, 건조물, 항공기 또는 선차 내에서 압수·수색영장을 집행함에는 주거주, 간수자 또는 이에 준하는 자를 참여하게 하여야 한다.
③ 전항의 자를 참여하게 하지 못할 때에는 인거인 또는 지방공공단체의 직원을 참여하게 하여야 한다.

관련 자료를 갖추어 두어야 하며 이에 대한 현황을 과학기술정보통신부장관에게 보고하도록 하고 있으며 통신비밀보호법 제13조는 수사기관이 통신사실확인자료 제공 요청 사실 등 필요한 사항을 기재한 대장과 통신사실확인자료제공요청서 등 관련 자료를 소속기관에 비치하고 전기통신사업자는 자료 제공 현황 등을 과학기술정보통신부장관에게 보고하고, 해당 통신사실확인자료 제공 관련 자료를 7년간 비치하도록 규정하고 있으며, 금융실명법 제4조의3은 거래자료 등을 제공한 경우에는 금융위원회가 정하는 표준 양식으로 기록·관리하도록 규정하고 있다.[81]

데이터에 관한 압수수색에서 기본권을 더욱 충실히 보장하기 위해서는 과거의 규정에 얽매이기보다는 통신비밀보호법이나 금융실명법에서 규정하고 있는 사후통지제도, 관련 자료의 보관과 감사제도 등을 구체적으로 도입, 적용하는 방식으로 위법수사를 억제하는 방향의 입법이 필요하다.[82]

영국의 ACPO(The Association of Chief Police Officers)는 디지털 증거에 관한 모범 사례 안내[83]를 발간하여 디지털 증거를 다룰 때의 원칙을 공표하였다. 원격에 있는 데이터의 수집에 관해서는 섹션 4의 6항과 Appendix A, B에서 수집할 데이터가 속한 환경을 공적인 공간과 사적인 공간으로 분리하여 수집할 때 그 과정을 기록하여 감사 추적할 수 있도록 권고하고 있으며 원격에 있는 디지털 증거를 수집할 때 신뢰할 수 있는 전문가의 도움을 받아 수집하도록 규정[84]하고 있다는 점은 참고할 만하다.

---

81 이관희·이상진, "데이터 보관 사업자에 대한 영장집행 절차의 현실화 방안에 관한 연구: 피의자에 대한 사전 통지 생략 및 영장 사본제시 필요성을 중심으로," 형사정책연구, 31(1), 2020, 140면.

82 이관희·이상진, "데이터 보관 사업자에 대한 영장집행 절차의 현실화 방안에 관한 연구: 피의자에 대한 사전 통지 생략 및 영장 사본제시 필요성을 중심으로," 형사정책연구, 31(1), 2020, 155면.

83 Janet Williams QPM, *ACPO Good Practice Guide for Digital Evidence*, Metropolitan Police Service, Association of Chief Police Officers of England, 2012.

84 서강윤·이상진, "원격지 디지털증거 수집을 위한 프레임워크," 디지털포렌식연구, 13(4), 2019, 232면.

제8절 소결

앞서 살펴본 것처럼 네트워크 환경에서 데이터 취득의 방법과 개념에 대한 이해는 재정립될 필요가 있다. 범죄자가 관련 범죄 데이터를 전 세계에 걸쳐 산발적으로 보관할 수 있는 것처럼 법집행기관 역시 범죄자와 유사한 방식으로 관련 데이터에 접근할 수 있도록 허용할 필요가 있다. 범죄자가 국경을 넘나들며 자료를 관리하는 것이 아닌 것처럼 법집행기관도 국경을 넘나들면서 증거를 확보하는 것이 아니기 때문이다.

다크웹, 암호 기술 등 사이버공간의 기술을 통해 범죄자들은 은밀하게 범행을 저지르고 있기 때문에 법집행기관 또한 은밀한 방법으로 압수수색할 필요성이 증가하였고 필요에 따라 해킹 수사 기법을 통한 데이터 수집의 필요성도 존재하는 것이 현실이다. 현실을 고려한 수사 방법을 허용하면서 동시에 이러한 수사기관의 활동에 따른 남용을 억제할 제어 장치도 마련함으로써 범죄억제를 위한 수단과 인권 침해 최소화를 위한 장치의 도입을 함께 고려하면서 발전해 나가는 것이 중요하다.

앞서 논증한 '데이터의 열람은 영토를 침해하는 것이 아니다'라는 주장은 어느 한 국가 내의 해석에만 의존할 수 없기 때문에 각국의 공감대 형성이 필요하며 이를 위해서는 사법부의 선언 또는 입법자의 입법 활동이 전제되는 것이 바람직하다.

사이버범죄 대응에 있어서 세계적 기준으로 정착되어 가고 있는 유럽평의회 사이버범죄협약 제32조는 데이터의 지리적 위치에 관계없이 공개되어 있는 저장된 데이터에 접속할 수 있고 당사국이 데이터를 공개할 법적 권한이 있는 자의 적법하고 자발적 동의를 얻었다면 자국 영토 내의 시스템을 통해 다른 당사국에 위치한 컴퓨터에 저장된 데이터에 접속하거나 이를 수령할 수 있다고 규정하고 있다. 우리는 이 규정이 '원래는 금지되어야 할 역외 접속을 허용하는 규정'이 아니라 사이버공간에서의 열람 행위라는 것은 이와 같은 역외 접속을 당연히 예정하고 있는 것이어서 논란을 해소하기 위해 마련된 당연한 규정일 뿐이라고 생각한다. 향후 관련 입법을 통해 논란이 종식되기를 기대한다.

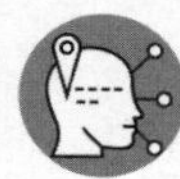

07

자료 제출명령 제도의 도입

Chapter

07 자료 제출명령 제도의 도입

제1절 자료 제공 요청과 영장주의

1. 영장주의가 적용되는 자료 제공 요청

통신비밀보호법, 금융실명법이 있기 전 수사기관은 통신자료, 통신사실확인자료, 금융거래자료 등 사업자가 고객과의 거래 내용을 기록한 자료 또는 콘텐츠 등을 형사소송법 제199조 제2항 "수사에 관하여는 공무소 기타 공사단체에 조회하여 필요한 사항의 보고를 요구할 수 있다."는 규정에 근거하여 제공받아 왔다. 일명 사실조회라는 자료 제공 요청 방식은 임의수사의 일종이다. 그러나 수사기관이 광범위하게 자료를 요청하고 사업자가 무분별하게 자료를 제공함으로써 개인정보자기결정권이 침해될 우려가 발생하고 개인정보자기결정권 등을 보호할 필요성이 있어 입법자는 특별법의 제정과 형사소송법의 개정을 통해 자료 제공을 요구할 때에도 법관의 심사를 받도록 하였다.

법관의 심사를 받는다는 것은 실무적으로 영장이나 허가서가 발부되고 이에 따라 법집행을 한다는 것을 의미한다. 영장주의는 기본권을 침해할 수 있는 강제수사의 남용을 억제하고 시민의 자유와 재산을 보장하기 위한 사법적 통제로서, 법원 또는 법관이 발부한 적법한 영장에 의하지 않으면 강제처분을 할 수 없다는 원칙을 의미한다.[1] 형사소송법상 강제수사에는 체포와 구속에 해당하는 대인적 강제수사와 압수수색검증에 해당하는 대물적 강제수사가 있다. 이

1 이승호·이인영·심희기·김정환, 『형사소송법강의』, 제2판, 박영사, 2020, 142면.

러한 강제수사를 위해 영장을 집행함에 있어서 우리의 법은 수사기관이 강제력을 행사할 수 있도록 권한을 부여하고 있다. 그런데 이메일이나 금융자료 등을 수사기관이 제공받는 행위는 개인의 기본권을 침해할 우려가 있어 이와 같은 자료의 취득은 강제수사의 일환으로 분류되고 영장주의의 적용을 받게 되지만, 데이터를 보관하는 사업자가 영장의 집행에 따라 수사기관에 자료를 제공하는 모습은 사실조회에 의한 방식과 유사하다.

수사기관이 영장에 의해 자료를 제공받는 것은 강제력을 수반한 강제수사와 형사소송법 제199조 제2항에 따른 사실조회의 중간 영역에 위치한다. 영장이 필요하다는 점을 제외하고는 자료 제공 요구와 같은 과정을 통해 자료를 제공받고 있음에도 불구하고 우리 법원은 강제력을 수반하는 압수수색에 적용되던 절차적 규정을 영장에 의한 자료 제공 요구에도 엄격히 적용하려는 태도를 보이면서 데이터 취득 시 피의자를 참여시키지 않았다거나 자료 제공자에게 영장을 모사전송으로 제시한 것은 위법하다고 평가하였다.

2007년 형사소송법이 개정되기 이전에는 물건의 압수에 관하여 학계와 판례는 성상불변론을 주장했었다. 사소한 절차적 위반은 실체적 진실의 발견을 위해서는 감수해야 한다는 입장도 설득력 있게 받아들여졌을 정도였다. 그런데 최근 우리의 법원은 데이터의 취득은 물건의 압수와 그 성격이 다름에도 불구하고 물건의 취득을 중심으로 설계된 압수수색 관련 제규정을 엄격히 적용하려는 태도를 보이고 있다. 특히 사업자가 보관하는 데이터를 수사기관이 취득하는 경우에는 전통적인 강제수사와 같이 강제력이 수반되지 않고 자료 제공 요청의 방식으로 이루어짐에도 불구하고 강제력이 수반되는 압수수색에 적용되었던 관련 규정들을 엄격히 적용함으로써 이러한 규정을 위반하여 취득한 증거의 증거능력을 부정하고 있다. 이는 데이터 취급의 특성과 수사 실무의 관행을 전혀 고려하지 않는 태도이다.

강제력이 수반되는 압수·수색영장의 집행과 영장주의의 적용을 받지만 그 과정상 강제력이 수반되지 않는 데이터의 취득 방식은 분명 다르다. 물건을 염두에 둔 압수수색 규정이 데이터에 맞도록 개정되기 전까지는 데이터에 그대로 적용되기 어렵다는 점을 인정하고 데이터의 취득에 대해서는 형사소송법 규정들을 유연하게 적용, 해석하는 것이 바람직하다. 데이터 취득 방식의 변화와 특성 및 이와 관련한 특별법의 연혁과 제·개정 취지 등을 고려하고 사용자가 보관하는 데이터 취득에 관하여는 전통적인 압수·수색영장의 집행 규정이 그대로 적용될 수 없다는 점을 인정할 때가 되었다.

2. 영장주의 적용의 올바른 방향

형사소송법 제122조는 법원이 압수·수색영장을 집행함에는 미리 집행의 일시와 장소를 전조에 규정한 자에게 통지하여야 한다고 규정하고 있고 형사소송법 제219조는 수사기관의 압수수색에서 제122조를 준용하도록 규정하여 수사기관은 압수수색 전에 미리 피의자나 변호인에게 압수·수색영장의 집행 사실을 통지해야 한다. 수사기관이 주식회사 카카오톡을 상대로 압수·수색영장을 집행하여 피의자 계정 내용을 확인하면서 피의자에게 참여권을 보장하지 않은 사건에서 서울중앙지방법원은 형사소송법 제219조와 제122조를 근거로 "피의자 등에게 압수·수색영장 집행 과정에 참여권을 보장한 것은 압수·수색 집행의 절차적 적법성을 확보하여 영장주의를 충실하게 구현하기 위한 것인데, 피의자 등에게 참여권이 보장되지 않았다면 특별한 사정이 없는 이상 압수·수색은 위법하다."고 결정[2]하였다. 이와 같은 사례에서 압수수색이 적법하기 위해서는 수사기관은 사업자가 보관하는 데이터를 취득할 때에도 피의자나 변호인에게 미리 통지를 해야 한다는 결론에 이르게 된다.

수사기관이 증거를 찾아 범죄를 재구성하는 과정에서 피고소인이나 강력사건의 혐의자에게 "이제부터 당신의 범행을 입증할 증거를 찾을 예정이다."라고 미리 알려주는 것이 과연 일반적인 상식에 부합한 것인지 생각해 볼 필요가 있다. 차라리 피의자가 특정되어 고소된 사건처럼 통지할 상대가 있는 경우에는 미리 통지라도 가능하겠으나 절도, 강도, 살인사건처럼 범인이 특정되지 않은 사건의 경우에는 누구에게 통지하라는 것인지도 의문이다. 범인을 알지 못하는 사건에서 수사기관이 통지없이 카카오톡에 영장을 집행한 경우 법원이 어떠한 결정을 내렸을지 의문이다.

---

2 서울중앙지방법원 2016.2.18. 2015보6 준항고 결정.

사업자를 상대로 한 데이터 취득에 있어서 형사소송법의 규정을 엄격히 적용한 판결이 있다. 최근 대법원은 수사기관이 이메일에 대한 압수·수색영장을 집행할 때 해당 전기통신사업자에게 모사전송의 방법으로 영장을 제시한 행위에 대해 영장 제시 절차를 위반하였다고 판결[3]하였고, 금융기관에 금융거래자료를 요구하는 영장 집행에서도 영장 원본을 직접 제시하지 않은 것은 적법절차를 위반한 것이라고 판결[4]하였다.

과거 수사기관은 형사소송법 제199조 제2항에 따라 임의수사인 사실조회의 방법을 통해 이메일, 금융거래자료, 통신자료 등을 제공받아 왔고 당시에는 자료 제공을 요청하는 내용의 공문을 작성하여 모사전송 등의 방법으로 집행해 왔다. 그런데 이러한 자료를 취득하는 것이 정보주체의 기본권을 침해할 우려가 있어 입법자는 자료 취득을 위해 영장을 발부받을 것을 요구하게 되었다.

물건과 장소에 대해 강제력의 행사가 수반되는 영장의 집행에 적합한 원본 제시 규정을 사업자를 통하여 자료를 제공받는 영장 실무에 그대로 엄격하게 적용하는 것이 바람직한 것인지 의문이다. 형사소송법을 제정할 당시의 압수수색의 모습은 특정 장소에 대해 강제력을 행사함으로써 주거권을 침해하고 물건에 대한 압류를 통해 재산권을 침해하는 것이었으나 사업자가 보관하고 있는 데이터를 취득하는 과정은 법관의 심사를 거쳐야 한다는 점만 다를 뿐 임의적인 자료 제출의 모습을 그대로 유지하고 있다는 점이 간과되어서는 안 된다.

개인에 관한 데이터에 대해 헌법적 가치가 부여됨으로써 개인의 동의 없는 데이터 취득은 기본권을 침해하기 때문에 이를 취득하기 위한 절차를 까다롭게 하거나 영장주의를 적용하는 것은 바람직하다. 그러나 이를 취득하는 절차적인 방법에 관하여 물리적인 압수수색에 적합한 과거의 규정을 그대로 적용하는 것은 적절하지 않다.

형사소송법과 기타 특별법은 수사기관이 이메일, 금융자료, 통신사실확인자료 등을 취득할 때 법관의 심사를 받아 영장 또는 허가서를 발부받을 것을 요구하고 있다. 그런데 이들 데이터 이외에 사업자가 보관하고 있는 가입자 정보, 배송정보, 물품 구매 이력 등을 제공받는 것에 관하여는 특별한 규정을 두

3 대법원 2017.9.7. 선고 2015도10648 판결.
4 대법원 2019.3.14. 선고 2018도2841 판결.

지 않고 있다. 통신사실과 금융거래사실이 기타의 정보에 비하여 기본권적 가치가 높다고 단언할 수 있을까? 사람에 따라 통신사실, 금융거래사실보다는 배송정보, 물품 구매 이력 등의 정보를 더 민감하게 생각할 수도 있다. 수사기관, 사업자, 데이터 소유자가 정보를 바라보는 관점이 동일할 수는 없고 어떠한 정보가 더 민감하거나 덜 민감하다고 단언할 수도 없다. 그런데 우리의 법은 데이터의 내용에 따라 취득 절차와 사후통지 등에 관하여 서로 다르게 규제하고 있다. 이러한 조치는 정보주체에 대해 일관된 보호를 하지 못하는 상태를 만든다. 데이터의 특성, 보호가 필요한 기본권의 영역 등을 고려하지 않은 채 압수·수색 영장을 집행한다는 이유로 형사소송법의 규정을 기계적으로 적용하기보다는 현 시대에 맞는 새로운 시각으로 데이터에 대한 취득을 통일적으로 규율할 방법과 해석을 강구하여야 한다.

데이터를 취급할 때 특별히 고려하여야 할 것은 물건 중심으로 적용되어 온 압수수색 절차의 엄격한 적용이 아니라 개인정보자기결정권을 적절히 보호할 방법을 모색해야 한다는 점이다. 데이터와 정보주체의 권익을 보호하기 위해서는 통신비밀보호법이나 금융실명법이 상세히 규정한 것처럼 데이터를 취급하는 영장의 집행에 있어서도 철저한 사후통지 및 자료 요구와 제공에 관한 사항의 관리 감독을 강화할 수 있는 규정을 마련해야 한다.

제2절 사업자 보관 데이터의 유형

1. 분류 기준의 재정의

통신자료, 통신사실확인자료, 금융거래자료, 의료 및 신용관리 기록 등에 관하여 '제3자'가 보관하는 데이터라는 주장들[5]이 있으나 통신자료 등을 보관하

5 이정희·김지현, "제3자 보관 디지털 증거의 압수 관련 문제점 및 개선방안 연구," 디지털포렌식연구, 8(1), 2014; 김혁, "제3자 보관 정보에 대한 압수수색 영장의 집행과 적정절차: 서울고법

고 있는 사업자를 개인정보의 주체와 분리하여 개인의 정보를 위탁받아 보관하는 '제3자'적 지위라고 단정할 수 있는지 의문이다. 사업자가 위와 같은 자료를 보관하게 된 것이 비록 개인정보주체와의 서비스 계약관계에 따라 이루어진 것은 사실이나 이와 같은 자료들은 개인이 제공한 정보를 제3자의 입장에서 보관했다고 하기보다는 사업자가 거래를 위해 생성하여 보관하게 된 자료라고 보아야 한다.

개인에 관한 데이터이기 때문에 적절한 보관과 보호의 필요성이 있다고 하더라도 이러한 자료를 사업자와 엄격히 분리하여 '제3자'가 보관하는 자료라고 정의하는 것은 자료 생산 주체인 사업자를 배제하게 되는 오류를 범하게 되므로 '사업자 보관 데이터 또는 자료'라고 정의하는 것이 바람직하다.

사업자가 제공한 서비스를 개인이 이용하면서 생성한 데이터와 사업자가 서비스 제공에 필요하여 생성한 데이터를 분류하기 위해서는 우선 콘텐츠인 자료와 거래사실인 자료로 구분하여야 한다. 또한 콘텐츠인 자료와 거래사실인 자료 중에는 과거에 남겨진 데이터, 즉 보관 또는 저장된 데이터와 향후 발생할 데이터인 실시간 데이터로 구분할 수 있다.

2. 콘텐츠

가. 실시간 대화의 내용

전기통신을 활용한 대화의 내용은 콘텐츠에 해당하며 실시간 데이터이다. 실시간으로 이루어지는 전화통신의 내용에 대해서는 통신비밀보호법의 적용을 받게 되며 범죄 수사를 위해 대화를 감청하기 위해서는 법원으로부터 통신제한조치 허가서를 발부받아야 한다. 특히, 통신제한조치는 통신비밀보호법 제5조 제1항에 규정한 범죄에 대하여 해당 범죄를 계획 또는 실행하고 있거나 실행하였다고 의심할 만한 충분한 이유가 있고 다른 방법으로는 그 범죄의 실행을 저

2015. 6. 25. 2014노2389 판결(대법원 2017. 9. 7. 2015도10648 판결)을 중심으로," 형사정책연구, 29(1), 2018.; 김기범, "범죄수사에서 제3자 정보 요청에 관한 입법체계," *Crisisonomy*, 13(8), 2017, 김기범, "압수·수색영장의 전자적 제시에 관한 입법적 연구," 경찰학연구, 18(2), 2018.

지하거나 범인의 체포 또는 증거의 수집이 어려운 경우에 한하여 할 수 있다.

'전기통신의 감청'은 전기통신이 이루어지고 있는 상황에서 실시간으로 그 전기통신의 내용을 지득·채록하는 경우와 통신의 송·수신을 직접적으로 방해하는 경우를 의미하는 것이지 이미 수신이 완료된 전기통신에 관하여 남아 있는 기록이나 내용을 열어보는 등의 행위는 포함하지 않는다. 수사기관이 카카오톡 대화 내용을 취득하기 위해 법원으로부터 통신제한조치 허가서를 발부받아 카카오에 통신제한조치 허가서 사본을 교부하고 통신제한조치의 집행을 위탁하였는 데, 카카오는 당시 카카오톡 대화를 실시간 감청할 수 있는 설비를 보유하고 있지 않았기 때문에 이에 카카오는 이 사건 위 통신제한조치 허가서에 기재된 기간 동안 3~7일마다 정기적으로 서버에 저장된 송수신 대화 내용 부분을 추출한 다음 이를 보안 이메일에 첨부하거나 저장매체에 담아 수사기관에 제공한 사안에 대해 대법원은 "통신제한조치 허가서에 기재된 통신제한조치의 종류는 전기통신의 '감청'이므로, 수사기관으로부터 집행위탁을 받은 카카오는 통신비밀보호법이 정한 감청의 방식, 즉 전자장치 등을 사용하여 실시간으로 이 사건 대상자들이 카카오톡에서 송·수신하는 음향·문언·부호·영상을 청취·공독하여 그 내용을 지득 또는 채록하는 방식으로 통신제한조치를 집행하여야 하고 임의로 선택한 다른 방식으로 집행하여서는 안 된다고 할 것이다. 그런데도 카카오는 이 사건 통신제한조치 허가서에 기재된 기간 동안, 이미 수신이 완료되어 전자정보의 형태로 서버에 저장되어 있던 것을 3~7일마다 정기적으로 추출하여 수사기관에 제공하는 방식으로 통신제한조치를 집행하였다. 이러한 카카오의 집행은 동시성 또는 현재성 요건을 충족하지 못해 통신비밀보호법이 정한 감청이라고 볼 수 없으므로 이 사건 통신제한조치 허가서에 기재된 방식을 따르지 않은 것으로서 위법하다고 할 것이다. 따라서 이 사건 카카오톡 대화 내용은 적법절차의 실질적 내용을 침해하는 것으로 위법하게 수집된 증거라 할 것이므로 유죄 인정의 증거로 삼을 수 없다."고 판시[6]한 바 있다. 동일한 대화의 내용에 대하여 법원의 심사를 받아 지득, 채록하는 경우라도 실시간 데이터와 송수신이 완료된 데이터에 대해 적합한 허가서 또는 영장에 따르지 않은 수집 절차는 위법하다는 판결이다.

---

6 대법원 2016.10.13. 선고 2016도8137 판결.

나. 우체물, 전자우편, 회원제정보서비스

우체물, 이메일, SNS 서비스, 클라우드 서비스 등은 모두 사업자가 구축해 놓은 서비스를 이용하여 서비스 이용 주체가 생성한 콘텐츠에 해당하며 송수신이 완료된 상태이면 압수·수색영장을 활용하여 취득해야 한다.

형사소송법 제107조 제1항[7]은 “법원은 필요한 때에는 피고사건과 관계가 있다고 인정할 수 있는 것에 한정하여 우체물 또는 「통신비밀보호법」 제2조 제3호에 따른 전기통신(이하 ‘전기통신’이라 한다)에 관한 것으로서 체신관서, 그 밖의 관련 기관 등이 소지 또는 보관하는 물건의 제출을 명하거나 압수를 할 수 있다.”고 규정하고 통신비밀보호법 제2조 제3호는 “전기통신”을 “전화·전자우편·회원제정보서비스·모사전송·무선호출 등과 같이 유선·무선·광선 및 기타의 전자적 방식에 의하여 모든 종류의 음향·문언·부호 또는 영상을 송신하거나 수신하는 것을 말한다.”고 규정하고 있다. ‘회원제정보서비스’라 함은 특정의 회원이나 계약자에게 제공하는 정보서비스 또는 그와 같은 네트워크의 방식을 말한다.

우체물을 포함하여 송수신이 완료된 전자우편, 회원제정보서비스에 대한 데이터는 압수수색의 대상이며 형사소송법 제114조[8]에 따라 압수수색 대상이 전기통신인 경우에는 영장에 작성기간을 기재하여야 하며 송수신이 완료된 전기통신에 대해 압수수색을 한 경우 수사대상이 된 가입자에게 압수수색 사실을 사후에 통지하여야 한다.[9]

---

7 전기통신에 관한 압수 규정은 2011.7.18. 공포된 개정 형사소송법에서 추가된 것이며 형사소송법 제219조는 해당 규정을 수사기관에 준용토록 하고 있다.

8 형사소송법 제114조(영장의 방식) ① 압수·수색영장에는 피고인의 성명, 죄명, 압수할 물건, 수색할 장소, 신체, 물건, 발부년월일, 유효기간과 그 기간을 경과하면 집행에 착수하지 못하며 영장을 반환하여야 한다는 취지 기타 대법원규칙으로 정한 사항을 기재하고 재판장 또는 수명법관이 서명날인하여야 한다. 다만, 압수·수색할 물건이 전기통신에 관한 것인 경우에는 작성기간을 기재하여야 한다.

9 통신비밀보호법 제9조의3(압수·수색·검증의 집행에 관한 통지) ① 검사는 송·수신이 완료된 전기통신에 대하여 압수·수색·검증을 집행한 경우 그 사건에 관하여 공소를 제기하거나 공소의 제기 또는 입건을 하지 아니하는 처분(기소중지결정을 제외한다)을 한 때에는 그 처분을 한 날부터 30일 이내에 수사대상이 된 가입자에게 압수·수색·검증을 집행한 사실을 서면으로 통지하여야 한다.
② 사법경찰관은 송·수신이 완료된 전기통신에 대하여 압수·수색·검증을 집행한 경우 그 사건에 관하여 검사로부터 공소를 제기하거나 제기하지 아니하는 처분의 통보를 받거나 내

3. 거래사실

가. 통신자료와 통신사실확인자료

전기통신사업법 제83조는 전기통신업무에 종사하는 자 또는 종사하였던 자는 그 재직 중에 통신에 관하여 알게 된 타인의 비밀을 누설하여서는 안 된다고 규정하고 있으며 다만, "수사관서의 장이 재판, 수사, 형의 집행 또는 국가안전보장에 대한 위해를 방지하기 위한 정보수집을 위하여 이용자의 성명, 주민등록번호, 주소, 전화번호, 아이디, 가입일 또는 해지일에 관한 자료의 열람이나 제출(이하 "통신자료 제공"이라 한다)을 요청하면 그 요청에 따를 수 있다."고 규정하고 있다. 또한 통신자료 제공 요청은 요청 사유, 해당 이용자와의 연관성, 필요한 자료의 범위를 기재한 서면(이하 '자료제공요청서'라 한다)으로 하여야 하며 실무적으로 자료제공요청서의 집행은 모사전송 등의 방법에 의하고 있다.

다만, 통신자료 제공 요청과 관련한 일명 회피 연아 사건 이후 수사기관은 통신자료를 취득하기 위해 압수·수색영장을 집행했으며 해당 사건의 상고심에서 피고 패소 부분을 파기하고, 이 부분 사건을 서울고등법원에 환송하는 판결[10]을 하였음에도 불구하고 여전히 대형 포털업체는 통신자료를 제공하기 위해 압수·수색영장을 요구하고 있다.

통신사실확인자료는 통신제한조치와 함께 통신비밀보호법에 정해진 절차에 따라 법원의 허가서를 받아 모사전송의 방식으로 이를 집행하고 자료를 제공받고 있다. 통신자료, 통신사실확인자료 모두 거래사실인 데이터에 해당하지만 통신사실확인자료에는 통화 위치에 관한 실시간 데이터도 있는데, 이 또한

사사건에 관하여 입건하지 아니하는 처분을 한 때에는 그 날부터 30일 이내에 수사대상이 된 가입자에게 압수·수색·검증을 집행한 사실을 서면으로 통지하여야 한다.

10 "검사 또는 수사관서의 장이 수사를 위하여 구 전기통신사업법(2010.3.22. 법률 제10166호로 전부 개정되기 전의 것) 제54조 제3항, 제4항에 의하여 전기통신사업자에게 통신자료의 제공을 요청하고, 이에 전기통신사업자가 위 규정에서 정한 형식적·절차적 요건을 심사하여 검사 또는 수사관서의 장에게 이용자의 통신자료를 제공하였다면, 검사 또는 수사관서의 장이 통신자료의 제공 요청 권한을 남용하여 정보주체 또는 제3자의 이익을 부당하게 침해하는 것임이 객관적으로 명백한 경우와 같은 특별한 사정이 없는 한, 이로 인하여 이용자의 개인정보자기결정권이나 익명표현의 자유 등이 위법하게 침해된 것이라고 볼 수 없다."; 대법원 2016.3.10. 선고 2012다105482 판결.

통신비밀보호법에 의한 허가서에 의해 취득하고 있다.

나. 금융거래자료 등

금융거래자료는 압수·수색영장의 집행에 의하여 취득하지만 수사기관은 금융실명법에서 규정하는 바에 따라 금융위원회가 정하는 표준 양식을 활용하여 금융기관에 자료를 요구하여야 한다.

형사소송법은 압수수색에 관하여 수사관이 직접 강제력을 행사하여 압수물을 취득할 수 있는 세부 규정을 마련해 두고 있다. 이에 반하여 금융실명법 제4조 제1항은 우선 금융회사 등에 종사하는 자가 명의인의 서면상의 요구나 동의를 받지 아니하고는 그 금융거래의 내용에 대한 정보 또는 자료를 타인에게 제공하거나 누설하여서는 아니 된다고 규정한 후에 단서에서 법원의 제출명령 또는 법관이 발부한 영장에 따른 거래정보 등의 제공은 가능하다는 방식으로 규정하고 있다. 또한 금융회사 등에 종사하는 자가 제4조 제1항 또는 제2항을 위반하여 거래자료 등의 제공을 요구받은 경우에는 그 요구를 거부하여야 한다는 규정을 두고 있다. 이러한 규정의 취지는 수사기관이 강제력을 행사하여 자료를 취득할 수 있도록 규정한 형사소송법과는 달리 자료 제공의 주체와 자료 요구 방식의 심사권을 금융기관에게 부여했다는 점에 주목할 필요가 있다.

금융거래자료 이외에도 거래사실에 관하여 수사기관에서 취득하는 자료에는 신용거래자료, 의료기록, 물품배송내역, DNA 자료, 보험가입내역, 도메인 등록내역, VPN 서비스 사용 내역, 위치자료 등 다양하며 예금인출내역과 신용카드 사용 내역 등은 과거 거래 내역뿐만 아니라 미래의 사용 내역 등 실시간 자료까지 수사에 활용하고 있는 것이 현실이다. 실무상 이러한 자료들은 사업자에 대한 공문서의 집행 또는 압수·수색영장에 의해 취득하고 있다.

4. 시사점

사업자가 보관하고 있는 데이터에는 서비스 이용자가 직접 생성하여 전송 또는 저장한 콘텐츠와 사업자가 서비스 이용자와의 거래사실에 관하여 생성하여 기록한 자료로 구분되고 이러한 자료들은 송수신이 완료되어 보관된 자료와 실시간 자료로 구분된다. 그러나 우리의 법제는 이러한 데이터의 구분에 따라 일관된 규율을 하지 않고 전기통신사업법, 통신비밀보호법, 금융실명법, 형사소송법 등 다양한 법률을 적용하여 규율하고 있다. 또한 통신자료를 통신자료제공요청서에 의해 취득하기도 하고 압수·수색영장의 집행을 통해서 취득하기도 하며 통신 기지국에 대한 자료를 압수·수색영장의 집행으로 취득하는 것을 보면 통신에 관한 자료의 취득 방법에도 일관성이 없다.

통신제한조치의 경우 실시간 전송 중인 대화의 내용에 대해서는 정해진 범죄에 대한 예외적인 경우에 한하여 허가서에 의해 조치하고 있으나 동일한 정도의 보호를 요구하는 카카오톡 서비스의 대화 내용이나 이메일 등에 저장된 대화의 내용 등은 관련 범죄의 제한 없이 압수·수색영장에 의해 취득할 수 있도록 허용하고 있는 등 데이터의 보호 정도에 따라 이를 규율하지 않고 있으며 전송 중인지, 전송이 완료되었는지를 기준으로 법률의 적용을 달리하고 있다. 이러한 현상은 우리의 법제가 사업자가 보관하는 데이터에 대한 개인정보의 침해 가능성에 주안점을 두고 정비되어 있지 않고 개별 사안에 따른 입법 목적에 따라 특별법을 제정함으로써 생긴 불균형으로 보인다.

제3절 데이터 취득 방식의 변화와 특성

1. 취득 방식의 변화와 취지

형사소송법 제199조 제2항은 "수사에 관하여는 공무소 기타 공사단체에 조회하여 필요한 사항의 보고를 요구할 수 있다."는 규정을 두고 있다. 과거 수사기관은 이 규정에 따라 공문서의 발송을 통해 데이터를 보유한 공사단체에 관련 자료를 요청해 왔다.

형사소송법 제199조 제2항에 따른 자료 취득의 성질에 관하여 수사기관의 요청이 있으면 그 상대방인 공무소 등은 이에 협조할 의무가 있기 때문에 이러한 수사방식은 강제처분에 해당한다고 보는 견해도 있으나 공무소 등에 의무 이행을 강제할 방법이 없다는 점에서 임의수사의 일종으로 보아야 할 것이다.[11] 이러한 방식으로 조회한 자료들은 공소제기 이후 증거로 제출되기도 하지만 수사 단계에서는 혐의자를 추적하고 검거하는 단서로 사용되거나 범죄 혐의자를 용의선상에서 제외하거나 범죄를 재구성하기 위한 수사 자료로도 사용된다.

정보통신서비스의 발달로 개인정보와 업무에 필요한 데이터를 보관하고 처리하는 방식이 혁신적으로 변화됨에 따라 공사단체가 생산하고 보관하는 데이터의 양은 급격히 증가하였으며 이러한 데이터는 수사에서도 필수적인 요소로 자리잡게 되었다. 반면, 사업자가 생성, 보관하는 데이터에 관하여 정보주체 및 관계인에 대한 보호의 필요성도 함께 증대된다.

이러한 데이터에 대해 "금융·통신 서비스가 제공되면서 강제처분의 새로운 대상으로 데이터가 등장하였고 이를 보호하기 위해 금융실명거래 및 비밀보장에 관한 법률과 통신비밀보호법을 제정하여 제3자 데이터에 대한 영장주의를 도입하였다."[12]라는 주장이 있으나 사업자가 보관하는 데이터가 강제처분의 새로운 대상이 된 것이라기보다는 그간 사실조회에 따른 임의수사의 방식[13]으로 취득해 왔던 수사 관행의 개선을 도모하고 정보주체를 보호할 필요성에 따라 데이터 취득의 요건을 강화한 것이라고 설명하는 것이 타당하다.

또한, 데이터를 보관하는 사업자 입장에서는 개인정보 보호법의 취지에 따라 법률상 근거가 없는 경우 관련 데이터를 수사기관에 제공할 수 없게 되었다. 금융실명법에서 법관이 발부한 영장에 따라 금융거래자료를 제공할 수 있도록 한 규정이나 통신비밀보호법이 통신사실 및 통신의 내용에 관하여 법원의 허가서에 의해 집행할 수 있도록 규정한 것은 수사기관에게는 사업자가 보

---

11 신동운, 『신형사소송법』, 제5판, 법문사, 2014, 284면.

12 김기범, "압수·수색영장의 전자적 제시에 관한 입법적 연구," 경찰학연구, 18(2), 2018, 150면.

13 "통신비밀보호법 상에 규정된 허가서의 경우 입법자가 종래 임의수사에 가까운 것으로 취급되었던 통신사실확인자료의 취득에 관하여도 영장주의를 도입하여 엄격한 절차를 규정해 놓고 있는 것이다."; 신동운, 『신형사소송법』, 제5판, 법문사, 2014, 449면.

관하고 있는 데이터에 대한 취득의 적법성을 부여하고[14] 사업자에게는 개인정보 보호법에도 불구하고 개인에 관한 자료를 수사기관에 제공할 수 있는 정당성을 확보해 주는 역할을 수행한다.

금융거래자료를 요구할 때에는 법관의 영장이 필요하다는 것을 최초로 규정한 법률은 예금적금 등의 비밀보장에 관한 법률인데, 개정 이유를 보면 거래자료의 요구에 법관의 영장을 요건으로 규정한 취지를 알 수 있다. 1971.1.13. 시행된 예금·적금등의비밀보장에관한법률 개정 이유에서 "현행법은 예외적으로 민사소송법·형사소송법·국세징수법 또는 상속세법의 규정에 의하여 예금·적금 등에 관한 비밀의 정보제공을 금융기관에 요구할 수 있게 하였는 바, 동 예외적인 규정이 수사기관이나 세무서 등에 의한 질문이나 조사보고의 요구시에는 특정인이나 특정 점포의 지정 없이 광범위한 자료 제공을 요구하게 될 우려가 많으므로 이러한 요인을 제거하여 이 법이 목적하는 실효를 거둘 수 있도록 하려는 것임"이라고 명시하고 있다. 당시에는 금융거래자료에 대한 프라이버시 보호 등의 취지라기보다는 "광범위한 자료 제공을 요구하게 될 우려가 많으므로 이러한 요인을 제거"함으로써 수사권의 남용을 억제하는 것이 주요 목적이었던 것으로 보인다.

결국, 사업자가 보관하는 데이터에 관하여 법관의 심사를 받아 이를 취득할 수 있도록 하는 절차가 마련되었으나 실질에 있어서는 사업자의 협조에 따른 임의적 방법에 의해 취득할 뿐만 아니라 제공받는 자료는 데이터의 원본이 아니라 자료조회에 대한 회신의 형태를 띠고 있어서 강제력의 행사에 의한 압수수색의 집행 방법과는 본질적으로 다른 차이점이 있다.

2. 취득의 특성

가. 자료 제출의 임의성

통신자료, 통신사실확인자료, 전자우편, 금융거래자료 등의 데이터를 취득

14 이관희·김기범·이상진, "정보에 대한 독자적 강제처분 개념 도입," 치안정책연구, 26(2), 2012, 86면.

함에 있어서 각 취득에 필요한 요건들이 달라 통신자료제공요청서, 압수·수색 영장 또는 허가서를 송부 또는 집행함으로써 자료를 확보하고 있지만 자료를 보관하고 이를 제공해 주는 사업자의 관점에서는 모두 임의적인 방식으로 수사기관에 관련 데이터를 회신해 주고 있다.

전기통신사업법 제83조 제3항은 "전기통신사업자는 법원, 검사 또는 수사관서의 장, 정보수사기관의 장이 재판, 수사, 형의 집행 또는 국가안전보장에 대한 위해를 방지하기 위한 정보수집을 위하여 다음 각 호의 자료의 열람이나 제출(이하 "통신자료 제공"이라 한다)을 요청하면 그 요청에 따를 수 있다."고 규정하고 통신비밀보호법 제13조 제1항은 "검사 또는 사법경찰관은 수사 또는 형의 집행을 위하여 필요한 경우 전기통신사업법에 의한 전기통신사업자에게 통신사실확인자료의 열람이나 제출을 요청할 수 있다."고 규정하고 있다. 이러한 규정들은 자료 제출의 요구와 제공이 모두 임의적인 것임을 암시하고 있다.

특히, 금융실명거래및비밀보장에관한법률안에 대한 검토 보고에는 "第2項 但書 規定에서도 法官의 令狀에 의한 경우에는 金融情報등을 保管 또는 管理하는 部署에 대하여도 去來情報등의 提供을 要求할 수 있도록 規定하고 있음. 이는 그동안 緊急命令의 委任根據없이 金融機關의 特定店鋪에만 金融去來情報를 要求하여야 하는 것을 범죄 수사상의 便利를 위하여 本店 電算室에도 一括照會가 가능하도록 施行令(金融實名去來및保障에관한緊急財政經濟命令 第4條의 施行에 관한 規定)에 規定하여 施行하고 있던 것을 法律에 明示하고자 하는 것임"[15] 이라는 내용이 포함되어 있다. 금융거래자료는 영장에 의하는 경우에도 강제집행의 방식에 의하는 것이 아니라 "거래정보 등의 제공을 요구"하는 방식으로 제공이 이루어지고 있다는 표현이라든지 "범죄 수사상의 편리"를 위해 거래정보를 관리하는 본점에서도 조회 가능하도록 한다는 표현 등을 보면 법관이 발부한 영장은 금융기관에서 자료를 수사기관에 제공할 수 있도록 하는 정당성을 부여해 주는 것일 뿐, 해당 영장을 이용하여 수사기관에서 강제력을 행사하여 금융기관의 서버를 수색 후 압수하는 방식을 염두에 둔 것은 아니라는 점에 주목할 필요가 있다. 이러한 특성으로 인해 금융거래 추적 수사는 그 과정에서

15 금융실명거래및비밀보장에관한법률안 검토보고, 1997.7, 6면.

대상자에게 물리적 강제력을 행사하는 것은 아니기 때문에 임의수사에 해당된다는 견해도 있다. 이는 강제수사의 의의와 관련하여 물리적 강제력의 유무를 기준으로 하는 입장에 선 견해이다.[16]

수사 실무상 사업자가 보관하고 있는 데이터는 압수수색과 같이 직접적인 강제력을 행사하여 취득하는 것이 아니라 데이터를 보관하는 사업자의 동의와 협조에 따라 취득하게 된다. 결국, 자료의 요구나 제공이 임의적인 이상 형사소송법에서 규정하고 있는 것과 같이 압수수색 시 건정을 열거나 개봉 등 처분을 한다든지(제120조), 야간집행을 제한한다든지(제125조), 집행 중지 시 장소를 폐쇄하거나 간수자를 둔다든지(제127조) 압수한 목록을 교부하는 등(제129조)의 규정들은 사업자가 보관하는 데이터의 취득에 그대로 적용할 수 없다는 점을 인식할 필요가 있다.

나. 데이터 사본의 제출

수사기관이 직접 감청하는 경우를 제외[17]하고 사업자가 보관하는 데이터의 취득은 일반적인 압수수색에서의 압류와 달리 원본 데이터가 제공되는 것이 아니라 가공된 형태의 문서 사본이 이메일, 모사전송 등의 방법으로 수사기관에 회신된다. 특히, 거래사실에 관한 데이터의 경우 형사소송법 제315조[18]에 따라 당연히 증거능력이 있는 서류에 해당하여 증거능력을 인정받기 위해 원본 데이터와 사본 데이터 사이의 무결성을 증명한다든지 관리 연속성을 증명하여야만 하는 성질의 것도 아니다.

이러한 방식의 데이터 취득에 의해 침해되는 것은 개인정보주체의 개인정보자기결정권 또는 사생활의 비밀이며 유체물의 형태를 띤 것이 아니어서 이를 전제로 한 몰수, 환부, 가환부 등의 형사소송법 규정도 개입할 여지가 없다.

---

16 고은석, "수사기관의 금융거래 추적 수사와 영장주의의 예외," 법조, 58(7), 2009, 140－141면.

17 직접 감청을 하는 경우에도 엄밀히 말하면 원본을 취득하는 것이 아니라 원본의 신호를 수사기관의 저장매체에 기록하는 것이다.

18 제315조(당연히 증거능력이 있는 서류) 다음에 게기한 서류는 증거로 할 수 있다.
1. 가족관계기록사항에 관한 증명서, 공정증서등본 기타 공무원 또는 외국공무원의 직무상 증명할 수 있는 사항에 관하여 작성한 문서
2. 상업장부, 항해일지 기타 업무상 필요로 작성한 통상문서
3. 기타 특히 신용할 만한 정황에 의하여 작성된 문서

다만, 통신비밀보호법에는 인터넷 회선에 대한 통신제한조치로 취득한 자료의 폐기[19], 통신사실확인자료의 폐기[20] 등에 관한 특별 규정이 존재하는 데, 사본 데이터에는 유체물에 적용되는 형사소송법상의 압수물 폐기[21] 규정을 적용할 수 없으며 통신비밀보호법에서 마련한 특별 규정과 같은 장치를 마련하여 데이터를 관리하여야 한다.

다. 자료 요구, 자료 제공 로그의 기록

전기통신사업법 제83조[22]와 통신비밀보호법 제13조[23]는 사업자가 통신자

19 통신비밀보호법 제12조의2(범죄 수사를 위하여 인터넷 회선에 대한 통신제한조치로 취득한 자료의 관리) ⑤ 검사 또는 사법경찰관은 제1항에 따른 청구나 제2항에 따른 신청을 하지 아니하는 경우에는 집행종료일부터 14일(검사가 사법경찰관의 신청을 기각한 경우에는 그 날부터 7일) 이내에 통신제한조치로 취득한 전기통신을 폐기하여야 하고, 법원에 승인청구를 한 경우(취득한 전기통신의 일부에 대해서만 청구한 경우를 포함한다)에는 제4항에 따라 법원으로부터 승인서를 발부받거나 청구기각의 통지를 받은 날부터 7일 이내에 승인을 받지 못한 전기통신을 폐기하여야 한다.
⑥ 검사 또는 사법경찰관은 제5항에 따라 통신제한조치로 취득한 전기통신을 폐기한 때에는 폐기의 이유와 범위 및 일시 등을 기재한 폐기결과보고서를 작성하여 피의자의 수사기록 또는 피내사자의 내사사건기록에 첨부하고, 폐기일부터 7일 이내에 통신제한조치를 허가한 법원에 송부하여야 한다.

20 통신비밀보호법 제13조(범죄 수사를 위한 통신사실확인자료 제공의 절차) ④ 제3항 단서에 따라 긴급한 사유로 통신사실확인자료를 제공받았으나 지방법원 또는 지원의 허가를 받지 못한 경우에는 지체 없이 제공받은 통신사실확인자료를 폐기하여야 한다.

21 형사소송법 제130조(압수물의 보관과 폐기) ① 운반 또는 보관에 불편한 압수물에 관하여는 간수자를 두거나 소유자 또는 적당한 자의 승낙을 얻어 보관하게 할 수 있다.
② 위험발생의 염려가 있는 압수물은 폐기할 수 있다.
③ 법령상 생산·제조·소지·소유 또는 유통이 금지된 압수물로서 부패의 염려가 있거나 보관하기 어려운 압수물은 소유자 등 권한 있는 자의 동의를 받아 폐기할 수 있다.

22 전기통신사업법 제83조(통신비밀의 보호) ⑤ 전기통신사업자는 제3항과 제4항의 절차에 따라 통신자료 제공을 한 경우에는 해당 통신자료 제공 사실 등 필요한 사항을 기재한 대통령령으로 정하는 대장과 자료제공요청서 등 관련 자료를 갖추어 두어야 한다.
⑥ 전기통신사업자는 대통령령으로 정하는 방법에 따라 통신자료 제공을 한 현황 등을 연 2회 과학기술정보통신부장관에게 보고하여야 하며, 과학기술정보통신부장관은 전기통신사업자가 보고한 내용의 사실 여부 및 제5항에 따른 관련 자료의 관리 상태를 점검할 수 있다.

23 통신비밀보호법 제13조(범죄 수사를 위한 통신사실확인자료 제공의 절차) ⑤ 검사 또는 사법경찰관은 제3항에 따라 통신사실확인자료 제공을 받은 때에는 해당 통신사실확인자료 제공 요청사실 등 필요한 사항을 기재한 대장과 통신사실확인자료제공요청서 등 관련 자료를 소속기관에 비치하여야 한다.
⑥ 지방법원 또는 지원은 제3항에 따라 통신사실확인자료 제공 요청허가청구를 받은 현황, 이를 허가한 현황 및 관련된 자료를 보존하여야 한다.
⑦ 전기통신사업자는 검사, 사법경찰관 또는 정보수사기관의 장에게 통신사실확인자료를 제

료를 제공한 경우와 통신사실확인자료를 제공한 경우 관련 자료를 갖추고 필요한 사항을 기재하여야 할 뿐만 아니라 과학기술정보통신부장관에게 보고하도록 규정하고 있다. 또한 금융실명법 제4조의3은 거래자료 등을 제공한 경우에는 금융위원회가 정하는 표준 양식으로 기록·관리하도록 규정하고 있다.

수사기관이 사업자에게 자료의 제공을 요청하는 경우 통신자료 제공 요구서, 통신사실확인자료 제공 허가서와 함께 수사기관의 신분증명서가 모사전송 등으로 제공되며 사업자 등이 제공한 데이터의 사본을 비롯하여 해당 자료의 송수신 로그가 수사기관 및 사업자에게 모두 남겨진다. 특히 이러한 보존 절차는 앞서 설명한 법령에 따라 법적으로 수행해야 할 의무이며 사후에 감사 등을 받는 등 자료의 요구와 제공에 관한 모든 사항이 통제·관리되고 있다.

로그의 기록은 수사기관의 집행 과정과 자료의 제공 과정이 상세히 기록됨으로써 압수·수색영장의 집행에서 요구되는 압수목록의 교부나 압수수색 조서의 작성 등을 대체할 수 있다. 데이터 소유자의 개인정보자기결정권 등을 실질적으로 보호하기 위해서는 영장 및 허가서와 같이 법관의 사전심사를 거치도록 하는 것뿐만 아니라 자료의 제공과 관련한 사후 관리, 통제와 감사 등의 방법을 사용하는 것이 바람직하다.

라. 관계자 참여 필요성의 부재

형사소송법 제121조[24]는 법원의 영장 집행 시 당사자의 참여, 제123조[25]는 책임자의 참여에 대해 규정하고 있으며 제219조에 따라 이를 수사기관의 압수

공한 때에는 자료 제공현황 등을 연 2회 과학기술정보통신부장관에게 보고하고, 해당 통신사실확인자료 제공사실등 필요한 사항을 기재한 대장과 통신사실확인자료제공요청서등 관련 자료를 통신사실확인자료를 제공한 날부터 7년간 비치하여야 한다.

24 제121조(영장 집행과 당사자의 참여) 검사, 피고인 또는 변호인은 압수·수색영장의 집행에 참여할 수 있다.

25 제123조(영장의 집행과 책임자의 참여) ① 공무소, 군사용 항공기 또는 선박·차량 안에서 압수·수색영장을 집행하려면 그 책임자에게 참여할 것을 통지하여야 한다.
② 제1항에 규정한 장소 외에 타인의 주거, 간수자 있는 가옥, 건조물(建造物), 항공기 또는 선박·차량 안에서 압수·수색영장을 집행할 때에는 주거주(住居主), 간수자 또는 이에 준하는 사람을 참여하게 하여야 한다.
③ 제2항의 사람을 참여하게 하지 못할 때에는 이웃 사람 또는 지방공공단체의 직원을 참여하게 하여야 한다.

수색에 준용하는 방식을 취하고 있다.

그런데 데이터를 보관하는 전기통신사업자 등에 대한 영장의 집행 시 관련 자료를 전기통신사업자 등이 직접 발췌하여 수사기관에 제공하기 때문에 수사기관의 영장 집행 현장에서 책임자 등이 참여하는 상황은 발생하지 않는다. 또한 통신자료에 대한 영장의 집행, 금융거래정보에 대한 영장의 집행 시 수사 실무상 제121조에 규정된 당사자 등에게 통지하지 않았을 뿐만 아니라 각 사업자의 본점 전산실 등에서 사업자가 자료를 검색, 발췌하는 현장에 피의자 등을 참여시킬 현실적인 필요성도 없었다.

금융거래자료의 제공 후 금융기관 종사자가 계좌 명의인에게 통지하는 규정[26], 전자우편에 대한 압수수색 시 대상이 된 가입자에 대한 통지 규정[27]은 압수수색 당시에 가입자 등 관계자의 참여가 없었음을 전제로 마련된 규정들로 보인다.

영장주의의 적용을 받게 된 통신사실확인자료의 제공이나 금융자료의 제공에 관하여는 당초 피의자나 참여자의 참여가 전제되지 않고 있었다는 점에 주목해야 한다. 사업자가 보관하는 거래사실에 관한 데이터를 조회하고 수사기관에 회신하는 것은 차이가 없음에도 불구하고 압수·수색영장을 집행하는 경우에 형사소송법 제121조와 제123조를 엄격히 적용하여 사업자의 데이터 조회 현장(즉, 압수·수색영장의 집행 현장)에 피의자 등을 참여시켜야 한다고 해석하는 경우 이를 위반하여 회신받은 데이터는 위법수집증거로서 증거능력을 상실하

26 금융실명법 제4조의2(거래정보등의 제공사실의 통보) ① 금융회사등은 명의인의 서면상의 동의를 받아 거래정보등을 제공한 경우나 제4조제1항제1호·제2호(조세에 관한 법률에 따라 제출의무가 있는 과세자료 등의 경우는 제외한다)·제3호 및 제8호에 따라 거래정보등을 제공한 경우에는 제공한 날(제2항 또는 제3항에 따라 통보를 유예한 경우에는 통보유예기간이 끝난 날)부터 10일 이내에 제공한 거래정보등의 주요 내용, 사용 목적, 제공받은 자 및 제공일 등을 명의인에게 서면으로 통보하여야 한다.

27 통신비밀보호법 제9조의3(압수·수색·검증의 집행에 관한 통지) ① 검사는 송·수신이 완료된 전기통신에 대하여 압수·수색·검증을 집행한 경우 그 사건에 관하여 공소를 제기하거나 공소의 제기 또는 입건을 하지 아니하는 처분(기소중지결정을 제외한다)을 한 때에는 그 처분을 한 날부터 30일 이내에 수사대상이 된 가입자에게 압수·수색·검증을 집행한 사실을 서면으로 통지하여야 한다.
② 사법경찰관은 송·수신이 완료된 전기통신에 대하여 압수·수색·검증을 집행한 경우 그 사건에 관하여 검사로부터 공소를 제기하거나 제기하지 아니하는 처분의 통보를 받거나 내사사건에 관하여 입건하지 아니하는 처분을 한 때에는 그 날부터 30일 이내에 수사대상이 된 가입자에게 압수·수색·검증을 집행한 사실을 서면으로 통지하여야 한다.

게 되는 문제점이 생긴다.

3. 시사점

사업자가 보관하는 데이터의 무분별한 취득을 방지한다거나 개인정보에 대한 보호를 강화하기 위해 법관의 심사를 받도록 하여 요구와 제공을 엄격히 해 놓은 것을 제외한다면, 사업자가 업무상 보관하고 있는 데이터를 수사기관에 제공하는 방식은 종전의 사실조회와 다를 바 없다.

사업자의 동의와 협조에 의해 자료를 회신받는 경우 실무 관행은 요구와 제공에 관한 근거 자료들이 수사기관과 사업자 양측에 보관, 관리될 뿐만 아니라 수사기관이 무관한 데이터를 수색하여 필요한 데이터를 선별하는 절차가 생략되어 사업자가 허가서와 영장에 기재된 사항만을 제공하기 때문에 오히려 유체물에 대한 압수수색보다 그 집행상의 침해가 경감된다.

사업자가 보관하는 데이터를 취득함에 있어 유체물에 적용된 압수수색 관련 규정을 엄격히 적용하기보다는 데이터를 취득하는 현실을 반영하여 합리적으로 해석하고 적용할 필요가 있으며, 정보주체의 권리를 보호하는 측면에서 전기통신사업법, 통신비밀보호법, 금융실명법 등에서 정하는 통지, 보고, 기록의 유지 등의 통제 방식을 데이터에 대한 압수·수색영장의 집행에도 적용할 수 있는 통일적인 입법이 필요하다.

제4절 사업자에 대한 영장 집행 절차와 방식의 현실화

1. 피의자 참여권 통지의 생략

가. 피의자 참여권 통지와 관련한 법원의 입장

카카오톡 대화 내용을 확보하기 위해 카카오톡 서버에 대한 압수수색을 실시하면서 피의자에게 압수수색 사실을 알려주지 않은 사안에서 서울중앙법원은 "카카오톡에 대한 압수수색 집행 과정에서 피의자 또는 변호인에게 집행의 일시와 장소를 통지하지 않았고 통지의 예외 사유인 형사소송법 제122조의 '급속을 요하는 때'에도 해당하지 않는다며 해당 사건의 압수수색은 참여권을 보장하지 않아 위법하다."고 판단하였다.[28] 대법원은 이메일에 대한 압수·수색

28 서울중앙지방법원 2016.2.18. 2015보6 준항고 결정.

1. 사실관계

검찰은 2014.5.18. 열린 '세월호 참사 추모 침묵행진'을 기획한 혐의로 피의자인 준항고인을 수사하면서 준항고인의 카카오톡 대화 내용 등을 확보하기 위해 카카오톡 서버에 대한 압수·수색을 실시한 후 2014. 11.경 준항고인을 '집회및시위에관한법률위반' 등으로 불구속기소하였다.

준항고인은 불구속기소된 이후 뒤늦게 카카오톡 대화 내용의 압수수색 사실을 알게 되었고, 이에 준항고인은 검찰이 압수수색 사실을 미리 알려 주지 않아 참여권을 보장하지 않았고, 집행 당시 영장 원본을 제시하지도 않았으며, 압수목록도 교부하지 않았고, 범죄 혐의와 관련 없는 카카오톡 대화 내용도 모두 압수하였다는 이유로 서울중앙지방법원에 위 압수·수색 처분은 위법하므로 취소하여 달라는 내용의 준항고를 제기하였다.

2. 결정의 요지

준항고 법원은 이 사건 압수·수색의 위법성에 대하여, "피의자 등에게 압수·수색영장 집행 과정에 참여권을 보장한 것은 압수·수색 집행의 절차적 적법성을 확보하여 영장주의를 충실하게 구현하기 위한 것인데, 피의자 등에게 참여권이 보장되지 않았다면 특별한 사정이 없는 이상 압수·수색은 위법하다.", "특히 형사소송법 제122조 단서의 '급속을 요하는 때'에 해당하는지 여부와 관련하여, '급속을 요하는 때'란 '압수·수색영장 집행 사실을 미리 알려주면 증거물을 은닉할 염려 등이 있어 압수·수색의 실효를 거두기 어려운 경우'를 의미하는 데, 압수·수색의 대상인 카카오톡 대화 내용은 주식회사 카카오톡의 서버에 보관 중으로 피의자 등이 접근하여 관련 정보를 은닉하거나 인멸할 수 있는 성질의 것이 아니고, 수사기관은 영장이 발부된 후 이틀이 지나 압수·수색을 실시하여 급박하게 이루어진 것으로 볼 수 없다고 보아 예외 사유에도 해당하지 않는다."고 판단하였다. 나아가 압수·수색 처분을 취소할지 여부에 대하여, "수사기관의 증거 수집 과정에서 영장주의 등 절차적 적법성을 확보하고 국민의 기본권을 보장하여야 할 필요와 실체적 진실 규명의 요청을 비교, 형량하여 참여권을 보장하는 취지, 급속하게 집행될 사유가 없었던 사정, 압

영장을 집행하면서 피의자에 대한 사전통지를 결략한 사안에서 "형사소송법 제122조의 급속을 요하는 때라 함은 압수·수색영장 집행 사실을 미리 알려주면 증거물을 은닉할 염려 등이 있어 압수수색의 실효를 거두기 어려울 경우를 의미한다."고 판단하였다.[29]

나. 압수수색에서 법원과 수사기관의 차이

법원의 압수수색에는 검사, 피고인 또는 변호인이 압수·수색영장의 집행에 참여할 수 있으며(형사소송법 제121조) 법원은 검사, 피고인 또는 변호인이 압수·수색영장의 집행에 참여하지 않는다고 의사를 명시하거나 급속을 요하는 경우가 아닌 한 미리 압수·수색영장을 집행하기 전에 영장 집행의 일시와 장소를 통지하여야 한다(형사소송법 제122조).

법원의 압수수색에서 참여권자는 재판의 당사자들이며 피고인도 당사자로서의 지위를 가지기 때문에 검사와 동등하게 법원의 집행 현장에 참여할 수 있도록 규정한 것이다. 반면, 수사 중의 압수수색은 범죄의 혐의를 확인하거나 아직 확정되지 않은 피의자를 특정하는 경우에도 활용되는 등 피의자가 수사기관과 동등한 당사자로서의 지위를 가지기보다는 수사 대상으로서의 지위를 가지게 된다. 많은 수사 사례에서 범죄는 존재하나 피의자가 특정되지 않은 경우가 비일비재하며 설사 피의자가 특정된 경우라도 증거인멸 및 도주의 우려를 방지하기 위해 수사의 밀행성이 유지되어야 할 필요성도 존재한다.

결국 공소가 제기된 피고인과 공소를 제기한 검사는 대등한 당사자의 지위를 갖기 때문에 법원이 주도하여 증거를 수집할 때에는 당연히 검사나 피고인을 배제해서는 안 되고 양측의 입회하에 공정하게 증거를 조사해야 하며 법

수·수색으로 확인한 자료가 준항고인의 내밀한 사생활의 비밀에 속하는 사정 등에 비추어 압수·수색 영장의 원본의 제시, 압수물 목록 교부, 피의 사실과의 관련성 등 준항고인의 나머지 주장에 대하여 더 나아가 살펴볼 필요없이 이 사건 압수·수색의 취소는 면할 수 없다."고 결정하였다.

29 "수사기관이 이 사건 이메일 압수·수색영장 집행시 급속을 요하는 때에 해당한다고 보아 사전통지를 생략한 것이 위법하다는 피고인들의 주장을 배척한 제1심판결을 그대로 유지한 조치는 정당한 것으로 수긍이 가고, 거기에 상고이유 주장과 같이 압수·수색영장 집행이나 위법수집증거배제법칙에 관한 법리를 오해하는 등의 위법이 있다고 할 수 없다."; 대법원 2012.10.11. 선고 2012도7455 판결.

원의 압수수색 집행 대상이 피고인의 물건이 아니라고 할지라도 피고인에게 참여권이 보장되어야 한다. 그런데 법원의 압수수색에 관한 피고인 참여권 규정을 그대로 수사기관에 준용할 때에는 문제가 발생한다. 공개가 원칙인 재판과는 달리 비공개가 원칙인 수사에서 장래 피고인이 될지도 모른다는 이유 때문에 피의자에게 증거물 수집 또는 증거조사에 대한 입회권을 부여하는 것은 바람직한 일이 아니다. 따라서 피의자가 피압수자가 아닌 경우에 피의자에게 참여권을 주는 조항들은 개정이 시급하다.

다. 당사자 참여 규정의 취지와 통지 생략의 가능성

디지털 증거와 관련하여 증거능력상 진정성 문제가 다투어지므로 피의자나 소유자를 참여하게 하고 확인을 받는 절차를 거치면 향후에 다툼의 소지를 없앨 수 있어 소송 진행을 원활히 할 수 있고, 나아가 검색 과정이 복잡할 때 소유자의 도움을 받을 수 있어서 편리할 수도 있고 이러한 편리를 도모하기 위해 수사기관이 임의로 피의자나 소유자를 참여하게 할 수는 있으나 참여가 피의자의 권리는 아니라는 의견[30]도 있다.

반면, 피의자 또는 참여권자의 참여, 영장의 제시 등을 규정한 형사소송법의 취지에 대해 대법원은 "영장주의에 의한 적법한 집행을 확보하고, 피압수자 측의 사생활의 비밀과 자유, 주거의 자유, 경제활동의 자유 등과 같은 기본적 인권을 보호하기 위한 것"이라는 입장이며 특히 피의자 등의 참여권에 대해서는 "수사기관의 압수·수색에 피의자 또는 변호인, 책임자 등의 참여를 보장하는 형사소송법 제219조, 제121조, 제123조의 규정이 영장에 의한 적법한 압수·수색을 사전에 실효성 있게 확보하기 위한 제도적 수단으로서 중요하게 작용할 수 있다. 수사기관이 저장매체에 대한 압수·수색 과정에서 피압수자 측에게 참여의 기회를 주지 않게 되면 수사기관은 무관정보를 제한 없이 취득할 수 있게 되어 압수·수색의 대상을 유관정보에 한정한 영장의 적법한 집행을 확보할 수 없게 된다."고 판시하고 있다.[31]

---

30 이완규, "디지털 증거 압수수색과 관련성 개념의 해석," 법조, 62(11), 2013, 150면.
31 대법원 2015.7.16. 2011모1839 전원합의체 결정.

대법원은 피의자 등의 참여권과 피압수자의 참여권을 분리하지 않은 채 종합하여 판시하고 있으나 대법원이 밝힌 바와 같이 "영장의 적법한 집행을 확보"하기 위해서는 피압수자의 참여만으로도 그 목적을 달성할 수 있기 때문에 형사소송법 제121조, 제219조에 따른 피의자의 참여가 없는 경우 적법한 압수·수색영장의 집행이 보장되지 않는다고 볼 것은 아니다.

특히 사업자가 보관하는 데이터에 대한 영장의 집행에 있어서는 피압수자 측의 사생활의 비밀과 자유, 주거의 자유, 경제활동의 자유 등의 침해상황, 무관정보를 제한 없이 취득할 수 있는 상황이 발생하지 않기 때문에 당사자 참여의 필요성이 현저히 떨어지게 되며 대용량의 데이터베이스를 보유한 사업자가 데이터 관리 소프트웨어를 통해 압수·수색영장에 기재되어 있는 자료를 선별할 때 선별 현장에 피의자 등이 참여할 실익은 크지 않다.

라. 제219조 준용규정의 적정성 판단

형사소송법 제121조, 제122조[32]는 제1편 총칙 제10장 법원의 압수수색에 관한 장에 위치하며 수사기관의 압수수색에 대해서는 제2편 제1심 제1장 수사 부분에서 제219조[33]에 의해 제121조, 제122조를 준용하는 방식을 채택하고 있다.

그런데 형사소송법 제121조와 제122조를 수사 과정에 적용하여 '피압수자가 아닌' 사건의 피의자에게 압수·수색영장을 집행한다는 사실을 통지할 경우 수사 비밀의 사전 누설 및 압수할 데이터의 인멸, 은닉을 초래할 위험이 있을 뿐만 아니라 피의자의 도주 등으로 피의자의 참여를 기대하기 어려운 경우 및 수사 초기 단계로서 피의자가 확정되지 아니한 경우에는 통지가 현실적으로

---

32 제121조(영장 집행과 당사자의 참여) 검사, 피고인 또는 변호인은 압수·수색영장의 집행에 참여할 수 있다.
제122조(영장 집행과 참여권자에의 통지) 압수·수색영장을 집행함에는 미리 집행의 일시와 장소를 전조에 규정한 자에게 통지하여야 한다. 단, 전조에 규정한 자가 참여하지 아니한다는 의사를 명시한 때 또는 급속을 요하는 때에는 예외로 한다.

33 제219조(준용규정) 제106조, 제107조, 제109조 내지 제112조, 제114조, 제115조제1항 본문, 제2항, 제118조부터 제132조까지, 제134조, 제135조, 제140조, 제141조, 제333조제2항, 제486조의 규정은 검사 또는 사법경찰관의 본장의 규정에 의한 압수, 수색 또는 검증에 준용한다. 단, 사법경찰관이 제130조, 제132조 및 제134조에 따른 처분을 함에는 검사의 지휘를 받아야 한다.

불가능하다는 문제도 있다.[34] 특히 사업자가 보관하고 있는 데이터 중 서비스 가입자인 피의자도 원격에서 접근이 가능한 데이터 대해 사업자를 대상으로 압수·수색영장을 집행할 때 피의자에게 이 사실을 사전에 통지한다는 것은 수사기관이 피의자에게 증거인멸을 적극적으로 유도하는 것과 다를 바 없다.

법원이 직접 압수수색할 때의 정황과 수사기관이 압수수색할 때의 사정은 다르다는 점도 고려해야 한다. 법원이 압수·수색영장을 집행하는 시점은 이미 관련 증거가 확보되고 공소가 제기된 이후이어서 수사의 밀행성이 결부될 필요가 없기 때문에[35] 당사자들의 참여권을 보장하는 것이 타당하나 수사기관이 압수·수색영장을 집행할 때 피의자 참여권을 보장하고 집행 사실을 통지하도록 하는 것은 수사 현실과 전혀 부합하지 않는다.

우리와 유사한 조문체계를 가진 일본의 형사소송법은 법원의 압수 단계에서 인정되는 당사자 참여권을 수사 절차에 준용하지 않고 있다.[36] 일본 형사소송법 제113조는 입회권과 입회통지의무를 부과하고 있는데 수사기관에 이를 준용하는 제222조는 제113조에 대한 준용을 명시적으로 배제하고 있다. 이에 반해 우리의 형사소송법은 제121조와 제122조에서 참여권과 통지의무를 규정하고 제219조에서 '제118조부터 제132조까지' 포괄적으로 앞의 조문들을 준용하는 태도를 보이고 있다.

1949년 형사소송법요강안과 법제편찬위원회의 심의에서 "형사소송법의 편

---

34 박혁수, "디지털 정보 압수·수색의 실무상 쟁점," 형사법의 신동향, 통권 제44호, 2014, 94면.

35 김기준, "수사단계의 압수수색 절차 규정에 대한 몇 가지 고찰," 형사법의 신동향, 통권 제18호, 2009, 4면.

36 일본형사소송법 제113조 ① 검찰관 · 피고인 또는 변호인은 압수장 또는 수색장의 집행에 입회할 수 있다. 단 신체의 구속을 받고 있는 피고인은 그러하지 아니하다.
② 압수장 또는 수색장의 집행을 하는 자는 미리 집행의 일시 및 장소를 전항의 규정에 의하여 입회할 수 있는 자에게 통지하여야 한다. 단 이들이 미리 재판소에 입회하지 아니하는 의사를 명시한 경우 및 급속을 요하는 경우에는 그러하지 아니하다.
③ 재판소는 압수장 또는 수색장의 집행에 대하여 필요한 때에는 피고인을 이에 입회하도록 할 수 있다.
第222조 ① 제99조, 제100조, 제102조 내지 제105조, 제110조 내지 제112조, 제114조, 제115조 및 제118조 내지 제124조의 규정은 검찰관·검찰사무관 또는 사법경찰직원이 제218조, 제220조 및 전조의 규정에 의하여 하는 압수 또는 수색에 대하여, 제110조, 제112조, 제114조, 제118조, 제129조, 제131조 및 제137조 내지 제140조의 규정은 검찰관·검찰사무관 또는 사법경찰직원이 제218조 또는 제220조의 규정에 의하여 하는 검증에 대하여 이를 준용한다. 단 사법순사는 제122조 내지 제124조에 규정된 처분을 할 수 없다.

찬은 현행 형사소송법규(의용형사소송법을 의미함)를 참고로 하여 민주주의적 형사재판제도를 확립도록 제정할 것"으로 가결하여[37] 제정 형사소송법이 일본의 형사소송법을 기초로 하였음이 확인된다.

1954년 형사소송법초안[38]은 현행 제121조와 제122조에 대응하는 규정을 제117조 및 제118조에 규정하고 제222조에서 이를 수사기관의 압수수색에 준용하도록 작성하였는 데 형사소송법안에 대한 독회 과정에서 법제사법위원장 김정실은 "초안에 있어서는 공판중심주의를 철저화시켜 모든 증거 그것이 증거물이거나 증거서류이거나를 막론하고 공판정에 제출케 하여 피고인에 비판의 기회를 부여하고 증인신문, 압수수색에 있어서의 피고인의 참여권과 반대신문권이 인정되고 자백만으로써 유죄의 판결을 받지 않도록 한 것입니다."라고 발언[39]함으로써 압수수색에 있어 피고인의 참여권은 공판중심주의의 철저화를 위한 것이라는 점을 명백히 하였다. 또한 제정형사소송법 국회법제사법위원회 수정안에 "당사자(검사, 피고인, 피의자, 변호인)의 참여권 및 신문권을 인정한다. 즉 압수·수색영장의 집행에의 참여(121조, 219조), 검증에의 참여(145조, 121조, 219조), 증인신문에의 참여 및 증인에 대한 직접신문(163조), 감정에의 참여(176조) 등 권한이 인정되었다. 따라서 이들 경우에는 미리 당사자에게 일시, 장소 등을 통지하여야 한다."고 기재[40]되어 있는 것으로 보아 일본의 형사소송법을 기초로 하였으나 이와는 다르게 압수·수색영장의 집행에 참여할 수 있는 권리를 피의자에게도 부여한 것이 입법자의 의도였다는 것을 추정할 수 있다.

그런데 입법자의 의도와는 달리 수사 단계의 영장 실무에서 해당 규정을 그대로 적용하기에는 한계가 있다. 수사 단계에서 피의자는 형사재판에서의 당

---

37 신양균 편저, 『형사소송법 제개정 자료집(상)』, 한국형사정책연구원, 2009, 15면.

38 제117조 검사, 피고인 또는 변호인은 압수·수색영장의 집행에 참여할 수 있다.
제118조 압수 및 수색영장을 집행함에는 미리 집행의 일시와 장소를 전조에 규정한 자에게 통지하여야 한다. 그러나 전조에 규정한 자가 참여하지 아니한다는 의사를 명시한 때 또는 급속을 요하는 때에는 그러하지 아니하다
제210조 제104조, 제105조, 제107조 내지 제110조, 제112조, 제113조제1항 전단 제2항, 제115조 내지 제130조, 제135조, 제136조의 규정은 검사 또는 사법경찰관의 본장의 규정에 의한 압수, 수색 또는 검증에 준용한다. 그러나 사법경찰관이 제127조 내지 제129조의 규정에 의한 처분을 함에는 검사의 지휘를 받어야 한다.

39 신양균 편저, 『형사소송법 제개정 자료집(상)』, 한국형사정책연구원, 2009, 149면.

40 신동운, "제정형사소송법의 성립경위," 형사법연구, 22호, 2004, 215-216면.

사자와는 분명히 다른 지위를 가진다. 피의자가 아직 특정되지 않은 사건에서는 통지의 대상도 불명확하다. 사업자가 보관하는 데이터에 대해 압수수색을 할 때에는 수사 실무에서 사실상 피의자에 대한 통지가 생략되고 있었다. 피의자에 대한 금융거래자료를 수사기관에 제공한 경우 금융기관은 가입자인 피의자에게 사후통지를 해야 한다는 규정[41]이나 이메일 등에 대한 압수수색에서도 사후통지를 해야 한다는 규정[42]들은 사업자에 대한 압수수색에 있어서 피의자 또는 변호인에게 사전통지를 하여 참여시켜야 한다는 규정과 상호 모순된다.

공소제기된 사건에서 법원은 중립적인 제3자의 지위에 있으며 검사와 피고인은 당사자이다. 따라서 당사자가 법원의 압수수색검증에 참여하는 것은 당연하며 피고인에게 증거보전 또는 증인신문에 참여할 권한이 있는 것과 맥락이 같다. 법원의 영장 집행에 인정되는 당사자의 참여권은 수사 단계의 압수·수색영장 집행에서 책임자, 주거주 등이 참여하는 것과 맥락을 달리한다. 우리 제정 형사소송법의 모델이 되었던 일본 형사소송법은 압수수색에서 책임자, 주거주, 간수자 등을 참여시키는 규정[43]을 수사기관의 압수수색에 그대로 준용하고 있는 반면, 법원의 영장 집행에 참여할 피고인의 참여권에 대해서는 수사상

41 금융실명법 제4조의2(거래정보등의 제공사실의 통보) ① 금융회사등은 명의인의 서면상의 동의를 받아 거래정보등을 제공한 경우나 제4조제1항제1호·제2호(조세에 관한 법률에 따라 제출의무가 있는 과세자료 등의 경우는 제외한다)·제3호 및 제8호에 따라 거래정보등을 제공한 경우에는 제공한 날(제2항 또는 제3항에 따라 통보를 유예한 경우에는 통보유예기간이 끝난 날)부터 10일 이내에 제공한 거래정보등의 주요 내용, 사용 목적, 제공받은 자 및 제공일 등을 명의인에게 서면으로 통보하여야 한다.

42 통신비밀보호법 제9조의3(압수·수색·검증의 집행에 관한 통지) ① 검사는 송·수신이 완료된 전기통신에 대하여 압수·수색·검증을 집행한 경우 그 사건에 관하여 공소를 제기하거나 공소의 제기 또는 입건을 하지 아니하는 처분(기소중지결정을 제외한다)을 한 때에는 그 처분을 한 날부터 30일 이내에 수사대상이 된 가입자에게 압수·수색·검증을 집행한 사실을 서면으로 통지하여야 한다.
② 사법경찰관은 송·수신이 완료된 전기통신에 대하여 압수·수색·검증을 집행한 경우 그 사건에 관하여 검사로부터 공소를 제기하거나 제기하지 아니하는 처분의 통보를 받거나 내사사건에 관하여 입건하지 아니하는 처분을 한 때에는 그 날부터 30일 이내에 수사대상이 된 가입자에게 압수·수색·검증을 집행한 사실을 서면으로 통지하여야 한다.

43 일본형사소송법 제114조 ① 공무소 내에서 압수장 또는 수색장의 집행을 할 때에는 그 長 또는 그를 갈음할 자에게 통지하여 그 처분에 입회하도록 하여야 한다.
② 전항의 규정에 의한 경우를 제외하고 사람의 주거 또는 사람이 간수하는 저택, 건조물 또는 선박 내에서 압수장 또는 수색장을 집행할 때에는 住居主나 간수자 또는 이들을 갈음할 사람을 이에 입회하도록 하여야 한다. 이들을 입회하도록 할 수 없을 때에는 이웃사람 또는 지방공공단체의 직원을 입회하도록 하여야 한다.

준용하지 않고 있다. 이러한 점으로 보아 일본형사소송법이 법원의 압수수색에서 피고인의 참여권을 보장하는 조항을 수사에는 준용하지 않겠다는 의사를 명백히 한 것으로 판단된다. 독일에서도 압수수색 시 피의자나 변호인의 참여권은 보장되지 않으며 미국에서도 피의자, 변호인의 참여권을 보장하는 판례나 입법이 발견되지 않고 오히려 압수수색 장소의 점유자 참여권도 보장하지 않고 있다.44

수사기관이 압수수색할 때 미리 압수수색 사실을 피의자에게 통지하는 것은 피의자가 증거를 은닉하거나 훼손, 멸실할 가능성을 증대시키기 때문에 압수의 효과를 담보할 수 없게 한다. 피의자 사전 통보 규정은 수사의 밀행성, 신속성 및 압수수색의 실효성과 대립하는 규정이다.45

우리 형사소송법 제107조는 우체물에 대한 제출명령을 하거나 압수한 경우 발신인이나 수신인에게 그 취지를 통지하도록 하는 규정을 두고 있고 통신비밀보호법 제9조의3은 수사기관이 이메일과 같은 전기통신에 대한 압수수색을 했을 경우 수사대상이 된 가입자에게 압수·수색·검증을 집행한 사실을 서면으로 통지하도록 하고 있다. 이러한 통지는 사후통지를 의미하는 것으로 발신인, 수신인 또는 가입자에 대한 사전통지 또는 참여권을 염두에 두지 않은 조항이다. 즉, 수사기관의 압수수색에서 피의자 등에게 미리 통지해야 한다는 제219조 준용규정과는 모순된다.

제219조 준용규정은 법률 상호 간 모순을 야기하고 수사 실무와도 부합하지 않기 때문에 이를 개정할 필요가 있으며 개정 이전이라도 사업자가 보관하는 데이터에 대해 압수·수색영장을 집행할 때는 제219조, 제121조, 제122조의 엄격한 적용을 지양하는 것이 바람직하다.

다만, 형사소송법 제정 당시 입법자가 피의자에게 참여권과 방어권을 부여하고자 했던 취지를 몰각해서는 안 된다. 수사기관의 압수·수색영장 집행 현장에서 영장 집행의 남용을 억제하기 위해 독립된 제3자 또는 기관에 의한 감독을 받도록 하고 압수수색 이후 침해된 개인정보주체에 대한 통지를 이행

---

44 김기준, “수사단계의 압수수색 절차 규정에 대한 몇 가지 고찰,” 형사법의 신동향, 통권 제18호, 2009, 4–5면.

45 강구민·김창우·오경식, “압수·수색영장 집행에 있어 참여권자에 관한 소고,” 법학논총, 22(2), 2015, 532면.

하거나 피의자의 증거개시 요구에 수사기관이 적극적으로 응대하고 불필요한 데이터의 삭제, 파기 요구권 등을 도입하는 조치가 필요하다. 유럽에서 통용되는 EU 일반 개인정보 보호법(General Data Protection Regulation (EU) 2016/679)은 개인정보의 처리에 대한 통제와 감독을 위해 독립적인 기관을 설립하도록 하고 있는데 우리 형사소송에서의 개인정보 처리 또는 데이터 취급에 관하여도 EU 일반 개인정보 보호법에서 규율하고 있는 외부 통제 장치를 도입하여 수사기관의 데이터 침해를 통제할 필요가 있다.

2. 영장 제시 방법의 현실화

가. 모사전송에 의한 영장 집행에 관한 법원의 입장

서울중앙지방법원은 2014고단4122 사건에서 "수사기관이 압수한 카카오톡 대화 기록은 압수·수색 당시 카카오톡에 압수·수색영장의 원본을 제시하지 않았고 팩스로 보냈으며 사후에도 영장의 원본을 제시하지 않았으며, 압수·수색영장 집행 후 압수물 목록도 교부하지 아니하여 카카오톡 대화 기록은 위법수집증거이므로 증거능력이 인정되지 않는다."고 판시하였다.[46]

대법원은 수사기관이 금융거래자료와 이메일에 대한 영장을 모사전송의 방법으로 집행한 사건에서 "영장은 처분을 받는 자에게 반드시 제시되어야 하고(형사소송법 제219조, 제118조[47]), 압수물을 압수한 경우에는 목록을 작성하여 소유자, 소지자 등에게 교부하여야 한다(같은 법 제219조, 제129조). 이러한 형사소송법과 형사소송규칙의 절차 조항은 헌법에서 선언하고 있는 적법절차와 영장주의를 구현하기 위한 것으로서 그 규범력은 확고히 유지되어야 한다. 그러므로 형사소송법 등에서 정한 절차에 따르지 않고 수집된 증거는 기본적 인권 보장을 위해 마련된 적법한 절차에 따르지 않은 것으로서 원칙적으로 유죄 인정의 증거로 삼을 수 없다."고 판시[48]하였고 이메일에 대해 모사전송의 방법

46 https://m.lawtimes.co.kr/Content/Info?serial=99212 (2020.2.24. 검색).

47 형사소송법 제118조(영장의 제시) 압수·수색영장은 처분을 받는 자에게 반드시 제시하여야 한다.

48 대법원 2019.3.14. 선고 2018도2841 판결.

으로 영장을 집행한 사안에서는 "수사기관은 위 압수·수색영장을 집행할 당시 공소외 1 주식회사에 팩스로 영장 사본을 송신한 사실은 있으나 영장 원본을 제시하지 않았고 또한 압수조서와 압수물 목록을 작성하여 이를 피압수·수색 당사자에게 교부하였다고 볼 수도 없다고 전제한 다음, 위와 같은 방법으로 압수된 위 각 이메일은 헌법과 형사소송법 제219조, 제118조, 제129조가 정한 절차를 위반하여 수집한 위법수집증거로 원칙적으로 유죄의 증거로 삼을 수 없고, 이러한 절차 위반은 헌법과 형사소송법이 보장하는 적법절차 원칙의 실질적인 내용을 침해하는 경우에 해당한다."고 판시[49]하였다.

나. 수사기관의 영장 집행 관행

수사기관은 1990년대 후반부터 업무의 효율성을 제고하기 위해 금융, 통신사 등을 대상으로 모사전송과 전자우편을 이용해 영장을 제시하였고 지난 20년 동안 아무런 탈없이 운영되어 왔다.[50]

모사전송의 방법 등에 의한 전자적 제시는 수사의 신속성, 효율성 그리고 밀행성을 보장하고 집행 현장에서 당사자 간에 마찰을 최소화할 수 있어 적극 활용되고 있다. 경찰청의 통계에 따르면 영장의 전자적 제시 건수가 물리적 제시 건수를 이미 넘어섰다. 2017년 금융영장 신청 건수(116,889건)는 전체 압수·수색영장 신청 건수(203,977건) 중 57.3%를 차지할 정도이다.[51]

모사전송 등의 방법으로 영장을 집행할 때 수사관은 집행하는 사람이 누구인지를 알리기 위해 신분증 사본을 함께 전송하고, 이를 접수받은 곳에서는 수사관의 신분을 가진 사람이 진정하게 성립된 영장의 사본을 전송하였다고 판단하면 영장에 기재된 사항을 조회하여 수사기관에 회신한다. 이때, 모사전송, 이메일(e-mail) 혹은 CD, DVD, USB 등의 이동식 저장매체를 통해 회신하게 되는데, 가입자 정보 등 압수하는 데이터의 양이 적은 경우 모사전송 방법으로 회신되기도 하지만, 대량의 데이터인 이메일 자료, 통화 내역, 기지국 위치자료, 로그 기록 등은 첨부 파일 형식으로 이를 요청한 수사관의 이메일로

49 대법원 2017.9.7. 선고 2015도10648 판결.
50 김기범, "압수·수색영장의 전자적 제시에 관한 입법적 연구," 경찰학연구, 18(2), 2018, 150면.
51 김기범, "압수·수색영장의 전자적 제시에 관한 입법적 연구," 경찰학연구, 18(2), 2018, 151면.

전송해주는 것이 대부분이다. 위와 같이 사업제가 보관하는 데이터를 회신받은 수사관은 회신받은 데이터를 출력하여 수사기록에 첨부하여 이를 송치해 왔다.[52] 수사 실무상 영장의 집행과 자료를 제공받는 과정 전체는 일반적인 압수수색과 전혀 다른 모습을 하고 있다.

다. 모사전송에 의한 영장 집행의 연혁과 성질

통신사실확인자료를 취득하기 위해서 법관의 허가서가 필요함에도 불구하고 이의 집행은 모사전송의 방식에 의한다. 이는 2005년 통신사실확인자료의 승인주체가 법원의 허가 사항이 됨에 따라 정보통신부의 '통신비밀 보호업무 처리지침'이 제정되었고 동 지침에 따라 모사전송에 의한 요청을 하고 있다. 금융거래자료를 요구하기 위한 압수·수색영장의 집행에 관하여 금융실명거래 업무해설은 "금융정보제공을 요구할 때 금융위원회가 정하는 표준 양식에 의하여 팩스로 요청할 수 있다."라고 설명한다.[53] 법관의 심사를 통하여 영장주의의 적용을 받게 되었다는 통신사실확인자료의 경우 모사전송에 의한 집행을 허용하면서 사실상 자료의 요구와 제공의 방식이 다르지 않은 이메일 자료 등의 압수수색에는 이를 허용하지 않는 것은 균형에 맞지 않다.

1993. 8. 12 시행된 금융실명거래및비밀보장에관한긴급재정경제명령[54] 재무위원회에서 "비밀보장을 어떻게 일반 국민에게 확신시켜 줄 수 있는가 하는 점은 바로 실명제를 성공적으로 정착시킬 수 있는 관건이라고 말할 수 있습니다. 금융정보 자료 제공에 대한 한계를 보다 명확하게 명시하거나 금융기관이 다른 국가기관으로부터 부당한 자료 제공 요청을 거부할 수 있는 법적 제도적 장치를 강화해야 한다고 봅니다."라는 질의내용에 대해 재무부장관은[55] "정부도 금융실명제를 성공적으로 정착시키기 위해서는 금융거래정보에 대한 비밀

---

52 이정희·김지현, "제3자 보관 디지털 증거의 압수 관련 문제점 및 개선방안 연구," 디지털포렌식연구, 8(1), 2014, 87면.

53 나. 정보제공 요구방법(실명법 제4조제2항) (1) 다음 각호의 사항을 기재한 금융위원회가 정하는 표준 양식(금융위원회고시(2009－49호): 72~75쪽 참조)에 의하여 요구하는 경우에 정보제공 가능 (FAX 요청 시도 가능); 은행연합회, 금융실명거래 업무해설, 2016.8, 46면.

54 금융실명거래및비밀보장에관한긴급재정경제명령 [시행 1993.8.12.] [대통령긴급재정경제명령 제16호, 1993.8.12., 제정].

55 제14대 국회 163회 1차 재무위원회 국회회의록.

보장이 무엇보다도 중요하다고 생각되어서 그 보완대책을 강구하였습니다. 먼저, 이번 긴급명령의 제목을 금융실명거래및비밀보장에관한긴급명령으로 해서 정부의 비밀보장에 대한 정책의지를 분명히 하였습니다. 또한 금융거래정보는 예금주의 동의없이는 원칙적으로 요구하거나 제공되지 못하도록 하고 법원의 제출명령, 조세에 관한 법률에 의한 조사, 금융감독 검사에 필요한 경우 법률에 의해서 불특정 다수인에게 공개가 인정되어 제공하는 경우에 한해서만 예외적으로 금융정보가 제공되도록 하되 이 경우에도 필요한 최소한의 범위 내에서 문서에 의해서 특정 점포별로 요구하도록 하고 부당한 정보제공 요구를 받는 경우에도 금융기관이 이를 거부하도록 의무화하였습니다."라고 답변하였다.

금융거래자료는 강제집행에 의한 압류의 개념이 아니라 그간 공문 등에 의해 쉽게 제공되던 관행을 개선하여 금융거래의 비밀을 보장하는 것이 법의 취지이며 "문서에 의해" 자료를 요구하도록 하고 이러한 문서의 방식에 대해서 금융기관 연합회가 정하여 모사전송집행을 허용하였다면 이러한 방식도 제시의 개념에 포함시켜야 함이 타당하다.

형사소송법 제118조의 입법 취지는 법관이 발부한 영장 없이 압수수색하는 것을 방지하고 압수·수색영장에 기재된 물건, 장소, 신체에 대해서만 압수수색을 하도록 하려는 것을 보장하는 데 있다.[56] 영장의 제시라는 일정한 형식을 거치도록 함으로써 수사기관이 행하는 강제처분의 적법성을 시민에게 가시적으로 납득시킴과 동시에 수사기관의 강제처분 남용을 심리적으로 견제하는 이중의 효과가 있다.[57] 영장을 피처분자에게 제시할 것을 요구하고 있는 취지는 피처분자로 하여금 압수수색의 이유와 범위를 포함한 그 내용을 알게 함으로써 개인의 프라이버시와 재산권의 침해를 최소화하면서 절차의 명확성과 공정성을 담보하기 위함으로 해석할 수 있다.[58]

그러나 사업자가 보관하는 데이터에 대한 압수수색의 경우 오프라인에서

---

56 이영돈, "수사상 압수수색영장의 제시 – 미국의 Knock and Announce Rule과의 비교 –," 경찰법연구, 11(1), 2013, 224면.

57 신동운, 『신형사소송법』, 제5판, 법문사, 2014, 230면.

58 강구민·김창우·오경식, "압수·수색영장 집행에 있어 참여권자에 관한 소고," 법학논총, 22(2), 2015, 531면; 민영성, "압수·수색영장의 집행에 있어서 '필요한 처분'과 영상사전제시 원칙의 예외," 인권과 정의, 제357호, 2006, 96면.

의 책임자, 주거주 또는 소지자, 소유자, 보관자의 지위는 데이터를 보유한 사업자가 될 것이고 자료를 제공하는 주체인 사업자와 합의된 방법으로 제시된다면 제118조의 취지에 부합한다고 해석하여야 한다.

라. 사본에 의한 제시의 허용성 판단

사업자가 보관하는 데이터의 취득을 목적으로 하는 압수수색은 모사전송에 의한 영장의 제시를 통해 자료를 요구하고 사업자 측은 사본의 형태로 자료를 제공하기 때문에 일반적인 압수수색에서와 같이 압류에 해당하는 행위와 수색에 해당하는 행위가 없음에도 불구하고 법원이 모사전송에 의한 영장의 제시가 "기본적 인권 보장을 위해 마련된 적법한 절차에 따르지 않은 행위"라고 판단한 것은 쉽게 납득하기 어렵다.

모사전송에 의한 영장의 집행은 정보통신의 발달에 따라 비로소 가능하게 된 것이다. 오히려 강제력을 행사하는 일반적인 방법에 비하여 덜 침해적인 비대면, 사본 제시 방법은 허용될 필요가 있음에도 통신비밀보호법을 제외하고 대부분의 법률에서 이에 대한 명시적 근거를 두지 않고 있어[59] 아쉬울 뿐이다.

사업자가 보관하고 있는 데이터에 대한 영장의 집행에 있어 모사전송에 의한 방법은 당초 영장의 제시를 통해 구현하려는 제반 목적을 침해하는 바가 없으며 수사 효율성과 자료를 제공하는 사업자의 편의성에도 부합하고 영장의 사본이 모두 사업자에게 전송되어 사업자가 영장의 기재사항을 면밀히 검토할 수도 있기 때문에 허용을 적극 검토하여야 한다. 다만, 사본의 진위 여부 등을 식별할 필요성이 있으며 사업자가 영장 사본의 진위 여부를 다투면서 자료 제공을 거부할 경우에는 진위를 입증하거나 원본을 제시하는 등의 방법을 취해야 한다.

---

59 김기범, "범죄수사에서 제3자 정보 요청에 관한 입법체계," *Crisisonomy*, 13(8), 2017, 90면.

제5절 보전명령, 제출명령 제도의 도입

1. 사업자의 수인의무 부여 필요성

텔레그램[60]과 같이 검열받지 않을 자유를 모토로 삼는 메신저 서비스의 경우 전송 도중에는 메시지가 암호화되어 있어 내용을 확인할 수 없으며, 서비스 사업자의 서버에 남아 있는 자료가 있더라도 사업자의 협조 없이는 그 자료를 확보할 방법이 없다. 애플 사는 미연방수사국(FBI)로부터 아이폰 인증체제에 대한 보안 해제를 요구받았으나 거부하였고[61] 우리나라 카카오 서비스는 수사기관의 감청 요청에 대한 협조를 거부하겠다고 밝히기도 했다.[62] 또한 암호화와 같은 최근의 기술들은 수사기관에게 강제처분의 권한이 주어진다고 할지라도 사업자의 협조 없이는 사실상 자료를 취득할 수 없도록 하고 있다.

금융계좌를 확인하기 위한 압수·수색영장의 집행, 카카오톡 대화 내용 등을 채록하기 위한 압수·수색영장의 집행 등에 있어서도 실무상 각 기관의 담당 부서를 통해 자료를 제출받고 있다. 대용량 서버 내에서 데이터를 복구하거나 수집하는 경우에도 해당 사업자의 협조 없이는 영장에 의한 강제집행은 사실상 불가능한 것이 현실이다.

압수·수색영장의 집행에 의한 강제처분이 아니라 사실상 사업자의 협조에 따라 임의제출 방식으로 자료를 취득하는 실태를 반영하여 수사기관의 직접 집행 방식이 아니라 사업자로 하여금 협조의무를 부과하는 제도를 도입하는 것이 현실에 부합한다.

---

60 텔레그램은 러시아 출신 파벨 두로프(36)와 니콜라이 두로프(40) 형제가 푸틴 정권의 검열을 피해 2013년 독일에서 만든 무료 메신저이다. 두로프 형제는 러시아에서 소셜미디어 '브콘탁테(VK)'를 개발한 엔지니어이다. 이들은 러시아 정부로부터 '반(反) 푸틴 운동' 가담자의 개인정보를 제출하라는 요구를 지속적으로 받았다. 하지만 두로프 형제는 이를 거부했고, 러시아를 떠나 독일로 망명했다. 독일에서 두로프 형제는 완벽한 보안을 자랑하는 메신저를 개발했는데 이게 바로 텔레그램이다.(https://www.chosun.com/site/data/html_dir/2020/07/13/2020071303159 2020.12.29. 검색)

61 The Guardian, "US government files appeal in New York iPhone unlocking case", 2016.3.7. 보도.

62 한겨레, "카카오, 수사기관 카톡 감청 협조 중단," 2016.10.14. 보도(http://www.hani.co.kr/arti/economy/it/765723.html#csidx9ef63ac42536b8292ed66848904c109).

또한 데이터 양의 증가에 따라 비용이 증가하므로 사업자 입장에서는 불필요한 데이터에 대한 저장 기간을 줄일 수 있기 때문에 일반적인 데이터는 삭제하더라도 범죄와 관련된 데이터에 대해서는 이를 보전할 수 있도록 하는 제도가 필요하다.

2. 보전명령의 의의

디지털 데이터는 범죄 혐의자가 증거를 인멸하기 위해 고의적으로 조작하거나 삭제할 수도 있으나, 데이터를 보관하고 있는 사업자의 부주의한 관리로 인해 상실될 수도 있으며, 데이터의 보관에 따른 비용 증대 등의 이유로 정기적으로 삭제하는 등 다양한 원인에 의해 소실될 수 있다. 특히 사업자는 개인정보 보호법에 따라 불필요한 개인정보를 파기하여야 하며 개인정보를 파기할 때에는 복구 또는 재생되지 않도록 조치하여야 한다.[63] 개인정보가 전자적 파일 형태로 되어 있는 경우에는 복원이 불가능한 방법으로 영구 삭제하도록 규정하고 있다.[64]

이와 같이 데이터 본연의 속성에 따른 삭제나 변조의 용이성, 개인정보 보호법과 같은 법규정에 따른 데이터의 삭제 또는 파기로 인하여 데이터의 휘발성은 높은 편이다. 특히 트래픽 데이터는 일시적으로만 존재하기 때문에 강한

63 개인정보 보호법 제21조(개인정보의 파기) ① 개인정보처리자는 보유기간의 경과, 개인정보의 처리 목적 달성 등 그 개인정보가 불필요하게 되었을 때에는 지체 없이 그 개인정보를 파기하여야 한다. 다만, 다른 법령에 따라 보존하여야 하는 경우에는 그러하지 아니하다.
② 개인정보처리자가 제1항에 따라 개인정보를 파기할 때에는 복구 또는 재생되지 아니하도록 조치하여야 한다.
③ 개인정보처리자가 제1항 단서에 따라 개인정보를 파기하지 아니하고 보존하여야 하는 경우에는 해당 개인정보 또는 개인정보파일을 다른 개인정보와 분리하여서 저장·관리하여야 한다.
④ 개인정보의 파기방법 및 절차 등에 필요한 사항은 대통령령으로 정한다.

64 개인정보 보호법 시행령 제16조(개인정보의 파기방법) ① 개인정보처리자는 법 제21조에 따라 개인정보를 파기할 때에는 다음 각 호의 구분에 따른 방법으로 하여야 한다.
1. 전자적 파일 형태인 경우: 복원이 불가능한 방법으로 영구 삭제
2. 제1호 외의 기록물, 인쇄물, 서면, 그 밖의 기록매체인 경우: 파쇄 또는 소각
② 제1항에 따른 개인정보의 안전한 파기에 관한 세부 사항은 보호위원회가 정하여 고시한다.

휘발성을 가지고 있다. 수사기관이 사실의 증명을 위해 가치가 있는 데이터 등을 확보할 수 있는 방법으로 현행법상 압수수색과 통신비밀보호법에 의한 허가서가 있다. 하지만 압수·수색영장이나 허가서를 신청하고 발부할 때까지 소요되는 시간 동안에 증거가 훼손될 가능성이 있다.[65]

형사소송법 제184조 제1항은 "검사, 피고인, 피의자 또는 변호인은 미리 증거를 보전하지 아니하면 그 증거를 사용하기 곤란한 사정이 있는 때에는 제1회 공판기일 전이라도 판사에게 압수, 수색, 검증, 증인신문 또는 감정을 청구할 수 있다."고 규정함으로써 "미리 증거를 보전하지 아니하면 그 증거를 사용하기 곤란한 사정"이라는 증거의 산일 방지 필요성에 대해 이미 인식하고 있다. 다만, 이 규정은 수사기관보다는 피고인, 피의자 등에 대해 유효한 규정이며 판사에게 압수수색검증, 증인신문 또는 감정을 청구할 수 있음을 의미하므로 사업자에게 직접 데이터의 보전을 명령하거나 요청하는 것과는 맥락을 달리한다.

따라서 수사기관이 데이터를 지득, 채록하기 위해 별도의 절차를 거쳐 영장 또는 허가서를 집행하기 전 단계에서 디지털 데이터를 피처분자 등이 삭제하거나 자동으로 소실되는 것을 방지하고 보전하는 예비처분[66]으로서 보전명령 제도를 도입할 필요가 있다.

3. 제출명령의 의의

법원의 압수에 관하여 형사소송법 제106조에 압수라는 제목을 부여하고 제1항에서 증거물, 몰수물의 압수에 관하여 규정하고 제2항에서[67] 제출명령을 규정하고 있다. 수색에 관하여는 조항을 달리하여 제109조에서 피고인 또는 피고인 아닌 자의 신체, 물건 또는 주거, 그 밖의 장소에 대한 수색을 규정하고 있다. 수사기관의 압수수색검증에 관하여는 제215조에서 법원의 영장에 의해

65 최호진, "저장된 데이터의 보전명령제도 도입을 위한 시론(試論)", 형사정책, 31(2), 2019, 292면.

66 김연희. "디지털 증거 보전명령제도 도입에 관한 소고," 법학연구, 23(3), 2020, 5면.

67 법원은 압수할 물건을 지정하여 소유자, 소지자 또는 보관자에게 제출을 명할 수 있다.

압수, 수색, 검증을 할 수 있다고만 규정할 뿐 제106조 제2항 제출명령 권한을 수사기관에 부여하지는 않고 있다. 카카오톡 대화 내용에 대한 압수, 이메일에 대한 압수, 통신자료 제공 요청허가서 등의 집행은 영장의 집행이라기보다는 실질적으로 법원의 자료 제출명령과 더욱 유사함에도 불구하고 수사기관은 압수·수색영장 또는 허가서를 집행하고 있는 것이 현실이다.

사업자가 보관하고 있는 데이터의 취득은 영장의 제시와 사업자의 협조에 따른 데이터의 임의제출 형식으로 이루어지기 때문에 영장의 집행을 통해 침해되는 이익이 크지 않은 반면 수사의 밀행성을 보장하고 그 효율성을 증대시키며 영장의 제시와 자료의 제출 과정이 오히려 투명하게 유지되는 이익도 있기 때문에 유체물에 대해 강제력을 행사하면서 이루어지는 압수·수색영장의 집행과는 다르게 평가되어야 한다. 수사 실무에서는 압수수색검증영장이라는 단일영장을 발부받아 집행하는 관행 때문에 이에 대한 명백한 구분의 필요성을 느끼지 못하였으나 취득할 정보의 양, 특성, 소재, 취득 방법에 따라 영장을 세분화하여 압수영장, 수색영장, 제출명령장[68]으로 구분할 필요가 있다. 특히, 강제력을 행사하지 않은 데이터의 취득에 대해서는 법관의 심사를 받은 자료제출명령장 등의 제도를 도입하고 명령장의 집행 방법에 관하여도 현실적인 규정이 마련되어야 한다.

압수영장은 압수할 대상, 즉 취득해야 할 디지털 데이터의 범위, 소재가 특정되어 디지털 데이터의 소재를 수색할 필요가 없을 때 사용되고 수색영장(또는 압수·수색영장)은 수색의 범위와 압수할 데이터의 종류만이 정해졌을 뿐 범죄와 관련이 있는 디지털 데이터의 범위와 내용이 구체적으로 정해지지 않은 경우 사용될 수 있다. 반면, 제출명령장은 데이터의 조회와 수색 및 자료 제공의 방법이 데이터 정보제공자의 선택에 의해 이루어지고 그 집행에 수사기관의 강제력이 동원되지 않는 경우에 사용될 수 있다. 제출명령장이 도입되면 금융계좌에 대한 압수·수색영장은 제출명령장으로 대체될 것이며 통신비밀보호법상 운영되는 통신사실확인자료 제공요청허가신청제도도 제출명령장으로

68 현행 형사소송법은 수사기관의 제출명령 권한을 부여하지 않고 있으나 제출명령장제도를 도입하고자 한다면 형사소송법 제215조(압수, 수색, 검증) 각 항의 "지방법원판사가 발부한 영장에 의하여 압수, 수색 또는 검증을 할 수 있다." 부분을 "……… 압수, 수색, 검증 또는 제출명령 할 수 있다."로 개정하면 된다.

포섭될 수 있다.

압수영장과 제출명령장은 수색에 관하여 정보처리자에게 강제력이 행사되지 않게 된다. 자료 제공에 대해 동의하는 정보제공자에게는 임의수사와 전혀 다를 게 없어 보이지만 수사기관에 제공되는 디지털 데이터의 내용이 타인의 개인정보 등에 관련되어 있을 경우 정보제공 행위(수사기관의 입장에서는 압수행위)는 제3자에 대한 정보의 유출이 이루어지게 되고 정보주체가 가지고 있는 개인정보자기결정권에 대한 침해가 이루어지기 때문에 정보처리자의 정보제공행위에 적법성을 보장해 주는 효과가 있게 된다.

영장을 위와 같이 구분하여 사용하면 제출명령장의 개념을 확대하여 정보제공명령의 기능 이외에 정보처리명령장과 같은 개념이 도입될 가능성이 있다. 정보처리명령장은 정보주체 또는 그로부터 데이터의 취급을 위탁받아 관리하는 제3자, 법익 수혜자와의 계약에 의해 생성된 데이터를 보관하고 관리하는 제3자에 대해 해당 데이터를 파기, 보관, 암호화, 이용중지하도록 명령하는 영장을 말하며 증거로 사용될 데이터뿐만 아니라 범인의 특정과 범인의 추적을 위한 데이터,[69] 현존하는 데이터뿐만 아니라 미래에 생성되는 데이터까지 보관 및 제공을 명령할 수 있고 금제품에 해당하는 데이터일 경우 법원의 몰수 선고를 기다리지 않고 법원의 영장심사만으로도 파기명령을 할 수 있는 영장으로 발전할 수도 있다.

위와 같이 제출명령장 제도를 도입하여 영장을 분리, 운용하게 되면 1차적으로는 관리처분권자로부터 데이터를 제공받는 방법에 의한 것을 구분함으로써 압수영장 발부와 운용에 대한 효율성을 제고할 수 있고 수색영장의 발부에 대해서는 사법심사 요건을 강화함으로써 수사기관의 남용을 억제하는 효과가 있다. 또한 데이터에 관한 취득에서 기본권을 더욱 충실히 보장하기 위해서는 과거의 규정에 얽매이기보다는 통신비밀보호법이나 금융실명법에서 규정하고 있는 사후통지제도, 관련 자료의 보관과 감사제도 등을 구체적으로 도입, 적용하는 방식으로 위법수사를 억제하는 방향의 입법이 이루어져야 한다.

69 김기범·이관희·장윤식·이상진, “정보영장 제도 도입방안 연구,” 경찰학연구, 11(3), 2011, 91면.

4. 참조 모델: 유럽평의회 사이버범죄협약

가. 개요 및 구성

각국에서는 국가 간 협력하거나 국가 단독으로 첨단 범죄에 대처하기 위하여 새로운 법체계와 법적 도구를 연구하고 법제화하는 작업을 진행해 왔다. 유럽평의회 사이버범죄협약(Council of Europe Convention on Cybercrime)은 국제적인 차원에서 새로운 법체계와 법적 수단을 마련하기 위해 이루어진 연구와 법제화 노력의 결과이다. 사이버범죄협약은 다수 국가가 사이버범죄에 대한 수사와 처벌을 위한 공조 체계를 마련하기 위해 만든 최초의 국제 협약이다. 이 협약은 유럽평의회의 옵저버국인 캐나다, 일본, 필리핀, 남아공, 미국의 참여하에 유럽평의회에 의해 초안이 마련되었다.[70] 2001. 11. 23. 헝가리 부다페스트에서 서명되고 2004. 7. 1. 발효되었다. 현재까지 65개국이 비준하였다.[71]

사이버범죄협약은 전문과 4장 및 48개의 조문으로 구성되어 있다.[72] 제1장은 협약에서 사용하는 용어의 정의를 규정하고, 제2장은 국가 단위에서 수행될 것들을 규정하고, 제3장은 국제 공조를, 제4장은 협약의 가입, 발효 및 유보 등을 규정하고 있다. 이 중 제2장 제1절은 실체법적 규정을 담고 있으며, 제2절은 컴퓨터 시스템을 이용해서 행해진 범죄 행위와 전자 증거에 관한 절차법을 규정하고 제3절에서는 관할에 대한 규정을 두고 있다.[73]

이 협약 중 제2절에서는 저장 데이터의 보존, 제출명령뿐만 아니라 저장 데이터의 압수수색, 통신 데이터 및 콘텐츠 데이터의 수집 등에 관하여 규정하는 등 데이터 취득에 대한 제반 절차를 규정하고 있어 이를 참고할 필요가 있다.[74]

---

70 http://en.wikipedia.org/wiki/Convention_on_Cybercrime (2020.12.31. 검색).

71 https://www.coe.int/en/web/conventions/full-list/-/conventions/treaty/185/signatures (2020.12.31. 검색).

72 https://www.coe.int/en/web/conventions/full-list/-/conventions/rms/0900001680081561 (2021.12.31 검색).

73 박영우, "사이버범죄방지협약의 국내법적 수용문제," 정보보호학회지, 13(5), 2003, 71면.

74 제2절 절차법 규정(Section 2-Procedural law)은 제14조부터 제21조까지 8개 조항으로 구성되어 있으며 이 중 제14조와 제15조는 일반 규정으로써 당사국의 조치와 의무사항을 규정하고 있고 실질적 절차법 규정은 제16조부터 제21조까지 마련되어 있다.

나. 저장 데이터의 긴급보전

디지털 증거의 특성뿐만 아니라, 변화하는 디지털 환경에서는 증거의 멸실·훼손 등을 방지하기 위해 디지털 증거를 신속하게 보전할 필요가 있다. 이를 위해서 사이버범죄협약에서 디지털 증거의 신속한 보전을 위해 디지털 증거 보전명령 제도를 규정하고 있다. 사이버범죄협약의 설명서에서는 데이터 보전[75]은 컴퓨터와 컴퓨터 관련 범죄에서 새로운 수사 도구라고 선언하면서 ① 컴퓨터 데이터의 휘발성으로 인해 데이터는 쉽게 조작되거나 변경될 수 있기 때문에 범죄의 귀중한 증거는 부주의한 취급 및 보관 관행, 증거를 없애기 위한 의도적인 조작 혹은 삭제, 더이상 보유할 필요가 없는 데이터에 대한 일상적인 삭제를 통해 쉽게 손실될 수 있다. 데이터의 무결성을 보존하는 한 가지 방법은 당국이 데이터를 검색 또는 접근하여 이를 압류 또는 보호하는 것이다. 그러나, 유망 사업자처럼 데이터 보관자를 신뢰할 수 있으면, 데이터 보전 명령을 통해 데이터의 무결성을 보다 신속하게 확보할 수 있다. ② 컴퓨터와 컴퓨터 관련 범죄는 컴퓨터 시스템을 통한 통신 전송의 결과로써 광범위하게 저질러진다. 이러한 통신에는 아동성착취물, 컴퓨터 바이러스, 데이터 또는 컴퓨터 시스템의 적절한 기능을 방해하는 명령어, 마약 밀매나 사기 같은 다른 범죄 실행의 증거와 같은 불법적인 내용이 포함될 수 있다. 이러한 과거 통신의 송신 또는 수신지를 결정하는 것은 범죄자의 신원을 확인하는 데 도움을 줄 수 있다. 이러한 통신을 추적하여 송신 또는 수신지를 결정하려면 이러한 과거 통신에 관한 트래픽 데이터가 필요하다. ③ 이러한 통신에 불법적인 내용이나 범죄 활동의 증거가 포함되어 있고, 이메일과 같은 서비스 제공업체에 의해 통신의 복사본이 보관되어 있다면, 핵심 증거가 손실되지 않도록 하기 위해서 이러한 통신의 보전은 중요하다[76]고 설명하고 있다.

---

75 "보전명령은 후속 절차에서 권한 있는 기관이 해당 데이터를 확정적으로 수집할 때까지 보전하는 것만을 의미한다. 조약에서는 데이터 보전(preservation)과 데이터 보존(retention)이라는 용어를 구별한다. 데이터 보전이란 현재의 품질이나 조건을 변경하거나 악화시키는 그 무엇으로부터 이미 저장된 형태로 존재하는 데이터를 보호하는 것을 의미한다. 데이터 보존이란 현재 생성되고 있는 데이터를 미래에 자신이 소유(보유)하기 위해 유지하는 것을 의미한다"; 이용, "디지털 증거의 보전명령제도에 관한 고찰," 법조, 64(12), 2015, 14-15면.

76 Council of Europe, *Explanatory Report to the Convention on Cybercrime*, European Treaty Series – No. 185, Budapest, 23.XI.2001, pp25-26.

사이버범죄협약 제16조는[77] 컴퓨터 자료가 손괴 또는 수정될 수 있다고 믿을 만한 근거가 있을 경우 시스템 내 통신자료를 포함하여 저장된 데이터의 긴급한 보전을 명령 또는 요청할 수 있도록 하는 절차적 규정을 입법하거나 이에 부수되는 조치를 하고 이러한 데이터가 개인의 소유 또는 지배에 있는 경우 그 개인에게 최대 90일까지 데이터의 무결성을 유지하고 보전할 것을 명령하는 데 필요한 입법도 병행하도록 규정하고 있다.

다. 트래픽 데이터의 긴급보전과 일부 공개

제17조는[78] 당사국은 제16조에 따라 하나 또는 둘 이상의 서비스 제공자가 당해 통신의 전송과 관련되는지에 관계없이 통신 내역 데이터가 긴급보존될 수 있도록 해야 하고 당사국의 법집행기관이 통신의 전송 경로와 서비스 제

---

77 Article 16 – Expedited preservation of stored computer data

1 Each Party shall adopt such legislative and other measures as may be necessary to enable its competent authorities to order or similarly obtain the expeditious preservation of specified computer data, including traffic data, that has been stored by means of a computer system, in particular where there are grounds to believe that the computer data is particularly vul– nerable to loss or modification.

2 Where a Party gives effect to paragraph 1 above by means of an order to a person to pre– serve specified stored computer data in the person's possession or control, the Party shall adopt such legislative and other measures as may be necessary to oblige that person to preserve and maintain the integrity of that computer data for a period of time as long as necessary, up to a maximum of ninety days, to enable the competent authorities to seek its disclosure. A Party may provide for such an order to be subsequently renewed.

3 Each Party shall adopt such legislative and other measures as may be necessary to oblige the custodian or other person who is to preserve the computer data to keep confidential the undertaking of such procedures for the period of time provided for by its domestic law.

4 The powers and procedures referred to in this article shall be subject to Articles 14 and 15.

78 Article 17 – Expedited preservation and partial disclosure of traffic data

1 Each Party shall adopt, in respect of traffic data that is to be preserved under Article 16, such legislative and other measures as may be necessary to:

a ensure that such expeditious preservation of traffic data is available regardless of whether one or more service providers were involved in the transmission of that communication; and

b ensure the expeditious disclosure to the Party's competent authority, or a person des– ignated by that authority, of a sufficient amount of traffic data to enable the Party to identify the service providers and the path through which the communication was transmitted.

2 The powers and procedures referred to in this article shall be subject to Articles 14 and 15.

공자를 확인할 수 있도록 충분한 트래픽 데이터를 제공할 수 있도록 해야 한다고 규정하고 있다.

라. 제출명령

제18조는[79] 당사국의 법집행기관이 개인에게 컴퓨터 시스템이나 저장매체에 저장되어 있는 데이터를 제출하도록 명령하고 서비스 제공자에게는 제공자가 소유, 관리하고 있는 가입자 정보를 제출하도록 명령하는 데 필요한 입법을 하도록 규정하고 있다.

여기서 말하는 가입자 정보에는 통신 데이터 및 콘텐츠를 비롯하여 통신 서비스의 형태, 기술규정, 가입자 신원, 주소, 전화 등 접속 번호, 과금정보, 장비 설치장소 등도 포함된다.

마. 저장 데이터의 수색·압수

제19조는[80] 당사국 내 컴퓨터 시스템과 그 일부 그리고 컴퓨터 내에 저

---

79 Article 18 - Production order

1 Each Party shall adopt such legislative and other measures as may be necessary to empower its competent authorities to order:

a a person in its territory to submit specified computer data in that person's possession or control, which is stored in a computer system or a computer-data storage medium; and

b a service provider offering its services in the territory of the Party to submit subscriber information relating to such services in that service provider's possession or control.

2 The powers and procedures referred to in this article shall be subject to Articles 14 and 15.

3 For the purpose of this article, the term "subscriber information" means any information contained in the form of computer data or any other form that is held by a service pro-vider, relating to subscribers of its services other than traffic or content data and by which can be established:

a the type of communication service used, the technical provisions taken thereto and the period of service;

b the subscriber's identity, postal or geographic address, telephone and other access num-ber, billing and payment information, available on the basis of the service agreement or arrangement;

c any other information on the site of the installation of communication equipment, avail-able on the basis of the service agreement or arrangement.

80 Article 19 - Search and seizure of stored computer data

1 Each Party shall adopt such legislative and other measures as may be necessary to empower

장되어 있는 데이터, 컴퓨터 데이터가 저장되어 있는 저장매체를 법집행기관이 수색 또는 접속할 수 있도록 입법하고 부수적 조치를 취할 것을 규정하고 있다.

또한 위와 같이 수색 또는 접속한 곳에서 당사국은 찾고자 하는 데이터가 당사국의 영역 내에 있는 다른 시스템 또는 그 시스템의 일부에 저장되어 있고 최초의 시스템을 통하여 합법적으로 접속할 수 있다고 믿을 만한 근거가 있는 경우에는 당사국이 다른 시스템에 수색 또는 접속을 확대할 수 있도록 허용되어야 한다고 규정한다.

접속한 컴퓨터에서 데이터를 확보하고 압수하는 것을 원활하게 할 수 있도록 그 데이터나 시스템을 압수할 수 있는 권한과 이를 복사 및 보존할 권한, 저장된 데이터의 무결성을 유지할 권한, 그 데이터를 삭제하거나 접속하기 어렵게 할 권한을 가질 수 있도록 입법해야 한다고 규정하고 있으며 합리적인 범위에서 데이터를 보호할 수 있는 수단이나 필요시 그 시스템의 기능에 대한 지식을 가지고 있는 자에게 명령을 발할 수 있는 자격을 부여할 수 있도록 하는

---

its competent authorities to search or similarly access:

a a computer system or part of it and computer data stored therein; and

b a computer-data storage medium in which computer data may be stored in its territory.

2 Each Party shall adopt such legislative and other measures as may be necessary to ensure that where its authorities search or similarly access a specific computer system or part of it, pursuant to paragraph 1.a, and have grounds to believe that the data sought is stored in another computer system or part of it in its territory, and such data is lawfully accessible from or available to the initial system, the authorities shall be able to expeditiously extend the search or similar accessing to the other system.

3 Each Party shall adopt such legislative and other measures as may be necessary to empower its competent authorities to seize or similarly secure computer data accessed according to paragraphs 1 or 2. These measures shall include the power to:

a seize or similarly secure a computer system or part of it or a computer-data storage medium;

b make and retain a copy of those computer data;

c maintain the integrity of the relevant stored computer data;

d render inaccessible or remove those computer data in the accessed computer system.

4 Each Party shall adopt such legislative and other measures as may be necessary to empower its competent authorities to order any person who has knowledge about the functioning of the computer system or measures applied to protect the computer data therein to provide, as is reasonable, the necessary information, to enable the undertaking of the measures referred to in paragraphs 1 and 2.

5 The powers and procedures referred to in this article shall be subject to Articles 14 and 15.

입법과 부수적 조치를 취할 것을 규정한다.

바. 트래픽 데이터의 실시간 수집

제20조는[81] 당사국은 영역 내에서 전송되는 트래픽 데이터를 실시간으로 수집 또는 기록하고 현존하는 기술의 범위에서 서비스 제공자에게 트래픽 데이터를 실시간으로 수집 또는 기록하도록 강제하거나 이를 실시간으로 수집, 기록하는 것을 지원 및 협조하도록 하는 입법과 부수조치를 하도록 규정하고 있다.

당사국의 법제도 특성상 위에서 언급한 조치를 취하지 못할 경우 그 영역 내에서 전송되는 특정 통신과 관련된 트래픽 데이터에 대해 기술적 수단을 응용하여 실시간 수집 또는 기록할 수 있도록 입법하고 다른 조치를 취해야 함을 규정하고 있다.

사. 콘텐츠 데이터의 감청

제21조는[82] 당사국의 법에 의해 중대한 위반이라고 결정한 사안에 대해

---

81 Article 20 – Real–time collection of traffic data
 1 Each Party shall adopt such legislative and other measures as may be necessary to empower its competent authorities to:
  a collect or record through the application of technical means on the territory of that Party, and
  b compel a service provider, within its existing technical capability:
   i to collect or record through the application of technical means on the territory of that Party; or
   ii to co–operate and assist the competent authorities in the collection or recording of, traffic data, in real–time, associated with specified communications in its territory transmitted by means of a computer system.
 2 Where a Party, due to the established principles of its domestic legal system, cannot adopt the measures referred to in paragraph 1.a, it may instead adopt legislative and other measures as may be necessary to ensure the real–time collection or recording of traffic data associated with specified communications transmitted in its territory, through the application of technical means on that territory.
 3 Each Party shall adopt such legislative and other measures as may be necessary to oblige a service provider to keep confidential the fact of the execution of any power provided for in this article and any information relating to it.
 4 The powers and procedures referred to in this article shall be subject to Articles 14 and 15.
82 Article 21 – Interception of content data

영역 내에서 기술적 수단을 통해 콘텐츠를 수집 또는 기록할 수 있도록 하고 서비스 제공자에게 기술적으로 가능한 범위 내에서 위와 같은 조치를 취할 수 있도록 강제하거나, 당국이 컴퓨터 시스템을 통해 영역 내에서 전송되는 특정 통신의 실시간 콘텐츠을 수집 또는 기록할 수 있게 서비스 제공자가 협조하게 하는 입법과 부수조치를 취해야 한다고 규정하고 있다.

당사국의 법제도 특성상 위에서 언급한 조치를 취하지 못할 경우 그 영역 내에서 전송되는 특정 통신과 관련된 콘텐츠에 대해 기술적 수단을 응용하여 실시간 수집 또는 기록할 수 있도록 입법하고 다른 조치를 취해야 함을 규정하고 있다.

5. 소결

디지털 데이터를 정보주체의 의사에 반하여 취득하기 위해서는 법률에 근거하여야 하며 법관의 심사를 받아야 한다는 데에 대해서 다른 이견은 보이지 않는다.

---

1 Each Party shall adopt such legislative and other measures as may be necessary, in relation to a range of serious offences to be determined by domestic law, to empower its competent authorities to:
a collect or record through the application of technical means on the territory of that Party, and
b compel a service provider, within its existing technical capability:
i to collect or record through the application of technical means on the territory of that Party, or
ii to co-operate and assist the competent authorities in the collection or recording of, content data, in real-time, of specified communications in its territory transmitted by means of a computer system.

2 Where a Party, due to the established principles of its domestic legal system, cannot adopt the measures referred to in paragraph 1.a, it may instead adopt legislative and other measures as may be necessary to ensure the real-time collection or recording of content data on specified communications in its territory through the application of technical means on that territory.

3 Each Party shall adopt such legislative and other measures as may be necessary to oblige a service provider to keep confidential the fact of the execution of any power provided for in this article and any information relating to it.

4 The powers and procedures referred to in this article shall be subject to Articles 14 and 15.

다만, 국내 형사소송법은 그 필요성에도 불구하고 다른 외국의 입법례와는 달리 압수수색의 대상에 데이터 또는 정보를 명시적으로 표현한다거나 이를 포섭할 수 있는 규정을 두지 않고 있으며 해석론에 의지하려는 경향이 있다. 그런데 데이터를 압수의 대상으로 본다면 형사소송법상 압수에 관련된 다른 규정이 그대로 데이터에 적용되어야 하는데 앞서 살펴본 바와 같이 그 본래의 특성에 따라 유체물에 적용되어 왔던 압수수색의 관련 규정들이 그대로 적용될 수 없는 상황이 발생한다.

데이터가 압수의 대상이 된다고 하면 그 특성에 맞는 새로운 입법이 필요하며 압수의 대상이 아닌 다른 것이라고 할지라도 데이터의 보관, 관리, 파기 등에 걸맞은 입법이 필요하다. 특히, 사업자가 보관하고 있는 데이터의 취득은 실무상 사업자의 협조에 따라 이루어지고 있고 일반적인 압수수색과는 다른 모습을 하고 있기 때문에 사업자에 대해서는 데이터에 대한 보전명령 또는 제출명령 등의 방식으로 데이터를 보전 및 확보할 필요성이 있다. 이미 참조 모델로 유럽평의회 사이버범죄협약이 존재하므로 이를 참조하여 관련 입법을 마련하는 것이 중요하다고 생각한다.

제6절 명령 제도의 투명성 확보 방안: 집행, 관리, 통지절차의 마련

1. 명령장 집행의 방식

현행의 규정에 의하면 영장은 반드시 원본이 제시하여야 한다.[83]

반면, 가입자 정보[84]를 확인하기 위한 통신자료제공요청서의 집행과 관련하여 전기통신사업법 제83조 제4항은 "제3항에 따른 통신자료 제공 요청은 요청사유, 해당 이용자와의 연관성, 필요한 자료의 범위를 기재한 서면(이하 "자료

83 형사소송법 제118조(영장의 제시) 압수·수색영장은 처분을 받는 자에게 반드시 제시하여야 한다.

84 이용자의 성명, 주민등록번호, 주소, 전화번호, 아이디, 가입일과 해지일.

제공요청서"라 한다)으로 하여야 한다. 다만, 서면으로 요청할 수 없는 긴급한 사유가 있을 때에는 서면에 의하지 아니하는 방법으로 요청할 수 있으며, 그 사유가 없어지면 지체 없이 전기통신사업자에게 자료제공요청서를 제출하여야 한다."고 규정하고 실무상 형사사법정보시스템(Korea Information System of Criminal Justice Services, KICS)을 이용하거나 모사전송의 방법에 의해 요청서를 집행하고 있다.

통신의 내용을 감청하는 통신제한조치에 관련하여 통신비밀보호법 제9조 제2항은 "통신제한조치의 집행을 위탁하거나 집행에 관한 협조를 요청하는 자는 통신기관등에 통신제한조치 허가서(제7조제1항제2호의 경우에는 대통령의 승인서를 말한다. 이하 이 조, 제16조제2항제1호 및 제17조제1항제1호·제3호에서 같다) 또는 긴급감청서등의 표지의 사본을 교부하여야 하며, 이를 위탁받거나 이에 관한 협조요청을 받은 자는 통신제한조치 허가서 또는 긴급감청서등의 표지 사본을 대통령령이 정하는 기간동안 보존하여야 한다."고 규정함으로써 표지 사본을 교부한다고 규정하고 있다.

통신사실[85]을 확인하기 위한 통신사실확인자료 제공 요청에 관하여 통신비밀보호법 제13조 제3항은 "제1항 및 제2항에 따라 통신사실확인자료 제공을 요청하는 경우에는 요청사유, 해당 가입자와의 연관성 및 필요한 자료의 범위를 기록한 서면으로 관할 지방법원(보통군사법원을 포함한다. 이하 같다) 또는 지원의 허가를 받아야 한다. 다만, 관할 지방법원 또는 지원의 허가를 받을 수 없는 긴급한 사유가 있는 때에는 통신사실확인자료 제공을 요청한 후 지체없이 그 허가를 받아 전기통신사업자에게 송부하여야 한다."고 규정하고 통신비밀보호법 시행령 제37조 제5항은 "검사, 사법경찰관 또는 정보수사기관의 장(그 위임을 받은 소속 공무원을 포함한다)은 제3항 및 제4항에서 준용하는 제12조에 따라 전기통신사업자에게 통신사실확인자료 제공 요청허가서 또는 긴급 통신사실확인자료 제공 요청서 표지의 사본을 발급하거나 신분을 표시하는 증표를 제시하는 경우에는 모사전송의 방법에 의할 수 있다."고 함으로써 모사전송의 방법으로 허가서를 집행할 수 있게 규정하고 있다.

---

85 가입자의 전기통신 일시, 전기통신개시·종료시간, 발·착신 통신번호 등 상대방의 가입자 번호, 사용 도수, 인터넷의 로그 기록 자료, 발신기지국의 위치추적자료, 접속지의 추적자료.

구분		'15년	'16년	'17년	'18년	'19년
통신자료 제공 요청 건수		1,667,450	1,539,606	1,396,518	1,569,010	1,792,170
통신사실확인자료 허가 건수	유선	6,465	6,207	3,262	5,660	3,042
	무선	89,401	99,262	95,100	119,222	118,050
	인터넷 등	26,507	21,437	19,523	36,172	33,345
	계	122,373	126,906	117,885	161,054	154,437
송수신이 완료된 전기통신		627	970	1,162	1,709	1,437

위의 표[86]와 같이 통신자료 제공 요청, 통신사실확인자료 제공 요청, 송수신이 완료된 전기통신 허가 건수는 매년 증가 추세에 있으며 통신자료 제공 요청의 경우 대형 포털 사이트에서는 압수·수색영장을 요구하고 있고 송수신이 완료된 전기통신을 확인하기 위해서는 압수·수색영장의 집행이 필요하다. 사업자가 보관하는 자료에 대한 보전명령과 제출명령 제도가 도입된다면, 명령장 등의 집행 절차에 대한 통일이 필요하며 명령장의 진위 여부와 집행자 신분의 진위 여부 등을 확인할 수 있는 절차의 마련과 관련하여 사업자와 협의한 방식에 따라 원본의 집행 또는 사본의 집행이 가능한 길을 열어 두어야 한다.

2. 채록한 데이터에 대한 관리

압수한 유체물에 관하여는 압수목록의 교부와 압수물의 법원 송부, 환부, 가환부, 폐기 등의 규정에 따라 압수물을 관리하고 있으나 사업자로부터 제공받은 데이터에 관하여는 유체물을 대상으로 한 압수물 관리 규정이 적용되기 어렵다. 따라서 채록한 데이터에 관하여 특별한 관리 절차가 마련되어야 하며 압수·수색영장에 의하거나 기타의 요청서 또는 허가서에 의한 집행에 의한 경우라도 데이터를 제공한 사업자 및 이를 수신한 수사관서에서는 해당 데이터에 대한 관리 체계를 마련해야 할 것이다.

전기통신사업법 제83조 제5항은 전기통신사업자가 통신자료를 제공한 경

86 경찰청 내부자료 참조(2020년).

우에는 해당 통신자료 제공 사실 등 필요한 사항을 기재한 대장과 자료제공요청서 등 관련 자료를 갖추어 두어야 한다고 규정하고 있으며 제6항은 전기통신사업자가 통신자료 제공 현황 등을 연 2회 과학기술정보통신부장관에게 보고하도록 규정하고 있다.

통신사실확인자료 제공에 관하여는 전기통신사업자[87]뿐만 아니라 수사기관도 대장을 작성하고 관련 자료를 비치[88]하여야 한다. 통신제한조치의 경우에도 집행을 하는 자, 집행을 위탁받거나 집행에 관한 협조 요청을 받은 자는 관련 자료를 보존하여야 한다.[89] 특히 인터넷 회선에 대한 통신제한조치(일명 패킷감청)에 대해서는 보관이 필요한 경우 그 범위를 선별하여 법원의 승인을 받도록 하는 등의 조치를 취하여야 하며 승인을 받지 못한 경우에는 폐기하여야 한다.[90]

---

87 통신비밀보호법 제13조 ⑦ 전기통신사업자는 검사, 사법경찰관 또는 정보수사기관의 장에게 통신사실확인자료를 제공한 때에는 자료 제공현황 등을 연 2회 과학기술정보통신부장관에게 보고하고, 해당 통신사실확인자료 제공사실등 필요한 사항을 기재한 대장과 통신사실확인자료제공요청서등 관련 자료를 통신사실확인자료를 제공한 날부터 7년간 비치하여야 한다.

88 통신비밀보호법 제13조 ⑤ 검사 또는 사법경찰관은 제3항에 따라 통신사실확인자료 제공을 받은 때에는 해당 통신사실확인자료 제공 요청사실 등 필요한 사항을 기재한 대장과 통신사실확인자료제공요청서 등 관련 자료를 소속기관에 비치하여야 한다.

89 통신비밀보호법 제9조 ② 통신제한조치의 집행을 위탁하거나 집행에 관한 협조를 요청하는 자는 통신기관등에 통신제한조치 허가서(제7조제1항제2호의 경우에는 대통령의 승인서를 말한다. 이하 이 조, 제16조제2항제1호 및 제17조제1항제1호·제3호에서 같다) 또는 긴급감청서등의 표지의 사본을 교부하여야 하며, 이를 위탁받거나 이에 관한 협조요청을 받은 자는 통신제한조치 허가서 또는 긴급감청서등의 표지 사본을 대통령령이 정하는 기간동안 보존하여야 한다.
③ 통신제한조치를 집행하는 자와 이를 위탁받거나 이에 관한 협조요청을 받은 자는 당해 통신제한조치를 청구한 목적과 그 집행 또는 협조일시 및 대상을 기재한 대장을 대통령령이 정하는 기간동안 비치하여야 한다. <신설 2001. 12. 29.>

90 통신비밀보호법 제12조의2(범죄 수사를 위하여 인터넷 회선에 대한 통신제한조치로 취득한 자료의 관리) ① 검사는 인터넷 회선을 통하여 송신·수신하는 전기통신을 대상으로 제6조 또는 제8조(제5조제1항의 요건에 해당하는 사람에 대한 긴급통신제한조치에 한정한다)에 따른 통신제한조치를 집행한 경우 그 전기통신을 제12조제1호에 따라 사용하거나 사용을 위하여 보관(이하 이 조에서 "보관등"이라 한다)하고자 하는 때에는 집행종료일부터 14일 이내에 보관등이 필요한 전기통신을 선별하여 통신제한조치를 허가한 법원에 보관등의 승인을 청구하여야 한다.
② 사법경찰관은 인터넷 회선을 통하여 송신·수신하는 전기통신을 대상으로 제6조 또는 제8조(제5조제1항의 요건에 해당하는 사람에 대한 긴급통신제한조치에 한정한다)에 따른 통신제한조치를 집행한 경우 그 전기통신의 보관등을 하고자 하는 때에는 집행종료일부터 14일 이내에 보관등이 필요한 전기통신을 선별하여 검사에게 보관등의 승인을 신청하고, 검사는 신청일부터 7일 이내에 통신제한조치를 허가한 법원에 그 승인을 청구할 수 있다.

현행 제도에서는 영장에 의해 제공받는 경우와 통신자료제공요청서 또는 통신사실확인자료제공요청서에 의해 제공받는 경우에 그 관리가 다르지만 사업자로부터 제공받는 데이터가 동일함에도 불구하고 관리 방식을 달리하는 것은 개인정보의 투명한 관리 차원에서 납득하기 어렵다.

사업자에게 데이터 보전명령을 내리고 관련 데이터를 제출받는 명령장 제도가 도입된다면, 제공하는 측과 이를 제공받아 관리하는 측에서는 데이터에 대한 관리 대장을 작성하고 필요한 경우 파기 절차를 이행할 수 있도록 통일된 규정을 마련해야 한다.

3. 정보주체에 대한 통지

송수신이 완료된 전기통신에 관하여 압수·수색영장을 집행한 경우 수사기관은 수사 대상이 된 가입자에게 영장을 집행한 사실을 서면으로 통지하여야 한다.[91] 통신사실확인자료를 제공받은 경우에는 수사기관이 통신사실확인자료

③ 제1항 및 제2항에 따른 승인청구는 통신제한조치의 집행 경위, 취득한 결과의 요지, 보관등이 필요한 이유를 기재한 서면으로 하여야 하며, 다음 각 호의 서류를 첨부하여야 한다.
1. 청구이유에 대한 소명자료
2. 보관등이 필요한 전기통신의 목록
3. 보관등이 필요한 전기통신. 다만, 일정 용량의 파일 단위로 분할하는 등 적절한 방법으로 정보저장매체에 저장·봉인하여 제출하여야 한다.

④ 법원은 청구가 이유 있다고 인정하는 경우에는 보관등을 승인하고 이를 증명하는 서류(이하 이 조에서 "승인서"라 한다)를 발부하며, 청구가 이유 없다고 인정하는 경우에는 청구를 기각하고 이를 청구인에게 통지한다.

⑤ 검사 또는 사법경찰관은 제1항에 따른 청구나 제2항에 따른 신청을 하지 아니하는 경우에는 집행종료일부터 14일(검사가 사법경찰관의 신청을 기각한 경우에는 그 날부터 7일) 이내에 통신제한조치로 취득한 전기통신을 폐기하여야 하고, 법원에 승인청구를 한 경우(취득한 전기통신의 일부에 대해서만 청구한 경우를 포함한다)에는 제4항에 따라 법원으로부터 승인서를 발부받거나 청구기각의 통지를 받은 날부터 7일 이내에 승인을 받지 못한 전기통신을 폐기하여야 한다.

⑥ 검사 또는 사법경찰관은 제5항에 따라 통신제한조치로 취득한 전기통신을 폐기한 때에는 폐기의 이유와 범위 및 일시 등을 기재한 폐기결과보고서를 작성하여 피의자의 수사기록 또는 피내사자의 내사사건기록에 첨부하고, 폐기일부터 7일 이내에 통신제한조치를 허가한 법원에 송부하여야 한다.

91 통신비밀보호법 제9조의3(압수·수색·검증의 집행에 관한 통지) ① 검사는 송·수신이 완료된 전기통신에 대하여 압수·수색·검증을 집행한 경우 그 사건에 관하여 공소를 제기하거나 공소의 제기 또는 입건을 하지 아니하는 처분(기소중지결정을 제외한다)을 한 때에는 그 처

제공의 대상이 된 자에게 서면으로 통지하도록 규정하고 있다.[92] 반면에 금융실명법은 수사기관이 금융정보를 영장에 의해 제공받은 경우에는 수사기관이 아니라 금융기관이 정보의 제공 사실을 명의인에게 통지하도록 하고 있다.[93]

통신자료 또는 금융자료 등 제공받은 데이터의 내용에 따라 통지의 주체가 일관되게 규정되고 있지 않은 문제가 있다. 금융기관도 수사기관의 수사 필요성에 따라 금융자료를 제공해 주기 때문에 사실상 해당 금융거래자료가 어떠한 용도로 활용되는지 확인할 수가 없다. 따라서 자료의 사용주체인 수사기관이 거래명의인에게 통지하는 것으로 법률을 변경하는 것이 옳다.

송수신이 완료된 전기통신이나 금융자료에 대한 영장의 집행에 있어 실무상 피의자에게 참여권의 통지가 이루어지지 않고 있으며 영장의 집행 현장에 주거주, 간수자 등의 참여 규정 역시 적용될 여지가 없기 때문에 사업자에 대한 제출명령 제도가 도입된다면, 자료 제공에 관한 사후통지 제도를 정비함으로써 유체물의 압수에서 발생하는 참여권을 대체하고 통지를 통해 정보주체의 기본권을 보장해 주는 형태이어야 한다.

분을 한 날부터 30일 이내에 수사대상이 된 가입자에게 압수·수색·검증을 집행한 사실을 서면으로 통지하여야 한다.

② 사법경찰관은 송·수신이 완료된 전기통신에 대하여 압수·수색·검증을 집행한 경우 그 사건에 관하여 검사로부터 공소를 제기하거나 제기하지 아니하는 처분의 통보를 받거나 내사사건에 관하여 입건하지 아니하는 처분을 한 때에는 그 날부터 30일 이내에 수사대상이 된 가입자에게 압수·수색·검증을 집행한 사실을 서면으로 통지하여야 한다.

92 통신비밀보호법 제13조의3(범죄 수사를 위한 통신사실확인자료 제공의 통지) ① 검사 또는 사법경찰관은 제13조에 따라 통신사실확인자료 제공을 받은 사건에 관하여 다음 각 호의 구분에 따라 정한 기간 내에 통신사실확인자료 제공을 받은 사실과 제공 요청기관 및 그 기간 등을 통신사실확인자료 제공의 대상이 된 당사자에게 서면으로 통지하여야 한다.

1. 공소를 제기하거나, 공소의 제기 또는 입건을 하지 아니하는 처분(기소중지결정·참고인중지결정은 제외한다)을 한 경우: 그 처분을 한 날부터 30일 이내
2. 기소중지결정·참고인중지결정 처분을 한 경우: 그 처분을 한 날부터 1년(제6조제8항 각 호의 어느 하나에 해당하는 범죄인 경우에는 3년)이 경과한 때부터 30일 이내
3. 수사가 진행 중인 경우: 통신사실확인자료 제공을 받은 날부터 1년(제6조제8항 각 호의 어느 하나에 해당하는 범죄인 경우에는 3년)이 경과한 때부터 30일 이내

93 금융실명법 제4조의2(거래정보등의 제공사실의 통보) ① 금융회사등은 명의인의 서면상의 동의를 받아 거래정보등을 제공한 경우나 제4조제1항제1호·제2호(조세에 관한 법률에 따라 제출의무가 있는 과세자료 등의 경우는 제외한다)·제3호 및 제8호에 따라 거래정보등을 제공한 경우에는 제공한 날(제2항 또는 제3항에 따라 통보를 유예한 경우에는 통보유예기간이 끝난 날)부터 10일 이내에 제공한 거래정보등의 주요 내용, 사용 목적, 제공받은 자 및 제공일 등을 명의인에게 서면으로 통보하여야 한다.

08

데이터 지득, 채록 법제의 정비와 통합

Chapter

08 데이터 지득, 채록 법제의 정비와 통합

제1절 현재의 환경

1. 영장주의 적용 범위의 확대

앞서 살펴본 미국 수정헌법 제4조는 불합리한 수색과 압수로부터 사람의 신체(persons), 주거(houses), 문서(papers) 그리고 재산(effects)을 안전하게 지킬 수 있는 권리의 보호를 내용으로 한다. 연혁상 미국 수정헌법 제4조는 일반 영장에 의한 수색과 압수를 금지하려 한 것이고, 물리적인 가택침입에 의한 수색으로부터 개인을 보호하기 위한 것이었으며, 압수의 대상은 유체물을 염두에 둔 것이었다.

그러나 다양한 과학적 수사 기법과 증거 수집 방법이 활용되는 디지털 시대에서 프라이버시는 물리적 방법 이외에도 다양하게 침해될 수 있다. 미연방대법원도 과학기술의 변천과 이에 대응하는 수사 기법의 변화 양상을 반영하여, 미국 수정헌법 제4조를 신축적으로 해석하고 적용해 왔다. 과학기술의 발달에 따라 새로운 수사 기법이 출현하면서, 수사의 적법성을 어떠한 측면에서 파악해야 하는지가 논란이 되었으며 과거 전화기, 도청장치, 열화상기(thermal imager), 비퍼(beeper), GPS 추적기(GPS tracker) 등을 이용한 수사 기법이 등장했을 때마다 이에 맞추어 미국 수정헌법 제4조를 어떻게 해석·적용할 것인지가 문제되었다.[1]

우리 헌법은 제12조 제3항과 제16조 제2문에서 영장 제도를 명시적으로 규정하고 있다. 형사절차에서 행해지는 인신 구속 등의 강제처분은 신체의 자유와 같은 중요한 기본권의 침해를 수반하며, 특히 수사기관에 의해 남용될 우려가 현저하다는 점을 고려하여 영장 제도를 헌법의 수준에서 보장한 것이며 영장 제도는 형사절차의 강제처분에 대한 통제 장치이다.[2] 헌법재판소도 영장주의에 관하여 "영장주의란 형사절차와 관련하여 체포·구속·압수 등의 강제처분을 함에 있어서는 사법권 독립에 의하여 그 신분이 보장되는 법관이 발부한 영장에 의하지 않으면 아니된다는 원칙이고, 따라서 영장주의의 본질은 신체의 자유를 침해하는 강제처분을 함에 있어서는 중립적인 법관이 구체적 판단을 거쳐 발부한 영장에 의하여야만 한다는 데에 있다고 할 수 있다. 수사 단계이든 공판 단계이든 수사나 재판의 필요상 구속 등 강제처분을 하지 않을 수 없는 경우는 있게 마련이지만 강제처분을 받는 피의자나 피고인의 입장에서 보면 심각한 기본권의 침해를 받게 되므로 헌법은 강제처분의 남용으로부터 국민의 기본권을 보장하기 위한 수단으로 영장주의를 천명한 것이다. 특히 강제처분 중에서도 중립적인 심판자로서의 지위를 갖는 법원(우리나라 형사소송의 구조는 원칙적으로 당사자주의 구조이다. 헌법재판소 1995. 11. 30. 선고, 92헌마44 결정 참조)에 의한 강제처분에 비하여 수사기관에 의한 강제처분의 경우에는 범인을 색출하고 증거를 확보한다는 수사의 목적상 적나라하게 공권력이 행사됨으로써 국민의 기본권을 침해할 가능성이 큰 만큼 수사기관의 인권침해에 대한 법관의 사전적·사법적 억제를 통하여 수사기관의 강제처분 남용을 방지하고 인권보장을 도모한다는 면에서 영장주의의 의미가 크다고 할 것이다."라고 판시[3]하고 있다. 그런데 새로운 과학기술의 변화에 따라 강제력의 행사가 없이도 국민의 기본권 특히, 프라이버시를 침해할 수 있는 방법이 개발되고 행사되면서 영장주의의 적용 범위가 넓어지고 있다.

사실상 영장주의의 적용 범위가 넓어지고 있지만 본질적으로 영장주의를

1 김종구, "과학기술의 발달과 영장주의의 적용범위 – 미연방대법원 판례의 변천과 관련하여 –." 법학연구, 통권 제61집, 2019, 191면.

2 황정인, "영장주의의 본질과 영장제도: 체포제도를 중심으로," 형사정책연구, 21(2), 2010, 204면.

3 헌법재판소 1997.3.27. 96헌바28 등.

정의함에 있어 '강제처분'에 대한 통제 장치로서의 기능으로 한정하는 것이 타당한 것인지 고려하여야 한다. 강제력이 행사되지 않는 처분에 의해서도 프라이버시에 대한 침해가 발생한다면 영장주의에 의한 통제는 강제처분뿐만 아니라 '어떠한 방법이든지 정부가 프라이버시의 이익을 침해하는 경우에는 중립적인 법관의 심사를 받도록 하는 것'을 의미한다고 해석해야 한다.

2. 감청과 압수수색 영역의 중첩

법은 기술의 발전 속도를 따라가지 못하며 새로운 기술에 의해서 법익을 침해한다는 문제의식이 공론화된 후에 비로소 법에 반영된다. 정보통신기술의 발달과 저장매체의 집적도 향상이 가져온 프라이버시에 대한 침해 문제에 대해 우리의 법은 점차 적응하고 있으나 아직 완결되어 있지 않다.

우리는 스마트폰으로 전화하고 메시지를 주고 받으며 사진과 동영상을 찍고 금융거래를 하고 의견을 올리는 등 일상을 영위하고 있다. 디지털 기기가 일상을 장악하면서 스마트폰이나 컴퓨터와 같은 대용량 저장매체에는 한 사람의 일생이 고스란히 담겨 있다고 해도 과언이 아니다. 저장된 데이터의 종류와 양을 고려하면 디지털 저장매체에 저장되어 있는 프라이버시의 종류와 양은 전송 중인 인터넷 패킷에 비하여 덜 포괄적이거나 적다고 단언할 수 없다. 기술의 발전에 따른 이러한 현상은 감청과 압수수색의 차이점을 모호하게 만든다. 여전히 우리의 법제는 데이터 자체가 담고 있는 프라이버시의 특성을 감안하기보다는 전송 중인 데이터는 통신의 비밀에 해당하고 송수신이 완료된 데이터는 압수수색의 대상이라는 이분법적 사고를 유지하고 있다.

전화 통화 내용을 감청한 사안에 대해 미국에서는 미국 수정헌법 제4조에 기재된 압수수색에 해당하지 않는다는 이유로 감청 행위를 통제하지 않았던 시절이 있었다. 미국에서 감청의 법적 문제를 처음으로 판단한 것은 1928년의 Olmsted 판결[4]이다. 밀주 밀매 협의를 받고 있던 전직 경찰관 Roy Olmsted의 전화 내용을 수사기관이 영장 없이 청취하고 이를 증거로 하여 혐의자들을 기

4 Olmsted v. U.S., 277 U.S. 438(1928).

소한 사건에서 연방대법원은 수사기관의 감청 행위는 피고인들의 주거에 대한 물리적 침입이 없었기 때문에 수색 행위가 아니라고 판단하였고 대화 내용을 청취하였을 뿐이므로 물건의 압수에도 해당되지 않아 헌법에서 금지하는 부당한 압수수색에 해당하지 않는다고 판단하였다.[5]

위 판결 이후 1934년 미국은 '연방통신법(Federal Communication Act)'을 제정하였고 1968년에는 '범죄단속 및 가두안전 종합법(Omnibus Crime Control and Safe Street Act)'을 제정하여 체계적으로 감청 문제를 규제하였다. 감청은 다른 형태의 압수수색보다 프라이버시의 침해가 더욱 크기 때문에 더욱 엄격한 안전장치들이 필요하다는 것이 주된 이유였다.[6]

이후 과학기술의 급속한 발전으로 무선신호에 의한 통신, 이메일이나 팩시밀리 등 전자통신기술의 이용이 급증함에 따라 1986년 미국 의회는 법집행기관의 전자통신에 대한 감청 통신 기록과 전자적으로 저장된 통신에 대한 접근 등에 대한 절차를 규율하는 '전자통신프라이버시법(Electric Communication Privacy Act)'을 제정하여 감청 금지 대상에 인터넷을 통한 컴퓨터 데이터 전송을 포함시켰다. 동법은 감청 장치가 사용될 수 있는 시기와 방법, 감청 허가를 신청할 수 있는 자, 신청서에 명시되어야 하는 내용, 감청 허가를 위한 법관의 심사사항, 감청의 허가 기간 및 연장 등에 관하여 규정하고 있다.[7]

요즘은 인터넷 회선을 통해 문자, 사진, 음성뿐만 아니라 동영상까지 전달되고 있으며 인터넷 서비스 제공업체의 서버에 대량의 데이터가 저장되어 있다. 또한 인터넷 회선상의 패킷에는 대화의 내용을 비롯하여 각종 데이터가 혼합되어 있다. 최근의 기술을 중심으로 프라이버시에 대한 침해 가능성을 판단하면 암호화되어 전송되는 실시간 인터넷 패킷보다는 인터넷 서비스 제공업체의 서버에 저장된 대화의 내용이나 개인 스마트폰에 저장된 각종 데이터가 더욱 민감할 수 있다는 점에 주목해야 한다. 즉, 현재의 기술은 감청과 압수수색

5 이러한 법원의 입장은 1967년 Katz 사건(Katz v. United States, 389 U.S. 347 (1967))에서 변경되어 영장 없이 공중전화 부스에 대한 도청 장비의 설치행위는 수정헌법 제4조에 반하여 피고의 프라이버시에 대한 합리적 기대를 침해했다고 판단하였다. 이 사건에서 재판관은 "The Fourth Amendment protects people, not places."라는 말을 남겼다.

6 Berger v. NewYork, 388 U.S. 41(1967).

7 Electronic Communications and Privacy Act. sec. 2516, 2518 참조.

의 경계를 모호하게 하므로 이에 대한 통합적 규제에 관하여 고민해 볼 필요가 있다.

3. 수사상 데이터 활용 영역의 증대

이용자의 성명, 주민등록번호, 주소, 전화번호, 아이디 등 가입자 정보를 확인하기 위해 수사기관은 전기통신사업법에서 규정한 통신자료제공요청서에 의해 전기통신사업자로부터 관련 자료를 제공받는다. 전기통신사업법 제83조 제3항은 법원, 검사 또는 수사관서의 장, 정보수사기관의 장이 재판, 수사, 형의 집행 또는 국가안전보장에 대한 위해를 방지하기 위한 정보수집을 위하여 필요한 경우 가입자 정보를 요청할 수 있도록 규정하고 있으며 여기서 말하는 수사는 내사사건을 포함한다.

그런데 전기통신사업자가 이러한 자료 제공을 거부할 경우 수사기관은 압수·수색영장의 집행에 의하여 관련 자료를 확보하여야 하며 일부 대형 포털사업자의 경우 명시적으로 압수·수색영장의 제출을 요구하고 있다. 그런데 압수수색[8]은 수사상의 필요성뿐만 아니라 관련성까지 인정되어야 하고 증거물 또는 몰수할 것으로 사료하는 물건에 대해서만 집행할 수 있다.

전기통신사업자로부터 취득하는 데이터가 동일하고 수사기관의 입장에서는 수사 또는 내사의 취지가 동일한 사안이고 자료 제출의 방식이 임의적임에도 불구하고 서로 다른 법률과 제도를 활용하는 것이 바람직한지 고민해 볼 필요가 있다.

감청을 허용하는 통신제한조치[9]는 "범죄를 계획 또는 실행하고 있거나 실행하였다고 의심할만한 충분한 이유가 있고 다른 방법으로는 그 범죄의 실행

8 형사소송법 제106조(압수) ① 법원은 필요한 때에는 피고사건과 관계가 있다고 인정할 수 있는 것에 한정하여 증거물 또는 몰수할 것으로 사료하는 물건을 압수할 수 있다. 단, 법률에 다른 규정이 있는 때에는 예외로 한다.

9 통신비밀보호법 제5조(범죄 수사를 위한 통신제한조치의 허가요건) ① 통신제한조치는 다음 각호의 범죄를 계획 또는 실행하고 있거나 실행하였다고 의심할만한 충분한 이유가 있고 다른 방법으로는 그 범죄의 실행을 저지하거나 범인의 체포 또는 증거의 수집이 어려운 경우에 한하여 허가할 수 있다.

을 저지하거나 범인의 체포 또는 증거의 수집이 어려운 경우"에 허가할 수 있으며 통신사실확인자료 제공 요청[10]은 "수사 또는 형의 집행을 위하여 필요한 경우"에 할 수 있고 내사단계에서도 활용할 수 있는 수사방법이다.

수사기관을 포함한 법집행기관이 데이터를 활용하는 방법은 매우 다양하다. 범죄 실행의 저지와 같은 예방적 측면뿐만 아니라 혐의의 유무를 확인하고 실종자의 위치를 발견하거나 범인을 추적하고 검거할 때 데이터를 활용할 뿐만 아니라 범죄 정보를 분석하기 위해 오픈소스를 통해 자료를 수집하기도 하고 잠입수사를 통해 관련자들의 데이터를 열람하거나 몰수보전을 하기 위해 금융자료를 추적하기도 한다. 정보주체에게는 동등한 프라이버시의 원천이 되는 이러한 데이터를 대상으로 법집행기관은 영장에 의하여 취득하거나 사실조회를 통해 확인하거나 허가서나 요청서에 의해 취득하기도 하고 이러한 공식적인 절차없이 임의적인 방법으로 직접 취득하기도 한다.

공개된 데이터일지라도 일반 개인이 당초 정해진 목적에 맞게 이를 활용하는 것과 정부에서 일반 개인을 소추하기 위해 분석하는 것은 차원을 달리하는 문제이다. 형사소송법상 압수수색제도와 통신의 비밀을 보호하고자 하는 법제를 중심으로 형성된 데이터 보호 법제는 법집행기관이 다양하게 활용하고 있는 데이터 취급 실태를 모두 포섭하고 통제하기에 턱없이 부족하다.

4. 국내 데이터 취득 법제의 현황

유체물을 중심으로 규율하고 있던 형사소송법은 현재의 기술과 수사 환경을 충분히 따라잡지 못한다. 정부와 국회는 형사소송법보다는 특별법을 통해 데이터의 제공 절차를 규율하기 시작하여 다양한 법률이 양산되었다. 특별법은 소관 데이터의 종류와 특성, 보호의 정도, 승인 절차 등에 따라 영장이나 허가서를 요건으로 하는 등 다양한 형태로 분화되었다.

10 통신비밀보호법 제13조(범죄 수사를 위한 통신사실확인자료 제공의 절차) ① 검사 또는 사법경찰관은 수사 또는 형의 집행을 위하여 필요한 경우 전기통신사업법에 의한 전기통신사업자(이하 "전기통신사업자"라 한다)에게 통신사실확인자료의 열람이나 제출(이하 "통신사실확인자료 제공"이라 한다)을 요청할 수 있다.

전기통신사업법은 수사관서장의 승인 방식을 채택하고, 통신비밀보호법은 법원의 허가, 금융실명법과 신용정보법은 해당 법률에서 요구하는 영장의 방식을 채택하였다. 또한 자본시장과 금융투자업에 관한 법률, 국세기본법, 관세법, 디엔에이신원확인정보의 이용 및 보호에 관한 법률, 복권 및 복권기금법, 본인서명사실 확인 등에 관한 법률, 부동산등기법, 상업등기법, 자유무역협정의 이행을 위한 관세법의 특례에 관한 법률, 정치자금법, 전자장치 부착 등에 관한 법률, 후견등기에 관한 법률 등 특별법은 형사소송법상 영장 제도를 준용하고 있다.[11]

다양한 유형의 데이터들에 대한 규율이 개별법에 산재되어 있음으로 인해 중첩적으로 법률이 적용되거나 오히려 사각지대가 발생하는 경우도 있으며 절차의 복잡성으로 인해 정보주체의 방어권 보장에도 한계가 있을 수 있다.

재판에서 사실인정에 필요한 증거의 확보는 당연하다. 더 나아가 범죄 수사(혐의의 확인과 추적 및 은닉재산의 확인 등)를 위해 필요한 자료에 대한 접근에도 부응할 수 있는 법제가 필요하며, 송수신이 완료된 것뿐만 아니라 금융계좌 이용 내역 및 보험청구기록, 의약품 구매 내역 등의 실시간 거래자료를 취득할 규정도 필요하다.

데이터의 특성에 대한 통합적인 이해 없이 그때그때의 필요에 따라 산발적으로 규정된 데이터 취급 법제는 데이터 지득과 채록의 법적 개념, 원격지 압수수색의 문제, 데이터의 관리, 보관, 파기의 문제 등에 대해 일관된 해결책을 제시할 수가 없다. 데이터를 둘러싼 논점들이 입법적으로 정리되지 못하고, 수사 현장에서 해결되도록 방치하는 것은 오히려 수사기관에게 폭넓은 예외를 부여할 우려가 있기 때문에 국민의 기본권을 보호하는데도 장애가 된다. 따라서 데이터에 대한 전반적인 문제를 해결할 수 있도록 법제를 정비하고 통합하여야 한다.

---

11 김기범, "범죄 수사에서 제3자 정보 취득법제 통합방안 연구," 고려대학교 박사학위논문, 2016, 32면.

제2절 데이터 통제에 관한 현행 법제의 한계

1. 데이터 지득, 채록에 대한 독자적 개념 부재

형사소송법 제106조는 압수 대상으로 증거물 또는 몰수물을, 제109조는 수색 대상으로 신체, 물건, 주거 기타 장소를 규정하고 있을 뿐이며 압수·수색 영장에 의해 데이터를 지득, 채록하는 것에 대한 법적 성격 및 그 개념에 대한 정의가 없다. 단지, 정보(또는 데이터)가 압수수색의 대상물에 포함될 수 있는지에 대해 견해의 대립이 있을 뿐이다. 학설은 ① 민법상 무체물도 물건에 포함된다는 데 착안하여 압수 대상이라는 긍정설[12] ② 정보는 유체물이 아니므로 압수가 불가능하다는 부정설[13] ③ 법규가 흠결된 상황에서 현실적인 필요성이 절박하고, 범죄 사실을 최소한의 범위에서 증명할 수 있는 관련성이 인정되는 경우에 인정해야 한다는 절충설[14] ④ 범죄 관련 정보만 저장된 컴퓨터는 압수할 수 있지만 무관한 정보까지 있는 컴퓨터는 압수할 수 없고, 수색만 할 수 있다는 일부 절충설[15] 등으로 나뉜다. 판례의 경우 정보 그 자체에 대해 '유체물이라고 볼 수도 없고, 물질성을 가진 동력도 아니다'라고 판결[16]하면서 물건성을 부인하고 있다.

개정 형사소송법 제106조 제3항은 '압수 목적물이 정보저장매체인 경우에는 원칙적으로 출력하거나 복제하여 제출받아야 한다'는 규정을 신설하였는 데 이 규정은 '정보'를 압수의 대상에 포함시킨 것이 아니라 저장매체에 대한 압수·수색

---

12 노승권, "컴퓨터 데이터 압수·수색에 관한 문제," 검찰, 통권 제111호, 2000, 280면; 김형성·김학신, "Computer Forensics의 법적 문제 연구," 성균관법학, 18(3), 2006, 109면.

13 강동욱, "컴퓨터관련범죄의 수사에 있어서의 문제점에 관한 고찰,"「현대형사법론」, 죽헌 박양빈교수 화갑기념 논문집, 1996, 707면; 박종근, "디지털 증거 압수수색과 법제," 형사법의 신동향, 통권 제18호, 대검찰청, 2009, 35면.

14 원혜욱, "과학적 수사방법에 의한 증거수집 – 전자증거의 압수·수색을 중심으로 –," 비교형사법연구, 5(2), 2004, 174면.

15 오기두, "형사절차상 컴퓨터관련 증거의 수집 및 이용에 관한 연구," 서울대 박사학위 논문, 1997년 76–80면; 조국, "컴퓨터 전자기록에 대한 대물적 강제처분의 해석론적 쟁점," 형사정책, 22(1), 2010, 105면.

16 대법원 2002.7.12. 선고 2002도745 판결.

영장의 집행 방법을 입법한 것이다. 압수는 본질적으로 유체물을 대상으로 점유이전을 강제하는 행위이기 때문에 데이터를 복사, 복제하는 행위를 포함하는데 한계가 있다. 설사 데이터나 정보를 압수의 대상으로 삼는다고 할지라도 유체물을 염두에 둔 형사소송법상 압수수색과 관련된 제반 규정과 걸맞지 않은 부분이 있기 때문에 압수수색의 대상이 되느냐 안 되느냐의 논의보다는 데이터를 지득하고 채록하는 것에 대한 새로운 개념을 정립시키는 것이 바람직하다.

2. 물리적 장소 개념의 한계

디지털 데이터는 저장하고 있는 장치가 네트워크에 연결되어 있다면 원격에서 이를 지득, 채록하는 것이 가능하다. 이러한 특성으로 인해 범죄자들은 데이터를 해외에 위치한 서버에 은닉하거나 필요한 경우 추가, 전송, 삭제 등의 행위를 자유롭게 할 수 있다. 수사기관도 범죄자들이 사용하는 계정의 아이디와 비밀번호를 확보한 경우 그들과 똑같은 방식으로 데이터에 대한 접근이 가능하다.

그런데 압수·수색영장에는 수색할 장소가 기재되어야 하며(형사소송법 제114조), 영장은 처분을 받는 자에게 반드시 제시하여야 하며(형사소송법 제118조), 집행 장소의 주거주, 간수자 등을 참여시켜야 하며(형사소송법 제123조), 관련 증명서와 압수목록을 교부하여야 한다(형사소송법 제128, 129조). 원격에 위치한 서버를 물리적인 장소라고 규정할 경우, 물리적인 장소 개념으로 규정된 제반 규정을 준수할 수 없는 문제가 발생한다. 영장 신청 단계부터 수사기관은 해당 서버의 IP를 통해 어느 기관, 단체에 할당되었는지 확인할 수 있을 뿐, 구체적인 위치나 존재 형태, 범죄와 관련성은 확인할 수 없기 때문에 압수수색할 장소의 기재조차 어려워질 수 있다. 만약, 서버가 해외에 위치한 경우 우리나라의 사법권이 미치지 않기 때문에 영장의 집행 자체가 불가하다는 해석에 이르게 된다.

수사기관은 실무적으로 '압수수색 장소에 존재하는 컴퓨터로 해당 웹사이트에 접속하여 데이터를 다운로드한 후 이를 출력 또는 복사하거나 화면을 촬영하는 방법으로 압수한다'는 취지를 영장청구서에 기재하여 영장을 발부받는 등의 방법으로 적법성을 확보[17]하고 있고, 판례도 해외 서버에 대한 원격 접속 압수수색을 인정하고 있으나 근본적인 해결책이라고 할 수 없다.

서버의 위치는 물리적으로 다른 곳에 존재하고 있지만 데이터의 지득과 채록은 전기신호를 통해 전달되는 신호를 수신자 측에서 그대로 해석하여 수신자의 저장매체에 기록하는 행위이기 때문에 물리적인 전달 과정을 거치지 않는다. 따라서 데이터의 지득과 채록에 관하여는 현행 압수·수색영장의 집행에 대한 해석론에 의지하기보다는 별개의 절차를 마련하여 법과 현실의 간극을 해소하는 것이 바람직하다.

3. 정보주체에 대한 통지의 공백

전기통신사업법(통신자료제공요청서), 통신비밀보호법(통신사실확인자료제공요청서, 통신제한조치), 금융실명법(금융영장) 등의 개별법은 데이터를 취득함에 있어 기관장의 승인을 얻도록 하거나 법관의 심사를 받도록 규정하고 있으며 수사기관에 제공할 수 있는 데이터의 종류를 열거적으로 명시해 두고 있다. 그런데 수사기관은 특정 시간대에 기지국을 사용한 휴대번호를 확인하고 싶어하며, 금융자료가 아닌 인터넷 뱅킹 계정의 접속 기록을 살펴보고 싶어하고, 인터넷 계정에 있는 콘텐츠 구매 내역, 포인트 누적 현황, 요금 결제계좌 정보, 배송지 목록, 배송물품 내역, 신용카드 결제 장소, 의약품 구매 내역 등 다양한 데이터를 수사에 활용하기를 원한다.

특별법에서 규율하지 않는 데이터는 사실조회의 방법에 의해 취득하거나 압수·수색영장에 의해 취득한다. 특별법에 의해 취득하는 경우 데이터를 제공해 주는 사업자 측이나 수사기관에서 해당 정보주체에게 데이터의 활용에 대한 결과를 통지하여야 한다. 그러나 개별 법률에서 정하지 않은 데이터의 취득은 송수신이 완료된 전기통신에 대한 통지 이외에는 사후통지 제도가 존재하

17 법원행정처, 『압수·수색 영장실무』, 2010, 72면.

지 않기 때문에 정보주체에 대한 통지가 생략되는 경우가 발생한다. 따라서 수사기관이 취득하는 데이터가 개인정보자기결정권의 대상이 되는 경우 통제대상, 통지시기, 유예기간 등의 절차에 관하여 통합적으로 적용될 수 있는 입법체계가 마련되어야 한다.

4. 증거 이외의 용도에 활용될 데이터 취득 규정의 부재

형사소송법은 기본적으로 법원의 행위를 중심으로 기술된 법률이기 때문에 증거에 제공할 것과 몰수가 필요한 물건에 대한 압수수색에 관하여 기술하고 있을 뿐 수사기관이 증거 이외에 수사상 필요한 데이터를 취득할 것을 명시적으로 규정하고 있지 않다.

형사소송법 제106조에서 법원은 증거물 또는 몰수할 물건으로 사료되는 물건을 압수할 수 있다고 규정하고, 제219조에서 검사 또는 사법경찰관은 이를 준용하도록 규정하고 있다. 형사소송법 제215조에는 수사기관이 범죄 수사에 필요한 때에는 피의자가 죄를 범하였다고 의심할 만한 정황이 있고 해당 사건과 관계가 있다고 인정할 수 있는 것에 한정하여 영장에 의하여 압수, 수색, 검증할 수 있다고 규정하고 있다. 제215조에서 수사기관의 압수, 수색, 검증의 대상을 적시하지 않았기 때문에 그 대상을 '범죄 수사에 필요하고 해당 사건과 관계가 있다고 인정할 수 있는' 모든 것으로 봐야 할 것인지 아니면 형사소송법 제106조에 해당하는 증거물 또는 몰수물에만 한정해야 하는지 논란이 있다.

수사기관이 압수수색할 대상에 증거 이외에 피의자를 추적하고 체포하거나 납치사건에서 피해자의 위치 등을 확인한다거나 폭파 협박 사건 등에서 범죄를 제지하기 위해 폭발물의 위치를 찾는 등 법집행에 필요한 데이터가 포함되는지 검토가 필요하다. 실무상 피의자의 검거 등에 필요한 데이터는 압수·수색영장에 의해 취득해 왔다. 그러나 형사소송법 제219조는 법원의 압수수색에 관한 조항인 제106조를 준용하고 있는 이상 수사기관의 압수 대상도 증거에 제공할 것과 몰수할 것에 한정된다고 해석하는 것이 타당하다.

형사소송법 제215조를 엄격하게 해석할 경우 피의자를 검거하기 위한 용도로 CCTV 자료를 확보하거나 신용카드 거래처, 진료받은 병원의 위치, 예금의 출금장소 등에 관한 자료를 취득할 근거가 없게 된다. 영장주의의 적용 범위를 확대하여 데이터의 취득에도 법관의 심사를 받도록 함과 동시에 그 취득의 대상과 용도를 정함에 있어서도 수사기관의 수사 활동에 공백이 생기지 않도록 유의하여야 한다.

5. 데이터에 대한 처분 절차의 부재

형사소송법은 위험 발생의 염려가 있거나 유통이 금지된 물품에 대한 폐기절차[18]를 두고 있고, 압수를 계속할 필요가 없는 경우 환부, 가환부[19]할 수 있도록 하고 압수장물의 경우 피해자환부[20]도 가능한 규정을 두고 있다. 데이터를 저장하고 있는 매체에 대해서는 이러한 규정의 적용이 가능하지만 수사기관이 지득, 채록한 데이터는 원본이 아니기 때문에 압수물의 처분에 관한 규정이 적용될 여지가 없다.

데이터의 처분에 관하여는 두 가지 쟁점이 제기된다. 첫째, 몰수가 필요한 데이터, 유통이 금지된 데이터나 피해의 확산을 예방할 필요성이 있는 데이터 원본의 삭제 방법 또는 삭제에 준하는 조치에 관한 쟁점, 둘째, 수사기관이 지득, 채록한 데이터의 관리와 파기에 관한 쟁점이다.

첫 번째 쟁점과 관련하여 데이터의 복제용이성으로 인해 데이터의 몰수는 수사기관이 취득한 데이터에 대한 파기의 문제에 집중되는 것이 아니라 원래

---

18 형사소송법 제130조(압수물의 보관과 폐기) ① 운반 또는 보관에 불편한 압수물에 관하여는 간수자를 두거나 소유자 또는 적당한 자의 승낙을 얻어 보관하게 할 수 있다.
② 위험발생의 염려가 있는 압수물은 폐기할 수 있다.
③ 법령상 생산·제조·소지·소유 또는 유통이 금지된 압수물로서 부패의 염려가 있거나 보관하기 어려운 압수물은 소유자 등 권한 있는 자의 동의를 받아 폐기할 수 있다.

19 형사소송법 제133조(압수물의 환부, 가환부) ① 압수를 계속할 필요가 없다고 인정되는 압수물은 피고사건 종결 전이라도 결정으로 환부하여야 하고 증거에 공할 압수물은 소유자, 소지자, 보관자 또는 제출인의 청구에 의하여 가환부할 수 있다.
② 증거에만 공할 목적으로 압수한 물건으로서 그 소유자 또는 소지자가 계속 사용하여야 할 물건은 사진 촬영 기타 원형보존의 조치를 취하고 신속히 가환부하여야 한다.

20 형사소송법 제134조(압수장물의 피해자환부) 압수한 장물은 피해자에게 환부할 이유가 명백한 때에는 피고사건의 종결 전이라도 결정으로 피해자에게 환부할 수 있다.

남아 있는 원본 데이터의 복제와 확산을 방지하는 것에 집중되어야 한다. 그 대상 또한 몰수할 것으로 한정하여서는 아니 된다. 몰수는 형의 선고이기 때문에 선고될 때까지 기다려서는 데이터의 확산을 더이상 차단할 방법이 없기 때문이다. 따라서 데이터의 확산을 방지할 대상에는 몰수할 것뿐만 아니라 성착취물, 폭발물 제조에 관한 데이터 등 추가적인 범죄의 제지에 필요한 데이터까지 포함시켜야 하며 파기 또는 파기에 준하는 절차로 삭제, 암호화, 확산을 방지할 조치로 정보통신사업자를 대상으로 한 해시 필터링 기술의 적용 명령, 불법 사이트 폐쇄 명령, 불법 도메인 차단 명령 등의 제도가 병행되어야 한다.

제3절 데이터 취급 법제의 도입

1. 독자적 절차 도입의 필요성

가. 자유와 권리의 대상

"모든 국민은 사생활의 비밀과 자유를 침해받지 아니한다."(헌법 제17조), "모든 국민은 통신의 비밀을 침해받지 아니한다."(헌법 제18조), "모든 국민은 양심의 자유를 가진다."(헌법 제19조), "모든 국민은 종교의 자유를 가진다."(헌법 제20조 제1항), "모든 국민은 언론·출판의 자유와 집회·결사의 자유를 가진다."(헌법 제21조 제1항), "모든 국민은 학문과 예술의 자유를 가진다."(헌법 제22조 제1항), "모든 국민의 재산권은 보장된다."(헌법 제23조 제1항)

우리 헌법에서 보장하는 국민의 자유와 권리 중 많은 부분은 데이터의 생산과 확산을 통해 향유되고 있다. 데이터는 디지털 저장 방식과 네트워크를 통해 재산권 이상의 가치를 가지게 되었다. 국민 개인의 소유권과 점유권에 대한 수사기관의 침해로부터 이를 보호하고자 하는 현행 형사소송법의 압수절차와 관련된 규정들은 데이터를 통해 누릴 수 있는 자유와 권리를 모두 보호해 줄 수 없다. 데이터는 소유물의 일종이라거나 사생활의 비밀이라고 정의하기에는 너무 큰 영역에 걸쳐 있다. 데이터는 이제 인간의 삶 전반을 아우르는 모든 권리의 표상으로 작용한다.

기존 유체물을 중심으로 제정된 압수수색 관련 법제에 대한 해석론은 수사기관의 데이터 활용에 대한 현상을 해석하기에는 턱없이 부족할 수밖에 없다. 따라서 데이터의 기본권적 가치를 확인하고 데이터의 특성에 걸맞은 새로운 입법이 필요하다.

나. 디지털화의 완성과 디지털 트랜스포메이션

니콜라스 네그로펜테는 1996년 그의 저서 『디지털이다(Being Digital)』에서 물리적인 세상을 원자의 세상으로, 정보의 세상을 비트의 세상으로 묘사했다. 비트로 저장되는 디지털화는 기존의 아날로그 방식이 정보를 매개하기 위해서 필요로 했던 문서라는 하드웨어를 넘어 시간과 공간의 한계를 극복할 수 있도록 했다. 세상이 필요로 하는 모든 정보는 디지털 데이터로 저장되어 네트워크를 통해 전송된다.[21]

1990년대 인터넷 혁신을 거치며 디지털 인프라가 구축되자 아날로그와 디지털이 혼재된 세상으로 변모했다. 이러한 혼재된 세상의 한 예는 이메일이다. 이메일을 서로 주고받는 것은 아날로그 시대의 우편 메일을 본뜬 것으로 아날로그 시대의 프로세스를 디지털로 재가공한 것이라고 해석할 수 있다. 1990년대 디지털 인프라 구축 단계에서 시작해 2000년대와 2010년대에 아날로그의 디지털화를 완성시켰다면 최근에는 디지털 트랜스포메이션이 이루어지고 있다. 디지털 트랜스포메이션은 새로운 기술의 활용이라기보다 디지털 기술의 효용을 100% 활용하기 위한 프로세스 혁신이다. 이제까지는 아날로그를 디지털화하는 것이었다면 디지털 트랜스포메이션은 디지털 기술 관점에서 과거 아날로그 형태의 답습으로 인한 비효율적인 프로세스를 과감하게 제거하며 새로운 디지털 세상에 적합한 프로세스를 만드는 작업이다. 예를 들어 업무상 사용한 영수증을 편철하고 전자문서로 재생산하여 이를 이메일로 전송하였다면 디지

21 '디지털화는 이미 충분'…문제는 100% 활용하는 '프로세스 혁신', 한경비지니스 제1221호 기사, 2019. 4. 24. (https://magazine.hankyung.com/business/article/201904220122100084l 2021. 1. 8. 검색)

털 트랜스포메이션 시대에는 물리적인 문서를 디지털화하는 작업이 생략되고 모든 처리가 디지털 상태로 이루어지게 된다.[22]

디지털화가 완성된 디지털 트랜스포메이션의 시대에는 데이터를 저장하는 물리적 매체가 현격히 감소함을 의미하고 물리적인 매체를 규율하기에 적합한 현행 형사소송법상 압수수색제도는 비트를 통제할 수 있는 새로운 제도로 대체되어야 함을 의미한다.

다. 수사권 남용의 억제

우리가 상용하는 물건 중에 인격이 발현된 것은 무엇이 있을까? 범죄에 사용된 흉기, 절취한 현금, 도난당한 귀금속 등 범죄의 증거가 되는 압수물은 그저 물건이다. 이러한 물건이 압수되는 경우 압수물 창고에 보관되며 수사관은 출납대장에 기재한 후에 압수물을 반출할 수 있으며 관리 연속성이 유지된 채로 이동하며, 수사상 필요가 없는 경우에는 피압수자에게 환부되기도 하며 위험물의 경우에는 폐기되기도 한다. 물건에 대한 수사권의 남용은 불필요한 압수, 증거가치의 훼손, 압수물 착복 등의 문제에 국한하여 발생한다.

반면 데이터는 물건과 다르게 인격이 발현되어 있을 가능성이 높기 때문에 남용에 따른 폐해가 재산적 가치의 손실과는 차원이 다르다. 또한 쉽게 복제와 전송이 가능하여 물리적인 방법에 의한 관리 연속성 보장이 어렵기 때문에 수사권 남용에 대한 독자적인 통제 장치가 마련되어야 한다.

데이터에 대한 지득과 채록 이전에 혼재되어 있는 데이터의 성격과 질적, 양적 측면을 고려하고 수색이 전제되어야 하는 상황인지, 사업자 등이 보관하는 데이터로 인해 검색 시스템에 의해 수색없이 지득과 채록이 가능한 상황인지 등을 모두 고려하여 필요한 영장 또는 허가서 등이 발부되는 절차가 마련되어야 한다. 사진 촬영, 문서 형태의 출력물로 수사기관이 채록한 것인지, 수사기관의 저장매체를 통해 데이터를 채록한 것인지 여부에 따라 해당 데이터에 대한 구체적인 관리지침이 마련되어야 하며 정보주체의 동의 없이 지득, 채록

22 '디지털화는 이미 충분'…문제는 100% 활용하는 '프로세스 혁신', 한경비지니스 제1221호 기사, 2019. 4. 24. (https://magazine.hankyung.com/business/article/201904220122100841 2021. 1. 8. 검색)

한 데이터에 대해서는 정보주체에게 통지되어야 한다. 또한 수사가 종료된 이후 수사기관의 저장매체에 저장되어 있는 데이터의 파기 시기와 방법, 재사용 요건 등에 대해서도 통제 장치가 마련되어야 한다.

2. 독자적인 처분의 대상으로 인정

형사소송법은 제106조 제3항에서 정보에 대해 언급하고 있다. 그런데 앞서 논의한 바와 같이 해당 규정이 데이터 또는 정보를 직접적인 압수수색의 대상으로 규정한 것인지는 의문이다. 문언적 해석으로 보더라도 제106조 제3항은 "법원은 압수의 목적물이 컴퓨터용 디스크, 그 밖에 이와 비슷한 정보저장매체(이하 이 항에서 "정보저장매체등"이라 한다)인 경우에는 기억된 정보의 범위를 정하여 출력하거나 복제하여 제출받아야 한다. 다만, 범위를 정하여 출력 또는 복제하는 방법이 불가능하거나 압수의 목적을 달성하기에 현저히 곤란하다고 인정되는 때에는 정보저장매체 등을 압수할 수 있다."고 규정함으로써 정보저장매체를 압수의 대상으로 삼고 이에 대해 영장을 집행하는 방법에 대해서 '출력'과 '복제'에 대해 언급하고 있을 뿐이다.

아울러 그 집행 방법에 대한 예외를 규정함으로써 압수·수색영장 집행 현장의 상황에 따라 '현저히 곤란하다고 인정되는 상황'에 대한 추가적인 판단 이후에 저장매체 자체를 압수할 수 있도록 하고 있다. 대법원은 압수의 목적을 달성하기에 현저히 곤란한 상황이 인정되어 정보저장매체 자체를 압수한 이후에도 압수수색이 종료되지 않았다고 판단[23]하고 있다. 이러한 태도는 압수수색과 분석의 개념을 모호하게 하고 있어 삭제된 파일에 대한 복구가 필요하거나 저장매체에 대한 이용 현황을 분석하여 범인의 범죄 행동을 추론해야 하는 경우, 컴퓨터가 자동으로 생성한 데이터를 취득해야 하는 경우 등이 압수수색 이후의 사후행위인지 여전히 압수수색의 단계에 있는지 결정하기 쉽지 않다.

정보저장매체와 그 안에 포함되어 있는 데이터 또는 정보의 개념을 명확히 분리함으로써 저장매체 자체에 대한 압수, 압수한 저장매체에 대한 수색을

23 대법원 2011.5.26. 자 2009모1190 결정.

통한 2단계 압수 개념을 명시적으로 규정할 필요가 있다. 이러한 2단계 개념을 도입하기 위해서는 물건으로서의 저장매체뿐만 아니라 그 안에 포함된 데이터 또는 정보도 독자적인 법집행의 대상 또는 지득이나 채록의 대상이 된다고 규정할 필요가 있다.

3. 권리침해 개념 또는 압수 개념의 확대(지득과 채록)

영장의 집행 현장에서 최소 침해의 원칙을 구현하면서 영장 집행의 실효성까지 확보하는 이중의 목적을 달성하고, 법률로써 규율하거나 영장발부할 때 필요성을 판단하는 자료 또는 그 집행의 방법을 결정하는 근거로써 활용할 수 있도록 데이터에 대한 영장 집행의 방법을 복사, 복제, 출력, 촬영, 삭제, 복구, 분석, 검색, 접속 등 9가지로 제시한 견해가 있다.[24]

이 견해가 제시한 9가지의 집행 방법은 기술적인 관점에서 세분화하였으며 영장을 신청하는 단계에서 법관의 심사를 받기 위해 세부적인 집행 방법을 설명하는 데 큰 도움을 줄 수 있는 것은 분명하다. 하지만 이러한 기술적인 행위들이 가지는 법적인 의미에 대해서는 공통된 사항을 정리해내지 못한 아쉬움이 있다.

삭제라는 집행 방법을 제외하면 복사, 복제, 출력, 촬영, 복구, 분석, 검색, 접속은 모두 데이터를 지득하고 채록하는 방법에 해당한다. 삭제된 파일을 복구하는 것도 종국에는 원래 존재했던 데이터를 지득, 채록하기 위한 전 단계로 작용한다. 시스템을 분석하여 타임라인을 만들고 윈도우 아티팩트를 분석하여 범인의 행동을 분석하는 것도 그 전 단계에서는 데이터에 대한 지득과 채록이 일어난다. 이러한 지득과 채록을 통해 수사관이 해당 데이터의 의미를 파악하는 순간 데이터에 대한 권리침해가 발생하게 되므로 '데이터를 압수한다'는 의미를 '데이터를 지득, 채록한다'는 개념으로 확대할 필요가 있다. 이렇게 개념 정의를 하면 데이터에 대한 지득과 채록이 발생한 경우 압수수색이 종료했다

---

24 김기범·이관희·장윤식·이상진, "정보영장 제도 도입방안 연구," 경찰학연구, 11(3), 2011, 102-106면.

고 판단하게 된다. 삭제된 데이터를 복구하기 위해 저장매체를 이미징하고 디지털 포렌식랩에서 이미징 파일 사본을 통해 삭제된 데이터를 복구하는 경우 아직 삭제된 데이터에 대한 지득과 채록이 발생하지 않았기 때문에 당연히 영장의 집행이 종료되지 않은 것이다.

또한 데이터에 대한 압수의 개념으로 지득과 채록을 포함할 경우 원격 접속 방식에 의한 데이터 접근의 경우에도 물건의 점유를 이전시키는 의미의 압수가 아니라 데이터에 대한 지득과 채록의 개념으로 압수를 설명할 수 있으므로 원격 접속 압수수색의 허용성 판단도 용이해진다.

4. 가칭 '정보영장' 개념을 통한 포섭

데이터나 정보를 물건에 포함시킬 수 있느냐에 대해 긍정설과 부정설 등 견해가 나뉘고 있으나 이미 정보저장매체의 압수라는 방법으로 취득하거나 복제, 출력 등의 방법으로 제공받고 있기 때문에 이를 수사기관에서 취득할 수 있는 것인지를 규명하기 위한 논의의 실익은 크지 않다. 형사절차상 해결해야 할 문제는 데이터나 정보의 취득 필요성보다는 유체물과는 다른 특성에 따라 이를 수사기관이 지배할 수 있는 방법이 무엇이며 유체물에 대한 집행과 관리에 초점이 맞추어진 강제처분 절차의 공백을 어떻게 보강할 수 있는지에 대한 문제이다.

그간 우리의 영장 제도는 대물적, 대인적 강제처분을 중심으로 운영되었으나 앞서 살펴본 바와 같이 데이터는 물건의 개념으로 포섭하여 기존의 규정을 적용할 경우 많은 오류를 낳게 된다. 따라서 데이터 또는 정보를 그 대상으로 한 대정보적 처분제도의 일환으로 이른바 '정보영장'[25] 개념을 도입할 필요

---

25 우리는 정보법익을 보호하면서도 수사의 합목적성을 유지할 수 있는 방안을 제시하기 위해 정보보관자, 정보처리자에게 작위를 요구하는 정보처리명령장과 수사기관이 직접 정보저장매체 등을 수색하여 해당 정보를 직접 취득할 수 있는 정보수색영장으로 영장의 종류를 구분하고 이를 포괄하는 용어로 정보영장을 사용하고자 한다.
정보처리명령장은 정보법익의 주체 또는 그로부터 정보의 취급을 위탁받아 관리하는 제3자, 정보법익 수혜자와의 계약에 의해 생성된 정보를 보관하고 관리하는 사업자에 대해 해당 정보를 제출, 파기, 보관, 암호화, 이용중지하도록 명령하는 영장을 말하며 통신비밀보호법상의 허가서 제도를 포섭할 수 있고 증거로 사용될 정보뿐만 아니라 범인의 특정과 범인의 추적

가 있다. 이는 데이터와 정보에 대한 처분의 종류, 요건, 절차 모두를 포함하며 형사소송법뿐만 아니라 통신비밀보호법과 같은 실질적 의미의 형사절차법에서 취급하는 모든 디지털 데이터와 전송 중인 데이터의 규율에도 적용된다.

정보영장은 범죄에 이용되고 범죄로부터 만들어진 자료로써 범죄의 입증에 필요한 데이터와 몰수되어 파기되어야 할 데이터를 기본 대상으로 하며 범인의 감시와 추적 및 검거, 피해자의 구호와 밀접하게 관계된 데이터 또는 정보를 대상으로 하며 보전명령, 제출명령, 수사기관에 의한 지득과 채록, 삭제와 파기 등 방법에 의해 집행되는 영장 제도를 말한다. 기존 영장 제도가 포섭하지 못하는 영역을 규율함으로써 수사의 효율성도 증대함과 동시에 법관의 심사를 통해야 하는 영역을 확대함으로써 기본권 침해를 최소화하기 위한 것이다.

정보영장 제도는 데이터와 정보를 처분의 직접적인 대상으로 정의하고, 데이터와 정보를 수사기관이 직접 열람하거나 수사기관이 소지한 저장매체에 저장하는 등 정보주체가 데이터와 정보를 관리하는 방법과 동일하거나 유사한 방법의 사용을 영장 집행 방법으로 인정한다. 따라서 정보주체가 원격 접속을 통해 데이터와 정보를 관리한다면 수사기관 역시 이와 같은 방법으로 데이터와 정보를 지득 및 채록할 수 있고 이러한 것도 영장의 집행 방법으로 인정된다.[26]

을 위한 정보, 현존하는 정보뿐만 아니라 미래에 생성되는 정보까지 보관 및 제공을 명령할 수 있으며, 불법정보일 경우 법원의 몰수 선고를 기다리지 않고 법원의 영장심사만으로도 파기명령을 할 수 있는 영장이다. 또한, 급속을 요하는 경우 긴급요청서로 정보를 제공받고 사후에 법원의 심사를 받을 수 있는 제도가 필요하며 이 경우 긴급요청할 수 있는 있는 정보의 대상을 정하여 민감한 정보에 대한 취득에 남용되는 일이 없도록 규제하여야 한다.
정보수색영장은 정보처리명령장에 의한 처리를 거부하거나 거부할 우려가 있는 경우, 수사기관이 정보가 보관된 정보저장매체를 직접 수색하여 증거로 사용될 정보를 발견해야 할 경우, 원격 접속 방법에 의해 서버의 내용을 수색해야 할 경우에 사용되는 영장으로 직접 정보를 수색할 필요가 있을 경우에 발부되는 영장이다. 정보수색영장의 경우에는 현행 압수·수색영장 제도의 본래 취지와 같이 증거에 공할 현존 정보의 취득과 몰수에 준하여 불법정보를 파기, 암호화할 목적에 국한되어야 한다.

26 정보나 데이터가 물건과 다른 가장 큰 특징은 관리자 입장에서 배타적으로 관리하는 방법이 저장매체의 존재를 관리하는 방법이 있으나 그 내부의 데이터나 정보 자체에 대해서는 보안장치로 관리하는 등 논리적 보호라는 점, 배타적으로 이전할 수 있는 성질이 아니라는 것이며 공간의 개념이 특정되지 않아 저장매체 안에서 새로운 수색 범위의 문제가 발생할 수 있다는 점을 들 수 있으며 이러한 부분이 유체물에 대한 압수와 다른 것으로 볼 수 있다. 이러한 지배 방법을 이해한다면 물건과 같이 점유를 침탈하는 방식으로 압수의 목적을 이루는

정보영장은 영장의 신청단계에서 영장의 집행 방법과 데이터와 정보의 관리 방법에 대해 상세한 사항을 포함시킬 수 있다. 유체물에 대한 압수·수색영장의 집행 방법에 대해서는 수사기관의 재량에 맡겨졌던 것과는 달리 정보영장의 경우 다양한 데이터와 정보의 종류, 이에 대한 보관 및 관리 방법 등이 다양하기 때문에 그 집행 방법과 데이터 등에 대한 사후 관리 방법을 수사기관의 재량에만 맡겨둘 경우 정보주체의 기본권을 침해하고 수사권을 남용할 여지가 크다. 따라서 집행 방법 및 사후 처리 방법에 대한 세부내역에 대해 법관의 심사를 받아 그 정당성을 확보할 필요가 있다. 정보영장이 포섭할 수 있는 대상이 확대된만큼 수사기관도 법원의 영장심사에서 집행 방법의 적법성, 적정성에 대해 사전평가를 받아 정당성을 확보할 수 있다.

압수·수색영장과 정보영장을 비교하면 다음의 표[27]와 같다.

구 분	압수·수색영장	정보영장
보호법익	재산권 > 프라이버시	재산권 < 프라이버시
집행대상	유체물(증거물·몰수물)	데이터 또는 정보 (증거·몰수 및 검거 목적 정보 포함)
침해방법	점유권 배제	관리·처분권 침해
원격지 집행	불허	제한적 허용
국외정보	불허	제한적 허용
집행수단	규정없음	복사, 복제, 삭제, 접속 등
몰수방법	압수 후 폐기	복제 후 삭제 등

경우는 저장매체에 대한 압수에만 적용되며 데이터나 정보를 원격에서 제공받는 방법, 정보주체가 지배하는 방식과 동일하게 논리적으로 보호한 인증방식을 이용하여 원격에서 접근하는 방법 등으로도 압수의 목적을 달성할 수 있기 때문에 이러한 방법이 허용되어야 하며 이러한 방법이 가져올 수 있는 남용의 문제는 별도의 방법으로 제어해야 한다. 이러한 이유에서 영장의 집행 방법이 영장의 기재사항에 포함되어야 한다.

27 김기범·이관희·장윤식·이상진, “정보영장 제도 도입방안 연구,” 경찰학연구, 11(3), 2011, 101면.

제4절 법제의 구체적 방향과 내용

1. 데이터 지득, 채록과 관련된 법률 체계 정비

데이터에 대한 취급을 규정하고 있는 법은 크게 나누어 보면 형사소송법, 전기통신사업법, 통신비밀보호법, 금융실명법 등이다. 이러한 법률은 영장, 허가서, 통신자료제공요청서 등을 규정하고 있으나 이러한 규정이 데이터, 정보의 민감성 또는 사생활에 대한 침해 가능성의 수준에 맞추어 마련되었다고 단언할 수 없다.

예를 들어 가입자의 성명, 주민등록번호, 아이디 등을 요청하는 전기통신사업법상의 통신자료제공요청서는 공문의 형태로 발급되지만 일부 대형 포털사업자의 경우 압수·수색영장을 요구하고 있다. 반면, 물품의 구매이력, 위치정보, 물품 배송 상황, 배송 주소 등은 가입자 정보에 해당하지 않아 형사소송법상 사실조회의 형식으로 취득할 여지를 남겨두고 있는데 과연 이러한 자료들에 대한 정보주체의 프라이버시에 대한 침해 가능성이 통신자료제공요청서에 의해 제공되는 가입자 정보에 비해 낮다고 단정할 수 있을지 의문이다.

전송 중인 인터넷 패킷은 통신비밀보호법에 의한 통신제한조치로 확보하여야 하며 전송이 완료된 패킷은 형사소송법상 압수·수색영장에 의하는 것이 수사 실무인데 이러한 구분의 기저에 정보주체의 사생활에 대한 침해 가능성이 포함되어 있다고 볼 수 있을까? 암호화가 적용될 경우, 정보주체 입장에서는 전송 중인 인터넷 패킷이 전송이 완료되어 암호가 풀린 평문 상태의 데이터보다 더욱 안전하다. 전송 중인 패킷은 대화의 내용뿐만 아니라 통신에 필요한 기술적인 것들이 포함되어 있기 때문에 전송이 완료된 대화의 내용보다 불필요한 것들이 더욱 많이 포함되어 있을 수도 있다. 결국 전송 중인 것과 전송이 완료된 것의 차이는 수사기관이나 사업자의 입장에서 이를 취득하는 방법에 대한 차이일 뿐 종국적으로 정보주체의 프라이버시에 대한 침해 가능성을 중심으로 구분된 것은 아니다.

금융실명법은 수사기관이 금융거래를 확인하기 위해 압수·수색영장에 의할 것을 규율하고 있다. 그런데 암호화폐거래소에서 암호화폐 거래 내역을 확인하기 위해서는 금융실명법에 의한 영장이 아니라 실무상 일반 압수·수색영장을 집행하여 확인하고 있다. 이는 암호화폐거래소 측에서 동의하는 경우 형사소송법상 사실조회의 방식으로도 암호화폐 거래 내역을 확인할 수 있다는 것을 의미한다. 금융실명법은 사실상 정보주체의 입장에서 금융거래에 해당하는 암호화폐의 거래 내역을 포섭하지 못한다.

현재의 특별법은 특정한 데이터에 대해서만 규율하고 있을 뿐이므로 기타의 데이터에 대해서는 형사소송법상 압수·수색영장 제도 또는 사실조회에 의하여 데이터를 취득하여야 하는데 저장되는 데이터의 종류와 양이 증가하는 추세라면 특별법으로부터 보호받지 못하는 데이터도 증가할 것은 당연한 논리적 귀결이다. 정보주체의 프라이버시 침해 가능성에 대해 일괄적으로 구분, 정의할 수 없다면 모든 데이터를 정보영장의 대상으로 포섭시키고 법관의 심사를 받아 제출명령장 또는 정보수색영장을 발부받아 집행하도록 법제도를 정비할 필요가 있다.

2. 영장의 적용 대상에 검거와 범죄 예방에 필요한 자료 포함

현행 법제상 수사기관이 실시간 데이터를 수집하는 데 있어 법관의 심사를 받도록 규제하고 있는 것은 통신비밀보호법상 실시간 추적자료의 수집[28]뿐이다. 과거 사업자가 보유하고 있는 데이터는 형사소송법상 사실조회 방식으로 수사기관에 제공되어 왔고 전기통신사업자가 보관하는 일정한 자료에 대해서는 전기통신사업법에 따라 통신자료제공요청서에 의해서만 그 자료를 제공받

28 통신비밀보호법 제13조(범죄 수사를 위한 통신사실확인자료 제공의 절차) ② 검사 또는 사법경찰관은 제1항에도 불구하고 수사를 위하여 통신사실확인자료 중 다음 각 호의 어느 하나에 해당하는 자료가 필요한 경우에는 다른 방법으로는 범죄의 실행을 저지하기 어렵거나 범인의 발견·확보 또는 증거의 수집·보전이 어려운 경우에만 전기통신사업자에게 해당 자료의 열람이나 제출을 요청할 수 있다. 다만, 제5조제1항 각 호의 어느 하나에 해당하는 범죄 또는 전기통신을 수단으로 하는 범죄에 대한 통신사실확인자료가 필요한 경우에는 제1항에 따라 열람이나 제출을 요청할 수 있다.
1. 제2조제11호바목·사목 중 실시간 추적자료
2. 특정한 기지국에 대한 통신사실확인자료

아 왔다. 이러한 방식의 자료 요청은 임의수사의 영역에 속한다.[29] 사실조회에 의한 자료의 제공은 현재의 자료뿐만 아니라 미래의 자료, 즉 실시간 자료까지 수사기관에 제공되어 범인을 검거하는 데 활용되어 왔다. 그런데 개인정보의 보호 추세에 비추어 보면 이러한 자료의 제공 요청이 임의수사의 영역으로 남겨져 있어야 할지 의문이다. 수사기관에 대한 협조보다 개인정보에 방점을 둔 사업자의 경우 사실조회에 따른 자료협조를 거부할 가능성이 점점 높아지는 현실에서 사실조회를 거부할 경우 수사기관으로써는 통신비밀보호법을 제외하고 미래에 관한 데이터를 법관의 심사를 통해 요청할 수 있는 법제도도 부재하다.

2012. 10. 18 서울고등법원 민사24부는 일명 '회피연아 사건'의 판결문에서 "전기통신사업자의 수사기관에 대한 개인정보 제공을 허용하고 있는 구 전기통신사업법 제54조 제3항은 정보통신사업자가 수사기관의 개인정보 제공 요청에 협조할 의무를 확인하고 있을 뿐이지 사업자가 수사기관의 요청에 따라야 할 의무는 없으며, 네이버는 수사기관의 개인정보 제공 요청에 대해 개별 사안에 따라 제공 여부를 심사하는 등 개인정보를 보호하기 위한 충분한 조치를 해야 한다. 인터넷 공간에서 익명표현이 부작용을 초래할 우려가 있다 해도

---

29 "이 사건 통신자료 취득행위는 피청구인이 전기통신사업자에게 청구인에 관한 통신자료 취득에 대한 협조를 요청한 데 대하여 전기통신사업자가 임의로 이 사건 통신자료를 제공함으로써 이루어진 것인데, 피청구인과 전기통신사업자 사이에는 어떠한 상하관계도 없고, 전기통신사업자가 피청구인의 통신자료 제공 요청을 거절한다고 하여 어떠한 형태의 사실상 불이익을 받을 것인지도 불분명하며, 수사기관이 압수·수색영장을 발부받아 이 사건 통신자료를 취득한다고 하여 전기통신사업자의 사업수행에 지장을 초래할 것으로 보이지도 않는다. 또한 이 사건 통신자료 취득행위의 근거가 된 이 사건 법률조항은 '전기통신사업자는 … 요청받은 때에 이에 응할 수 있다.'라고 규정하고 있어 전기통신사업자에게 이용자에 관한 통신자료를 수사관서의 장의 요청에 응하여 합법적으로 제공할 수 있는 권한을 부여하고 있을 뿐이지 어떠한 의무도 부과하고 있지 않다. 따라서 전기통신사업자는 수사관서의 장의 요청이 있더라도 이에 응하지 아니할 수 있고, 이 경우 아무런 제재도 받지 아니한다. 그러므로 이 사건 통신자료 취득행위는 강제력이 개입되지 아니한 임의수사에 해당하는 것이어서 헌법재판소법 제68조 제1항에 의한 헌법소원의 대상이 되는 공권력의 행사에 해당하지 아니한다고 할 것이므로 이에 대한 심판청구는 부적법하다.

이 사건 법률조항은 수사관서의 장이 통신자료의 제공을 요청하면 전기통신사업자는 이에 응할 수 있다는 내용으로, 수사관서의 장이 이용자에 관한 통신자료 제공을 요청하더라도 이에 응할 것인지 여부는 전기통신사업자의 재량에 맡겨져 있다. 따라서 수사관서의 장의 통신자료 제공 요청과 이에 따른 전기통신사업자의 통신자료 제공행위가 있어야 비로소 통신자료와 관련된 이용자의 기본권제한 문제가 발생할 수 있는 것이지, 이 사건 법률조항만으로 이용자의 기본권이 직접 침해된다고 할 수 없다. 그러므로 이 사건 법률조항에 대한 심판청구는 기본권침해의 직접성이 인정되지 아니하여 부적법하다.", 헌법재판소 2012.8.23. 2010헌마439.

표현의 자유는 강하게 보호해야 한다. 사업자가 수사기관의 요청에 응하지 않으면 수사기관은 법관으로부터 영장을 발부받아 개인정보를 취득할 수 있고, 그러한 수사업무처리 원칙이 영장주의를 천명한 헌법원칙에 부합한다."고 설시했다. 이 사건은 대법원에서 파기환송되었는데 대법원[30]은 "전기통신사업법 제54조 제3항에서 수사기관의 요청에 의하여 전기통신사업자가 제공할 수 있는 이용자의 통신자료는 그 이용자의 인적사항에 관한 정보로서, 이는 주로 수사의 초기 단계에서 범죄의 피의자와 피해자를 특정하기 위하여 가장 기초적이고 신속하게 확인하여야 할 정보에 해당하는 데, 위 규정에 의한 전기통신사업자의 통신자료 제공으로 범죄에 대한 신속한 대처 등 중요한 공익을 달성할 수 있음에 비하여, 통신자료가 제공됨으로써 제한되는 사익은 해당 이용자의 인적사항에 한정된다. 그리고 수사기관은 형사소송법 제198조 제2항 등에 의해 수사 과정에서 취득한 비밀을 엄수하도록 되어 있어, 해당 이용자의 인적사항이 수사기관에 제공됨으로 인한 사익의 침해 정도가 상대적으로 크지 않다고 할 수 있다. 따라서 전기통신사업자로서는 수사기관이 형식적·절차적 요건을 갖추어 통신자료 제공을 요청할 경우 원칙적으로 이에 응하는 것이 타당하다."고 판시하였고 더불어 "물론 전기통신사업자가 수사기관의 통신자료 제공 요청에 따라 통신자료를 제공함에 있어서, 수사기관이 그 제공 요청 권한을 남용하는 경우에는 이용자의 인적 사항에 관한 정보가 수사기관에 제공됨으로 인하여 해당 이용자의 개인정보와 관련된 기본권 등이 부당하게 침해될 가능성도 있다. 그러나 수사기관의 권한 남용에 대한 통제는 국가나 해당 수사기관에 대하여 직접 이루어져야 함이 원칙이다. 수사기관이 통신자료 제공을 요청하는 경우에도 전기통신사업자에게 실질적 심사의무를 인정하여 일반적으로 그 제공으로 인한 책임을 지게 하는 것은 국가나 해당 수사기관이 부담하여야 할 책임을 사인(私人)에게 전가시키는 것과 다름없다. 따라서 수사기관의 권한 남용에 의해 통신자료가 제공되어 해당 이용자의 개인정보에 관한 기본권 등이 침해되었다면 그 책임은 이를 제공한 전기통신사업자가 아니라, 이를 요청하여 제공받은 국가나 해당 수사기관에 직접 추궁하는 것이 타당하다."고 판시하였다.

회피 연아 사건은 법원의 판단과 관계없이 개인정보에 대한 보호 관점에

30 대법원 2016.3.10. 선고 2012다105482 판결.

서 과거의 수사 관행에 변화를 일으켰다. 임의수사의 영역에서 취급되어 오던 자료의 획득이 거부된다면 이를 취득하기 위해서는 영장에 의하여야 한다. 또한 대법원이 언급한 바와 같이 수사기관의 권한 남용에 대한 통제는 국가나 해당 수사기관에 대하여 직접 이루어져야 한다. 개인정보 보호의 필요성이 증가되었다고 하여 상대적으로 범죄 수사의 효율성이 낮아지는 것을 방관할 수도 없다. 이에 대한 해법을 찾기 위해서는 과거 임의수사 영역에서 취급되고 있던 데이터의 취득 방법을 영장주의의 적용 범위 내로 포섭할 필요가 있다.

임의수사에서 허용되던 자료의 제공이 현재의 영장주의 적용 범위 내로 포섭되면 특히 문제가 되는 것은 검거를 위한 자료의 획득 방법이 사라지게 된다는 점이다. 압수수색의 대상은 집행 시점에서 과거와 현재의 것에 국한되기 때문이다. 이러한 공백은 특히 긴급을 요하는 경우나 현재 범인이 계속 범행 중에 있는 상황에서 더욱더 큰 문제를 야기시킨다.

형사소송법은 기본적으로 법원을 중심으로 기술된 법률로서 수사기관의 압수수색에 대해서는 치밀하게 규정하지 않고 있다. 법원은 이미 검거되어 기소된 자에 대해 재판 과정에서 증거물, 몰수물을 압수하기 때문에 검거를 위한 자료와 피해자의 보호를 위한 자료가 중요하지 않을 수 있지만 수사기관에게는 형사사법 목적뿐만 아니라 범죄 예방 목적을 달성하기 위해서 절실하다. 검거 목적, 추가적인 범죄 예방 목적의 자료를 취득하기 위해서는 앞서 언급한 바와 같이 데이터 또는 정보가 압수의 직접적인 대상이 되어야 하며 검거에 필요한 자료 등 증거 이외의 수사 목적으로 필요한 자료도 압수의 대상이 될 수 있어야 하며 미래에 발생할 자료에 대한 취득도 가능하도록 법제화되어야 한다.

3. 지득과 채록 방법의 구체적인 명시

유체물을 압류하는 것과 다르게 데이터나 정보를 지득하고 채록하는 방법은 다양하다. 대표적으로 다음의 9가지 방법을 예로 들 수 있다.[31]

---

31 김기범·이관희·장윤식·이상진, “정보영장 제도 도입방안 연구,” 경찰학연구, 11(3), 2011, 102–106면.

복사는 컴퓨터 등 저장매체에 있는 데이터를 원래의 데이터 속성을 그대로 유지하면서 다른 저장매체로 옮기는 것을 의미한다. 복사는 간단하고 일반화되어 있어 수사기관이 집행에 부담이 없고, 범죄 사실과 관련된 정보만을 대상으로 하기 때문에 과도한 집행도 일어나지 않는다. 그러나 복사는 삭제된 파일이나 아동성착취물 등 사이버 금제품, 도박 사이트, 산업기밀, 불법 저작물과 같이 유통되어서는 안 되는 데이터에 대해서는 집행할 수 없다.

복제는 하드복제[32]와 이미징[33]을 모두 포함하는 개념으로 육안으로 확인할 수 없지만 저장장치 내에 삭제된 형태로 존재하는 데이터까지 확보할 수 있는 방법이다.

출력은 형사소송법에서 규정한 것으로 원본 자체의 데이터에 대해서 일체의 손상을 주지 않고, 수사기관은 필요한 목적을 달성할 수 있어 복사와 더불어 합리적인 수단이라고 할 수 있다. 다만, 출력할 용량이 많거나 출력용지의 문제로 출력할 수 없는 경우에는 집행이 곤란하며 대용량의 개인정보, 도박이나 음란 등 불법 사이트의 프로그래밍 소스코드나, 이미 설치가 완료된 불법 소프트웨어, 휘발성 데이터나 메타데이터 등의 데이터는 출력이 어렵다.

삭제는 저장장치에 있는 데이터를 가시적인 상태에서 비가시적인 상태로 변경시키거나, 영구적으로 지우는 것을 말한다. 데이터가 금제품이거나 범행의 도구로 사용되어 몰수가 필요한 경우, 피압수자가 데이터를 계속 보유하는 것이 적합하지 않은 경우에는 삭제의 방법을 사용할 수 있다.

복구는 피압수자가 해당 파일을 고의로 삭제하거나 과실로 삭제한 경우 응용프로그램에서는 비가시적 형태로 존재하였던 데이터를 실행해서 볼 수 있도록 하는 행위이다.

분석은 획득한 데이터 또는 저장매체에 대해 포렌식 툴을 사용하여 대조, 비교, 검증하는 등의 행위를 통해 범죄와 관련된 데이터를 찾아내고 증거를 확보하는 것을 말한다.

검색은 파일 속의 레코드에 포함된 레이블 또는 키워드를 비교함으로써

32 하드복제는 기억 장소에서 데이터를 원형대로 읽어 내어 그 데이터를 동일한 물리적 형식으로 다른 기억장소에 써넣는 행위를 말한다; 한국정보통신기술협회(TTA) 용어사전

33 이미징은 모든 파일과 Slack Space, 메타데이터 등을 포함하여 원본 드라이브상의 모든 데이터의 순서와 위치까지 그대로 복사(duplication)하여 옮기는 것을 말한다.

파일 속의 데이터를 추출하는 행위이다.

촬영은 압수수색 현장의 상황을 사진 촬영하는 것을 의미한다. 데이터의 내용을 채록하기 위해 필요한 경우와 데이터를 지득, 채록하는 전 과정에 대한 다툼을 최소화하기 위한 영장 집행 절차를 촬영하는 경우로 나눌 수 있다.

접속은 데이터를 대상으로 한 영장의 집행 또는 원격 접속을 통한 영장의 집행에서 있어 가장 기초적이고 필수적인 방법으로 시스템 내에서 또는 원격지 집행을 위해 복사, 복제, 삭제 등을 위해 시스템에 접근하는 방법을 말한다. 원격지 서버의 접속 방법은 다시 ① 피의자가 패스워드를 진술한 경우 ② 제3자가 패스워드를 제공한 경우 ③ 압수수색 과정에서 확보한 자료에 기재되어 있는 패스워드를 활용하는 경우 ④ 컴퓨터에서 자동접속 기능이 설정되어 클릭만 하면 접속할 수 있는 경우 ⑤ 수사관이 피의자에 관한 데이터를 조합하여 하나씩 반복적으로 입력하여 패스워드를 알아내는 경우 ⑥ 자동접속 프로그램을 이용하여 기계적으로 계속적인 접속을 시도(Brute Force Attack)하는 경우 ⑦ 시스템의 보안상 취약점을 이용하여 침입하는 경우 ⑧ 프로그램을 설치하여 일정 시간 피의자가 타이핑한 내용을 확보하고 이를 분석하여 패스워드를 유추하는 경우 등 다양하다.[34]

이러한 방법들을 포괄하여 지득과 채록이라고 정의할 수 있겠으나 각 방법들이 가지는 침해의 정도에 대해서는 구체적으로 다시 논의되어야 하며 영장의 심사 단계에서 집행수단과 방법의 상당성, 데이터 취득의 긴급성, 피해법익의 중대성 등이 적시되고 고려되어야 하기 때문에 지득과 채록의 구체적인 방법들이 입법과정에 반영될 필요가 있다.

4. 참여권 보장과 사후통지제도

형사소송법 제122조는 참여권자에게 미리 집행의 일시와 장소를 통지하여야 한다고 규정하고 불참 의사를 명시한 때 또는 급속을 요하는 때에는 통지

34 김기범·이관희·장윤식·이상진, "정보영장 제도 도입방안 연구," 경찰학연구, 11(3), 2011, 108면.

를 생략할 수 있도록 예외 규정을 마련해 두었다. 그런데 앞서 살펴본 바와 같이 제122조를 수사기관의 압수·수색영장의 집행에 준용한 것은 수사와 재판에서의 압수·수색영장 집행 간의 차이를 반영하지 못한 것이므로 신속한 정비가 필요하다. 다만, 법원의 압수수색에서 피의자, 피고인 또는 변호인이 압수·수색영장의 집행에 참여할 수 있도록 규정한 취지는 압수수색 절차의 공정을 확보하고 집행을 받는 자의 이익을 보호하기 위한 것이다.[35] 비록 수사기관의 집행에서 이 규정의 준용을 배제하는 경우라고 할지라도 수사기관에 의한 압수수색절차의 공정성 확보와 집행을 받는 자의 이익을 보호하여야 할 조치는 필요하다. 다행히 압수·수색영장 집행의 대상자에 대해서는 제118조에 따라 영장을 제시하도록 하고 제123조 제2항에서는 수색 장소의 주거주, 간수자 또는 이에 준하는 자를 참여시키도록 하고 있는데 이러한 규정의 적절한 적용과 해석을 통해 절차의 공정성을 확보하고 집행을 받는 자의 이익을 보호할 수 있을 것으로 보인다. 다만, 피의자 등의 참여권과 방어권을 한층 보호하고자 한다면 독립된 감독기관의 통제를 받도록 하거나 개인정보 처리에 관한 사후통지제도, 피의자의 증거개시 요구권, 자료 삭제 및 파기요구권 등을 도입할 필요가 있다.

저장매체나 서버에 물리적으로 접근하여 데이터를 취득할 때는 위 규정들이 그대로 적용될 수 있겠으나 정보처리명령장에 의한 집행, 원격 접속에 의한 정보수색영장의 집행, 정보저장매체를 물리적으로 압수한 이후 수사기관이 사무실에서 정보열람행위를 할 때에 대해서는 참여권자에 대한 통지방법 및 참여방법, 피처분자에 대한 영장의 제시에 대해 별도의 규정이 마련되어야 한다.[36]

금융실명법 제4조의2는 금융기관이 거래정보를 제공한 경우 금융기관이 직접 계좌명의자에게 제공사실을 통지하도록 규정하고 있으며[37] 통신비밀보호법 제9조의 3은 전기통신에 대해 압수·수색영장이 집행된 경우 수사 대상이 된 가입자에게 수사기관이 영장의 집행 사실을 통지하도록 규정하고 있다. 두

35 이재상, 『신형사소송법』, 박영사, 2007, 296면.

36 이관희·김기범·이상진, "정보에 대한 독자적 강제처분 개념 도입," 치안정책연구, 26(2), 2012, 97면.

37 이 규정도 금융기관이 아닌 수사기관이 통지해야 하는 것으로 변경되어야 한다는 점에 대해서는 앞에서 논한 바 있다.

가지 경우 모두 현행 형사소송법의 규정과는 달리 정보주체에 대한 통지절차를 마련하고 있다는 점이다.

따라서 데이터나 정보에 대한 영장주의의 적용에 있어서 데이터가 포함되어 있는 수색 장소에 대한 취득 절차의 투명성을 확보하여야 하며, 취득한 데이터의 정보주체에 대한 적절한 사후통지를 통해 침해 사실을 알리는 두 가지 절차가 마련되어야 한다. 정보처리명령장에 의하는 경우 수색 장소에서 데이터에 대한 취득 절차에 수사기관이 직접 개입하는 경우가 없기 때문에 정보주체에게 정보제공자가 통지해야 할 것인지 수사기관이 통지해야 할 것인지 규정되어야 한다. 또한 정보수색영장에 의할 경우 취득 절차의 투명성 보장은 피의자 등 관계인, 수색 장소의 관리자, 중립적인 제3자의 참여를 통해 확보되도록 다양한 절차가 마련되어야 하며 특히, 원격 접속에 의한 취득의 경우, 중립적인 제3자의 참여와 원격 접속 후 정보 취득 등 과정이 기록되고 사후에 피처분자에게 그 사실이 통지되도록 하는 등의 절차가 규정되어야 한다.[38]

5. 범죄와 무관한 자료의 처리

저장매체에 대한 최초의 압수수색 현장에서 범죄와 무관한 데이터를 수색 또는 압수하지 않도록 자동화된 수색 방법을 사용하는 등 그 범위를 제한하려는 노력을 기울였다고 하더라도 최종적으로 해당 데이터를 응용프로그램을 통해 수사기관이 직접 열람하기 전까지는 증거 관련성을 파악하기 쉽지 않다. 따라서 수사기관이 최종적으로 채록한 데이터에도 범죄와 무관한 데이터가 혼재되어 있을 것이다.

이때, 범죄와 무관한 데이터에 대한 추가적인 지득이나 채록이 이루어지지 않도록 하거나 최소화할 방법에 대해 고려해 보아야 한다. 첫 번째로 저장매체에 대한 수색, 분석, 복구 등의 조치를 할 기간을 명시함으로써 수사기관이 범죄와 관련된 데이터에 집중할 수 있도록 하는 것도 실효적인 방법이다.

---

38 이관희·김기범·이상진, "정보에 대한 독자적 강제처분 개념 도입," 치안정책연구, 26(2), 2012, 98면.

수색 기간이 종료한 이후에 발견한 증거에 대해서는 증거능력을 배제할 필요가 있다. 실제 미국 United States v. Brunette 사건[39]에서 법원은 30일 내에 컴퓨터를 수색하여 증거물을 찾는 조건으로 혐의자 컴퓨터 압수를 허가했다. 이때 법원은 기간이 지난 이후 수색하여 컴퓨터로부터 얻어진 몇몇 증거의 사용은 기각하였다.[40] 두 번째로 매체에 대한 수색 시 범죄와 관련되지 않은 부분에 대한 탐색과 지득이 일어나지 않도록 수색에 관련된 로그를 기록하여 수사기관의 탐색을 억제하고 문제가 발생한 경우 사후감사를 받을 수 있는 장치를 마련하는 것이다. 마지막으로 영장에 기재된 수색 기간이 종료되어 범죄와 유관한 데이터가 선별된 후에는 이와 무관한 데이터를 즉시 파기하거나 접근을 제어하는 조치를 마련해야 한다.

다만, 당장은 범죄와의 관련성이 모호한 경우, 일차 수색에서 매체가 암호화되거나 특별한 사정에 의해서 관련 수색을 완료하지 못한 경우, 저장매체를 일체로 해시값을 생성하여 재판 과정에서 저장매체 일체에 대한 검증이 필요한 경우 등의 사유가 발생하여 파기의 필요성보다는 보존의 필요성이 상대적으로 큰 경우가 발생할 수 있다. 이러한 경우에는 법원으로부터 해당 필요성을 소명한 후에 데이터 보관과 재사용을 위한 영장을 발부받는 방법도 함께 고려되어야 한다.

6. 환부 개념 포기, 삭제·파기 신청권 및 복구 데이터 열람등사 신청권 도입

물건인 저장매체 자체를 압수하지 않고 데이터만을 출력, 복사, 복제하여 수사기관이 채록하는 경우 해당 데이터는 여전히 피집행자의 저장매체에 남아 있기 때문에 현행 형사소송법의 규정상 환부, 가환부[41], 피해자환부[42]의 실익이

39 United States v. Brunette 256 F.3d 14, 17 (1st Cir. 2001).

40 노명선, "전자적 증거의 수집과 증거능력에 관한 몇 가지 검토," 형사법의 신동향, 통권 제16호, 2008, 107-108면.

41 형사소송법 제133조 (압수물의 환부, 가환부) ① 압수를 계속할 필요가 없다고 인정되는 압수물은 피고사건 종결전이라도 결정으로 환부하여야 하고 증거에 공할 압수물은 소유자, 소지자, 보관자 또는 제출인의 청구에 의하여 가환부할 수 있다.

없다.

환부란 압수물을 종국적으로 소유자 또는 제출인에게 반환하는 법원 또는 수사기관의 처분을 말하며 환부하기 위해서는 압수를 계속할 필요가 없을 것을 요한다.[43] 가환부란 압수의 효력을 존속시키면서 압수물을 소유자, 소지자, 보관자 등에게 잠정적으로 환부하는 제도를 말한다.[44] 저장매체를 압수했을 경우 그 매체 자체에 대해서는 환부, 가환부 규정이 그대로 적용되나 저장매체 압수 없이 수사기관이 해당 데이터만을 출력, 복사, 복제하였을 경우에는 환부, 가환부의 취지가 본래 목적대로 사용할 수 있게 하려는 데 목적이 있다면 데이터에 대한 환부, 가환부는 실익이 없다.

다만, 환부가 '압수를 계속할 필요가 없는 경우'에 그 점유를 다시 피압수자에게 환원시키는 것을 의미한다고 할 때 데이터에 대해서는 점유의 환원이 실익이 없을지는 몰라도 수사기관이 계속 이를 보유하고 있는 것도 바람직하지 않다. 현행 환부, 가환부제도에 대해 위법, 부당한 압수를 시정함으로써 사유재산권을 보호하고 형사소송의 비례의 원칙을 실현하기 위한 제도라는 견해[45]에 따른 경우에도 불필요한 압수수색의 상태가 지속되어서도 안 되기 때문에 유체물에 대한 환부의 제도는 수사기관이 보유한 데이터의 삭제 및 파기로 대체되어야 한다.

대법원은 "피압수자 등 환부를 받을 자가 압수 후 그 소유권을 포기하는 등에 의하여 실체법상의 권리를 상실하더라도 그 때문에 압수물을 환부하여야 하는 수사기관의 의무에 어떠한 영향을 미칠 수 없고, 또한 수사기관에 대하여 형사소송법상의 환부청구권을 포기한다는 의사표시를 하더라도 그 효력이 없어 그에 의하여 수사기관의 필요적 환부의무가 면제된다고 볼 수는 없으므로, 압수물의 소유권이나 그 환부청구권을 포기하는 의사표시로 인하여 위 환부의무에 대응하는 압수물에 대한 환부청구권이 소멸하는 것은 아니다. 압수물의

---

② 증거에만 공할 목적으로 압수한 물건으로서 그 소유자 또는 소지자가 계속 사용하여야 할 물건은 사진 촬영 기타 원형보존의 조치를 취하고 신속히 가환부하여야 한다.

42 형사소송법 제134조 (압수장물의 피해자환부) 압수한 장물은 피해자에게 환부할 이유가 명백한 때에는 피고사건의 종결전이라도 결정으로 피해자에게 환부할 수 있다.

43 이재상, 『신형사소송법』, 박영사, 2007, 305면.

44 이재상, 『신형사소송법』, 박영사, 2007, 304면.

45 이병래, "압수물의 환부청구권과 포기, 환부의 상대방," 고시계, 2011, 208면.

환부는 환부를 받는 자에게 환부된 물건에 대한 소유권 기타 실체법상의 권리를 부여하거나 그러한 권리를 확정하는 것이 아니라 단지 압수를 해제하여 압수 이전의 상태로 환원시키는 것뿐으로서, 이는 실체법상의 권리와 관계없이 압수 당시의 소지인에 대하여 행하는 것이므로, 실체법인 민법(사법)상 권리의 유무나 변동이 압수물의 환부를 받을 자의 절차법인 형사소송법(공법)상 지위에 어떠한 영향을 미친다고는 할 수 없다. 그리고 형사사법권의 행사절차인 압수물 처분에 관한 준항고절차에서 민사분쟁인 소유권 포기의사의 존부나 그 의사표시의 효력 및 하자의 유무를 가리는 것은 적절하지 아니하고 이는 결국 민사소송으로 해결할 문제이므로, 피압수자 등 환부를 받을 자가 압수 후에 그 소유권을 포기하는 등에 의하여 실체법상의 권리를 상실하는 일이 있다고 하더라도, 그로 인하여 압수를 계속할 필요가 없는 압수물을 환부하여야 하는 수사기관의 의무에 어떠한 영향을 미친다고 할 수는 없으니, 그에 대응하는 압수물의 환부를 청구할 수 있는 절차법상의 권리가 소멸하는 것은 아니다."고 판시[46]하고 있는데 데이터에 대해서 환부가 불가능하거나 의미가 없다는 이유로 그 개념을 포기한다고 할지라도 압수할 필요가 상실된 데이터에 대해서 이를 수사기관이 계속 보유하는 것은 위법하기 때문에 환부에 대응하여 해당 데이터를 삭제, 파기하는 절차는 반드시 마련되어야 한다. 또한 실무상 이에 대한 의무만을 수사기관에 부과한 경우 제대로 이행되지 않을 우려가 있기 때문에 피압수자와 정보주체에게 증거, 몰수할 것과 무관한 데이터에 대한 삭제 및 파기 청구권을 부여하고 수사기관은 이에 따른 조치를 한 후 관련 증명서를 발부해 주는 제도를 마련해 두어야 한다. 삭제 및 파기 청구권을 행사하였으나 수사기관에서 이를 이행하지 않는 경우에는 계속 압수하여야 하는 사유를 소명하여 관계인에게 통지하여야 할 것이며 피압수자에게는 이러한 수사기관의 처분에 대한 불복제도를 마련해 주어야 한다.

데이터에 대해 환부와 가환부의 법리가 실익이 있는 경우는 당초 삭제되었으나 수사기관에 의해 복구된 경우라든지 압수장물과 같이 피해자의 저장매체 전부가 절취된 경우나 피해자의 저장매체에서는 삭제된 경우가 있다. 피대

46 대법원 1996.8.16.자 94모51 전원합의체 결정.

상자가 해당 데이터를 삭제하여 피대상자에게는 유효하지 않은 데이터가 수사기관에 의해 복구된 경우 피대상자는 복구된 데이터에 대한 정보주체의 위치를 다시 가지게 된다. 이렇게 복구된 데이터가 증거에 공할 것인 경우에는 피대상자의 방어권 보장을 위해 피대상자도 그 내용을 알고 있을 필요가 있으며 증거에 공할 것이 아닌 경우 수사기관은 해당 데이터에 대한 보유의 실익을 상실하였으므로 파기하거나 피대상자의 요청이 있는 경우에는 몰수가 필요한 데이터를 제외하고 복구한 데이터를 피대상자에게 복사, 복제해 주어야 한다. 따라서 압수수색의 대상자, 피해자에게 복구 데이터에 대한 열람등사권을 부여하는 입법이 필요하다.

7. 데이터의 파기와 유통금지 조치

가. 몰수 전 파기 근거 규정의 도입

형법 제48조는 1. 범죄행위에 제공하였거나 제공하려고 한 물건. 2. 범죄행위로 인하여 생하였거나 이로 인하여 취득한 물건. 3. 전2호의 대가로 취득한 물건을 몰수의 대상으로 삼고 있으며 몰수는 형벌의 일종으로 형의 선고에 의하여야 하며 원본 저장매체를 압수하지 않은 경우 복제한 사본뿐만 아니라 소지자에게 남아 있는 원본에 대한 파기도 함께 고려되어야 한다.

형사소송법 제130조는 운반 또는 보관이 불편한 경우 간수자를 두거나 소유자 또는 적당한 자의 승낙을 얻어 보관하도록 할 수 있으며 몰수의 대상이 아니더라도 위험 발생의 염려가 있는 경우 이를 폐기할 수 있게 하고 법령상 생산·제조·소지·소유 또는 유통이 금지된 압수물로서 부패의 염려가 있거나 보관하기 어려운 압수물은 소유자 등 권한 있는 자의 동의를 받아 폐기할 수 있도록 규정하고 있다. 해당 규정은 폭발물 등과 같은 위험 발생의 염려가 있는 것을 대상으로 하지만 데이터 중 몰수의 형을 선고할 것이 아니라고 할지라도 소유, 소지, 유통 등이 금지된 데이터에 대해서는 원본에 대한 파기 필요성이 인정된다.

통상 몰수는 어떠한 형식으로든 범죄와 관련되어 있는 개인의 소유권을 박탈할 목적으로 하는 형벌 중 하나이다. 몰수는 그것의 대상이 되는 물건에 대한 소유권을 국가에 귀속시키는 법적 효력을 지닌다.[47] 그런데 형의 선고가 되어야 몰수될 수 있는 것만을 폐기의 대상으로 본다면 재산권과는 다소 거리가 있는 디지털 데이터를 파기 또는 삭제하는 근거가 미약하게 된다. 또한 몰수할 것이라고 할지라도 형의 선고가 있기 전에는 압수수색의 과정에서 원본 데이터를 함부로 삭제, 파기할 근거도 없다.

현행 몰수제도의 운영방식이 디지털 데이터에 걸맞지 않는다고 하여 탄력적인 해석을 통해 압수수색 시 이를 파기할 수는 없다. 압수한 것은 이를 반환하는 등의 여지가 남게 되나 몰수는 형벌의 일종이기 때문에 법원의 선고를 받아야 하는 태도를 유지하면서 몰수 선고의 실효성을 확보할 수 있는 방안을 마련하여야 한다.

불법정보에 대해서는 취득과 동시에 이를 삭제할 수 있도록 하고 피처분자가 디지털 기술을 이용하여 삭제된 영역을 복구할 우려가 있는 경우에는 저장매체 전부를 압수할 수 있도록 허용하거나 피처분자의 동의에 따라 새로운 저장매체에 기타 데이터를 백업할 수 있는 등의 조치도 고려할 수 있도록 입법 마련이 필요하다.[48]

파기의 대상을 규정할 때 엄격하게 몰수의 대상에 준하는 것에만 한정하여서는 아니된다. 몰수의 취지가 재산권의 박탈에만 있다기보다는 조직범죄에 대해서는 범죄들로부터 생겨난 불법 수익을 몰수, 박탈하여[49] 경제적 기반을 말살시켜 범죄들을 억제하려는 범죄 방지책에 대한 인식이 국제적으로 매우 의미 있는 위치를 차지[50]하는 것과 같이 범죄 방지책이라는 목적도 있으며 악성코드, 성착취물이나 명예훼손 등에 관한 데이터 파기의 경우 추가적인 범죄 예방 및 피해자 보호라는 측면도 있으므로 파기의 대상과 방법을 정할 때에는 범죄 예방적 관점이 반드시 고려되어야 한다.

---

47 이재상, "獨逸刑法上 沒收制度의 法制史的 考察," 법사학연구, 제18호, 1997, 135면.

48 이관희·김기범·이상진, "정보에 대한 독자적 강제처분 개념 도입," 치안정책연구, 26(2), 2012, 101면.

49 형법은 몰수와 박탈을 구분하지 않고 몰수라는 용어로 통합적으로 규율하고 있다.(제48조)

50 이재상, "獨逸刑法上 沒收制度의 法制史的 考察," 법사학연구, 제18호, 1997, 136면.

나. 파기의 구체적 방법(복제 후 삭제, 암호화, 계정 이용 중지)

형법 제48조[51]는 몰수의 대상에 대해 규정하면서 제3항에서 전자기록 등 특수매체기록의 일부가 몰수에 해당하는 때에는 그 부분을 파기(폐기)하도록 규정하고 있다. 정보저장매체의 전부가 압수되어 선고에 의해 몰수할 경우에는 해당하는 부분의 파기가 가능할 수 있으나 데이터는 복제가 용이하고 원본과 사본의 구분이 불가능하다는 특성으로 인해 원본을 복제하여 데이터를 취득한 경우, 원격 접속의 방법에 의해 데이터를 취득하는 경우 원본이 그대로 범인의 지배하에 놓여 있기 때문에 몰수의 실효성을 기대할 수 없다.

폭발물 제조 방법, 명예훼손의 글, 아동성착취물, 산업기밀, 불법저작물 등 소유, 점유나 유통이 금지된 각종 데이터는 몰수의 형을 집행하기 전 압수수색 단계에서 파기할 수 있는 규정이 마련되어야 하며 이 경우 파기의 구체적인 방법이 정해져야 한다.

디지털 데이터의 특성상 복제된 데이터에 대한 몰수는 아무런 실효를 거둘 수 없기 때문에 데이터 취득 당시에 해당 원본 데이터에 대한 삭제조치가 선행된 후 복제 또는 복사본에 대한 파기를 하거나 원본에 대한 암호화 등 봉인조치를 하고 몰수형의 선고 후에 해당 파일을 삭제하는 등 조치가 필요하다.[52] 어느 방식에 의하던 이는 현행 몰수제도와는 차원을 달리하기 때문에 새로운 입법이 필요하다. 삭제 자체는 확정 판결이 나지 않은 상태에서 물건의 소유권을 박탈하는 처분에 갈음하는 것이라고 볼 수 있으나, 복제 후 삭제의 경우 여전히 수사기관의 저장매체에 채록된 상태이기 때문에 물건에 대한 압수와 유사한 것으로 해석될 수 있다. 현재의 압수수색 규정으로 복제 후 삭제

---

51 형법 제48조 (몰수의 대상과 추징) ① 범인이외의 자의 소유에 속하지 아니하거나 범죄 후 범인이외의 자가 정을 알면서 취득한 다음 기재의 물건은 전부 또는 일부를 몰수할 수 있다.
1. 범죄행위에 제공하였거나 제공하려고 한 물건
2. 범죄행위로 인하여 생하였거나 이로 인하여 취득한 물건
3. 전2호의 대가로 취득한 물건
② 전항에 기재한 물건을 몰수하기 불능한 때에는 그 가액을 추징한다.
③ 문서, 도화, 전자기록 등 특수매체기록 또는 유가증권의 일부가 몰수에 해당하는 때에는 그 부분을 폐기한다.

52 김기범·이관희·장윤식·이상진, "정보영장 제도 도입방안 연구," 경찰학연구, 11(3), 2011, 109면.

를 적법한 영장의 집행으로 볼 수 있는지 의문이기 때문에 명시적인 규정을 도입하는 것이 바람직하다. 이때, 복제 후 삭제뿐만 아니라 원본 저장매체에 대한 암호화 또는 원격지 서버에서 데이터를 운용하는 경우 해당 계정에 대한 이용중지처분 등 파기와 몰수보전에 갈음한 집행 방법을 함께 고려해야 한다. 압수 자체가 위법하거나 환부 또는 가환부에 상응하는 조치가 필요하거나 무죄판결이 확정된 경우 등에 대비하여 데이터에 대한 복구가 가능할 수 있는 조치도 함께 포함되어야 할 것이다.

다. 유통금지 조치(필터링과 삭제명령)

2020. 4. 23. 발표한 디지털성범죄[53] 근절 종합대책 이후 디지털성범죄의 처벌과 예방에 관련된 많은 법률의 개정이 있었다. 그중 성범죄물의 유통을 근절하기 위해 온라인서비스 제공자들이 취해야 할 조치에 관한 법개정이 이루어졌으며 이러한 조치가 매우 효과적일 것이라고 예상한다.

전기통신사업법은 다른 사람들 상호 간에 컴퓨터를 이용하여 저작물 등을 전송하도록 하는 특수한 유형의 온라인서비스 제공자이거나, 문자메시지 발송시스템을 전기통신사업자의 전기통신설비에 직접 또는 간접적으로 연결하여 문자메시지를 발송하는 것을 '특수한 유형의 부가통신역무'로 정의하고(제2조 제13호), 이와 같은 업무를 수행하는 특수유형부가통신사업자[54]는 같은 법 제22조의3에 불법음란정보의 유통을 방지하기 위한 기술적 조치를 하여야 할 의무를 부과하였다.[55] 구체적으로, 특수유형부가통신사업자는 정보의 제목, 특징 등

---

53 범죄로 규정되는 디지털 성폭력은 성적 목적을 위한 불법 촬영, 성적 촬영을 비동의 유포, 통신매체를 이용한 음란행위 등이 있다.
① (불법 촬영) 치마 속, 뒷모습, 전신, 얼굴, 나체 등, 용변보는 행위, 성행위
② (비동의 유포, 재유포) 웹하드, 포르노 사이트, SNS 등에 업로드, 단톡방에 유포
③ (유통, 공유) 웹하드, 포르노 사이트, SNS 등의 사업자 및 이용자
④ (유포 협박) 가족, 지인에게 유포하겠다는 협박, 이별 후 재회를 요구하며 협박, 유포 협박으로 금전 요구 등
⑤ (사진합성) 피해자의 일상적 사진을 성적인 사진과 합성 후 유포(지인능욕)
⑥ (성적 괴롭힘) 사이버 공간 내에서 성적 내용을 포함한 명예훼손이나 모욕 등의 행위

54 전기통신사업법 제22조 제2항에 따라 특수한 유형의 부가통신사업을 등록한 자를 말한다.

55 전기통신사업법(2017.3.14. 법률 제14576호로 개정된 것) 제22조의3 제1항 및 제2항; 개정 전기통신사업법(2020.6.9. 법률 제17352호로 개정되어 2020.12.10. 시행 예정인 것)에서는 제22

을 비교하여 해당 정보가 정보통신망 이용촉진 및 정보보호 등에 관한 법률 제44조의7 제1항 제1호에 따른 불법음란정보임을 인식할 수 있는 조치를 해야 하고, 불법음란정보의 유통을 방지하기 위하여 이용자가 검색하거나 송·수신하는 것을 제한하는 '필터링' 조치를 해야 하며, 불법음란정보가 유통되는 것을 발견하는 경우에도 검색하거나 송·수신하는 것을 제한해야 하고, 불법음란정보 전송자에게 불법음란정보의 유통을 금지하는 등에 관한 경고 문구를 발송해야 하는 조치를 해야 한다.[56]

정보통신망법에 제44조의9(불법촬영물등 유통방지 책임자)가 신설되어 정보통신서비스 제공자 중 일일 평균 이용자의 수, 매출액, 사업의 종류 등이 대통령령으로 정하는 기준에 해당하는 자는 자신이 운영·관리하는 정보통신망을 통하여 일반에게 공개되어 유통되는 정보 중 불법촬영물 등의 유통을 방지하기 위한 책임자를 지정하여야 하고, 이 책임자는 전기통신사업법 제22조의5(부가통신사업자의 불법촬영물 등 유통방지) 제1항에 따른 불법촬영물등의 삭제·접속차단 등 유통방지에 필요한 조치 업무를 수행해야 한다(제44조의9). 또한 정보통신망법에 제5조의2(국외행위에 대한 적용)를 신설하여 국외에서 이루어진 행위라도 국내 시장 또는 이용자에게 영향을 미치는 경우에는 정보통신망법을 적용하는 규정을 마련하였다. 이에 따라 국내에서 서비스를 제공하는 해외 정보통신서비스 제공자도 "음란한 부호·문언·음향·화상 또는 영상을 배포·판매·임대하거나 공공연하게 전시하는 내용의 정보"를 유통할 수 없고(제44조의7 제1항 제1호), 정보통신망법 제44조의9(불법촬영물등 유통방지 책임자)의 규정에 따라 불법촬영물등 유통방지 책임자를 지정하고 필요한 조치를 하여야 한다.

청소년성보호법 제17조(온라인서비스 제공자의 의무) 제1항[57]은 온라인서비스

조의5를 개정·신설하여 이 내용을 구체적으로 명시하였다.

56 전기통신사업법 시행령(2020.5.19. 대통령령 제30690호로 개정된 것) 제30조의3 제1항; 방송통신위원회는 이와 관련한 기술적 조치의 가이드라인에서 전기통신사업법 시행령에서 규정하는 기술적 조치와 함께 기술적 조치의 운영 및 관리 실태를 시스템에 자동으로 기록·보관하는 조치까지 포함하여 시행하라고 요구한다.

57 청소년성보호법 제17조(온라인서비스 제공자의 의무) ① 자신이 관리하는 정보통신망에서 아동·청소년성착취물을 발견하기 위하여 대통령령으로 정하는 조치를 취하지 아니하거나 발견된 아동·청소년성착취물을 즉시 삭제하고, 전송을 방지 또는 중단하는 기술적인 조치를 취하지 아니한 온라인서비스 제공자는 3년 이하의 징역 또는 2천만원 이하의 벌금에 처한다. 다만, 온라인서비스 제공자가 정보통신망에서 아동·청소년성착취물을 발견하기 위하여 상당

제공자가 상당한 주의를 게을리하지 않았거나 기술적으로 현저하게 곤란한 경우가 아니라면, 자신이 관리하는 정보통신망에서 아동·청소년 성착취물을 발견하기 위한 필터링 조치를 하지 않거나 해당 영상물의 삭제 또는 전송 방지 또는 중단과 같은 기술적 조치를 하지 않으면 3년 이하의 징역 또는 2천만 원 이하의 벌금에 처하도록 규정하고 있다.

불법정보의 경우 관련 데이터를 개인이 오프라인으로 소지하는 것이 아니라 온라인을 통해 유통하고 있기 때문에 이러한 정보의 확산을 방지하기 위해서는 온라인서비스 제공자의 역할이 결정적이다. 디지털성범죄와 관련하여 많은 법들은 온라인서비스 제공자에게 기술적, 관리적 조치를 통해 불법정보가 유통되지 않도록 하였는데 디지털성범죄물 이외에도 불법정보에 해당하는 경우 그 유통을 금지할 조치가 필요하다. 따라서 몰수할 것에 해당되거나 범죄를 예방하기 위해 유통을 금지할 필요가 있는 데이터에 대해서는 법관의 심사를 거쳐 필터링 및 삭제명령조치를 할 수 있는 입법이 마련되어야 할 것이다. 온라인에 유포될 수 있는 불법 데이터의 삭제나 유통금지 조치 없이는 불법 데이터에 대한 몰수나 파기의 실효성이 없게 된다.

8. 데이터 재사용의 제한

수사기관이 지득, 채록한 데이터는 당해 피의사건에 대해서 사용하는 것 이외에도 남겨진 데이터를 활용하여 다른 사건과의 연관성을 분석하거나 범인의 여죄를 확인하는 데 사용될 가능성이 있다. 또한 이러한 데이터는 범죄 예방 목적을 위해서도 유용하다. 유체물의 경우 당해 사건에서 압수한 것은 환부되거나 검찰로 송치되고 몰수의 형을 통해 국고로 환수되는 등 수사기관에서 재사용할 가능성은 없으나 데이터의 경우 재사용이 허용될 수 있는지에 대해 논의가 필요하다.

한 주의를 게을리하지 아니하였거나 발견된 아동·청소년성착취물의 전송을 방지하거나 중단시키고자 하였으나 기술적으로 현저히 곤란한 경우에는 그러하지 아니하다. <개정 2020.6.2.>

일반 기업에서는 데이터 마이닝이라는 기법을 통해 영업에 활용하고 있고 이 기법은 비즈니스뿐만 아니라 의학, 과학, 공학에서도 널리 쓰이고 있다. 데이터 마이닝이란 대규모 데이터 저장소에서 유용한 정보를 자동적으로 탐색해 내는 과정으로 대규모 데이터베이스를 구석구석 뒤져서 모른 채 넘어갈 수 있는 새롭고 유용한 패턴을 탐색하기 위해 사용된다.[58] 이러한 기법이 수사기관에 도입된다면 수사 목적뿐만 아니라 미래 예측까지 가능하여 범죄 예방 목적 등에도 유용하게 활용될 수 있다. 그러나 많은 데이터가 지속적으로 저장되면 빅브라더[59]와 같은 역기능을 초래할 수 있기 때문에 저장할 데이터의 종류와 저장기간, 범위 등에 대한 논의를 진행하여 치안 목적과 프라이버시 보호의 경계선을 도출해야 한다.

당해 사건이 공소제기되어 형이 확정된 경우 당해 사건의 증거로 지득, 채록한 데이터는 파기하는 것을 원칙으로 하고 수사중지된 사건의 경우 중지사유가 해소될 때까지 보관할 수 있도록 하며 공소의 제기 없이 수사가 종결된 사건의 경우 일반적인 수사서류의 보존기한까지만 이를 보유할 수 있도록 세부 사항을 정해야 한다. 보존되어 있는 데이터의 사용에 대해서도 법률상 재사용 요건을 마련할 필요가 있는데, 개인정보 보호법에 가명정보의 처리에 관하여 새로이 도입된 규정[60]을 참고할 수 있다. 다만, 가명정보의 처리가 아닌 보

---

58 Pang−ning Tan, Michael Steinbach, and Vipin Kumar, 『데이터 마이닝』, 용환승·나연묵·박종수·승현우·이민수·이상준·최린 옮김, 인피니티북스 출판, 2007, 3면.

59 정보의 독점으로 사회를 통제하는 관리 권력, 혹은 그러한 사회체계를 일컫는 말. 사회학적 통찰과 풍자로 유명한 영국의 소설가 조지 오웰(George Orwell, 1903～1950)의 소설 『1984년』에서 비롯된 용어이다. 긍정적 의미로는 선의 목적으로 사회를 돌보는 보호적 감시, 부정적 의미로는 음모론에 입각한 권력자들의 사회통제의 수단을 말한다.

사회적 환난을 예방한다는 차원에서 정당화될 수도 있는 이 빅브라더는 사실 엄청난 사회적 단점을 가지고 있다. 소설 『1984년』에서 빅브라더는 텔레스크린을 통해 소설 속의 사회를 끊임없이 감시한다. 이는 사회 곳곳에, 심지어는 화장실에까지 설치되어 있어 실로 가공할 만한 사생활 침해를 보여준다. 음모론에 입각하여 재해석하자면, 사회의 희망적 권력체제가 아닌 독점권력의 관리자들이 민중을 유혹하고 정보를 왜곡하여 얻는 강력한 권력의 주체가 바로 빅브라더의 정보수집으로 완성된다고 할 수도 있다.

과거 빅브라더의 실체는 매우 비현실적으로 보였지만, 소설 속의 그것과 흡사한 감시체제가 현대에 이르러 실제 사회에서도 실현되기 시작하였다. 미국의 경우 국방부의 규모와 맞먹는 국토안보부가 설치되고, 이들의 감시행동을 법적으로 보호해 줄 애국법이 통과된 상태이다. [출처] 두산백과.

60 개인정보 보호법 제28조의2(가명정보의 처리 등) ① 개인정보처리자는 통계작성, 과학적 연구, 공익적 기록보존 등을 위하여 정보주체의 동의 없이 가명정보를 처리할 수 있다.

존 중인 데이터의 원래 내용을 분석하거나 별건 수사에 참조하고자 할 때에는 수사와 관련된 데이터를 보관, 처리하는 자를 상대로 압수·수색영장 또는 이에 상응하는 법관의 심사를 받아 집행하도록 해당 절차를 마련하여 한다. 또한 정보주체로 하여금 정보파기요청권, 정보사용중지요청권 등의 권리가 보장될 수 있도록 명시하여야 한다.

제5절 소결

형사소송법은 제106조 제3항에서 '정보'를 언급하고 있다. 그동안 데이터나 정보의 취급에 대해 많은 논의가 이루어진 후에 형사소송법 제106조 제3항이 신설되기는 하였으나 이 규정이 데이터나 정보를 영장 집행의 직접적인 대상으로 규정한 것인지는 의문이다. 데이터 자체를 제대로 규율하기 위해서는 데이터를 압수수색 등의 처분대상으로 직접 규정할 필요가 있다.

데이터를 일단 압수의 대상 또는 처분의 대상으로 인정하는 순간 수색과 압수의 범위가 상대적으로 변화하게 된다. 압수의 최소 단위를 물건으로 두었을 경우에는 물건을 찾기 위한 공간에서 수색이 이루어지겠지만 데이터를 압수의 최소 단위로 상정하면 데이터를 저장하고 있는 매체 전체가 수색의 대상이 되기 때문에 수색의 범위를 한정짓는 노력을 하게 된다.

데이터는 기존의 형사소송법에서 정하고 있는 물건으로 취급할 것이냐 아니냐의 문제가 아니라 이것과는 완전히 다른 새로운 것으로 이해하고 해석해야 한다. 데이터는 프라이버시에 관한 사안이기 때문에 물건의 소유권이나 점유권 보호 이상의 관점에서 다루어져야 한다.

입법자의 입장에서는 먼저 형사소송법의 일부만을 개정하여 데이터를 포섭하려고 시도할 수밖에 없으나 압수의 대상과 종류는 그 이후의 영장 요건과 절차에 모두 영향을 가져오게 되므로 데이터를 물건에 적용되는 대물적 강제처분제도로 포섭하기에는 한계가 있다. 따라서 데이터에 대한 독자적인 처분제도를 인정하고 형사소송법 전반을 수정하거나 데이터에 내재된 프라이버시를 보호하는 별도의 법제를 마련하여야 한다.

데이터의 네트워크화, 대량화 등의 특성으로 인해 데이터는 수사 목적상 활용 가치가 높아지는 반면 지적재산권, 개인정보자기결정권, 프라이버시의 대상으로도 보호되어야 할 주요한 법익으로 자리잡고 있어 이를 수사기관이 지득, 채록하는 과정에는 물건을 규율한 것보다 더욱더 세밀한 법규정을 필요로 하기 때문에 현행 법체제는 이를 모두 포용할 수가 없다.[61]

이는 영장주의 또는 강제처분에 관하여 대물적, 대인적 강제처분 제도로 이원화 되어 있는 형사소송법 체제를 근간으로 데이터를 이해하려는 데서 오는 한계이다. 따라서 데이터 또는 정보에 대한 독자적인 처분제도로써 가칭 '정보영장'의 도입이 필요하며 정보영장에는 정보제출명령장과 정보수색영장 등도 포함되어야 할 것이다.

현재에도 금융실명법, 통신비밀보호법, 전기통신사업법 등에서 데이터에 대한 처분 방법을 명시해 두고 있으나 이러한 개별법이 모든 종류의 데이터를 포섭할 수 없기 때문에 모든 데이터에 대해 적용될 수 있는 통일된 법제가 도입되어야 한다. 이제 형사소송법은 가칭 '디지털절차법'이라는 이름으로 현재까지의 논의를 기반으로 하여 전송 중인 데이터와 송수신이 완료된 데이터를 포섭하고 출력복제하여 제출받은 데이터에 대한 증거능력 확보 방안, 수사기관에서 보관하고 있는 데이터의 사건외 사용 범위의 세부적인 문제, 저장매체 자체를 반출할 수 있는 구체적인 범위의 특정, 형사절차 전반에 걸친 데이터의 기술적, 관리적 조치의 종류 등을 구체화함으로써 산발적으로 운영되는 개별 법률을 포섭할 수 있는 통합적 제도를 조속히 도입하고 수사의 합목적성에도 부합하고 기본권 침해도 최소화할 수 방안을 도출해 내야 한다.

61 이관희·김기범·이상진, "정보에 대한 독자적 강제처분 개념 도입," 치안정책연구, 26(2), 2012, 101면.

부록1. 압수·수색영장 별지

◉ '15년 8월 이전 형태

압수 대상 및 방법의 제한

1. 문서에 대한 압수
   가. 해당 문서가 몰수 대상물인 경우, 그 원본을 압수함.
   나. 해당 문서가 증거물인 경우, 피압수자 또는 참여인1)(이하 '피압수자 등'이라 한다)의 확인 아래 사본하는 방법으로 압수함(다만, 사본 작성이 불가능하거나 협조를 얻을 수 없는 경우 또는 문서의 형상, 재질 등에 증거가치가 있어 원본의 압수가 필요한 경우에는 원본을 압수할 수 있음).
   다. 원본을 압수하였더라도 원본의 압수를 계속할 필요가 없는 경우에는 사본 후 즉시 반환하여야 함.

2. 컴퓨터용 디스크 등 정보저장매체에 저장된 전자정보에 대한 압수·수색·검증
   가. 전자정보의 수색·검증
   수색·검증만으로 수사의 목적을 달성할 수 있는 경우, 압수 없이 수색·검증만 함.
   나. 전자정보의 압수
   (1) 원칙
   저장매체의 소재지에서 수색·검증 후 혐의 사실과 관련된 전자정보만을 문서로 출력하거나 수사기관이 휴대한 저장매체에 복사하는 방법으로 압수할 수 있음.
   (2) 저장매체의 하드카피·이미징(이하 '복제'라 한다)이 허용되는 경우
   (가) 집행 현장에서의 복제
   출력·복사에 의한 집행이 불가능하거나, 압수의 목적을 달성하기에 현저히 곤란한 경우2)에 한하여, 저장매체 전부를 복제할 수 있음.
   (나) 저장매체의 원본 반출이 허용되는 경우
   1) 위 (가)항의 경우 중 집행 현장에서의 저장매체의 복제가 불가능하거나 현저히 곤란할 때3)에 한하여, 피압수자 등의 참여 하에 저장매체 원본을 봉인하여 저장매체의 소재지 이외의 장소로 반출할 수 있음.

2) 위 1)항의 방법으로 반출한 원본은 피압수자 등의 참여 하에 개봉하여 복제한 후 지체없이 반환하되, 특별한 사정이 없는 한 원본 반출일로부터 10일을 도과하여서는 아니됨.

(다) 위 (가), (나)항과 같이 복제한 저장매체에 대하여는, 혐의 사실과 관련된 전자정보만을 출력 또는 복사하여야 하고, 전자정보의 복구나 분석을 하는 경우 신뢰성과 전문성을 담보할 수 있는 방법에 의하여야 함.

(라) 위 (다)항에 의하여 증거물 수집이 완료되고 복제한 저장매체를 보전할 필요성이 소멸된 후에는 혐의 사실과 관련 없는 전자정보를 지체없이 삭제, 폐기하여야 함.

(3) 전자정보 압수 시 주의사항

(가) 피압수자 등에게 압수한 전자정보의 목록을 교부하여야 함(목록의 교부는 위 (2)항의 절차를 거쳐 최종적으로 압수하는 출력물 또는 전자정보 사본의 교부로 갈음할 수 있음).

(나) 봉인 및 개봉은 물리적인 방법 또는 수사기관과 피압수자 등 쌍방이 암호를 설정하는 방법 등에 의할 수 있고, 복사 또는 복제할 때에는 해시함수값의 확인이나 압수수색 과정의 촬영 등 원본과의 동일성 등을 확인할 수 있는 방법을 취하여야 함.

(다) 압수수색의 전체 과정을 통하여 피압수자 등의 참여권이 보장되어야 하며, 참여를 거부하는 경우에는 신뢰성과 전문성을 담보할 수 있는 상당한 방법으로 압수수색이 이루어져야 함.

---

1) 피압수자 – 피의자나 변호인, 소유자, 소지자 // 참여인 – 형사소송법 제123조에 정한 참여인

2) 다음 각 호의 경우를 말한다. 1. 피압수자 등이 협조하지 않거나, 협조를 기대할 수 없는 경우, 2. 혐의 사실과 관련될 개연성이 있는 전자정보가 삭제, 폐기된 정황이 발견되는 경우, 3. 출력·복사에 의한 집행이 피압수자 등의 영업활동이나 사생활의 평온을 침해하는 경우, 4. 기타 이에 준하는 경우

3) 다음 각 호의 경우를 말한다. 1. 집행 현장에서의 하드카피·이미징이 물리적, 기술적으로 불가능하거나 극히 곤란한 경우, 2. 하드카피·이미징에 의한 집행이 피압수자 등의 영업활동이나 사생활의 평온을 현저히 침해하는 경우, 3. 기타 이에 준하는 경우

◉ '15년 8월 이후 형태

압수 대상 및 방법의 제한

1. 문서에 대한 압수
   가. 해당 문서가 몰수 대상물인 경우, 그 원본을 압수함.
   나. 해당 문서가 증거물인 경우, 피압수자 또는 참여인1)(이하 '피압수자 등'이라 한다)의 확인 아래 사본하는 방법으로 압수함(다만, 사본 작성이 불가능하거나 협조를 얻을 수 없는 경우 또는 문서의 형상, 재질 등에 증거가치가 있어 원본의 압수가 필요한 경우에는 원본을 압수할 수 있음).
   다. 원본을 압수하였더라도 원본의 압수를 계속할 필요가 없는 경우에는 사본 후 즉시 반환하여야 함.

2. 컴퓨터용 디스크 등 정보저장매체에 저장된 전자정보에 대한 압수·수색·검증
   가. 전자정보의 수색·검증
   수색·검증만으로 수사의 목적을 달성할 수 있는 경우, 압수 없이 수색·검증만 함.
   나. 전자정보의 압수
   (1) 원칙 : 저장매체의 소재지에서 수색·검증 후 혐의 사실과 관련된 전자정보만을 범위를 정하여 문서로 출력하거나 수사기관이 휴대한 저장매체에 복제하는 방법으로 압수할 수 있음.
   (2) 저장매체 자체를 반출하거나 하드카피·이미징 등 형태로 반출할 수 있는 경우
   (가) 저장매체 소재지에서 하드카피·이미징 등 형태(이하 "복제본"이라 함)로 반출하는 경우
   – 혐의 사실과 관련된 전자정보의 범위를 정하여 출력·복제하는 위 (1)항 기재의 원칙적 압수 방법이 불가능하거나, 압수 목적을 달성하기에 현저히 곤란한 경우2)에 한하여, 저장매체에 들어 있는 전자파일 전부를 하드카피·이미징하여 그 복제본을 외부로 반출할 수 있음.
   (나) 저장매체의 원본 반출이 허용되는 경우
   1) 위 (가)항에 따라 집행 현장에서 저장매체의 복제본 획득이 불가능하거나 현저히 곤란할 때3)에 한하여, 피압수자 등의 참여 하에 저

장매체 원본을 봉인하여 저장매체의 소재지이외의 장소로 반출할 수 있음.

2) 위 1)항에 따라 저장매체 원본을 반출한 때에는 피압수자 등의 참여권을 보장한 가운데 원본을 개봉하여 복제본을 획득할 수 있고, 그 경우 원본은 지체 없이 반환하되, 특별한 사정이 없는 한 원본 반출일로부터 10일을 도과하여서는 아니됨.

(다) 위 (가), (나)항에 의한 저장매체 원본 또는 복제본에 대하여는, 혐의사실과 관련된 전자정보만을 출력 또는 복제하여야 하고, 전자정보의 복구나 분석을 하는 경우 신뢰성과 전문성을 담보할 수 있는 방법에 의하여야 함.

(3) 전자정보 압수 시 주의사항

(가) 위 (1), (2) 항에 따라 혐의 사실과 관련된 전자정보의 탐색·복제·출력이 완료된 후에는 지체없이, 피압수자 등에게 ① 압수 대상 전자정보의 상세목록을 교부하여야 하고, ② 그 목록에서 제외된 전자정보는 삭제·폐기 또는 반환하고 그 취지를 통지하여야 함[위 상세목록에 삭제·폐기하였다는 취지를 명시함으로써 통지에 갈음할 수 있음].

(나) 봉인 및 개봉은 물리적인 방법 또는 수사기관과 피압수자 등 쌍방이 암호를 설정하는 방법 등에 의할 수 있고, 복제본을 획득하거나 개별 전자정보를 복제할 때에는 해시함수값의 확인이나 압수·수색 과정의 촬영 등 원본과의 동일성을 확인할 수 있는 방법을 취하여야 함.

(다) 압수·수색의 전체 과정(복제본의 획득, 저장매체 또는 복제본에 대한 탐색·복제·출력과정 포함)에 걸쳐 피압수자 등의 참여권이 보장되어야 하며, 참여를 거부하는 경우에는 신뢰성과 전문성을 담보할 수 있는 상당한 방법으로 압수·수색이 이루어져야 함.

---

1) 피압수자 – 피의자나 변호인, 소유자, 소지자 // 참여인 – 형사소송법 제123조에 정한 참여인

2) ① 피압수자 등이 협조하지 않거나, 협조를 기대할 수 없는 경우, ② 혐의 사실과 관련될 개연성이 있는 전자정보가 삭제·폐기된 정황이 발견되는 경우, ③ 출력·복제에 의한 집행이 피압수자 등의 영업활동이나 사생활의 평온을 침해하는 경우, ④ 그 밖에 위 각 호에 준하는 경우를 말한다.

3) ① 집행 현장에서의 하드카피·이미징이 물리적·기술적으로 불가능하거나 극히 곤란한 경우, ② 하드카피·이미징에 의한 집행이 피압수자 등의 영업활동이나 사생활의 평온을 현저히 침해하는 경우, ③ 그 밖에 위 각 호에 준하는 경우를 말한다.

부록2. 미국 수색영장신청서 견본

Case 3:19-mj-05765-AHG Document 1 Filed 12/30/19 PageID.1 Page 1 of 9

AO 106 (Rev. 04/10) Application for a Search Warrant

UNITED STATES DISTRICT COURT
for the
Southern District of California

FILED
DEC 30 2019
CLERK US DISTRICT COURT
SOUTHERN DISTRICT OF CALIFORNIA
BY DEPUTY

In the Matter of the Search of
(Briefly describe the property to be searched or identify the person by name and address)

Pink Apple iPhone
FPNF# 202025040005501

Case No. 19MJ5765

APPLICATION FOR A SEARCH WARRANT

I, a federal law enforcement officer or an attorney for the government, request a search warrant and state under penalty of perjury that I have reason to believe that on the following person or property *(identify the person or describe the property to be searched and give its location)*:
See Attachment A incorporated herein by reference

located in the Southern District of California, there is now concealed *(identify the person or describe the property to be seized)*:
See Attachment B incorporated herein by reference

The basis for the search under Fed. R. Crim. P. 41(c) is *(check one or more)*:

- ☑ evidence of a crime;
- ☐ contraband, fruits of crime, or other items illegally possessed;
- ☐ property designed for use, intended for use, or used in committing a crime;
- ☐ a person to be arrested or a person who is unlawfully restrained.

The search is related to a violation of:

Code Section	*Offense Description*
21 U.S.C. Sections 952, 960	Conspiracy to Import Controlled Substances

The application is based on these facts:
See Attached Affidavit of Special Agent Melissa Votteler incorporated herein by reference

- ☐ Continued on the attached sheet.
- ☐ Delayed notice of ____ days (give exact ending date if more than 30 days: ________) is requested under 18 U.S.C. § 3103a, the basis of which is set forth on the attached sheet.

Melissa Votteler
Applicant's signature

Melissa Votteler, Special Agent HSI
Printed name and title

Sworn to before me and signed in my presence.

Date: 12/30/19

Allison H. Goddard
Judge's signature

City and state: San Diego, California

Hon. Allison H. Goddard, U.S. Magistrate Judge
Printed name and title

Case 3:19-mj-05765-AHG Document 1 Filed 12/30/19 PageID.2 Page 2 of 9

ATTACHMENT A

PROPERTY TO BE SEARCHED

The following property is to be searched:

Pink Apple iPhone

FPNF# 2020250400055501

(the "Target Device")

The Target Device is currently in the possession of Homeland Security Investigations, 800 Front Street Suite 3200 San Diego, California 92101.

ATTACHMENT B

ITEMS TO BE SEIZED

Authorization to search the cellular telephone described in Attachment A includes the search of disks, memory cards, deleted data, remnant data, slack space, and temporary or permanent files contained on or in the cellular telephone for evidence described below. The seizure and search of the cellular telephone shall follow the search methodology described in the affidavit submitted in support of the warrant.

The evidence to be seized from the cellular telephone will be electronic records, communications, and data such as emails, text messages, chats and chat logs from various third-party applications, photographs, audio files, videos, and location data, for the period of October 06, 2019 to December 10, 2019.

a. tending to indicate efforts to import Methamphetamine, or some other federally controlled substance, from Mexico into the United States;

b. tending to identify accounts, facilities, storage devices, and/or services– such as email addresses, IP addresses, and phone numbers–used to facilitate the importation of Methamphetamine, or some other federally controlled substance, from Mexico into the United States;

c. tending to identify co-conspirators, criminal associates, or others involved in importation of Methamphetamine, or some other federally controlled substance, from Mexico into the United States;

d. tending to identify travel to or presence at locations involved in the importation of Methamphetamine, or some other federally controlled substance, from Mexico into the United States, such as stash houses, load houses, or delivery points;

e. tending to identify the user of, or persons with control over or access to, the Target Device; and/or

f. tending to place in context, identify the creator or recipient of, or establish the time of creation or receipt of communications, records, or data involved in the activities described above;

which are evidence of violations of Title 21, United States Code, Sections 952 and 960.

AFFIDAVIT

I, Special Agent Melissa Votteler, being duly sworn, hereby state as follows:

INTRODUCTION

1. I submit this affidavit in support of an application for a warrant to search the following electronic device(s):

Pink Apple iPhone
FPNF# 2020250400055501
("Target Device")

as further described in Attachment A, and to seize evidence of crimes, specifically violations of Title 21, United States Code, Sections 952 and 960, as further described in Attachment B.

2. The requested warrant relates to the investigation and prosecution of Myra PADILLA ("PADILLA") for importing approximately 29.64 kilograms (65.34 pounds) of Methamphetamine from Mexico into the United States. *See U.S. v. PADILLA*, Case No. 19-mj-5469 (S.D. Cal.) at ECF No. 1 (Complaint). The Target Device is currently in the evidence vault located at 800 Front Street, Suite 3200 San Diego, California 92101.

3. The information contained in this affidavit is based upon my training, experience, investigation, and consultation with other members of law enforcement. Because this affidavit is made for the limited purpose of obtaining a search warrant for the Target Device, it does not contain all the information known by me or other agents regarding this investigation. All dates and times described are approximate.

BACKGROUND

4. I have been employed as a Special Agent with Homeland Security Investigations since March 2018. I am currently assigned to the HSI Office of the Special Agent in Charge, in San Diego, California. I am a graduate of the Federal Law Enforcement Training Center in Glynco, Georgia.

5. During my tenure with HSI, I have participated in the investigation of various drug trafficking organizations involved in the importation and distribution of controlled

1 substances into and through the Southern District of California.

2 6. Through my training, experience, and conversations with other members of
3 law enforcement, I have gained a working knowledge of the operational habits of narcotics
4 traffickers, in particular those who attempt to import narcotics into the United States from
5 Mexico at Ports of Entry. I am aware that it is common practice for narcotics smugglers to
6 work in concert with other individuals and to do so by utilizing cellular telephones. Because
7 they are mobile, the use of cellular telephones permits narcotics traffickers to easily carry
8 out various tasks related to their trafficking activities, including, *e.g.*, remotely monitoring
9 the progress of their contraband while it is in transit, providing instructions to drug couriers,
10 warning accomplices about law enforcement activity, and communicating with co-
11 conspirators who are transporting narcotics and/or proceeds from narcotics sales.

12 7. Based upon my training, experience, and consultations with law enforcement
13 officers experienced in narcotics trafficking investigations, and all the facts and opinions
14 set forth in this affidavit, I know that cellular telephones (including their Subscriber
15 Identity Module (SIM) card(s)) can and often do contain electronic evidence, including,
16 for example, phone logs and contacts, voice and text communications, and data, such as
17 emails, text messages, chats and chat logs from various third-party applications,
18 photographs, audio files, videos, and location data. In particular, in my experience and
19 consultation with law enforcement officers experienced in narcotics trafficking
20 investigations, I am aware that individuals engaged in drug trafficking commonly store
21 photos and videos on their cell phones that reflect or show co-conspirators and associates
22 engaged in drug trafficking, as well as images and videos of drugs or contraband, proceeds
23 and assets from drug trafficking, and communications to and from recruiters and
24 organizers.

25 8. This information can be stored within disks, memory cards, deleted data,
26 remnant data, slack space, and temporary or permanent files contained on or in the cellular
27 telephone. Specifically, searches of cellular telephones may yield evidence:

28

a. tending to indicate efforts to import Methamphetamine, or some other federally controlled substance, from Mexico into the United States;

b. tending to identify accounts, facilities, storage devices, and/or services–such as email addresses, IP addresses, and phone numbers–used to facilitate the importation of Methamphetamine, or some other federally controlled substance, from Mexico into the United States;

c. tending to identify co-conspirators, criminal associates, or others involved in importation of Methamphetamine, or some other federally controlled substance, from Mexico into the United States;

d. tending to identify travel to or presence at locations involved in the importation of Methamphetamine, or some other federally controlled substance, from Mexico into the United States, such as stash houses, load houses, or delivery points;

e. tending to identify the user of, or persons with control over or access to, the Target Device; and/or

f. tending to place in context, identify the creator or recipient of, or establish the time of creation or receipt of communications, records, or data involved in the activities described above.

FACTS SUPPORTING PROBABLE CAUSE

9. On December 09, 2019, at approximately 12:43 p.m., PADILLA applied for permission to enter the United States at the San Ysidro Port of Entry. Defendant was the driver, sole occupant, and registered owner of a 2004 Honda CRV. PADILLA was referred for secondary inspection, and Customs and Border Protection Officers discovered 23 packages concealed within the vehicle's spare tire, rear trunk panel, and non-factory compartment along the rocker panels of PADILLA's vehicle. The packages weighed approximately 29.64kilograms (65.34 lbs.), and field-tested positive as Methamphetamine. PADILLA was subsequently arrested and the Target Device was seized from her vehicle. PADILLA registered the 2004 Honda CRV in her name on November 06, 2019.

10. Later, agents read PADILLA her *Miranda* rights, and she agreed to speak to agents without an attorney present. PADILLA denied knowledge of the drugs in her vehicle and had the vehicle's key and spare key on a key ring in her possession at the time of arrest.

1 During the interview, PADILLA was shown the Target Device and identified the Target
2 Device as belonging to her.
3 11. In light of the above facts, PADILLA's statements, and my own experience
4 and training, there is probable cause to believe that PADILLA was using the Target Device
5 to communicate with others to further the importation of illicit narcotics into the United
6 States.
7 12. In my training and experience, narcotics traffickers may be involved in the
8 planning and coordination of a drug smuggling event in the days and weeks prior to an
9 event. Co-conspirators are also often unaware of a defendant's arrest and will continue to
10 attempt to communicate with a defendant after their arrest to determine the whereabouts of
11 the narcotics. Based on my training and experience, it is also not unusual for individuals,
12 such as Defendant, to attempt to minimize the amount of time they were involved in their
13 smuggling activities, and for the individuals to be involved for weeks and months longer
14 than they claim. Accordingly, I request permission to search the Target Device for data
15 beginning on October 06, 2019. This date is 30 days prior to PADILLA registering the
16 vehicle in her name. In my training and experience, individuals use phone communication
17 regarding purchasing a vehicle prior to the actual purchase. PADILLA stated she left her
18 vehicle at a car mechanic shop in Mexico on December 07, 2019 for tire work and retrieved
19 the vehicle the morning of December 09, 2019 (the date of her arrest). PADILLA stated
20 she believed the car mechanic shop had inserted the narcotics without her knowledge. This
21 car mechanic shop is the same shop PADILLA stated she purchased the vehicle from in
22 November 2019.
23 **METHODOLOGY**
24 13. It is not possible to determine, merely by knowing the cellular telephone's
25 make, model and serial number, the nature and types of services to which the device is
26 subscribed and the nature of the data stored on the device. Cellular devices today can be
27 simple cellular telephones and text message devices, can include cameras, can serve as
28 personal digital assistants and have functions such as calendars and full address books and

can be mini-computers allowing for electronic mail services, web services and rudimentary word processing. An increasing number of cellular service providers now allow for their subscribers to access their device over the internet and remotely destroy all of the data contained on the device. For that reason, the device may only be powered in a secure environment or, if possible, started in "flight mode" which disables access to the network. Unlike typical computers, many cellular telephones do not have hard drives or hard drive equivalents and store information in volatile memory within the device or in memory cards inserted into the device. Current technology provides some solutions for acquiring some of the data stored in some cellular telephone models using forensic hardware and software. Even if some of the stored information on the device may be acquired forensically, not all of the data subject to seizure may be so acquired. For devices that are not subject to forensic data acquisition or that have potentially relevant data stored that is not subject to such acquisition, the examiner must inspect the device manually and record the process and the results using digital photography. This process is time and labor intensive and may take weeks or longer.

14. Following the issuance of this warrant, I will collect the subject cellular telephone and subject it to analysis. All forensic analysis of the data contained within the telephone and its memory cards will employ search protocols directed exclusively to the identification and extraction of data within the scope of this warrant.

15. Based on the foregoing, identifying and extracting data subject to seizure pursuant to this warrant may require a range of data analysis techniques, including manual review, and, consequently, may take weeks or months. The personnel conducting the identification and extraction of data will complete the analysis within 90 days, absent further application to this court.

///
///
///

PRIOR ATTEMPTS TO OBTAIN THIS EVIDENCE

16. Law enforcement has not previously attempted to obtain the evidence sought by this warrant.

CONCLUSION

17. Based on the facts and information set forth above, there is probable cause to believe that a search of the Target Device will yield evidence of PADILLA's violations of Title 21, United States Code, Sections 952 and 960.

18. Because the Target Device was seized at the time of Defendant's arrest and has been securely stored since that time, there is probable cause to believe that such evidence continues to exist on the Target Device. As stated above, I believe that the appropriate date range for this search is from October 06, 2019.

19. Accordingly, I request that the Court issue a warrant authorizing law enforcement to search the item(s) described in Attachment A and seize the items listed in Attachment B using the above-described methodology.

I swear the foregoing is true and correct to the best of my knowledge and belief.

Melissa Votteler
Homeland Security Investigations

Subscribed and sworn to before me this 30th day of December, 2019.

Hon. Allison H. Goddard
United States Magistrate Judge

에필로그

디지털 데이터는 물건과 비슷한 것이 아니다. 전혀 다른 것이다. '0'과 '1'의 집합일 뿐이며 우리는 이러한 기호를 인식하고 그대로 해석할 뿐이다. 출력한다는 것은 원래 있던 기호를 다른 종이에 똑같은 모습으로 그려 넣는 것이며 복사와 복제는 원래 있던 '0'과 '1'을 새로운 저장매체에 그대로 다시 적어 내려가는 것이다. 물건처럼 가져올 수 있는 것이 아니라 눈으로 보고 이를 그대로 다시 기록할 수 있을 뿐이다. 그래서 디지털 증거를 압수한다는 것은 엄밀히 말해 디지털 증거를 지득하거나 채록한다는 것을 의미한다.

시민은 그들이 표현할 수 있는 모든 정보를 디지털화하여 저장하고 전송한다. 데이터를 생산하고 저장하고 전송하는 모든 과정에 흔적이 남게 되고 이러한 흔적은 범죄 수사에서 증거로 사용될 수 있기 때문에 수사기관에게도 매우 유용하다. 많은 범죄가 인터넷 공간으로 옮겨지고 있는 추세를 감안하면 디지털 흔적을 들여다 봐야 할 필요성도 함께 증대되는 것이 사실이다. 그런데 개인에 관한 데이터를 비롯하여 사생활의 비밀이 디지털로 표현되어 있다보니 수사기관이 이를 함부로 들여다보는 것은 그대로 방관할 수 없기 때문에 형사소송법상 압수수색제도를 통해 법관의 심사를 받아 데이터를 지득, 채록하는 형태로 운영되어 왔다.

기본권을 침해할 수 있는 수사기관의 행위에 관하여 법관이 심사를 해야 한다는 것은 온전히 옳은 발상이다. 그런데 이 책에서 살펴본 바와 같이 디지털 데이터는 물건과는 완전히 다른 것이어서 유체물을 대상으로 만들어진 형사소송법의 규정들은 디지털 데이터에 적합하게 적용되지 않는다. 데이터의 양이 계속 증폭될 것이며 수사기관이 취급하게 되는 디지털 증거의 양도 증폭될 것이 자명하다. 그러면 현행 형사소송법의 모순과 한계는 지속적으로 노출될 것이다.

통신비밀보호법은 물건이 아닌 대화의 내용을 대상으로 만들어졌다. 대화의 내용은 압류하는 것이 아니므로 이를 지득하거나 채록한다는 표현을 자연스럽게 사용한다. 수사기관이 직접 채록할 수 없는 경우 통신사업자의 협조가 필요하기 때문에 이에 대한 규정도 있다. 통신의 비밀을 침해하는 것의 중대성으로 인해 그 요건과 절차를 구체적으로 정하고 법관의 허가를 받도록 하고 있다. 자료의 지득과 채록 현장에 피대상자는 없으며 수사의 밀행성을 유지해야 하기 때문에 참여권도 없다. 다만, 수사가 종결된 이후에는 피대상자에게 수사기관이 수사를 하였다는 사실을 통지해 준다. 통신비밀보호법의 제 규정은 매우 부드럽다. 당초에 그 집행의 대상을 대화, 통신자료, 통신사실 등 데이터로 삼았기 때문이다.

우리에게 중요한 데이터에는 대화의 내용만 있는 것이 아니다. 디지털로 표현되고 저장될 수 있는 모든 것이 보호가 필요하며 수사기관에 함부로 노출될 성질의 것은 없다. 다른 것은 다르게 규율하여야 한다. 현행 형사소송법의 확장 해석을 통해 데이터를 규율하려는 노력은 한계에 봉착했다. 따라서 디지털 데이터를 수사기관이 증거로 사용할 때 필요한 규제와 절차를 통합적으로 정비하고 관리할 필요성이 있다.

수사기관이 데이터를 지득, 채록하는 데 있어 까다로운 절차를 도입하는 것을 두고 수사기관은 볼멘소리를 할지 모른다. 그러나 디지털화가 이루어지면 이루어질수록 수사기관이 증거를 확보할 개연성이 높아지는 것을 함께 고려한다면 데이터의 지득, 채록에 특별한 요건을 부과하는 것이 수사의 효율성을 방해하지 않는다. 오히려 중립적인 법관의 심사를 통해 적법한 절차와 방식으로 데이터를 지득, 채록하고 관리, 파기하는 절차를 통해 위법수사의 위험성에서 벗어날 수 있다.

현재까지의 논의를 기반으로 하여 기본권 침해를 최소화함과 동시에 수사의 효율성도 함께 증대시킬 수 있도록 산발적으로 운영되던 개별 법률을 포섭할 수 있는 통합적 입법이 조속히 도입되기를 희망한다.

참고 문헌

단행본

고영삼, 『전자감시사회와 프라이버시』, 한울아카데미, 1998.

구병삭, 『신헌법원론』, 박영사, 1988.

권영법, 『형사증거법 원론』, 세창출판사, 2013.

김기범·장윤식, 『사이버범죄수사론』, 경찰대학, 2012.

김선희, 『미국의 정보 프라이버시권과 알 권리에 관한 연구』, 비교헌법연구 2018-8-6, 헌법재판소 헌법재판연구원, 2018.

김종현, 『영장주의에 관한 헌법적 연구』, 헌법이론과 실무 2019-A-1, 헌법재판연구소 헌법재판연구원, 2019.

김준호, 『민법강의』, 제25판, 법문사, 2019.

김학신, 『디지털 범죄 수사와 기본권』, 한국학술정보(주), 2009.

김홍열, 『디지털 시대의 공간과 권력(가상공간의 탄생과 권력관계 변화에 대한 정보사회학적 연구)』, 한울아카데미, 2013.

노명선, 『전자적 증거의 실효적인 압수·수색, 증거조사 방안연구』, 대검찰청 용역 보고서, 2007.

노명선·이완규, 『형사소송법』, 5판, SKKUP(성균관대학교 출판부), 2017.

니콜라스 네그로폰테, 『디지털이다』, 백운인 옮김, 커뮤니케이션북스, 1999.

리차드 스피넬로·허만 타바니 엮음, 『정보화 시대의 사이버윤리』, 이태건·홍용희·이범웅·노병철·조일수 옮김, 인간사랑, 2008.

마이클 라고·체트 호스머, 『데이터 은닉의 기술, 데이터 하이딩』, 김상정 옮김, SYNGRESS, 2013.

문광삼, 『한국헌법학』, 삼영사, 2010.

박노섭·이동희·이윤·장윤식, 『핵심요해 범죄수사학』, 경찰공제회, 2015.

박덕영·안국현·박민아, 『인터넷 접속규제와 국제분쟁에 관한 연구』, KISCOM 2007-01, 정보통신윤리위원회, 2007.

법원행정처, 『압수·수색 영장실무』, 2010.

배종대·이상돈·정승환·이계원, 『신형사소송법』, 제5판, 홍문사, 2013.

손동권·신이철, 『새로운 형사소송법』, 세창출판사, 2016.

손지영·김주석, 『디지털 증거의 증거능력 판단에 관한 연구』, 대법원 사법정책연구원, 연구총서 2015-08, 2015.

솔 레브모어·마사 누스바움 편저, 『불편한 인터넷』, 김상현 옮김, 에이콘, 2012.

신동운, 『간추린 신형사소송법』, 법문사, 2007.
신동운, 『간추린 형사소송법』, 제5판, 법문사, 2013.
신동운, 『신형사소송법』, 제5판, 법문사, 2014.
신양균 편저, 『형사소송법 제개정 자료집(상)』, 한국형사정책연구원, 2009.
아서 베스트, 『미국증거법(사례와 해설)』, 형사법연구회·이완규·백승민 옮김, 탐구사, 2009.
오기두, 『전자증거법』, 박영사, 2015
이동희·손재영·김재운, 『경찰실무 경찰과 법』, 경찰대학출판부, 2015.
이상진, 『디지털 포렌식 개론』, 이룬, 2011.
이상진, 『디지털 포렌식 개론 개정판』, 이룬, 2015.
이승호·이인영·심희기·김정환, 『형사소송법강의』, 제2판, 박영사, 2020.
이은모·김정환, 『형사소송법』, 박영사, 2019.
이재상, 『신형사소송법』, 박영사, 2007.
이재상·조균석, 『형사소송법』, 제10판, 박영사, 2015.
이정진·이형우·고병진·도성욱·이종훈, 『해킹피해시스템 증거물 확보 및 복원에 관한 연구』, 한국정보보호진흥원, 2002.
이종관·박승억·김종규·임형택, 『디지털 철학 – 디지털 컨버전스와 미래의 철학』, 성균관대학교 출판부, 2013.
이주원, 『형사소송법』, 박영사, 2019.
이주원, 『형사소송법』, 제2판, 박영사, 2020.
이지영, 『전자정보의 수집·이용 및 전자감시와 프라이버시의 보호 – 미 연방헌법 수정 제4조를 중심으로 –』, 비교헌법재판연구, 헌법재판소 헌법재판연구원, 2015.
이창현, 『형사소송법』, 제2판, 입추출판사, 2015.
이창현, 『형사소송법』, 제5판, 정독, 2019.
장윤식, 『디지털 증거분석실 표준 설계안 연구』, 경찰청 연구용역, 2017.
잭 골드스미스·팀우, 『사이버 세계를 조종하는 인터넷 권력 전쟁』, 송연석 옮김, 뉴런, 2006.
전현욱·김기범·조성용·Emilio C. Viano, 『사이버범죄의 수사 효율성 강화를 위한 법제 개선 방안 연구』, 협동연구총서 15–17–01, 경제·인문사회연구회, 2015.
전현욱·윤지영, 『디지털 증거 확보를 위한 수사상 온라인 수색제도 도입 방안에 대한 연구』, 대검찰청 연구용역보고서, 2012.
정웅석·백석민, 『형사소송법』, 전정 제4판, 대명, 2011.
정준선, 『국가정보와 경찰활동』, 경찰대학, 2018.

차병직·윤재왕·윤지영, 『지금 다시, 헌법』, 로고폴리스, 2017.
탁희성·이상진, 『디지털 증거분석도구에 의한 증거수집절차 및 증거능력 확보방안』, 한국형사정책연구원, 연구총서 06-21, 2006.
피에르 레비, 『집단지성: 사이버 공간의 인류학을 위하여』, 권수경 옮김, 문학과지성사, 2002.
헨리 J. 에이브러햄, 『기본적 인권과 재판: 미국 대법원 판례』, 윤후정 옮김, 이화여자대학교 출판부, 1992.
히라라기 토키오, 『일본형사소송법』, 조균석 옮김, 박영사, 2012.
Janet Williams QPM, *ACPO Good Practice Guide for Digital Evidence*, Metropolitan Police Service, Association of Chief Police Officers of England, 2012.
Eoghan Casey, *Digital Evidence and Computer Crime*, 3rd ed., Academic Press, 2011.
Council of Europe, *Explanatory Report to the Convention on Cybercrime*, European Treaty Series – No. 185, Budapest, 23.XI. 2001.
Fred Cohen, *Digital Forensic Evidence Examination*, 5th ed., Fred Cohen & Associates out of Livermore, 2013.
Brahima Sanou, *National Cybersecurity Strategy Guide*, ITU, 2011.
James Bradley Thayer, *A Preliminary Treatise of Evidence at the common law*, Boston: Little, Brown, And Company, 1898.
Luciano Floridi, *Information: a very short introduction*, Oxford University Press, 2010.
Michael N. Schmitt (ed.), *Tallinn Manual on the International Law Applicable to Cyber Warfare: Prepared by the International Group of Experts at the Invitation of the NATO Cooperative Defence Centre of Excellence*, Cambridge University Press, 2013.
Pang-ning Tan, Michael Steinbach, and Vipin Kumar, 『데이터 마이닝』, 용환승·나연묵·박종수·승현우·이민수·이상준·최린 옮김, 인피니티북스 출판, 2007.
Steve Uglow, *Evidence: Text and Materials*, Sweet & maxwell, 2006.
Jonathan M. Redgrave(ed.), *The Sedona Principle: Best Practice Recommendation & Principles for Addressing Electronic Document Production*, 2005.
Marcia J. Weiss, *Salem Press Encyclopedia of Science*, 2013.
White House, *Cyberspace Policy Review*, 2011.

국내 논문

강구민·김창우·오경식, "압수·수색영장 집행에 있어 참여권자에 관한 소고," 법학논총, 22(2), 527－556, 2015.

강동욱, "컴퓨터관련범죄의 수사에 있어서의 문제점에 관한 고찰,"「현대형사법론」, 죽헌 박양빈교수 화갑기념 논문집, 1996.

강미영, "디지털 증거의 증거능력," 외법논집, 43(3), 149－167, 2019.

강철하, "디지털 증거 압수수색에 관한 개선방안," 성균관대학교 박사학위논문, 2012.

고은석, "수사기관의 금융거래 추적 수사와 영장주의의 예외," 법조, 58(7), 134－169, 2009.

권양섭, "디지털 저장매체의 예외적 압수방법에 대한 사후통제 방안," 형사법연구, 26(1), 237－261, 2014.

권양섭, "디지털 증거의 압수·수색에 관한 입법론적 연구," 원광법학, 26(1), 345－372, 2010.

권양섭, "디지털 증거의 증거능력에 관한 고찰," 법이론실무연구, 4(1), 149－168, 2016.

권영법, "과학적 증거의 허용성 －전문가증인의 허용성문제와 관련 쟁점의 검토를 중심으로－." 법조, 61(4), 81－121, 2012.

권영법, "형사소송의 이념," 저스티스, 제124호, 262－285, 2011.

김기범, "범죄수사에서 제3자 정보 요청에 관한 입법체계," *Crisisonomy*, 13(8), 85－100, 2017.

김기범, "범죄수사에서 제3자 정보 취득법제 통합방안 연구," 고려대학교 박사학위논문, 2016.

김기범, "압수·수색영장의 전자적 제시에 관한 입법적 연구," 경찰학연구, 18(2), 149－174, 2018.

김기범·이관희, "전기통신사업자 보관 몰수 대상 정보의 압수실태 및 개선방안," 경찰학연구, 16(3), 9－16, 2016.

김기범·이관희·장윤식·이상진, "정보영장 제도 도입방안 연구," 경찰학연구, 11(3), 85-116, 2011.

김기준, "수사단계의 압수수색 절차 규정에 대한 몇 가지 고찰," 형사법의 신동향, 통권 제18호, 1-31, 2009.

김기준, "전자우편에 대한 증거수집과 관련된 문제점," 해외연수검사연구논문집 Ⅱ, 2001.

김낭기, "법의 지배인가, 인간의 지배인가," 저스티스, 146(2), 52－69, 2015.

김도승, "사이버공간에서 경찰책임의 법적 구조와 특징," 토지공법연구, 제46권, 237-256, 2009.

김대순, "국가관할권 개념에 관한 소고," 법학연구, 제5권, 206-217, 1995.

김면기, "과학적 증거의 판단기준과 적용과정에 대한 이해 - 최근 논란이 된 사례들을 중심으로 -." 형사정책, 30(3), 205-239, 2018.

김면기·유승진, "법과학 증거의 오류 가능성에 대한 이해," 과학기술과 법, 11(1), 85-108, 2020.

김명석, "현대 정보 개념 이전의 개념들," 철학논총, 94(4), 63-86, 2018.

김범식, "전자(디지털)정보의 법정 증거 제출·현출 방안," 비교형사법연구, 19(1), 257-288, 2017.

김보라미, "사이버 수사 및 디지털 증거수집 실태조사 결과 발표 토론문," 국가인권위원회, 사이버수사 및 디지털 증거수집 실태조사 결과발표 및 토론회(발표 : 권양섭·노명선·곽병선·이종찬), 67-71, 2012.

김성규, "이른바 과학적 증거의 의의와 그 허용성의 판단 - 증거능력에 있어서의 이른바 자연적 관련성의 관점에서-," 형사정책연구, 15(3), 307-334, 2004.

김성룡, "디지털 증거의 수색과 압수에서 쟁점들," 형사법연구, 30(3), 193-208, 2018.

김성룡, "현행법에서 과학적 증거의 증거능력과 증명력," 형사법연구, 29(4), 199-225, 2012.

김연희. "디지털 증거 보전명령제도 도입에 관한 소고," 법학연구, 23(3), 1-29, 2020.

김영규, "미국 연방대법원의 '휴대폰에 저장된 개인정보 보호'에 대한 판결의 의의 - 피체포자의 휴대폰에 저장된 정보의 영장 없는 수색 제한에 관한 RILEY 판결을 중심으로 -," 형사정책연구, 25(4), 1-40, 2014.

김영철, "디지털 전문증거 진정성립을 위한 디지털 본래증거 수집 방안," 형사법의 신동향, 제58호, 257-298, 2018.

김용세, "형사절차상 기본권 보장을 위한 형소법규정 및 실무현실에 관한 연구: 헌법적 형사소송의 원리에 기초한 분석적 고찰," 형사정책연구, 19(3), 53-104, 2008.

김용호·이대성, "실무상 디지털 증거의 압수·수색의 문제점과 개선방안," 한국정보통신학회논문지, 17(11), 2595-2601, 2013.

김윤섭·박상용, "형사증거법상 디지털 증거의 증거능력 - 증거능력의 선결요건 및 전문법칙의 예외요건을 중심으로 -," 형사정책연구, 26(2), 165-214,

2015.

김일룡, "증거의 진정성과 증거규정 체계의 재구성 – 미국연방증거규칙으로부터의 시사점–," 형사법의 신동향, 통권 제32호, 50–83, 2011.

김정한, "형사소송법상 특신상태의 의미와 개념 요소 및 판단기준에 관한 소고," 비교형사법연구, 16(1), 153–182, 2014.

김종구, "과학기술의 발달과 영장주의의 적용범위 – 미연방대법원 판례의 변천과 관련하여 –." 법학연구, 통권 제61집, 189–216, 2019.

김종구, "미국 판례상 국경에서 디지털 저장매체 수색의 적법성," 법학논총, 24(2), 423–443, 2017.

김종호, "과학적 증거의 증거능력 판단에 관한 소고," 일감법학, 제37호, 275–308, 2017.

김청택·최인철, "법정의사결정에서의 판사들의 인지편향," 서울대학교 법학, 51(4), 317–345, 2010.

김태업, "형사재판과 과학적 증거," 제25회 한국법과학회 춘계학술대회, 25–33, 2012.

김혁, "제3자 보관 정보에 대한 압수수색 영장의 집행과 적정절차: 서울고법 2015. 6. 25. 2014노2389 판결(대법원 2017. 9. 7. 2015도10648 판결)을 중심으로," 형사정책연구, 29(1), 75–108, 2018.

김형성·김학신, "Computer Forensics의 법적 문제 연구," 성균관법학, 18(3), 97–126, 2006.

김혜미, "휴대폰 압수수색과 영장주의 원칙의 엄격한 해석 요청 – 한국과 미국의 판례 분석을 중심으로 –." 경희법학, 55(2), 25–54, 2020.

노명선, "디지털 증거의 압수·수색에 관한 판례 동향과 비교법적 고찰," 형사법의 신동향, 통권 제43호, 139–194, 2014.

노명선, "사이버 범죄의 증거확보에 관한 몇 가지 입법적 제언," 성균관 법학, 19(2), 341–356, 2007.

노명선, "전자적 증거의 수집과 증거능력에 관한 몇 가지 검토," 형사법의 신동향, 통권 제16호, 74–125, 2008.

노승권, "컴퓨터 데이터 압수·수색에 관한 문제," 검찰, 통권 제111호, 269–285, 2000.

민영성, "압수·수색영장의 집행에 있어서 '필요한 처분'과 영상사전제시 원칙의 예외," 인권과 정의, 제357호, 90–102, 2006.

박민우, "수사기관의 압수에 있어 관련성 요건의 해석과 쟁점에 대한 검토," 경찰학연구, 제16권, 제1호, 3–33, 2016.

박수희, “전자증거의 수집과 강제수사,” 한국공안행정학회보, 16(4), 125－154, 2007.

박영우, “사이버범죄방지협약의 국내법적 수용문제,” 정보보호학회지, 13(5), 70－75, 2003.

박용철, “디지털 증거의 증거능력 요건 중 무결성 및 동일성에 대하여 － 대법원 2018.2.8. 선고 2017도13263판결 －,” 법조, 67(2), 667－703, 2018.

박종근, “디지털 증거 압수수색과 법제,” 형사법의 신동향, 통권 제18호, 32－100, 2009.

박진아, “사이버 물권 시론,” 원광법학, 27(2), 153,181, 2011.

박혁수, “디지털 정보 압수·수색의 실무상 쟁점,” 형사법의 신동향, 통권 제44호, 76－113, 2014.

박흥모, “수사방법으로서의 사진촬영의 적법성 － 우리나라와 일본의 학설판례를 중심으로 －,” 법학연구, 51(3), 135－162, 2010.

변종필, “형사소송법 제216조 제1항 제1호의 위헌성에 대한 검토,” 비교형사법연구, 20(2), 109－132, 2018.

변종필, “형사소송이념과 범죄투쟁, 그리고 인권,” 비교형사법연구, 5(2), 929－950, 2003.

배덕현, “사이버공간의 정의와 특징 － 몇 가지 사례를 중심으로 －,” 문화역사지리, 27(1), 129－143, 2015.

백욱인, “사이버스페이스의 규제와 자율에 관한 연구,” 규제연구, 11(2), 175－195, 2002.

서강윤·이상진, “원격지 디지털증거 수집을 위한 프레임워크,” 디지털포렌식연구, 13(4), 231－244, 2019.

손동권, “새로이 입법화된 디지털 증거의 압수·수색제도에 관한 연구 － 특히 추가적 보완입법의 문제 －,” 형사정책, 23(2), 325－349, 2011.

손동권, “수사절차상 긴급 압수·수색 제도와 그에 관한 개선입법론,” 경희법학, 46(3), 9－33, 2011.

송영진, “수사기관의 클라우드 데이터 접근에 관한 비판적 고찰 : “데이터 예외주의” 논쟁과 각국의 실행을 중심으로,” 형사정책연구, 30(3), 149－180, 2019.

신경준·이상진, “사이버 침해사고 유형별 디지털 포렌식 증거의 식별 및 수집에 관한 연구,” 융합보안논문지, 7(4), 93－105, 2007.

신동운, “제정형사소송법의 성립경위,” 형사법연구, 22호, 159－221, 2004.

신이철, “형사증거법상 사진의 증거능력 제한,” 일감법학, 제22호, 297－328, 2012.

심희기, “전문과 비전문의 구별,” 법조, 62(6), 38－74, 2013.

양근원, “디지털 증거의 특징과 증거법상의 문제 고찰,” 경희법학, 41(1), 177－212, 2006.

양근원, “형사절차상 디지털 증거의 수집과 증거능력에 관한 연구,” 경희대학교 박사학위 논문, 2006.

양종모, “클라우드 컴퓨팅 환경에서의 전자적 증거 압수·수색에 관한 고찰,” 홍익법학, 15(3), 1－25, 2014.

여명숙, “사이버스페이스의 존재론과 그 심리철학적 함축,” 이화여자대학교 박사학위논문, 1998.

오경식, “수사절차상 압수·수색제도에서의 인권보장 방안,” 형사법의 신동향, 통권 제50호, 1－27, 2016.

오기두, “디지털 증거 압수수색에 관한 개정법률안 공청회 토론문,” *2012* 디지털 증거 압수수색에 관한 개정법률안 공청회 자료집, 41－72, 2012.

오기두, “전자정보의 수색·검증, 압수에 관한 개정 형사소송법의 함의,” 형사소송 이론과 실무, 4(1), 2012.

오기두, “형사절차상 컴퓨터관련 증거의 수집 및 이용에 관한 연구,” 서울대 박사학위논문, 1997.

원혜욱, “과학적 수사방법에 의한 증거수집 － 전자증거의 압수·수색을 중심으로 －,” 비교형사법연구, 5(2), 165－191, 2003.

원혜욱, “정보저장매체의 압수·수색 － 휴대전화(스마트폰)의 압수·수색 －,” 형사판례연구, 제22권, 303－335, 2014.

유상현·이경렬, “디지털 증거의 선별적 압수수색에 관한 LSH(Locality Sensitive Hashing)기법 활용방안 연구,” 형사정책, 31(4), 153－182, 2020.

윤상혁·이상진, “디지털증거 자동선별 시스템에 관한 연구,” 디지털포렌식연구, 14(3), 239－251, 2020.

이관희·김기범, “디지털증거의 증거능력 인정요건 재고(再考),” 디지털포렌식연구, 12(1), 93－106, 2018.

이관희·김기범·이상진, “정보에 대한 독자적 강제처분 개념 도입,” 치안정책연구, 26(2), 75－107, 2012.

이관희·이상진, “데이터 보관 사업자에 대한 영장집행 절차의 현실화 방안에 관한 연구: 피의자에 대한 사전 통지 생략 및 영장 사본제시 필요성을 중심으로,” 형사정책연구, 31(1), 129－158, 2020.

이관희·이상진, “정보 속성의 이해와 디지털매체 압수수색에 대한 인식개선,” 형사정책연구, 30(3), 27－52, 2019.

이관희·이상진, "파일 열람 행위에 의한 영장집행의 문제점과 디지털 저장매체 수색압수구조의 개선방안," 법조, 69(4), 257－282, 2020.
이규호, "미국에 있어 디지털증거의 증거능력," 민사소송, 11(2), 152－175, 2007.
이병래, "압수물의 환부청구권과 포기, 환부의 상대방," 고시계, 208－213, 2011.
이성기, "법과학 증거의 기준에 관한 법적 연구 － 전문가 증언 제도의 문제점과 개선 방안을 중심으로 －," 법학논집, 23(3), 63－85, 2019.
이성기, "증거물 보관의 연속성(Chain of Custody) 원칙과 증거법적 함의," 경찰학연구, 11(3), 55－84, 2011.
이숙연, "디지털證據 및 그 證據能力과 證據調査方案: 형사절차를 중심으로 한 연구," 사법논집, 제53집, 243－344, 2011.
이숙연, "디지털증거의 증거능력 －동일성·무결성 등의 증거법상 지위 및 개정 형사소송법 제313조와의 관계－," 저스티스, 통권 제161호, 164－199, 2017.
이숙연, "형사소송에서의 디지털 증거의 취급과 증거능력," 고려대학교 박사학위논문, 2010.
이영돈, "수사상 압수수색영장의 제시 － 미국의 Knock and Announce Rule과의 비교 －," 경찰법연구, 11(1), 221－248, 2013.
이용, "디지털 증거의 보전명령제도에 관한 고찰," 법조, 64(12), 5－47, 2015.
이완규, "디지털 증거 압수수색과 관련성 개념의 해석," 법조, 62(11), 91－162, 2013.
이완규, "협박 진술 녹음의 전문증거 문제와 진정성 문제의 구별 － 대법원 2012. 9. 13. 선고 2012도7461 판결 －," 저스티스, 통권 제139호, 372－401, 2013.
이웅혁·이성기, "형사재판상 과학적 증거의 기준과 국내 발전방향 － 최근 미국에서의 과학적 증거의 개혁 논의를 중심으로 －," 형사정책, 23(1), 301－336, 2011.
이원상, "디지털 증거의 압수·수색절차에서의 관련성 연관 쟁점 고찰 － 미국의 사례를 기반으로 －", 형사법의 신동향, 제51호, 1－34, 2016.
이은모, "대물적 강제처분에 있어서의 영장주의의 예외," 법학논총, 24(3), 129－146, 2007.
이재상, "獨逸刑法上 沒收制度의 法制史的 考察," 법사학연구, 제18호, 135－157, 1997.
이정봉, "'과학적 증거'의 증거법적 평가," 형사판례연구, 제21권, 563－616, 2011.
이정희·김지현, "제3자 보관 디지털 증거의 압수 관련 문제점 및 개선방안 연구," 디지털포렌식연구, 8(1), 85－101, 2014.

이주원, "디지털 증거에 대한 압수·수색제도의 개선," 안암법학, 제37호, 151－199, 2012.

이준일, "재산권에 관한 법이론적 이해 － 규칙/원칙 모델(rule/principle model)을 중심으로 －," 공법학연구, 7(2), 209－242, 2006.

이창수, "초국가적 사이버범죄에 대한 국제공조 활성화방안과 그 선결과제," 형사법의 신동향, 통권 제21호, 94－151, 2009.

장신, "사이버공간과 국제재판관할권," 법학연구, 제48권, 제1호, 429-454, 2007.

전명길, "디지털증거의 수집과 증거능력," 법학연구, 제41편, 317－336, 2011.

전승수, "압수수색상 관련성의 실무상 문제점," 형사법의 신동향, 통권 제49호, 37－73, 2015.

전승수, "형사절차상 디지털 증거의 압수수색 및 증거능력에 관한 연구," 서울대학교 박사학위논문, 2011.

정대용·김기범·이상진, "수색 대상 컴퓨터를 이용한 원격 압수수색의 쟁점과 입법론," 법조, 65(3), 40－84, 2016.

정대용·김기범·권헌영·이상진, "디지털 증거의 역외 압수수색에 관한 쟁점과 입법론 － 계정 접속을 통한 해외서버의 원격 압수수색을 중심으로 －," 법조, 65(9), 133－182, 2016.

정대희·이상미, "디지털증거 압수수색절차에서의 '관련성'의 문제," 형사정책연구, 26(2), 95－130, 2015.

정진명, "사권의 대상으로서 정보의 개념과 정보 관련 권리," 비교사법, 7(2), 297－333, 2000.

정효택·양영종·김순용·이상덕·최윤철, "Web상의 전자문서를 위한 메타데이터 모델의 제안 및 관리시스템의 개발," 정보처리학회논문지, 5(4), 924－941, 1998.

조광훈, "디지털 증거의 압수·수색의 문제점과 개선방안," 서울법학, 21(3), 699－738, 2014.

조광훈, "형사소송법 제106조의 쟁점과 개정안 검토," 법조, 63(7), 192－249, 2014.

조국, "컴퓨터 전자기록에 대한 대물적 강제처분의 해석론적 쟁점," 형사정책, 22(1), 99－123, 2010.

조병구, "과학적 증거에 대한 증거채부결정 － 합리적 증거결정 기준의 모색－," 형사법 실무연구, 재판자료, 제123집, 589－622, 2011.

조상수, "디지털 증거의 법적 지위 향상을 위한 무결성 보장 방안," 형사법의 신동향, 통권 27호, 64－109, 2010.

조석영, "디지털 정보의 수사방법과 규제원칙," 형사정책, 22(1), 75-98, 2010.
조성훈, "디지털증거와 영장주의: 증거분석과정에 대한 규제를 중심으로," 형사정책연구, 24(3), 111-149, 2013.
조현욱, "형사재판에 있어 합리적 의심의 판단기준에 관한 연구," 법학연구, 16(1), 283-318, 2013.
차정인, "진술이 담긴 기계적 기록물과 전문법칙", 형사법연구, 29(3), 301-326, 2017.
천진호, "위법수집증거배제법칙의 私人效," 비교형사법연구, 4(2), 359-390, 2002.
최성필, "디지털 증거의 증거능력에 관한 비교법적 연구," 국외훈련검사 연구논문집, 제26집, 49-118, 2011.
최성필, "디지털 증거의 증거능력", 한국형사소송법학회 *2015*년 추계공동학술대회 발표집, 10-68, 2015.
최용성, "과학수사 판례평석을 기반으로 한 디지털정보 압수 및 수색제도의 적격성 고찰," 과학수사학회지, 14(3), 214-223, 2020.
최호진, "저장된 데이터의 보전명령제도 도입을 위한 시론(試論)", 형사정책, 31(2), 291-314, 2019.
탁희성, "전자증거에 관한 연구," 이화여자대학교 대학원 박사학위논문, 2004.
탁희성, "전자증거의 압수·수색에 관한 일고찰," 형사정책연구, 15(1), 21-62, 2004.
한대일, "전자적 증거의 진정성 입증에 관한 연구," 성균관대학교 법학전문대학원 박사학위논문, 2015.
허일태, "韓國 刑事節次法에 있어서 防禦體系," 동아법학, 제21호, 53-69, 1996.
홍경자, "정보개념과 정보해석학의 근대적 기원," 해석학연구, 10(13), 31-62, 2004.
황정인, "영장주의의 본질과 영장제도: 체포제도를 중심으로," 형사정책연구, 21(2), 203-237, 2010.
Jihyun Park, "International trend against cybercrime and controversy over the F.B.I.'s practice of Extra-territorial Seizure of Digital Evidence," 국제법학회논총, 49(3), 223-248, 2004.
Martin Kemper, 김성룡 역, "데이터와 이-메일의 압수적격성," 선진상사법률연구, 제33호, 103-118, 2006.

국외 논문

Bellia, Patricia L, “Chasing bits across borders”, University of Chicago Legal Forum, 2001.

Claudia Warken, “Classification of Electronic Data for Criminal Law Purposes”, Eucrim Issue4, 2018.

David Reinsel·John Gantz·John Rydning, “The Digitization of the World From Edge to Core,” IDC White Paper, 2018.11.

DFRWS, “A Road Map for Digital Forensic Research”, The Digital Forensic Research Conference, 2001.

DONALD A. DRIPPS, ““Dearest Property”: Digital Evidence and the History of Private “Papers” as Special Objects of Search and Seizure,” The Journal of Criminal Law and Criminology (1973–), [s. l.], v. 103, n. 1, 2013.

Fidelia Ibekwe–SanJuan, Thomas M. Dousa Editors, “Theories of Information, Communication and Knowledge,” Springer, 2014.

Graham C. Lilly, “An Introduction to the Law of Evidence,” West(3rd Ed), 2004.

Gregory L. Fordham, “Using keyword search terms in e–discovery and how they relate to issue of responsiveness, privilege, evidence standards and rube goldberg,” 15 Rich. J. L. & Tech. 8, 2009.

Harrison M. Brown, “Searching for an answer: defensible e–discovery search techniques in the absence of judicial voice,” 16 Chap. L. Rev. 410, 2013.

Henry S. Noyes, “Is E–Discovery So Different That It Requires New Discovery Rules? An Analysis of Proposed Amendments to the Federal Rules of Civil Procedure,” Tennessee Law Review vol.71, 2004.

Kimberly Nakamaru, “Mining for Manny: Electronic Search and Seizure in the Aftermath of United States v. Comprehensive Drug Testing,” 44 Loy.L.A.L.Rev.783, 2011.

Louis B. Swartz, “Information Communication Technology Law, Protection and Access Right,” Information Science Reference, 2010.

Luciano Floridi, “Information: a very short introduction,” Oxford University Press, 2010.

Mark Burgin, Data, Information, and Knowledge, Information, v. 7, No.1, 2004.

Orin S. Kerr, “Fourth amendment seizures of computer data,” Yale Law Journal 119(4), 2010.

Orin S. Kerr, “Searches and Seizures in a Digital World”, Harvard Law Review,

Vol. 119, No. 2, 2005.12.
Steven Goode, "The Admissibility of Electronic Evidence," The Review of Litigation Vol.29:1, Fall 2009.
Vyacheslav Kopeytsev, "Steganography in attacks on industrial enterprises," Kaspersky ICS CERT, 2020.

국내 판례

대법원 1968.9.17. 선고 68도932 판결
대법원 1976.6.8. 선고 75후18 판결
대법원 1981.11.24. 선고 81도2591 판결
대법원 1986.11.25. 선고 85도2208 판결
대법원 1987.6.23. 선고 87도705 판결
대법원 1987.7.21. 선고 87도968 판결
대법원 1988.3.8. 선고 87도2692 판결
대법원 1990.8.24. 선고 90도1285 판결
대법원 1992.6.23. 선고 92도682 판결
대법원 1994.2.8. 선고 93도3318 판결
대법원 1996.5.14. 선고 96초88 결정
대법원 1996.7.26. 선고96도1144 판결
대법원 1996.8.16. 선고 94모51 전원합의체 결정
대법원 1997.9.30. 선고 97도1230 판결
대법원 1998.3.13. 선고 98도159 판결
대법원 1999.9.3. 선고 99도2317 판결
대법원 1999.12.7. 선고 98도3329 판결
대법원 2000.11.10. 선고 2000도2524 판결
대법원 2000.12.22. 선고 99도4036 판결
대법원 2002.7.12. 선고 2002도745 판결
대법원 2002.8.23. 선고 2000다66133 판결
대법원 2002.10.8. 선고 2002도123 판결
대법원 2002.10.22. 선고 2000도5461 판결
대법원 2002.11.26. 선고 2000도1513 판결
대법원 2004.3.23. 선고 2003모126 결정
대법원 2004.9.13. 선고 2004도3161 판결
대법원 2005.5.26. 선고 2005도130 판결

대법원 2006.7.7. 선고 2005도6115 판결
대법원 2006.7.27. 선고 2006도3194 판결
대법원 2006.10.13. 선고 2004다16280 판결
대법원 2007.5.10. 선고 2007도1950 판결
대법원 2007.7.26. 선고 2007도3906 판결
대법원 2007.11.15. 선고 2007도3061 전원합의체 판결
대법원 2007.12.13. 선고 2007도7257 판결
대법원 2008.3.27. 선고 2007도11400 판결
대법원 2008.11.13. 선고 2006도2556 판결
대법원 2009.3.12. 선고 2008도8486 판결
대법원 2009.7.23. 선고 2009도2649 판결
대법원 2009.12.24. 선고 2009도11401 판결
대법원 2010.3.25. 선고 2009도14772 판결
대법원 2010.10.14. 선고 2010도9016 판결
대법원 2010.11.25. 선고 2010도8735 판결
대법원 2011.5.26. 선고 2009모1190 결정
대법원 2011.9.2. 선고 2009다52649 전원합의체 판결
대법원 2012.5.17. 선고 2009도6788 전원합의체 판결
대법원 2012.9.13. 선고 2012도7461 판결
대법원 2012.10.11. 선고 2012도7455 판결
대법원 2012.10.25. 선고 2012도4644 판결
대법원 2013.3.28. 선고 2012도13607 판결
대법원 2013.7.26. 선고 2013도2511 판결
대법원 2013.9.26. 선고 2013도5214 판결
대법원 2014.1.16. 선고 2013도7101 판결
대법원 2014.2.27. 선고 2013도2155 판결
대법원 2014.7.10. 선고 2012도5041 판결
대법원 2015.1.22. 선고 2014도10978 전원합의체 판결
대법원 2015.4.23. 선고 2015도2275 판결
대법원 2015.7.16. 선고 2011모1839 전원합의체 결정
대법원 2015.10.15. 선고 2013모969 결정
대법원 2016.3.10. 선고 2012다105482 판결
대법원 2016.10.13. 선고 2016도8137 판결
대법원 2017.6.8. 선고 2016도21389 판결

대법원 2017.9.7. 선고 2015도10648 판결
대법원 2017.11.29. 선고 2017도9747 판결
대법원 2018.7.12. 선고 2018도6219 판결
대법원 2019.3.14. 선고 2018도2841 판결
부산고등법원 1999.5.17. 선고 99노122 국가보안법위반
부산고등법원 2013.6.5. 선고 2012노667 판결
서울고등법원 2013.2.8. 선고 2012노805 판결
서울고등법원 2017.6.13. 선고 2017노23 판결
서울중앙지방법원 2009.9.11. 자 2009보5 결정
서울중앙지방법원 2012.2.23. 선고 2011고합1131,2011고합1143(병합), 2011고합1144(병합), 2011고합1145(병합), 2011고합1146(병합), 판결
서울중앙지방법원 2016.2.18. 2015보6 준항고 결정
헌법재판소 1992.4.8. 90헌바24, 판례집 4, 225, 230
헌법재판소 1995.4.28. 93헌바26 결정
헌법재판소 1997.3.27. 96헌바28 등
헌법재판소 2001.3.21. 2000헌바25 결정
헌법재판소 2012.8.23. 2010헌마439 결정
헌법재판소 2012.8.23. 2010헌마47 결정
헌법재판소 2018.4.26. 2015헌바370, 2016헌가7(병합) 결정
헌법재판소 2018.8.30. 2016헌마263 전원재판부 결정

국외 판례

Alasaad v. McAleenan, No. 17–cv–11730–DJC (D. Mass Nov. 12, 2019).
Arizona v. Hicks, 480 U.S. 321 (1987).
Berger v. NewYork, 388 U.S. 41 (1967).
Bills v. Aseltine, 958 F.2d 697, 707 (6th Cir. 1992).
BVerfG, 2 BvR 902/06 vom 16.6.2009.
Carpenter v. United States, No. 16–402, 585 U.S. (2018).
Daubert v. Merrell Dow Pharmaceutical, Inc., 509 U.S. 579 (1993).
Frye v. United States, 293F, 1013(D.C. Cir. 1923).
Horton v. California, 496. U.S. 128(1990).
Katz v. United States, 389 U.S. 347 (1967).
Kelly v. State, 824 S.W.2d 568 (Tex. Crim. App. 1992).
Kyllo v. United States, 533 U.S. 27 (2001).

Lorraine v. Market American Insurance Co., 241 F.R.D. 534(D. Md. 2007).
Lutz Meyer－Gößner, StPO, 52, Aufl. 2009. §94 Rn.16a.
Microsoft v. United States, No. 14－2985 (2d Cir. 2016).
Olmstead v. United States, 277 U.S. 438 (1928).
Riley v. California, 573 U.S. (2014).
United States v. Brunette 256 F.3d 14, 17 (1st Cir. 2001).
United States v. Barbuto, 2001 WL 670930 (D. Utah Apr. 12, 2001).
United States v. Carey 172 F.3d 1268 (10th Cir. 1999).
United States v. Comprehensive Drug Testing, Inc 621 F.3d 1162 (9th Cir. 2010).
United States v. Cotterman, 709 F.3d 952 (9th Cir. 2013).
United States v. Gorshkov, No. CR00－550C, 2001 WL 1024026 (W.D. Wash. May 23, 2001).
United States v. Gray 78 F. Supp. 2d 524(E.D. Va. 1999).
United States v. Grubbs, 547 U.S. 90 (2006).
United States v. Jones, 565 U.S. 400 (2012).
United States v. Microsoft Corp., 138 S. Ct. 1186 (2018).
United States v. Ramirez, 112 F.3d 849 (7Cir. 1997).
United States v. Schandl, 947 F.2d 462 (11th Cir. 1991).
United States v. Tamura, 694 F.2d 591 (9th Cir. 1982).
United States v. Turner, 169 F.3d 84 (1st Cir. 1999).
United States v. Voraveth, 2008 WL 4287293 (D. Minn. Jul. 1, 2008).
United States v. Wong 334 F.3d 831 (9th Cir. 2003).
Whalen v. Roe 429 U.S. 589 (1977).
Williford v. State, 127 S.W.3d 309 (Tex. App. 2004).

저자 소개

이관희

현 LG전자 준법사무국 준법조사팀장
경찰대학 경찰학과 교수
국제사이버범죄연구센터장
충남지방경찰청 수사지도관
주케냐 대사관 영사
경찰수사연수원 수사학과 교수
중앙경찰학교 수사학과 교수
경남지방경찰청 사이버범죄수사대장
서울지방경찰청 수사직무학교장

이상진

현 고려대학교 정보보호대학원 원장
한국디지털포렌식학회 회장
대검 디지털수사자문위원
암호연구회 회장
한국전자통신연구원 선임연구원

디지털 증거법

초판발행 2022년 1월 1일
중판발행 2022년 9월 30일

지은이 이관희 · 이상진
펴낸이 안종만 · 안상준

편 집 김명희
기획/마케팅 이영조
표지디자인 이미연
제 작 고철민 · 조영환

펴낸곳 (주) 박영사
서울특별시 금천구 가산디지털2로 53, 210호(가산동, 한라시그마밸리)
등록 1959. 3. 11. 제300-1959-1호(倫)
전 화 02)733-6771
f a x 02)736-4818
e-mail pys@pybook.co.kr
homepage www.pybook.co.kr
ISBN 979-11-303-1410-5 93560

정 가 28,000원